普通高等教育"十三五"规划教材

计算机辅助翻译实用教程

主　编　丁　玫
副主编　王婷婷　张夙艳　张　杰

北　京
冶金工业出版社
2024

内 容 简 介

　　本书从新时代的语言服务及人才培养现状及具体要求出发，以具体实践案例为依托，对广义机辅翻译工具、机辅主流软件、翻译记忆库、术语库、质量保证、项目管理、本地化等理论和关键问题进行全面、系统的论述，各章前有本章提要，章后有思考题。本书配备制作精良的PPT课件，方便教师授课和学生学习。

　　本书适用于翻译专业及英语专业本科生、研究生教学用书，也可作为翻译从业人员、翻译技术教学以及翻译软件研究或开发、审校、项目经理等语言服务从业者和爱好者阅读参考。

图书在版编目（CIP）数据

　　计算机辅助翻译实用教程／丁玫主编 . —北京：冶金工业出版社，2018.8（2024.1 重印）

　　普通高等教育"十三五"规划教材

　　ISBN 978-7-5024-7873-5

　　Ⅰ.①计…　Ⅱ.①丁…　Ⅲ.①自动翻译系统—高等学校—教材　Ⅳ.①TP391.2

　　中国版本图书馆 CIP 数据核字（2018）第 196652 号

计算机辅助翻译实用教程

出版发行	冶金工业出版社	电　　话	(010)64027926
地　　址	北京市东城区嵩祝院北巷 39 号	邮　　编	100009
网　　址	www.mip1953.com	电子信箱	service@mip1953.com

责任编辑　徐银河　王梦梦　美术编辑　彭子赫　版式设计　禹　蕊
责任校对　卿文春　责任印制　禹　蕊
北京虎彩文化传播有限公司印刷
2018 年 8 月第 1 版，2024 年 1 月第 5 次印刷
787mm×1092mm　1/16；19 印张；460 千字；292 页
定价 45.00 元

投稿电话　(010)64027932　投稿信箱　tougao@cnmip.com.cn
营销中心电话　(010)64044283
冶金工业出版社天猫旗舰店　yjgycbs.tmall.com
（本书如有印装质量问题，本社营销中心负责退换）

前　言

今天移动互联、超级计算、大数据、云计算、物联网等信息技术日新月异，新一代人工智能技术在机器视觉、语音识别、语义识别、图像识别等众多领域实现重大突破，并开始广泛渗透到金融、教育、医疗、服务等众多行业，成为推动经济发展的巨大引擎。其中，人工智能翻译理论与技术取得了长足的发展，引领全球范围内的语言服务行业向数字化、专业化、网络化以及云端化的趋势快速发展。这对语言服务人才的能力结构提出了空前挑战，现代语言信息技术能力成为语言服务人才整体能力构成不可或缺的关键一环。同时，"讲好中国故事，传播中国好声音"对语言服务行业提出了更高的要求，进一步提高了对语言服务人才能力需求的标准。语言服务行业急需大量具备计算机操作能力、信息检索能力以及计算机辅助翻译工具应用能力等的有关人工智能技能翻译人才。在这样的时代背景下，我们编写了本书。

本书在编写理念、内容编排以及参编作者等方面具有如下特点。

1. 在编写理念上突出实用性。本书技术理论与技术实践并举，侧重技术实践应用，旨在帮助广大读者了解新时代的语言服务技术的基本原理和发展趋势，了解并掌握多种现代翻译技术和工具的基本操作，发展技术思维，从而获得对各种软件工具的独立评价、独立学习以及独立操作使用的能力。

2. 在内容编排上突出贯通性。本书主要以 memoQ 为例讲解计算机辅助翻译软件的使用和操作。memoQ 是一款功能强大、操作简便的计算机辅助翻译工具，适合各个层次的 CAT 操作者。本书每个章节在讲解具体 CAT 工具操作时，均以 memoQ 为例详细讲解其具体操作步骤与功能应用，故 memoQ 的实用操作贯通于整部教程之中。同时，本书的各章节之间在内容上相互贯通照应：第 1 章新时代的语言服务及人才培养是全书的总述，第 2 章至第 9 章是翻译技术专题，第 10 章翻译质量保证则是每个具体翻译技术都需要涉及的内容。本书每一章最后都配有专项思考题，旨在帮助学生梳理整个章节的脉络，进一步加强其对所涉及的知识和技能的掌握。全书最后的参考文献可帮助读者拓展阅读的范围，为学生提供深入研究该领域的途径，帮助其提高独立探索知识的能力。同时，本书配有精心制作的教学 PPT 课件，方便教师教学配套使用。

3. 在编者阵容上突出专业性。本书的参编人员均系从事计算机辅助翻译教学一线的高校教师，懂语言、擅翻译、精技术、通管理，有着扎实的理论基础与丰富的教学实践经验。本书是编者集多年教学实践的总结，对从事翻译实践的学习者有着重要的指导意义。

4. 在举例选材上注重实践性。编者所在学院与多家语言服务企业合作，成立翻译研究中心，建立翻译实践基地，英语专业本科生以及 MTI 学生定期到企业参与语言服务实践，承接翻译任务。近年来，毕业生被多家知名语言服务机构录用，多名本科生考上重点高校的翻译专业研究生。这些成功的教与学实践经验是本书编写的坚实基础，有效解决了翻译理论与实践工作中遇到的多种问题。

本书适用于高等院校翻译专业及英语相关专业本科生、研究生教学使用，也可以作为翻译从业人员、翻译技术培训教学或研究人员、审校人员、项目经理及其他语言服务从业者和爱好者阅读参考。

本书紧跟计算机辅助翻译技术的发展，所涉及的软件工具都是现代语言服务机构使用的主流软件工具，并且我们在编写过程中充分考虑到各种软件工具的版本更新升级问题，以确保本书的科学性与时效性。

计算机辅助翻译事业的发展未来不可限量，我们相信通过系统学习本书，能够为今后从事语言服务行业奠定基础，进而为推进我国语言服务行业全面实现与国际市场接轨、推动语言服务行业又好又快地发展发挥应有作用。

本书具体分工如下：丁玫负责全书的策划、大纲编排、统稿、审稿及质量管控，并指导了各章的撰写。张凤艳编写第 1 章、第 2 章、第 4 章及第 9 章；王婷婷编写第 5 章、第 6 章、第 7 章、第 8 章及第 10 章；张杰编写第 3 章。

由于编者水平所限，且本书所涉及的领域发展日新月异，书中存在疏漏和不妥之处，敬请各位专家、同行和广大读者批评指正。

山东建筑大学外国语学院　丁　玫

2018 年 5 月

目　　录

1 新时代的语言服务与人才培养

【本章提要】当今时代，语言翻译的工作领域、工作内容、工作形态以及工作手段都已超越了传统模式，发生了划时代的革命性变化。日新月异的科学技术、快捷便利的信息交互以及席卷世界各个角落的经济全球化深刻影响着语言翻译的发展。翻译活动正在向重视客户与市场、依托信息技术与工具，不断充实和细化服务内容与产品范围，拥有明确的服务标准与规范的语言服务转变，已经成为全球经济产业链中的重要一环。语言服务行业的蓬勃发展也对从事语言服务的人才提出了高标准的要求。本章以语言服务的基本概念为起点，介绍当前中国语言服务市场的特点与需求，讨论语言服务人才的实际能力与市场需求之间的落差，就语言服务人才的能力构成进行深入研讨，并探索培养新时代语言服务人才的方法与策略。

1.1 新时代的语言服务

2010年，中国翻译协会组织召开的中国国际语言服务行业大会，首次明确提出语言服务业是以翻译服务、本地化服务、语言辅助工具以及人才教育与培训为内容的新兴行业。

中国翻译协会在《中国语言服务发展报告2012》中根据语言服务的实施主体不同对语言服务进行了不同层次的区分。第一层面是语言服务行业的核心层，其中包括以提供语言间信息转换服务、语言技术开发、语言教学与培训、语言咨询等为主营业务的企业或机构，如翻译公司、本地化服务公司、翻译软件开发公司、语言和翻译培训机构等；第二层面是语言服务行业的相关层，其中包括经营或业务部分依赖于语言间信息转换的机构或企业，大型跨国企业以及旅游、对外贸易和信息技术等涉外行业的机构和企业，大型国际会议和活动的组织方和承办方；第三层面是语言服务行业的支持层，指为语言服务提供支持的机构和企业，其中包括行业协会、高等院校、研究机构等。这三个层面所涉及的相关行业相互依存，共同构成了语言服务庞大的产业链。

语言服务业提供跨语种、跨文化的信息转换服务和产品，不仅本身产生巨大的经济效益，而且为其他行业全球化发展提供语言服务支撑，产生了广泛的带动辐射价值。美国著名语言行业调查机构卡门森斯顾问公司Common Sense Advisory（CSA）发布了2016年全球语言服务市场报告，通过数据研究估计2016年外包语言服务价值约402.7亿美元，比同期增长了5.52%，预计市场将会在2020年提高到450亿美元。表1-1为CSA公布的2016全球语言服务排行榜的前10名。

表 1-1   2016 全球语言服务排行榜

1	软件	6	健康护理
2	法律	7	制药
3	公共部门	8	重型机械设备
4	广告与市场营销	9	医疗设备
5	制造业	10	贸易

我国的语言服务行业，在全球化经济大潮中同样日益壮大，迅猛发展。王刚毅在《2016 中国语言服务行业发展报告》中指出，2015 年中国语言服务行业创造的产值约为 2822 亿元，在 2011 年 1576 亿元产值的基础上增加了 79%，年均增长 19.7%。我国语言服务业发展前景广阔，面临新时代的机遇与挑战，独具特点。

1.1.1   语言服务业的基本特征

语言服务业是时代发展的产物，顺应了全球化市场经济的发展趋势。崔启亮、张玥总结了中国目前语言服务行业的 6 大基本特征：

（1）基础性、先导性、支持性、战略性综合信息服务行业。王刚毅在 2016 中国语言服务大会上指出：当今社会，国家语言能力已成为国家实力的重要组成部分，语言战略上升为国家战略，中国语言服务能力是中国"软实力"的重要体现。语言服务应成为中国经济、文化、科技"走出去"的基础性、先导性和战略性的支撑，这也是全球化的市场和经济发展对语言服务业的要求。首先，语言是国际间政治对话、经济合作、文化交流、科技沟通的基础，语言服务行业所解决的跨语言多语种转换的问题使得以上内容的实施变得顺利与通畅。其次，中国企业走向国际市场需要语言服务为先导，也是实现产品的本地化，解决适应各地市场要求的支撑。最后，语言服务行业的蓬勃发展，能够为中国赢得更多的国际话语权，推动中国文化走向世界。综上，语言服务行业是基础性、先导性、支撑性战略性的综合信息服务行业。

（2）项目生产科学化、服务外包规范化。服务的标准和规范是整个语言服务行业创新发展的基本要素。中国翻译协会 2016 年先后发布的《翻译服务-笔译服务要求》和《本地化翻译和文档排版质量评估规范》以及国际标准化组织 2015 年发布的翻译服务国际标准 ISO 17100 等文件，为语言服务业提供了框架性、方向性的技术指导。语言服务企业在标准与规范的指导下，确定每个项目的具体流程，优化资源配置，合理安排分工协作，把控质量检测，科学化管理项目实施的每一细小步骤。

为了节约人力成本、集中资源发展核心业务，许多跨国公司的本地化业务均采取外包给语言服务企业的形式，这些跨国公司在寻求优质的语言服务企业进行业务外包的过程中，同样根据"确定本地化服务的需求和目标—确定评估机制—识别并筛选潜在供应商—评估供应商—资格审查通过—加入到供应商资源库"这样的步骤完成的，同时采取持续评估、及时沟通、有效激励等机制，确保外包服务的规范化。

（3）企业"走出去"推动语言服务需求显著增长，行业规模不断扩大。在全球化经济大潮下，企业走向国际市场，需要语言服务为其铺路架桥，跨越语言和文化的屏障。只有将语言服务提升到企业全球化发展的战略高度，并将其渗透到整个企业，从产品设计到市场营销,再到客户维护等各个方面,企业才能真正做到市场规模的不断扩大和品牌声誉的不断提升。同时,语言服务为满足各行各业企业"走出去"的需求,必须不断提升自身的业务水平以及行业规模,为企业提供包括方案设计、项目实施、咨询乃至培训等优质语言服务,展开与企业的全方位合作,彼此成为对方利益共享、风险共担的商业合作伙伴。

(4) 语言技术研发渐趋成熟,技术创新能力驱动产业变革。信息技术的发展为语言服务业开辟了广阔的发展空间,提供了无数的可能性。云计算、人工智能、不断创新的机器翻译技术等为语言服务的持续发展提供了强有力的技术支撑,成为语言服务行业发展的驱动力。例如,Skye 推出的实时语音翻译系统,效果已经接近同声传译;百度发布的百度翻译,结合了图像识别技术和翻译技术实现了"实物翻译"。用户拍照并圈选所需翻译的实物,就可得到两种语言对照的翻译结果;谷歌的整合神经网络翻译技术,可以有效利用云语言与目标语言的所有信息,其翻译质量接近人工笔译。

语言技术的新突破直接导致语言服务模式的变革。一方面,传统的人工翻译已经转化为计算机辅助翻译,"机器翻译+译后编辑"模式已成为当前和未来职业译者的主流工作模式。同时借助云翻译和众包翻译平台,译者可提供"泛在翻译",满足即时、动态、碎片化的微语言服务需求,极大提升了语言服务的时效性、便捷性与灵活性。另一方面,线下单一的语言服务模式已经转向规模化、细分化和产业化的语言服务流程。在技术驱动的时代,大数据平台、移动互联网以及全球化信息管理系统等促使语言服务业由个体化、手工作坊式工作模式走向流程化、协作化的大规模生产组织形式,且团队协作逐渐从内部向互联网众包过渡。这一系列语言科技的应用使得语言服务业提供服务的业务范围不断扩大,工作效率不断提高,服务流程不断优化,业务水平不断提高。

(5) 语言服务行业专业化发展,日趋与国际标准接轨。市场竞争的白热化对语言服务提出了日趋专业化的需求。语言服务业务类型细化分层,出现了语言咨询服务、本地化服务、翻译工具和软件开发等新的服务项目。每一服务项目都有明确的行业标准和规范,都有良好的业务水准和质量,这促使我国的语言服务行业逐渐成为全球语言服务业中有影响力的市场。很多全球知名的语言服务企业纷纷来到中国开设分公司,这不仅促进了中国语言服务市场的繁荣,更将国际先进的理念、技术和标准带入我国的语言服务业,推动了整个行业的国际化发展。

(6) 产学研紧密结合,培养语言服务专业人才。语言服务健康有序的发展必须以技术性、复合型的专业人才为依托。当前国内高等院校不仅在翻译专业开设语言服务概论、计算机辅助翻译、本地化项目管理、翻译项目管理等与语言服务密切相关的课程,还积极与国际化企业、语言服务企业以及行业协会等加强合作,建立实习基地、合作开发相关培训课程以及应用翻译教学系统和平台等,共同培养专业人才。例如,2013 年上海文化贸易语言服务基地的成立开创了政产学研结合的全方位专业语言服务平台建设,2014 年广东外语外贸大学联合传神网络科技有限公司等单位成立了"外语研究与语言服务协同创新中心",2015 年对外经贸大学成立了国际语言服务与管理研究所,2016 年中外语言服务人才培养基地在北京语言大学成立。这些研究机构积极开展国际和国内语言服务市场发展状况研究,加强语言服务专业人才培养,通过整合学术和产业资源、加速语言服务研究成果的转化,更好地促进语言服务业的发展。

1.1.2　语言服务业面临的挑战

作为一个新兴的、快速发展的行业，我国的语言服务业在走向世界、融入世界、影响世界的道路上还面临着诸多问题和挑战。

1.1.2.1　语言服务人才匮乏，制约语言服务发展

专业化的语言服务需要高素质的语言服务人才，然而当前语言服务市场中旺盛的人才需求与实际的人才供给之间存在较大的鸿沟，尤其是高端语言服务人才，更是严重匮乏，这已成为制约我国语言服务事业发展的瓶颈。

A　高校培养的人才难以满足企业需求

崔启亮在2011年中国翻译职业交流大会上指出"目前高校培养的人才难以满足企业的需求，原因在于受过良好翻译技能训练的大学生极少，具有翻译项目工作经验的人员很少，熟悉计算机辅助翻译的人员很少，能够担任翻译项目管理的人员很少，具有良好的职业素质的人员很少"。

面对市场需求和专业发展，我国现在很多综合类高校和外语类院校设立了翻译专业本科班和翻译专业硕士点。截至2017年6月，内地共有252所高校开设了翻译专业本科班，215所高校开设翻译专业硕士学位。快速发展的同时，翻译专业也面临着严峻的考验。首先，翻译师资背景要求高，不仅需要扎实的语言文化功底，还需要信息技术与行业管理知识。但因为翻译专业教育刚刚起步，接受过正规翻译教学培训的师资明显不足，很多情况都是外语教师直接转成翻译教师，导致语言服务实战经验不足，必然制约教学质量的提高。为此，中国翻译协会、全国硕士专业学位教育指导委员会于2010年起联合推出"全国高等院校翻译专业师资培训证书"课程。这项举措取得了良好的效果，但翻译师资培训的范围与数量和翻译学科建设的需求之间仍存在差距。其次，语言服务行业需要的是不仅懂翻译，而且还是翻译管理人才、翻译营销人才、翻译技术人才、多语种桌面排版人才等的复合型人才，如何在MTI学科体系中完成上述人才的培养是目前各个高校都在努力探索的事业。最后，现代语言服务行业新兴科技层出不穷，各类软件工具更新换代频次加快，加之需要语言服务的企业对服务质量要求的多样性，这就要求语言服务人才不论是在求学阶段还是在工作阶段，都要不停学习最新技术，更新自身知识储备，否则难以面对实际工作中的各项挑战。

B　高校毕业生语言基本功薄弱

翻译的根本在于语言，如果语言功底薄弱，翻译的质量可想而知。而当前用人市场普遍反馈，目前大多高校毕业生对于目标语的掌握不尽如人意。很多毕业生完成的文字语言表述不地道，多少带有中文腔调，目标语表述文字不是凭大量阅读所获得的语感自然流淌出来，而是根据语法知识遣词造句，大多有生搬硬套之嫌。语言也不分文体，口语体和书面语体混杂其间，句式单调，通篇的主谓宾结构，语言浅显，结构简单松散，缺乏思辨能力。词汇量偏小是一大突出特点，写作成品中很多情况都是某几个单词的重复率很高，翻来覆去地使用。在翻译实践中，如果语言基本功薄弱就会因为理解原文有偏差而导致翻译的内容要么晦涩难懂，要么差之千里。夯实语言基本功，不仅是翻译专业学生的自我要求，也是高校翻译专业迫切要解决的根本问题。

C　缺少具备综合素质的多元化人才

现代语言服务行业需要语言基本功扎实，且既懂技术又通管理的复合型人才。然而当前高校翻译专业的学生有一种普遍现象就是知识结构不健全，即专业知识匮乏、技术应用能力差。崔启亮在2011年中国翻译职业交流大会上指出翻译专业的毕业生知识缺陷的具体所在：（1）缺乏翻译项目实践，具体表现在不了解翻译企业的部门和岗位职责，缺乏项目成本和进度意识，缺乏流程化项目实施经验，缺乏对科技、社会、经济的发展必要关注；（2）缺乏必要的信息技术，计算机操作能力差，具体表现在不能熟练使用常用的计算机辅助翻译软件，计算机软件使用能力不高，快速学习能力不足；（3）缺乏良好的职业素质，具体表现在缺乏翻译团队协作和沟通能力。这与高校翻译专业课程设置息息相关，很多高校在开设语言类、翻译技术类和翻译管理类课程时忽略了学生参与翻译实践的环节，或者过于固守翻译软件操作，变成了单纯的应用软件操作培训，这些都不利于培养研究型复合类人才。目前高校正在积极探索培养多元化人才的途径，也在积极联系企业实习，将翻译项目实训与课堂教学相结合，帮助学生在语言实践环境中积累经验，完善知识结构。

1.1.2.2　高品质、专业化、创新型的语言服务平台有待建设

当前我国的语言服务已经上升至国家战略层面，特别是大数据及人工智能（AI）等科技的发展，为整个行业带来了强劲的发展动力。为了确保健康有序的发展，语言服务体系需要进一步构建，行业信息化建设需要加大创新力度。在全球化发展的时代，资源和信息就是生产力。将语言服务行业的资源进行有效整合，打造一个资源信息共享、互惠共赢的行业平台，打破地域的界限、提供公平的机会，将有助于实现语言服务行业的规模化和可持续发展。《中国语言服务行业发展规划（2017—2021）》针对高品质、专业化和创新型语言服务平台建设有如下明确建议：（1）加强语言服务行业生态建设，整合全行业语言资源，加强语言服务信息化基础建设，加大对语言技术研发的投入和扶持力度，实现语言技术和产品的多元化发展；（2）加强语言服务行业术语库、语料库、企业案例库、企业最佳实践及规范等知识库的基础建设和应用模式的创新，充分发挥大数据时代技术和资源对语言服务行业的支撑性作用；（3）面向语言服务各方特别是高校师生普及和推广语言服务技术，提升对语言服务技术的认识和应用能力，促进产学研政合作的协同创新机制；（4）加强语言技术成果的高效转化，加大技术在产业中的支撑和驱动作用，促进语言服务的产能提升和产业链的转型升级，促进语言服务商业模式的变革，并在此基础上带动企业管理模式、服务模式、运营模式等多方面的创新，最终提升整个产业的现代化水平。

1.1.2.3　行业标准化建设有待进一步完善

由于目前我国语言服务业还处在发展期，一系列相关的标准化建设还有待进一步完善。有效促进我国语言服务业长期健康发展的重要条件就是完善行业标准，加强语言服务建设和营运有序化，稳步推动语言服务企业和服务方式的规模化发展。当前可以从国家、行业和企业三个层面共同制定完善语言服务战略规划，加强行业监管，制定语言服务标准和法规，打造全产业链，提升语言产品与服务质量，逐步构建灵活多样、功能齐全、协调发展、优质高效的语言服务体系。

《中国语言服务行业发展规划（2017—2021）》明确指出语言服务行业标准化建设的具体任务：（1）加强语言服务标准领域的国际合作，跟踪并采用国际行业通用的标准；逐步建立国内语言服务需求和提供共同认可遵循的、与国际接轨的标准，并主动对外推广；

（2）建立比较完备的语言服务标准化体系，包括：推进行业标准化工作规划；设立行业标准化技术委员会；科学制定行业服务与管理，语言服务企业和人才评价评估、语言服务质量、技术应用等一系列标准和规范；（3）推进行业诚信体系建设，包括：制定和实施行业职业道德标准，逐步完善行业自律管理制度；提供面向企业与个人的法律咨询和仲裁服务；建立维权投诉曝光预警机制；定期表彰符合行业规范和标准的机构和个人；根据已制定的行业标准实施有效的行业人才设定，备案与查询机制。

1.2 语言服务的人才需求

科技进步以及经济全球化的发展，从根本上推动了语言服务业的发展。信息技术被大量应用，提升了语言服务产业的整体生产力水平。王华树将语言服务业中的信息技术归纳为 5 大类别，即（1）计算机辅助翻译技术；（2）本地化工程技术；（3）语料库技术；（4）翻译写作技术；（5）机器翻译技术。信息化时代的语言服务工作呈现了各种技术特征，这就要求从事语言服务的专业人才必须具备综合的能力，才能胜任信息化时代的语言服务工作。

1.2.1 语言服务人才翻译能力构成

翻译能力是语言服务人才首先必备的能力，翻译能力的构成也一直都是国内外专家关注研究的热点。德国翻译理论学者弗雷泽（Janet Fraser, 2000）认为职业翻译者的翻译能力包括 6 个方面的技能，即（1）优异的语言技能；（2）语篇技能；（3）跨文化技能；（4）非语言技能；（5）态度技能；（6）翻译理论的运用技能。其中，非语言技能涉及研究技能、术语技能、信息技术技能以及项目管理技能等方面。瑞典学者萨穆埃尔松-布朗（Geoffrey Samuelsson-Brown, 2003）将翻译能力归纳为：文化理解力、交际能力、语言能力、策略选择能力、信息技术能力以及项目管理能力。其中，信息技术能力涉及译文生成过程中硬件与软件的应用能力，电子文档管理能力以及电子商务从业能力。西班牙翻译能力研究小组 PACTE Group（2003）修订了其提出的翻译能力模式（见图 1-1），认为翻译能力包括：双语能力（bilingual subcompetence）、语言外能力（extralinguistic subcompetence）、策略能力（strategic subcompetence）、工具能力（instumental subcompetence）、翻译专业知识能力（knowledge-about-translation subcompetence）以及心理-生理因素（psycho-physiological subcompetence）。其中工具能力是指译者能运用各种文献资源、信息技术以及程序性知识解决翻译问题的能力。PACTE 模式认为，译者基于训练同时掌握表述知识和操作知识，职业能力从入门能力逐步过渡到专家知识，获取操作知识、发展策略能力是译者训练的主要目的，且译者也要不断精进、重建心理-生理因素。奥地利翻译家格普费里奇构建的翻译能力模型包括：涵盖领域能力、多语/双语种的交流能力、工具和研究能力、翻译路径激活能力、心理和生理能力以及策略能力。其中工具能力包括的具体内容为：术语库、平行文本、搜索引擎、术语管理系统、翻译管理系统以及机器翻译系统等。

国内学者也对翻译能力构成做了大量的讨论。王华树、王少爽将翻译能力的基本构成归纳为 CAT 工具操作能力、术语管理能力、信息检索能力、计算机应用能力以及语言和文化素养（见图 1-2）。王华树又进一步将翻译技术能力总结为计算机基本技能、信息检

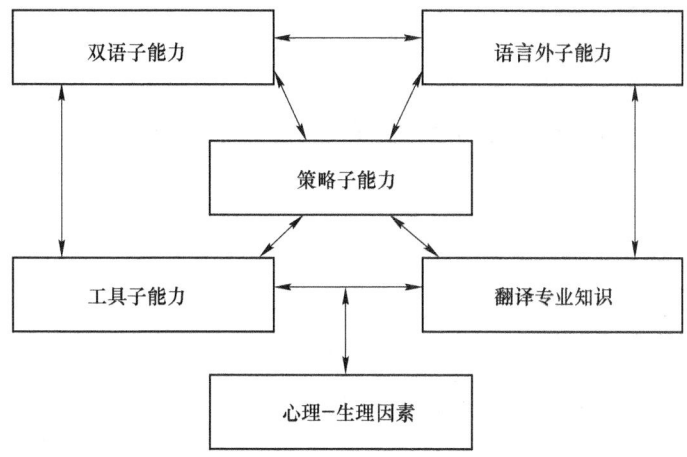

图 1-1　PACTE Group 翻译能力模型

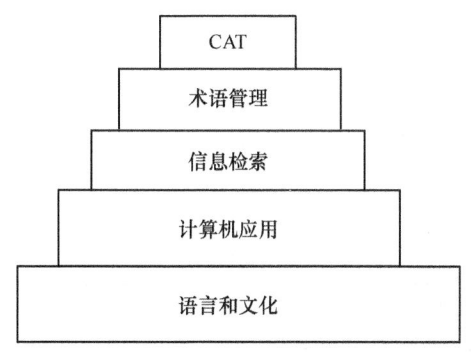

图 1-2　王华树、王少爽给出的翻译能力构成图

索能力、CAT 工具应用能力、术语能力和译后编辑能力，并指出语言服务人才的翻译技术构成的每一项能力都与他的信息素养密切相关。信息素养指能够认识到何时需要信息、能够检索、评价和有效利用信息，并且对所获得的信息进行加工、整理、提炼、创新，从而获得新知识的综合能力。具体来说，译者信息素养是指在翻译工作中，译者能够构建信息获取策略，使用各种信息技术工具检索、获取、理解、评判和利用信息，同时还要遵循信息使用的伦理要求。无论是上述哪一种技术能力，其本质都在于试图使用信息技术介入翻译过程，或是方便相关信息检索，或是自动生成译文，或是对相关资源实施管理，以辅助译者将源语信息成功转化为译语信息的过程，减轻译者的工作负担，提升翻译生产力。

1.2.2　语言服务人才能力结构框架

应该看到，新时代的语言服务行业中某个项目的成功运营有赖于各角色、各流程的高效协同，这就产生了专业背景、能力的交叉，某角色、流程横向涵盖的能力越多，项目风险就越小，效率就越高。这种多元化的特点对从事语言服务的人员提出了高标准的要求，多元化的复合型人才成为新时代语言服务行业急需的人才。崔启亮指出现代语言服务行业需要具有语言信息技术技能的人才，语言信息技术技能具体包括：语言技能、IT 技能、项目经验、市场意识、跨文化交流、职业素质、行业知识等。结合前面对译者翻译能力构成的讨论，语言服务人才的基本能力构成可大致概括为过硬的双语和语言理解及转换能力，扎实的信息技术基础知识，熟练掌握技术流程和 CAT 工具，熟悉现代翻译的基本规则，具备跨行业的专业知识，具备多人协作翻译的能力以及恪守职业道德等内容。上述能力构成可归结为三类：语言文化素养、信息素养（翻译技术能力）以及项目管理能力，如图 1-3 所示。

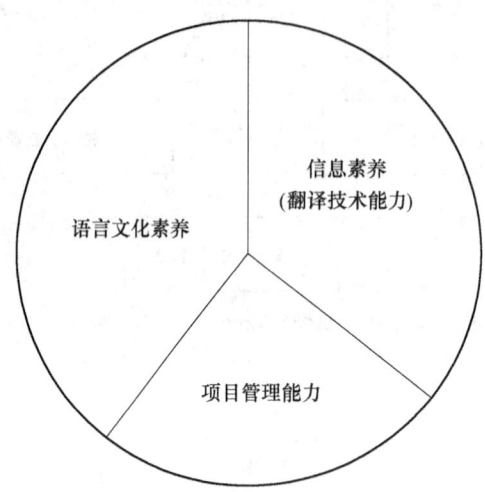

图 1-3　语言服务人才能力构成图

1.2.2.1　语言文化素养

从事语言服务的人才，语言文化素养是最基本的行业要求，双语或者多语言转换能力是语言服务人员所应具备的最基本的能力。无论是口译、笔译还是本地化等服务，最终需要的都是语言转换后的成品。语言转换能力的高低是直接影响服务质量的关键性因素。这就要求语言服务人才不仅外语基础扎实，中文的功底也需深厚，不仅双语互译能力强，还应具备良好的跨文化交际能力，并对当前的时政局势与经济发展态势有大致的了解与判断。

1.2.2.2　信息素养（翻译技术能力）

信息化时代的语言服务人才不仅要拥有传统的语言转换能力，还应具备基本的信息素养或者可以说是娴熟的翻译技术能力。大体来说语言服务人才不仅需要熟练使用各类 CAT工具，还要熟悉本地化规范，了解国际化流程，熟悉 OS/OA，能够借助计算机处理多种格式的文件，对主流编程语言有所掌握。

2015 年国际标准化组织发布了翻译服务国际标准 ISO 17100，该标准界定了翻译技术的类型，也为从事语言服务的专业人员确立了应具备的翻译技术能力范围：（1）内容管理系统（content management system）操作能力；（2）写作系统（authoring systems）操作能力；（3）桌面排版（desktop publish）操作能力；（4）文字处理软件（word processing software）操作能力；（5）翻译管理系统（translation management system）操作能力；（6）翻译记忆工具（translation memory）和计算机辅助翻译（computer-aided translation）操作能力；（7）质量保证工具（quality assurance tools）操作能力；（8）双语编辑工具（revision tools）；（9）本地化工具（localization tools）操作能力；（10）机器翻译（machine translation）操作能力；（11）术语管理系统（terminology management systems）操作能力；（12）项

目管理软件（project management system）操作能力；（13）语音文字识别软件（speech-to-text recognition software）操作能力。

语言服务人才只有掌握了上述技能，才能克服实际工作中遇到的诸多挑战，在实际工作中得心应手，不断提供优质的语言服务。

1.2.2.3 翻译项目管理能力

面对日益增多的业务需求，语言服务既要保证服务质量，又要确保与客户顺利沟通，明确团队内部分工协作，按时交付产品或服务，控制生产成本等多项工作，就必须采取项目管理办法，进行流程化生产。

翻译项目管理的三大核心内容分别是质量管理、时间控制和成本管理。大致可细分为5项子能力：（1）项目管理知识（了解语言服务市场专业需求，本地化项目具体流程，各行业知识背景）；（2）组织协调（组织、协调译员及从事审校、排版、质检、编辑等多类翻译支持人员，追踪整个翻译过程，控制进度）；（3）沟通（代表项目团队与客户沟通，及时反馈客户要求，及时、有效、准确的沟通很大程度上决定了翻译项目的质量）；（4）时间控制（进行项目整体分析、制定详细进度安排，对各项活动优先度进行排序，并考虑成本因素，依据项目进展及时调整工作计划）；（5）成本计算和控制（项目开始前进行项目整体分析、任务量分学习、任务难度估计，在翻译成本允许的情况下整合现有资源，制定出最可行的预算方案，并最终形成报价文件，在整个项目过程中控制成本，在预算范围内完成项目，计算成本与利润，并于财务部门对接）。

具备项目管理能力的语言服务人才有能力组建优质的语言服务团队，合理安排人员分工，协调外部、内部沟通，对流程中的每一个环节进行质量把关，准确把控时间节点以确保项目有序开展，优化资源配置以控制成本数额。

1.3 语言服务的人才培养

新时代的语言服务要求从事该行业的人员具备高水准、全方位、多元化的能力。精翻译、通技术、懂管理的专业化、应用型人员将成为今后语言服务业急需的人才，也是高等院校或者语言培训机构致力于培养的人才。

1.3.1 国际语言服务人才培养课程体系设置

目前，国外很多高校已建立起相对完善的语言服务人才培养计划和课程体系，这对于建立起适合我国的语言服务人才培养体系具有一定的借鉴与参考意义。

美国蒙特雷（Monterey）高级翻译学院的课程设置主要分为3类：（1）翻译技能类，包括新闻翻译、经济翻译、商务翻译、文化翻译等；（2）翻译技术类，包括机助翻译、软件与网站本地化、术语管理等；（3）行业管理类，包括项目管理原则、多语言营销、管理经济学、产品开发、国际商务策略等。从中可以看出该学院强调翻译技能、信息技术以及行业管理三者的结合，注重培养学生的综合素养。该学院注重培养学生的语言服务实践能力，学生在修完规定学分后可以去 Cisco、HP、Oracle、Lionbridge、Sun 等企业实习，积累工作经验。

英国利兹（University of Leeds）大学翻译研究中心下设应用翻译硕士和应用翻译研究

生班两个方向，在课程设置上以职业为导向，有很大的灵活性，学生可以进行自主选择。该中心与国际知名翻译企业、翻译软件提供商联合培养，旨在培养能熟练使用主流翻译工具的职业译者。教学硬件及软件设备一流，除了配备国际标准的同传教室外，还提供大量笔译与口译资料，并以自主的方式进行资料租借和使用，极大鼓励了学生自主学习的积极性。课程设置有机器翻译原理与应用、自然语言处理、译者的技术交流、计算机辅助翻译、专业领域翻译、面向译者的语料库语言学等课程，内容丰富，体系化强。课外还有丰富的翻译实践活动，包括定期的模拟联合国会议等，鼓励学生在翻译项目实践中积累经验。

美国肯特州立大学（University of Kent）翻译学院课程设置中与计算机相关的课程比较齐备，主要包括：计算机应用入门、计算机编程入门、多语资源标记语言、语言信息技术、计算术语学和词典编纂学、术语学和计算机翻译应用、软件本地化、项目管理、翻译教学与语言产业等课程。

1.3.2　我国语言服务人才培养体系建设

国家发改委西部开发司司长翟东升指出语言能力建设"应采取政府引导支持与市场化运作相结合、专业化培养与应急性培训相结合、我国派出留学生和吸纳国外留学生相结合、人才培养与语言翻译智能化产品开发相结合"。王华树指出，"语言服务人才培养需要采取政府、行业协会、高校与企业之间协同合作的方法，亦即政产学研加强合作、协同创新，共同培养语言服务专业人才"。

1.3.2.1　构建传统与现代相结合的教学环境

科学技术等人工智能的进步从底层重构了翻译行业，大大影响了语言服务业的构成和发展，也促使高等学校课堂重新审视教学内容与教学方式，将传统的语言课堂融入现代的语言操作技术与管理类知识。首先，语言能力是语言服务的基础，倘若语言服务人员基本功欠缺，那么对借助语言操作技术出来的结果无法进行正确的判断与监察，这势必会影响语言服务的质量。其次，语言操作技术不仅提高了语言服务的质量与速度，还完成了很多传统方式无法进行的工作，管理能力的介入又使得语言服务业能够健康有效地运作。高校课堂应该对传统的语言课程与现代的语言操作技术课程和管理类课程实施交叉设置，相辅相成，平衡语言能力与技术操作能力以及管理能力的培养，构建有机结合的教学环境。

作为语言服务行业政产学研协同创新枢纽的中国翻译协会，可以加大与高校合作力度，推出语言服务实训课程，并配套权威的行业人才认定标准与培训证书。这样不仅可以有针对性地缓解语言服务行业多元化人力资源迫切需求的现状，还可以帮助高校进一步探索人才培养的体系建设。

1.3.2.2　以"授人以渔"为教学理念的模式

王华树针对语言能力与语言技术能力并重的高校语言课堂提出了应推行"学生为主体、教师为指导、技术为主导"的教学模式。教师重点讲解语言知识与语言技术应用的程序性知识，引导学生在语言实践中，配合协作，主动构建起语言知识与技术操作相互结合的能力框架。技术在学习过程中起主导作用，是教师展开讲解、学生动手操作的中心。技术为主导也不是说就着技术讲技术，而是本着"授人以渔"的指导思想，帮助学生在掌握技术的同时建立起探索某种信息工具设计的思路、理念以及如何与语言服务的有机衔接。

崔启亮指出，课程教学目标之一就是培养学生的技术思维能力，包括技术思维意识、技术学习能力、技术应用能力、技术总结能力、技术分享能力，简言之就是培养学生主动应用信息技术和工具，分析问题、解决问题的能力。学生不再是知识的被动接收者，而成为知识与技能的主动构建者。在培养的过程中，除了注重培养学生的服务意识、细节意识、管理能力、学习能力、协同合作意识等方面的能力，更应培养学生的翻译思想、翻译能力、产品意识、共情能力以及需求描述能力。

1.3.2.3 维系教学内容的动态平衡与可持续发展

当前信息技术广泛应用于语言服务行业，语言服务人才的能力构成将随信息技术的发展而共同进化。高校语言课堂应采取动态的视角，根据信息技术的不断进步，适时调整课堂的教学内容和方式方法，让学生的知识储备跟得上技术的发展，从而建立起教学过程中的动态平衡与可持续发展。同时，研究者们也应从历时和共时的角度研究语言服务人才的能力构成，不断完善新时代语言服务人才的能力体系构建，并在教学过程中予以引导，从而提升从业人员的综合能力。

1.3.2.4 加强校企合作

高等学校在教学过程中，可以将语言服务企业的实际项目拿到课程上分析、讲解，加强语言技术成果的教学转化，便于学生接触最新的知识与技能。可以邀请语言服务企业的工作人员走进高校讲堂，以现身说法传递语言服务业所需人才的技能结构和职业素质。也可以与语言服务企业合作，建立实习基地，带领学生走进企业，参观、了解语言服务业的工作环境与各种技术的真实运用。学生到语言服务企业实习，切实参与到实际工作流程中，不仅可以丰富学习阅历，让所学知识有了实践的机会，还可以指导其日后的学习，明确哪些知识与技能是需要着重汲取的。对于教材与技术的研发，高校和企业也应密切合作，使理论与实践充分结合，让教材更具实际指导意义，让技术更好地为语言服务工作。

王华树提出建立语言服务工作室是培养复合型语言服务人才的可借鉴路径，并以"北京大学博雅语言服务工作室"为例，指出其成立旨在为学生营造真实的行业氛围，通过操作真实项目案例，帮助学生学习业务规范和行业规范，提升其职业素养和业务水平。北京大学博雅语言服务工作室成立于2010年9月，作为课堂教育的培养辅助模式，既是北京大学MTI教育的重要组成部分，也是北大MTI在实践教学方面的创新尝试。工作室采取"MTI学生为主体，顾问团队指导相结合"的方式。在学生实践层面，工作室管理工作由总经理和副总经理负责，下设市场部、项目部、宣传部、培训部、技术部、人力资源部等部门，各部门由部门总监负责。在指导教师层面，顾问团队成员包括北京大学MTI教育中心的教师，语言服务行业口碑企业的负责人和专家，他们对工作室的日常运作进行监督，为营运和管理提供咨询和帮助。为解决工作室"领导层"毕业而流失的问题，工作室规定每个管理岗位的正职都有一个副职，副职从每年的新生中择优录用。工作室所有成员除具备过硬的翻译能力以外，还要担任好所在部门的角色。这样，不仅可以培养学生的翻译能力，还包括管理以及技术应用能力。发展几年以来，该工作室承接了大量的语言服务工作，极大丰富了MTI学生的项目综合能力，特别是锻炼了人力资源管理、翻译进度控制、翻译质量管理、翻译风险预测、翻译市场营销、客户沟通和谈判等难以在翻译课堂上学习和实践的技能。

工作室实现了培养定位从翻译行业向语言服务行业，从单一语言能力到翻译技术、翻译管理能力的复合转变，为探索语言服务人才培养提供了一条有效途径。

思 考 题

1-1   新时代语言服务行业的基本特点有哪些？

1-2   从事语言服务行业需要具备哪些专业能力？

1-3   在语言服务人才培养体系中扮演者着核心角色的高校应该采取什么措施培养多元化、复合型的语言服务人才？

2 计算机辅助翻译基础

【**本章提要**】计算机辅助翻译能够帮助翻译人员借助机器翻译软件进行优质、高效的翻译工作，使繁重的手工翻译流程自动化。它不同于以往的机器翻译，不依赖于计算机的自动翻译，而是在人的参与下完成整个翻译过程，极大提高了翻译的工作效率。本章介绍了计算机辅助翻译的基本概念和发展历程，讨论了其工作原理、工作流程以及主要功能，并就当今主流的计算机辅助翻译工具进行逐一介绍。

2.1 计算机辅助翻译简介

2.1.1 计算机辅助翻译的基本概念

计算机辅助翻译（CAT, computer-aided translation），是从机器翻译（MT, machine translation）发展而来，也可以称之为机器辅助翻译（machine-aided translation）。计算机辅助翻译可进一步细分为计算机辅助的人工翻译（computer-aided human translation）和人工辅助的计算机翻译（HACT, human-aided computer translation），前者可简化为机助人译，后者简化为人助机译。在翻译的过程中，无论是机助人译还是人助机译，自始至终都有人工参与其中，翻译的主体是人，机器处于辅助地位。翻译人员借助计算机辅助翻译系统，全程参与整个翻译过程，从而使得繁重的手工翻译流程自动化，大幅提高了翻译的效率和质量。

计算机辅助翻译有广义和狭义两层含义。从广义上讲，指的是所有能服务于翻译流程的软件和硬件工具；从狭义上讲，则是专指为提高翻译效率，优化翻译流程而设计的专门的计算机辅助翻译软件。计算机辅助翻译软件利用计算机模拟人脑记忆功能机制，将翻译过程中简单、重复性的记忆活动交给计算机来完成，将翻译人员从机械性的工作中解放出来，以全力关注翻译本身的问题。翻译记忆的主要优点在于能够提高翻译人员的工作效率，提高翻译一致性，充分利用分散的译文和翻译人员资源，在保证翻译质量的同时最大限度降低质量检查和校对时间，将语言技术与系统相结合，管理多个项目，严控成本和时间。

2.1.2 计算机辅助翻译的发展历程

计算机辅助翻译虽与机器翻译在核心技术和工作原理上有着本质的不同，但其发展却是从机器翻译演变而来。陈善伟将计算机辅助翻译的发展划分为萌芽初创、稳步发展、迅速发展和全面繁荣4个阶段。

2.1.2.1　萌芽初创期（1967—1983）

1946 年，第一台电子计算机 ENIAC 问世，研究人员开始尝试充分利用计算机的高速运算能力进行自然语言的翻译。1949 年，时任洛克菲勒基金会副总裁的韦弗（Weaver）发表了以《翻译》为名的备忘录，提出了广为人知的四项建议：意义的多重性可以通过考察词语前后紧邻的语境来解决；语言中逻辑因素的存在意味着翻译问题可以从形式上解决；密码方法可以用在机器翻译中；语言有普遍性，可以通过机械的方法来处理。这四项建议为机器翻译的发展起到了关键性的指导作用，对后期的研究产生了重要影响。

到了 20 世纪 50~60 年代中期，由于当时的研究仅限于对词汇和语法规则的编程，对于句法分析相去甚远，机器翻译在语义分析上的缺陷使得研究一度陷入困境而停滞不前。1966 年，美国语言自动处理咨询委员会 ALPAC（Automatic Language Processing Advisory Committee）发布了研究报告，对机器翻译得出了负面的结论，在很大程度上阻碍了机器翻译的研究。但是 ALPAC 在报告中也提出了利用计算机工具来辅助翻译人员进行翻译而不是取代翻译人员的观念，并继续资助计算机语言方面的基础研究，由此也拉开了计算机辅助翻译研究的序幕。

20 世纪 70 年代，翻译记忆（translation memory）的概念逐渐形成，具有代表性的三位人物包括艾伦·梅尔比（Alan Melby）、彼得·阿芬恩（Peter Arthen）和马丁·凯恩（Martin Kay）。1978 年，艾伦·梅尔比在杨伯翰大学翻译研究组研究机器翻译和开发交互式翻译系统（interactive translation system）时，将翻译记忆的概念融入了"重复处理"（repetition processing）工具中，从中寻找匹配的字符串。1979 年，彼得·阿芬恩在欧盟委员会就是否应该采用机器翻译的研讨会上提出了"文本检索翻译"（translation by text-re-trieval）的理念。此时，翻译记忆的概念已经确立起来。尽管哈钦斯（Hutchins）认为率先提出翻译记忆理念的是阿芬恩，但梅尔比也在同一时间提出翻译记忆的概念，因此两位专家并称为翻译记忆概念的先驱。

1980 年，马丁·凯恩（Martin·Kay）在《人与机器在语言翻译中的恰当位置》中提出了"译员工作站/台"（translator's workstation/workbench）的概念。他认为，计算机虽然可以被应用到翻译中进行自动化的机器翻译，但并没有发挥令人满意的作用，因此要借鉴计算机在其他领域的成功经验，开发一套人机协作的系统。他在该论文中还提出了"译员抄写员"（translator's amanuensis）的概念，认为计算机可以在翻译过程中替代人类从事一些在本质上与翻译不太相关的工作，然后逐渐过渡到翻译过程本身。凯恩的设想对当时计算机辅助翻译研究的发展起着不可磨灭的启迪作用，他当初的"译员抄写员"的概念就是现今译员工作台的雏形。1983 年，梅尔比（Melby）提出了设计多层次的计算机辅助翻译系统的思想：第一层是基本的字处理和术语管理；第二层是术语检索和提供参考译文；第三层是更加成熟的翻译工具，包括全自动的机器翻译，翻译人员可对机器产出的译文进行修订并向系统反馈结果。凯恩和梅尔比的设想对后人的研究起到了巨大的启发作用，计算机辅助翻译逐渐被人们接受，研究人员着手研究译者工作台（translator working station），在受控语言和受限专业系统方面进行开发，并探讨在多语信息系统里如何应用翻译组件。

2.1.2.2　稳步发展期（1984—1992）

1984 年，世界上最早的两家计算机辅助翻译公司成立，一个是德国的塔多思公司（Trados GmbH），另一个是瑞典的 STAR 集团（STAR Group）。塔多思公司以软件服务商为开端，在刚成立那年参与了 IBM 公司的翻译项目，之后开始研发计算机辅助翻译软件。1988 年，塔多思成功推出了 TED（Translation Editor），成为首批商业化的翻译记忆工具。同年，当时国际商业机器公司（IBM）日本分公司的住田荣一郎（Eiichiro Sumita）和堤丰（Yutaka Tsutsumi）发布了 Easy TO Consult（ETOC）工具。该工具实质上是一款升级版的电子词典。虽然该系统没有使用"翻译记忆"这个术语，而是将译文数据库依然称作"词典"，但它显然已经基本具备了现在"翻译记忆"的基本特征。1990 年，塔多思公司发布首个术语库工具 MultiTerm。1991 年，STAR 集团发布了 Star Transit 1.0。该版本 1987 年开始研发，只供公司内部使用。Transit 1.0 模块是当前计算机辅助翻译系统的标准功能，具有分割但又同步的源语与译语窗口，有标记保护的专用翻译编辑器、翻译记忆引擎、术语管理组件及项目管理功能。

1992 年，各国计算机翻译软件生产进展神速。这一年，塔多思公司推出了名为 Trados 的第一套商用计算机辅助翻译系统，标志着商用计算机辅助翻译系统的开端。塔多思还发布了用于 DOS 版的 Translator's Workbench Ⅱ。此外，塔多思公司开始在全球建立分公司，扩大市场，不断研发新产品。这一年，IBM 德国分公司发布 Translation Manage/2（TM/2）。Translation Manage/2、Star Transit 1.0 和 Translator's Workbench Ⅱ 成为当时世界上最早的三款计算辅助翻译工具。

2.1.2.3 迅速发展期（1993—2002）

1993 年，西班牙 Atril 公司发布的支持首个 Windows 版本的计算机辅助翻译系统 Déjà Vu。随后几年，诸多计算机辅助翻译软件经开发后推向市场，包括人们所熟知的 SDLX、Wordfast、Eurolang Optimized、Wordfisher、ForeignDesk、OmegaT、TransSuite2000、MultiTrans 等。1998 年，计算机辅助翻译工具进入中国。1999 年，国内推出了第一个国产 CAT 工具——雅信 CAT，接着传神、朗瑞等国内 CAT 工具相继面世。计算机辅助翻译进入了快速发展期，在这一时期，商用计算机辅助翻译系统的增长速度是以前的 6 倍。

这一阶段，不仅计算机辅助翻译系统的数量增多，其内置功能也在不断完善，具备更多功能的组件组装进计算机辅助翻译系统。在所有新开发的功能中，对齐、机器翻译及项目管理的工具尤为突出。塔多思 Translator's Workbench Ⅱ 中嵌入了 T Align 对齐功能，后来称之为 WinAlign。其他系统也相继推出类似功能，如 DéjàVu、SDLX、Wordfisher 以及 MultiTrans 等。这一时期，机器翻译也嵌入计算机辅助翻译工具中，用来处理翻译记忆库中匹配不到的句段。1994 年，项目管理功能正式面世以便更好地管理多语言多用户的翻译记忆库和术语数据库。在这一时期，拥有包括 Translator's Workbench（Windows 和 DOS 版本）、MultiTerm Pro、MultiTerm Lite 以及 MultiTerm Dictionary 等一系列翻译软件的塔多思公司已然成为业界先锋和市场领导者。表 2-1 是塔多思公司历年推出的翻译软件版本。

表 2-1 Trados 产品推出时间及版本史

推出年份	软件版本	推出年份	软件版本
1984	Trados	2001	Trados 5
1990	MultiTerm	2003	Trados 6
1994	Workbench	2005	被 SDL 收购
1997	WinAlign	2006	SDL Trados 2006

续表 2-1

推出年份	软件版本	推出年份	软件版本
2007	SDL Trados 2007	2013	SDL Trados 2014
2009	SDL Trados 2009	2014	SDL Trados 2015
2011	SDL Trados 2011	2016	SDL Trados 2017

这一时期，计算机辅助翻译工具呈现出依附于 Word 和独立设计界面的两种形态，能够支持的文件格式越来越多，支持翻译的语言数目也越来越大。

2.1.2.4　全面繁荣期（2003 至今）

进入 21 世纪，随着计算机技术的进步，人们对翻译技术的研究突飞猛进，取得了长足的发展，一些主流计算机辅助翻译软件在全球范围内得到推广和使用。众多 CAT 工具开始变成独立的操作界面，可以在 Windows、MacOS、Linux 等计算机操作系统中使用，功能上可以兼容几十种文件格式。随着大数据、云计算技术的发展，CAT 工具功能可移植到云端，并利用云端存储技术保存翻译记忆库和术语库，实现了异地存储和同步，同时还可以进行云端协作翻译。

短短数十年，计算机辅助翻译已经完全改变了传统的翻译模式，其强大的内置功能极大优化了翻译流程、降低了翻译成本、提高了翻译效率，成为广大语言服务行业从业人员的得力助手，为推动全球范围内的信息交流做出了传统翻译难以企及的贡献。

2.1.3　计算机辅助翻译与机器翻译

计算机辅助翻译与机器翻译既有本质区别又密不可分。计算机辅助翻译是从机器翻译演变而来，但其在核心技术、工作原理以及人工参与度上又与机器翻译存在本质的不同。在计算机辅助翻译的过程中，自始至终都有人工参与其中，翻译的主体是人，机器处于辅助地位。而机器翻译则是没有人工参与的全自动翻译过程，其最终目标可称为全自动高质量机器翻译（fully-automated high quality machine translation）。

为了进一步厘清计算机辅助翻译和机器翻译的区别，就有必要了解一下有关机器翻译的基本概念和工作原理。

2.1.3.1　机器翻译的基本概念

机器翻译是利用计算机把一种自然语言（源语言）翻译成另一种自然语言（目标语言）的技术。它涉及语言学、计算机科学、数学等许多领域，是非常典型的多边缘的交叉学科。从语言学角度看，机器翻译是计算语言学的一个分支；从计算机科学角度看，它属于人工智能的范畴；就数学而言，它涵盖在数理逻辑之下。

2.1.3.2　机器翻译的原理❶

由于核心技术和算法的不同，目前业内主要机器翻译有基于规则的（rule-based）、基于实例的（example-based）、基于统计的（statistical）以及多引擎的（multi-engine）机器翻译。

---

❶　该内容参考了钱多秀（2011）所著的相关文献，致以感谢。

A　基于规则的机器翻译

概括来说，早期的机器翻译系统大多是基于规则的翻译系统，由双语词典构成，一个源语词汇对应一个或多个目标语词汇，再配备由语言学家辅助编写的一系列关于源语言和目标语言的语法规则，以及将源语言数据转换为目标语言数据的转换规则。

基于规则的翻译方法包括三种：直接基于词的翻译（直接法）；结果转换的翻译（转换法）；中间语的翻译（中间语言法）。

直接法是指把源语言（SL, source language）的单词和句子直接替换成目标语（TL, target language），必要时会进行语序调整、词性变换等。前面提到的美国乔治敦大学研制的机器翻译系统就是非常典型的直接法系统。美国拉特塞克（Latsec）公司使用的机器翻译系统，可进行俄英、英俄、德英、汉法、汉英的翻译，每小时可翻译 30 到 35 万词。直接法的原理如图 2-1 所示。

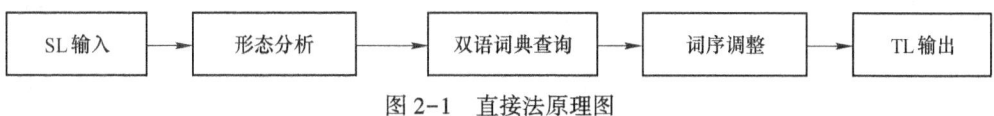

图 2-1　直接法原理图

基于直接法的翻译有很大的局限性，一般只能针对特定的语言对来设计。如果目标语改变了，系统有时候必须做很大的改动，因此移植性较差，通用性不强。

转换法是先对源语言文字进行一定程度的语言分析，去除语法的因素，生成源语言的中间表达方式，然后经由转换，生成目标语言的中间表达方式，再由目标语言的中间表达方式生成和输出符合目标语言语法规则的文字。简言之，就是指利用中间表达式在源语言和目标语之间过渡。转换法分三个步骤进行：第一步，把源语言转换成源语的表达式；第二步，把源语言的表达式转换成目标语的表达式；第三步，把目标语的表达式转换成目标语，也就是译文。转换法的原理如图 2-2 所示。

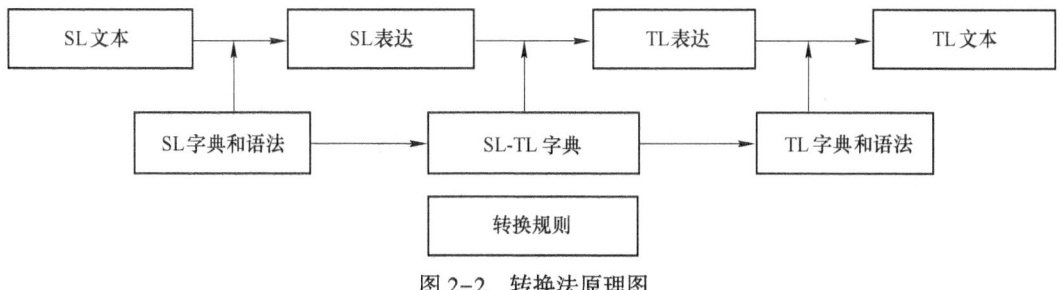

图 2-2　转换法原理图

目前来说，转换法的语言分析和实现在三种方法中最为复杂，得到的翻译质量在三种方法中也是最好的。

中间语言法是把源语言转成一种无歧义的、对任何语言都通用的中间语言（interlingua），再用目标语的词汇和句法结构表达中间语言的意义。这种中间语言是一种非自然语言，即它不是任何国家和地区人们使用的语言，而且它是一种没有歧义的表达方式。此外，中间语言不是唯一的，不同系统采用不同的中间语言。任意一种语言经由中间语言译为其他任意一种语言，理论上这种中间语言法是最有效率的一种翻译方式。中间语言法的原理如图 2-3 所示。

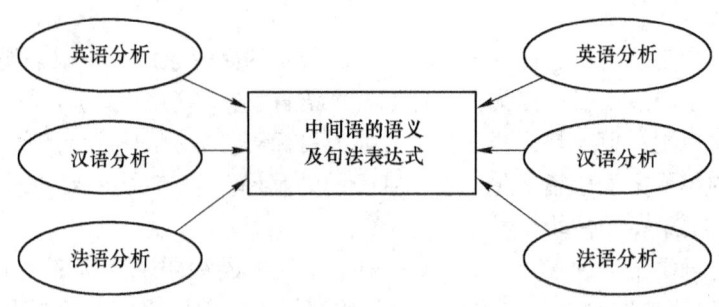

图 2-3　中间语法原理图

B　基于实例的机器翻译

基于实例的机器翻译的基本工作原理是根据类比（analogy）的原则，在双语对齐实例库（源语片段与译文片段一一对齐）匹配出与源语言文字片段最相似的文字片段，取出实例文字片段对应的目标语言翻译结果，进行适当的调整，最终得出完整的翻译结果。基于实例的机器翻译思想最早是由日本的尾真（Makoto Nagao）等人提出来的。他们认为，可以在机器中存储一些原文和对应译文的实例，让系统参照这些实例进行类比翻译。其工作原理如图 2-4 所示。

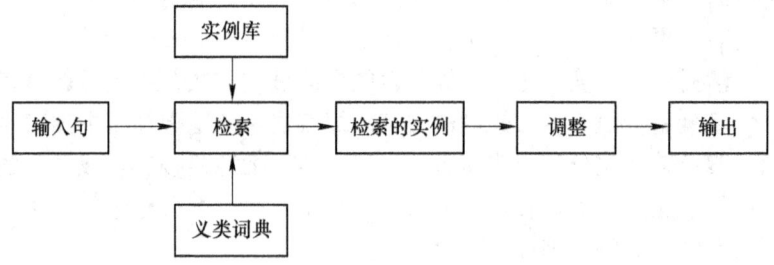

图 2-4　基于实例的机器翻译系统原理图

C　基于统计的机器翻译

IBM 公司的布朗（Brown）在 1990 年首先将统计模型用于法-英机器翻译。其基本思想是：把机器翻译问题看成是一个噪声信道问题，然后用信道模型来进行解码。翻译过程被看作是一个解码的过程，进而变成寻求最优翻译结果的过程，如图 2-5 所示。

$$S \longrightarrow 噪声信道 \longrightarrow T$$

图 2-5　基于统计的机器翻译原理

基于这种思想的机器翻译重点是定义最合适的语言概率模型和翻译概率模型，然后对语言模型和翻译模型的概率参数进行估计。语言模型的参数估计需要大量的单语语料，翻译模型的参数估计需要大量平行双语语料。统计机器翻译的质量很大程度上取决于语言模型和翻译模型的性能。此外，要找到最优的译文，还需要有好的搜索算法。简单说，统计机器翻译首先建立统计模型，然后使用实例库中的实例对统计模型进行训练，从而得到需要的语言模型和翻译模型用于翻译。基于统计的机器翻译取得了一定的成绩，但是纯统计设计却不能解决所有的问题。统计型的方法不考虑语言的语义、语法因素，单纯用数学的方法来处理语言问题，有着巨大的局限性。于是人们开始探索基于统计方法和其他翻译方法的联合应用。如基于统计和基于实例的机器翻译系统，基于统计的和基于规则的机器翻译系统等。

D 多引擎的机器翻译

多引擎机器翻译结合了以上各种机器翻译的元素，以利用每种翻译方法的长处。这一系统是由美国学者 Nirenburg 和 Frederking 提出来的。在多引擎机器翻译系统中，集成了基于规则的机器翻译引擎（rule-based MT engine）、基于实例的机器翻译引擎（example-based MT engine）以及词汇转换引擎（lexical-transfer engine），如图 2-6 所示。该技术的基本思路是：(1) 多个翻译引擎同时对输入的句子进行翻译。翻译的不仅是整句，还有句中的所有语段，同时对这些译文语段给出评分。(2) 各个翻译引擎共享一个类似线图的数据结构，根据原文语段所处位置将译文语段放在这个公共的线图结构中。(3) 对各个引擎给出的语段评分进行一致化处理，使之具有可比性。(4) 采用一个动态规划算法选择一组既能覆盖整个原文输入句子又具最高得分的译文语段作为最后输出的译文。

图 2-6 多引擎机器翻译的系统结构图

多引擎翻译系统能整合各个系统的翻译结果，最后输出总体上最好的翻译结果，弥补了单一方法的不足。PANGLOSS 是美国卡梅隆大学机器翻译中心开发出的多引擎机器翻译系统。该系统发挥了基于规则和基于统计引擎的优势，加上词汇转换引擎的帮助，有效地提高了机器翻译的译文质量。

2.1.4 翻译记忆

2.1.4.1 翻译记忆的基本概念

计算机辅助翻译的核心技术是翻译记忆（translation memory），指将已经翻译完成的译文与原文以语意对应的词组或句对为单位存储在数据库中，以便之后再翻译相似领域文件时加以匹配，重新利用。从本质上看，翻译记忆就是把先前人工翻译的结果进行复现。翻译记忆库（translation memory database）是指翻译人员建立起用于存储已有原文与译文的数据库，是包含所有翻译句子、句段及其源语言的电子化、中心化、统一化的数据库。当进行翻译工作时，计算机辅助翻译系统则在后台及时建立语言数据库。每当出现相同或相近的表达时，系统会自动提示用户使用记忆库中已经完成的译法或者最接近的译法。翻译记忆帮助翻译人员摆脱重复劳动，完成术语的匹配和自动搜索，提示高度相似句子的记忆和复现。

2.1.4.2 翻译记忆的工作原理

翻译记忆的工作原理可概括为：翻译人员打开源文件并应用翻译记忆库，翻译记忆系统会自动检索文本中的所有"100%匹配内容"（完全匹配内容）或"模糊匹配内容"（相似但不相同的匹配内容）。在提示"模糊匹配内容"的同时还会提示翻译人员翻译内容与记忆库中存储的内容在哪些地方不一致，翻译人员只需进行编辑、修改，不用再重新翻译。对于翻译记忆库推荐的"匹配内容"，翻译人员可以接受，也可以用新的翻译覆盖翻译记忆库推荐的"匹配内容"。库中"匹配内容"不存在的句段将由人工翻译，然后自动添加至翻译记忆库中。随着翻译工作的不断继续，翻译记忆库在后台不断更新、学习和自动储备新的翻译数据，翻译的可重复使用率进一步提高，同时提高了译者的翻译效率和准确性以及内容、风格和术语的一致性。同时，计算机辅助翻译系统内置了许多自动化质量检验功能，这些质量保证（QA, quality assurance）工具也有利于提高译文质量和审校效率。

2.1.4.3 翻译记忆的标准格式

当前主流的计算机辅助翻译工具都包含翻译记忆库的创建功能，但不同的计算机辅助翻译系统，翻译记忆库的格式并不相同。例如，SDL Trados 的翻译记忆库格式为 .sdltm，MemoQ 的翻译记忆库格式为 .mtm，Déjà Vu 的翻译记忆库格式为 .dvmdb 等。为了让使用不同计算机辅助翻译工具的翻译人员方便进行记忆库的数据交换与共享，业内规定了翻译记忆库的标准交换格式——TMX（Translation Memory eXchange）。翻译人员在使用 TMX 文件时只需将其导入至计算机辅助翻译工具，工具就会自动将其升级至适配于该工具的格式。表 2-2 总结了几种翻译记忆的格式标准。

表 2-2　翻译记忆相关格式标准

格式标准	说　明
TMX	实现不同翻译软件供应商之间翻译记忆库的互换
TBX	该标准允许含有详细词汇信息的术语资料进行数据交换
SRX	该标准解决了不同本地化语言工具处理"断句"规则不统一的问题
GMX	该标准包含"工作量"、"复杂性"和"质量"三个自标准
OLIF	该标准为开放词典交换格式
XLIFF	XML 本地化交换档案格式，是业界使用 XML 格式交换资料的惯用格式

2.1.5　术语管理

计算机辅助翻译技术的另一个重要组成部分是术语管理。术语管理是为了满足某种目的而对术语资源进行管理的实践活动，通常包括术语的收集、描述、处理、存储、编辑、呈现、搜索、维护和分享等。广义上说，翻译中出现的任何词汇，如果有重复使用的必要，都可以作为术语进行保存管理，保存的术语集合则为术语库。术语库可以重复利用，不仅是在本次翻译中，还可以在以后的其他项目翻译中重复使用。术语库不但可以提高翻译效率，更重要的是解决翻译一致性的问题。术语库还能提供快速查询和及时更新的功能，同时还可在其基础上进行各种新的研究和处理。

对于面向翻译的术语库，其建立原则、方法和格式由不同的用户根据具体需要来制定，并要求其使用者严格执行。术语库的改动、扩充和更新，也要统一掌控。术语管理是用户内部的业务语言标准化的过程。确定、采集和部署这一独特的术语系统需要进行多方面的努力，包括：决定术语系统需求的范围和标准化的潜在好处；审查任何此前已有的词汇表、风格指南或正式沟通格式，以确定核心的术语库；对新术语系统进行编目、审阅和批准，并将其部署到所有相关者和用户的工作流程中；在每种目标语言中为每个术语确定唯一可接受的翻译；向内部作者、营销联络员和外部供应商提供访问已批准的术语库的权限。

2.2　计算机辅助翻译的基本流程

计算机辅助翻译工具能够辅助人工更好、更快地完成翻译任务，其流程基本上可分为准备阶段、执行阶段和收尾阶段。

2.2.1　准备阶段

准备阶段也就是译前准备环节，在这一环节进行翻译文件分析，分析文件的语种、类型和格式解析难度，提取可译资源，去重并进行翻译字数统计，评估翻译难度，确认完成时间表，给客户报出合理价格。在进行文件格式解析时，若格式为可识别文字，可直接导入计算机辅助翻译软件进行字数统计；若文件为图像、音频或其他不可识别的格式，则需要使用图像识别或者音频识别等技术进行文字识别及格式转换。文字和格式分离之后，文字才能得以清晰呈现，再进行字数统计、报价。文字应以句段而非段落为单位，为之后分析文档重复率、匹配率以及预翻译做好准备，翻译之后能自动保存为双语对齐语料。

2.2.2　执行阶段

客户同意报价并签署合同之后，项目即进入到执行阶段，此时翻译活动可细分为译前、译中和译后三个阶段。

（1）译前阶段。对翻译文件进行预处理，主要有三项准备工作：首先，对翻译文件进行预处理，如格式处理；其次，查询已有相关翻译记忆库和术语管理库等，若没有已建术语库，则需要利用术语提取工具在原文中进行术语提取，并构建双语术语库；最后，完成上述步骤后，将文档、翻译记忆库以及术语库打包分发给翻译人员。

（2）译中阶段。翻译人员利用计算机辅助翻译工具进行翻译。将文本导入计算机辅助翻译工具进行句段切分。接着执行预翻译，预翻译完成后，结合相关翻译记忆库、术语库以及机器翻译提供的参考进行翻译和译文的编辑修改，保证译文的准确性、流畅性以及确保译文风格的统一。

（3）译后阶段。翻译工作完成后进行翻译质量检查和审校，并返还翻译人员进行修改，最终形成定稿。

2.2.3　收尾阶段

最终定稿交由排版部门进行专业排版。项目经理对全程进行监控，审核并确保准确无误后，将成品提交给客户。实际项目中还涉及语言资产管理（包括更新翻译记忆库和术语库，资料存放等）、反馈与总结等。

在实际操作中，还要根据项目类别、成本核算、处理难度、项目周期等调整各细分环节及岗位分派等工作。

2.3　计算机辅助翻译工具的主要功能[①]

借助计算机辅助翻译工具，翻译人员可完成下述一系列工作。

2.3.1　文字提取

计算机辅助翻译工具可以进行源文件文字提取操作。一般而言，主流的 CAT 工具可支持的文件格式多达数十种。以 SDL Trados 2017 为例，可以支持业界 72 种主流源文件格式的导入。计算机辅助翻译工具提取出文件中的可译部分，同时以标记的形式保证译文格式与原文格式一致。例如，在翻译一份 PPT 时，CAT 工具会自动提取出 PPT 中需要翻译的文字，在翻译人员翻译完后，由程序自动将文字回填至幻灯片中，最终保证动画效果不会丢失。这种提取文字和回填的方式，可降低翻译人员处理文件格式的复杂性。同时，计算机辅助翻译工具能够提供可视化翻译界面，翻译人员可直接看到翻译文本最终的输出效果并实时参考翻译句段的语境。

2.3.2　预翻译

在翻译进行前，翻译人员可利用计算机辅助翻译工具的预翻译功能将达到匹配的记忆库文本自动填充到译文栏中，翻译人员只需在已有文本上进行调整，在节约时间的同时保证了定义、专业术语以及翻译风格的一致性。预翻译的功能能够实现语料库的快速复用，可用于项目分析和文档预处理。对于高匹配值的文本，预翻译功能效果显著。

2.3.3　翻译记忆

翻译记忆是计算机辅助翻译工具的核心技术，也是其避免重复劳动、有效提高工作效率的关键。计算机辅助翻译工具的翻译记忆库自动匹配翻译句段，提示匹配值，并标记出翻译句段和翻译记忆库中匹配句段的差别，翻译人员可以有针对性地修改译文。同时应该注意到，翻译记忆也不是万能的，因为总有新的内容和含义是前期记忆所覆盖不到的。因此，在有效利用翻译记忆的同时，翻译人员仍需运用扎实的翻译功底进行翻译。

2.3.4　自动提示

主流的计算机辅助翻译工具提供拼写建议功能，可基于翻译记忆库中的词语和短语在翻译过程中给出拼写的参考建议。例如 SDL Trados 的 AutoSuggest 预测性输入技术，在输入之前，利用一定数量的翻译记忆对其进行训练，便可使用拼写建议。如在翻译建筑类文件时，在已经创建好 AutoSuggest 词典的情况下，输入"ele"会弹出"elevation"，"elevator"等词汇，该技术可使翻译人员的翻译生产效率最多提高 20%。

● 该内容参考了王华树（2017）所著的相关文献，致以感谢。

2.3.5　机器翻译

大多计算机辅助翻译工具都集成了机器翻译的接口。在自身记忆库中匹配不到翻译结果时将调用来自 Google、Bing、MyMemory 等机器翻译插件的机器翻译结果。当前 Google 的神经机器翻译的质量大大提高，可逐渐与人工翻译的结果相媲美，再加上定制化的机器翻译引擎的成熟运用，机器翻译+译后编辑模式将成为翻译界的主流工作模式，可极大提高工作效率。

2.3.6　质量保证

在翻译过程中，利用计算机辅助翻译工具自带的拼写检查，可有效帮助翻译人员改正拼写错误。例如 SDL Trados 2017 的 AutoCorrect 功能，与 Microsoft Word 中的工作方式完全相同，可高亮显示可能的错误。SDL Trados 2017 还可以定制显示过滤器，能够帮助翻译人员重点关注新旧译文的不同之处。利用计算机翻译工具中自带的翻译质量评估标准体系，可进行译文检查，标出错误类型并生成错误报告。该翻译质量评估框架还可以被自定义或者直接导入客户提供的翻译质量评估标准，从而检查出原文和译文术语缺失、错译、漏译、拼写标点、格式、大小写、空格错误、翻译术语不统一等错误，最大限度地确保交付译文满足客户的翻译质量要求。

2.3.7　翻译管理

计算机辅助翻译工具除了进行翻译工作以外，还可以实现项目分析、工作量估算、重复率计算、文档的合并与拆分、项目分发与打包、工作流程控制、审校、质量评估等工作，这些可归属于翻译管理功能的操作，贯穿于译前、译中和译后处理的各个环节。多数主流 CAT 工具不仅有内部审校功能，还有导出双语文件进行外部审校的功能。通过此功能，可以将翻译文件导出成常见的文档格式，交由没安装 CAT 工具的审校人员审校，完成后还可导回至 CAT 工具中。以 SDL Trados 2017 为例，审校人员可以在 Microsoft Word 中审校导出的译文，在重新查看导回至 Studio 的文件时，会发现当初修订的标记仍能保持不变，从而实现无缝流程，团队中的每个成员都能清晰地看到流程中更改的内容。

2.3.8　翻译协作

大量的翻译工作很多时候都是一个团队中多人协作完成的，翻译人员借助云端存储技术，可以和团队成员实时共享翻译记忆库和术语管理库，从而实现团队协作翻译。计算机辅助翻译软件的服务器管理选项中可进行多种项目设置，包括账号管理、任务管理、资源配置、权限设置、自动化流程管理等。项目过程中，可进行实时监控项目进度、查看项目状态、分析项目报告等。大型项目周期短，工作量大，为了按时保质完成任务，通常需要翻译和审校同步进行。翻译人员和审校人员可通过登录账号，进行在线操作或是利用计算机辅助翻译工具签发项目文件和资源到本地进行翻译协作，同步读写翻译记忆和术语，译审同步，实时讨论，添加标注，查看句段历史，实时纠错，不仅确保译文质量，更极大提升了翻译效率。

另外一种模式是通过基于云计算的平台集中式管理翻译数据，利用先进的实时快速检索技术，海量数据分布式存储和检索技术，通过开放 API 接入到众多的 CAT 工具中，包括桌面版 CAT 工具，各大在线辅助翻译系统以及各翻译企业内容翻译生产平台，实现跨系统、跨工具的写作翻译。

2.4　主流计算机辅助翻译工具

目前，市面上计算机辅助翻译软件有很多，本节选择功能比较齐全、用户数量比较多的几款软件做一介绍。根据 2016 年《中国语言行业发展规划报告》统计显示，在使用计算机辅助翻译工具的语言服务企业中，使用最多的 CAT 工具是 SDL Trados，选择该工具的企业数占比高达 91.1%，接下来依次是 memoQ（56.8%）、Déjà Vu（13.2%）、传神 iCAT（7.1%）、雅信 CAT（6.8%）、雪人 CAT（6.8%）、Heartsome（5.7%）、译马（1.1%）以及其他（0.4%）。

2.4.1　国外主流 CAT 翻译工具

2.4.1.1　SDL Trados（www.sdl-china.cn）

Trados 中文翻译为"塔多思"，由于 1984 年成立于德国斯图加特，2005 年 6 月被英国的 SDL 收购，更名为 SDL Trados 公司开发。该公司是一家全球化公司，遍布世界 38 个国家/地区，拥有 55 家分公司，是全球信息管理的领头羊。Trados 这一名称来源于三个单词：translation、documentation 和 software。其目前最新版本是 SDL Trados Studio 2017 版，分为 SDL Trados Studio 2017 Professional、SDL Trados Studio 2017 Freelance 和 SDL Trados Studio 2017 Starter Edition 三个版本。

Trados 是一款桌面端计算机辅助翻译软件，基于翻译记忆库和术语库技术进行运作，为翻译人员提供完整的工作平台，使其能够编辑或审校翻译内容、管理翻译项目、整理语料资源并连接至机器翻译。

进行翻译编辑工作时，Trados 可支持 57 种语言的双向互译，能够打开所有常见文件类型，具备实时预览、自动沿用、自动替换等功能，翻译完成后将译文自动转换为源文的文件格式，同时保持源文的样式和布局。

Trados 即时创建新的翻译记忆库，强大的对齐技术可自动将原始内容和已翻译内容联系起来。Trados 的翻译记忆库、术语库以及双语文件均采用行业通行标准，可在支持 XLIFF1.2 和 TBX 的工具之间共享文件、翻译记忆和术语数据。除了能快速创建翻译记忆库以外，其 upLIFT 功能可最大限度地帮助翻译人员利用翻译记忆库：（1）upLIFT Fragment Recall 可在"模糊匹配"和"无匹配"情况下，在记忆库中自动提供智能匹配片段；（2）upLIFT Repair 可使用翻译人员信任的资料，进行智能修复模糊匹配。

使用 Trados 的翻译人员还可定制 Studio 工作空间，其用户界面现代、直观，任何使用 Microsoft Office 的译员都会感觉熟悉。翻译人员可轻松排列工作空间，获得极为高效的布局。翻译人员可以选择在单独的屏幕上放置预览窗口，或者将翻译编辑器移动到屏幕顶部。工具、命令和帮助资源的分组井然有序，马上能找到所需对象。所有窗口都能轻松重置回默认位置。翻译人员还可以在所有视图中进一步个性化功能区工具栏，混合搭配各选项卡中的首选功能，自行设定命令定制快速访问工具栏。

SDL Trados Studio 的项目管理功能能够有效处理涉及多种语言的大型翻译项目。现在使用 Studio 2017，可以轻松创建含有多个文件和多种语言的翻译项目。SDL Trados Studio 还有一项重要功能，就是可以通过 PerfectMatch 充分利用之前已核准内容中的翻译。此外，Trados 先进的项目管理模块可自动生成分析报告，能通过文档中字符、字数、百分比呈现分析结果。Trados 还可自定义各个匹配率范围；可计算多文件项目中以及文件之间的重复率；支持导出重复句段、导出匹配率低于设定值的句段、支持分析单个文件内部匹配率功能；提供翻译项目质量评估功能，即可在项目中预先设定翻译质量评估内容以及相应的严重级别及扣分，可在审校后自动评估打分，帮助项目管理人员判断项目翻译的总体质量。

通过 SDL Trados GroupShare，翻译团队可以进行协作翻译。翻译团队可以使用包含文档、翻译记忆库、术语数据库和参考资料的协作式工作空间来共享项目和翻译资产。项目经理能够通过电子邮件分配特定任务，并通知团队成员何时可以开始处理任务以及何时可获得文件。每个人都可实时工作，充分利用最新核准的资产组合（例如术语和翻译记忆库），同时保持高度一致性。项目经理能够在每个点上监控进度，使得翻译流程有序进行。

通过自我学习 AdpativeMT 引擎，Studio 2017 可以帮助翻译人员将机器翻译出的译文提升到更高水平。在翻译过程中，AdaptiveMT 引擎会智能地对译后编辑进行自我学习并自动积累，不仅让译员减少对机器翻译产出的重复性编辑，还使得机器翻译产出的译文最大程度上遵循原文的风格。同时，Studio 还无缝集成了 SDL Language Cloud，可以访问 100 多个语言对的机器翻译。在没有翻译记忆库匹配项时，翻译人员完全可以信赖 AdaptiveMT 引擎提供的机器翻译产出的译文。Trados 的机器翻译创新技术缩减了成本、提升了生产效率，既省时又省力。

2.4.1.2　MemoQ（http：//www. memoq. com. cn）

MemoQ 是匈牙利 kilgray 翻译技术公司推出的一款操作简便、功能强大的翻译管理系统软件。该公司成立于 2004 年，是全球发展速度最快的翻译技术供应商之一。MemoQ 软件产品包括：MemoQ Translator Free（译者免费版）、MemoQ Translator Pro（译者专业版）、MemoQ Project Manager（项目经理版）、MemoQ Cloud Server（云服务器版）、MemoQ Server（服务器版）以及 Language Terminal（语言终端）。MemoQ 同时具备 C/S 架构（即客户端/服务器架构）和 B/S 架构（即浏览器/服务器架构），提供了一个广域网和局域网协作、跨操作系统使用 MemoQ 产品的系统环境。目前最新版本时 MemoQ 8。

MemoQ 翻译管理系统软件具有创新的功能和基于标准的开放平台，集成项目管理、流程管理、内容管理和客户管理等功能，可大幅提高整个翻译供应链的工作效率并实现绩效最大化。MemoQ 界面友好、功能齐全、操作简便，可以处理所有常见的文件格式，还可兼容 SDL Trados、STAR Transit 及其他 XILFF 提供的翻译文件。翻译记忆库、术语库、LiveDocs 数据库、片段提示库等重资源和轻资源易于配置，方便应用于翻译过程。MemoQ 也是集成外部语言资源较全的一款翻译辅助软件，包括机器翻译、翻译记忆插件、术语插件等；所需项目资源和自定义配置都可以在资源控制台、选项以及项目设置中操作完成，可进行翻译质量管理、自动翻译规则、项目模板、流程自动化等设置。

2.4.1.3　Déjà Vu（http：//www. atril. com）

Déjà Vu 是法国 Atril Language Engineering 公司所开发的一款计算机辅助翻译工具，也是 CAT 软件中较早采用高度集成的翻译界面的软件之一。其用户数量曾一度排名全球第二（仅次于 Trados）。最新版本是 Déjà Vu X3，分为 Déjà Vu X3 Free、Déjà Vu X3 Profes-sional、Déjà Vu X3 Workgroup 以及 Déjà Vu X3 TEAMserver。在继承先前版本优势的同时，Déjà Vu X3 的用户界面变得更为简洁清新，操作步骤也更为简化，甚至能够与 Dragon Nat-urally Speaking 等语音识别软件联用，将语音转化为文本进行编辑。同时，该版本在实时预览和译文质量检验等方面也有了性能提升。

Déjà Vu 具有高度集成的翻译环境，集翻译项目管理功能、翻译编辑功能、翻译记忆库管理功能、术语库管理功能、语料对齐功能、质量保证功能于一体。Déjà Vu 可以处理多种格式的文件，也支持多种格式的术语和记忆库导入导出，大大简化了项目管理程序，最大限度的避免出现项目资源混乱的情况。Déjà Vu 集成了 9 款世界主流的机器翻译引擎接口，包括 Google 机器翻译引擎、MyMemory 机器翻译引擎、微软机器翻译引擎和百度机器翻译引擎等，能提供高效的机器翻译译后编辑环境，大大提高翻译效率。Déjà Vu 可自定义各工作区域的位置和大小，其原文和译文工作区、术语显示区、翻译记忆显示区等都可以调节成用户自己所需要的大小，显示区中的字体也可以进行自主调节，各区域均位置可通过鼠标拖动自由调整。

2.4.1.4 Wordfast（http：//wordfast. net & http：//baike. com）

Wordfast 是 1999 年由 Wordfast LLC 开发的一款翻译记忆软件，能够为译者、语言服务企业与跨国公司提供翻译记忆独立平台的解决方案。该软件能够在 PC 或者 Mac 操作系统下运行，能够兼容 iPhone、iPad 和 Android 等操作平台。该公司现设在美国，目前全球拥有大约 3.5 万用户。该软件分为 Wordfast Professional、Wordfast Classic、Wordfast Anywhere 和 Wordfast Server，其最新版本分别为 Wordfast Professional 5 和 Wordfast Classic 6.45。

Wordfast 所支持的翻译记忆格式，都是简单的制表符分隔的文本文件，可以在文本编辑器中打开并编辑。Wordfast 还可以导入和导出 TMX 文件，与其他主流计算机辅助翻译软件交流翻译记忆。单个翻译记忆中最多可存储 1 百万个单位。翻译记忆和词汇表的语序可以颠倒，这样可以随时切换源语和目标语。

Wordfast Classic 是结合 Microsoft Word 使用的翻译记忆引擎，可以处理任何 Word 可以读取的格式，包括纯文本文件、Word 文档（doc）、微软 Excel（XLS）PowerPoint（PPT）、富文本格式（RTF）以及带标签的 RTF 与 HTML。

Wordfast Professional 是独立的多平台（Windows、苹果操作系统以及 Linux 等）翻译记忆工具。它自带过滤器，可处理多种文件格式，并提供基本的自由译者所需要的批量分析（可分析多达 20 个文件）。Wordfast Professional 可与机器翻译整合，能够在翻译记忆库无匹配时自动填充翻译的目标语段；其内置的对齐功能允许译者从先前翻译过的内容中创建翻译记忆库。

Wordfast Server 是一款安全的翻译记忆服务器应用程序，译者可以在任意地点实时共享翻译记忆，并从机器翻译工具（包括谷歌在线翻译工具）中检索数据。

Wordfast Anywhere 是一款基于浏览器的翻译记忆工具。译者可将翻译记忆存储在中央服务器上，每个用户可创立有密码保护的私人区域。这样可以不拘地点，只要能打开浏览器，就可以打开工作项目使用 Wordfast。用户还可以充分利用 Wordfast Anywhere 的公共大型翻译记忆库（very large translation memory）的记忆内容，也可以设立一个私人工作组，与合作译者共享翻译记忆。

2.4.1.5 OmegaT（http：//omega.org）

OmegaT 是一款使用 java 变成语言编写的免费开源计算机辅助翻译工具，最初版本由 Keith Godfrey 研发，目前的研发工作由 Didier Briel 带领的团队进行。其最新版本为 OmegaT 4.1.2。OmegaT 可在 Linux、Mac OS X 和 Microsoft Windows XP 或更高版本上运行，并且需要 Java 1.5。

OmegaT 支持创建、导入和导出翻译记忆，采用开放的翻译记忆格式，能与其他翻译记忆程序兼容；支持模糊匹配、自动匹配；具备强大的搜索功能，可同时翻译不同文件格式的多个文件，同时使用多个翻译记忆和术语表。OmegaT 可自定义各窗格的位置和大小；支持机器翻译（包括谷歌、微软翻译等）；支持自定义键盘快捷键快速执行各种操作等。

2.4.2 国内主流的 CAT 工具

2.4.2.1 云译客（原火云译客）（http：//www.power-echo.com）

云译客是传神（中国）网络科技有限公司推出的为译员和翻译团体打造的一个全面型在线翻译平台，连接翻译所需的一切资源，构建人机共译（AI Corporate Translation）的实时翻译协作环境。云译客平台包含 5 个功能模块：个人任务、小组任务、译客组任务、术语库管理以及语料库管理。目前最新版客户端为 PE-5.3.100。新版客户端基于老版本客户端及云译客网页版的升级与结合，解决了以往浏览器不兼容的问题。新版客户端嵌入了新版本 iCAT 翻译工具，新增了在线翻译功能；翻译资源管理，分类清晰，支持多种格式的导入导出；译客协作从稿件的上传派发到译稿回收，流程清晰，操作简单，并有谷歌机器翻译辅助。

值得一提的是，云译客平台从设计之初就基于开放的互联网模式，形成集大数据和互联网为一体的产能赋能平台，实现在线实时翻译交流协作，集成了丰富实用的工具。除了传统的翻译记忆模式以外，其倡导的基于人工智能（AI）的人机共译模式能充分发挥人工智能的优势，构建人机共译的实时翻译协作环境，让人工智能以伙伴的方式与译员和团队一起工作实现赋能，帮助译员从简单基础的工作中解放出来，将其智慧聚焦在更有价值和创造性的工作中。2017 年 10 月 25 日，以人机共译为核心的传神云译客平台国际版正式亮相，从实际应用看已经取得了良好的效果：（1）人工智能嵌入，人机共译，效率提升 30%；智能纠错，错误率降低 90%；（2）在线实时协作，翻译资产智能化数据深复用，项目进展一目了然，译审内容随时可见，项目周期缩短 50%；（3）语言资产保障，云端存储，权限隔离，能为用户保存数据超过 53 亿条。另外，云译客平台目前整合了多家处于国际领先水平的机器翻译引擎，未来还将持续不断地整合更多在不同语言、行业、领域内优质的机器翻译引擎，建立完整的评测体系，依据用户的需求和特征，推荐最适合的翻译引擎，让人机共译模式发挥最大的价值。

2.4.2.2 雪人 CAT（http：//www.gcys.cn）

雪人 CAT 是佛山市雪人计算机有限公司研发的计算机辅助翻译软件，其最新版本是 v1.39。雪人 CAT 是一种充分利用计算机的计算能力、记忆能力且和人的创造能力相结合的人机互动辅助翻译软件，由译者把控翻译质量，计算机提供辅助。该计算机辅助翻译工具分为免费版、标准版、服务器免费版和服务器标准版，支持多个语种的文件翻译。雪人 CAT 的特色包括：（1）简单易用、速度快，支持过百万句的记忆库和超过 50 万句/秒的搜索速度；（2）支持两种翻译界面，左右表格对照和单句模式两种界面随时切换；（3）嵌入在线词典和在线翻译，鼠标划选原文的生词后，立即显示在线词典的解析；将本地术语与在线翻译相结合，进一步提高在线翻译译文的质量；（4）双语对齐快速创建记忆库，高效的双语对齐工具，快速将双语资料转换为可用于翻译工作中的记忆库；（5）雪人 CAT 网络协作平台，网络协作平台为翻译团队提供实时的记忆库、术语库共享，并提供文档管理和团队成员间的即时通讯功能。

2.4.2.3　雅信 CAT

雅信 CAT 是北京东方雅信软件技术有限公司研发的专业辅助翻译工具，是为专业翻译人员量身打造的计算机辅助翻译工具，它集成了国际先进的 TM 技术、国内积累多年的 MT 技术，以及非常方便的人机交互方式，可以大幅提高翻译效率，节省翻译费用，保证译文质量，简化项目管理，适用于需要精确翻译的个人、机构和团体。它提倡让人和计算机进行优势互补，由译者把握翻译质量，计算机提供辅助，节省译者查字典和录入的时间。系统还有自学功能，通过翻译记忆不断积累语料，降低劳动强度，避免重复翻译。系统附带的 70 多个专业词库、700 多万的词条资源。对应不同排版系统的转换器可从源文档（如：Word、RTF、HTML、FrameMaker、RC 等）中抽取出要翻译的内容，在雅信 CAT 中完成翻译后再由转换器生成源文档格式，可完全保留其原始风格。最新的 5.0 版本具有库管理功能，分为词库管理和语料库（记忆库）管理，可以随时进行包括增加、删除、修改以及充实、丰富语料等管理工作。

2.4.2.4　Transmate（http：//www.urelitetech.com.cn）

Transmate 是成都优译信息技术股份有限公司于 2011 年自主研发的计算机辅助翻译系统，分为单机版、企业版和翻译教学系统。

Transmate 单机版集翻译记忆、自动排版、在线翻译、低错检查、支持 Trados 记忆库、支持多种文件格式、支持多种语言等功能于一体，最大限度减少翻译工作量、提高翻译效率、确保译文的统一性。其最新版本为 v7.3.0.1218。单机版的主要特点包括：个人永久免费使用；实时翻译记忆与模糊匹配；导出对照文件；全面管理语料库，无功能限制；一键检查低级错误（包括：标签未插入、漏译、数字不一致、括号、标点符号等错误）；内嵌有道在线翻译和 bing 在线翻译；支持导入和导出 Trados 记忆库。

Transmate 企业版集翻译、校稿、项目管理、语料库管理和排版于一体。其采用项目的形式使多个项目参与者可以相互协作，同时翻译一个或多个文件；词汇统一、译文统一、提升译文质量；项目管理员可以实时监控项目进度，确保项目按时完成，对于大型项目的翻译质量和速度的提高非常有效。支持 13 包括中文简体、英语、德育等 13 种语言。针对翻译公司项目流程，Transmate 企业版设计共计 5 个模块：系统管理员端、项目管理端、翻译端、校稿端和语料库管理端。实现完全通过软件完成稿件分配、智能去重、协同翻译、共享术语/翻译记忆/高频词、语料管理、进度监控、稿件导出等流程。

Transmate 翻译教学系统包括系统管理平台、教学管理平台、学生翻译平台以及语料管理平台。该系统是为学生提供的翻译学习辅助软件，帮助学生熟练使用计算机辅助翻译软件。Transmate 翻译教学系统实训模拟翻译公司项目操作的流程，帮助学生在从事翻译行业后能很快地投入翻译工作、适应工作环境、增强就业的个人竞争力。

系统管理端在 Transmate 翻译教学系统中拥有最高的管理权限，管理员可以对教师账号、学生账号、班级以及学习资料进行统一管理。教师可以通过教师端进行教学系列工作的管理，包括公告管理、课程管理、作业管理、考试管理、模拟实训管理以及语料库管理。学生通过学生端完成预定的教学内容外，还可以参与翻译实训，进行翻译实战练习，通过对 CAT 工具的学习，掌握翻译公司的运营模式。

2.4.3　计算机辅助翻译工具选择的维度

目前，市面上主流的计算机辅助翻译工具都各自拥有大量的客户群，本质上讲无分伯仲，只是功能特征不同、市场定位不同、用户群体不同而已。选择适合自身的辅助翻译工具，需要从以下几个维度加以考虑。

2.4.3.1　用户的定位与分类

不同类型的客户群体，对计算机辅助翻译工具的需求是不相同的，他们会根据自身的具体情况选择不同的 CAT 工具。对客户群体大体上可以分为以下 5 种：（1）初学者及新入行者；（2）资深业者；（3）翻译公司与语言服务提供商 LSP；（4）政府与大型企业；（5）高校与教育培训机构（文科院校、理工科院校）。例如：针对初学者和新入行者，CAT 工具的操作界面是否友好，对机器配置要求的高低，是否能通过几个简单的步骤及少数几个命令和选项就能处理好大多数手头上的翻译工作，成为选择的重点。而对于资深业者，一款适合自己工作特征的 CAT 工具必不可少，熟练操作是最重要的。对于翻译公司与语言服务提供商，涉及投资额度，即产品价格、使用和部署工作的难度、如何形成并管理和维护企业自身的翻译记忆库等等问题，都是需要考虑的重要指标。

2.4.3.2　客户要求及项目需求

实际的翻译业务中，客户的需求是第一位的。首先得明确客户的要求，针对客户要求选择适宜的 CAT 工具；若客户无明确要求，则要根据项目需求选择。例如，一个项目如果由译者独立完成一份稿件的翻译，则可使用单机版 CAT 工具；如果参与的项目需要协作翻译完成，则必须使用可以实现协作翻译的 CAT 工具。

2.4.3.3　系统环境要求与软件稳定性

根据用户同类型和兼容性选择 CAT 工具，大部分 CAT 工具的适用系统环境为 Windows 操作系统，仅有少数 CAT 工具可在 Mac 系统使用。不同的 CAT 工具对计算机操作系统版本的兼容性不同，一些内嵌在 MS-Office 的 CAT 工具对 Office 版本的要求也不同。同时，有些 CAT 工具是基于 Java 语言编写的，要求用户计算机中必须安装有适用该软件的 Java 程序。不同的 CAT 对计算机内存、硬盘等资源的占用率不同，CAT 软件所支持导入文件的格式不同，自身的稳定性也不同，这些都是选择 CAT 工具时需要综合考虑的因素。

2.4.3.4　CAT 工具的价格

CAT 工具的价格是用户在选择时需要考量的重要因素，因为所花费用不仅包括购买该工具的价格，还包括购买后的培训费用及后期维护、更新和升级的费用，有些工具还会根据用户的需求提供个性化定制，这也需要计费，整体算下来，也是一笔可观的消费。

2.4.3.5　其他因素

CAT 工具的市场占有率和普及率，功能或版本的迭代频率，工具技术的发展趋势，售后支持程度及期限等因素，都是选择 CAT 工具时需要考虑的。

2.5　计算机辅助翻译技术的展望

在科学技术与全球化经济飞速发展的今天，语言服务业的面貌发生了巨大的改变，传统的翻译模式正在被科技所颠覆。从早期的词典匹配，到词典结合语言学专家知识的规则翻译，到基于语料库的统计机器翻译，再到基于神经网络的机器翻译等，各种各样的翻译软件为人们提供了实时、便捷的翻译服务。"工欲善其事，必先利其器"，计算机辅助翻译系统具备传统人工翻译无可比拟的优越性，帮助翻译人员在专业领域实现"保证译文内容的准确性、术语使用的一致性和译文产出的经济性"。

随着大数据、云计算以及人工智能时代的到来，未来计算机辅助翻译的功能会越来越强大，其集成化和自动化程度会越来越高。从最初的仅支持记忆库模糊匹配和译文编辑，逐渐发展到支持译前预翻译、文件自动分发，译中文本自动输入、机器翻译提示，再到译后的质量保证、文本审校等功能的投入使用，再加上独立的模块或工具对翻译记忆库和术语库等进行管理和维护，计算机辅助翻译系统更加集成化和自动化，技术越来越成熟，翻译记忆检索的精准度随之得以极大的提升。

未来"TM（Translation Memory）+MT（Machine Translation）+PE（Post-editing）"模式将更加普及。随着机器翻译技术的愈加成熟，其翻译结果的准确率大幅提升，很多都可与人工翻译的结果相媲美。现如今，主流的机器翻译系统都提供开发的 API 接口，方便 CAT 工具调用机器翻译功能将原文导入已有记忆库进行匹配，之后达不到设定匹配率的句子则借助机器翻译给出的结果，再加上译者的编辑整理，译文的准确度提升的同时，极大地节约了翻译成本，提高了翻译效率。当前，基于人工智能（AI）的人机共译模式构建起人机共译的实时翻译协作环境，让翻译的效率和精准度得以不断提升。

在大数据、云计算、网络化的时代，CAT 工具帮助译者摆脱了空间的限制，不仅可以异地分配任务、协作完成任务，数据存储也可以由本地存储转为云端化。目前，越来越多的语言服务企业选择在云端完成翻译任务并存储语言数据。同时，大量翻译交易平台和翻译众包平台的出现是未来翻译在线交易的发展趋势。通过交易平台不仅可以获得更多的语言服务商信息，更好地做出选择，还能免去中间环节，让翻译需求方和分布在各地的翻译方直接对接，提高工作效率，降低工作成本。

总之，计算机辅助翻译不断发展，加快了翻译速度，优化了翻译流程，降低了翻译成本，提升了翻译行业的整体生产率，可谓"翻译技术，利国利民"，计算机辅助翻译的发展未来不可限量。

思 考 题

2-1　计算机辅助翻译的核心技术是什么，它的工作原理是什么？

2-2　计算机辅助翻译的基本流程有哪些？

2-3　计算机辅助翻译软件的功能有哪些？

3 广义的计算机辅助翻译工具

【本章提要】 随着科技的不断进步，计算机早已成为人们日常生活工作和学习中必不可少的重要组成部分。计算机技术的高速发展也促进了语言服务行业的迅猛发展。翻译手段与工具也日新月异。翻译工作者逐渐告别了传统的纸质翻译的低效时代，纷纷采用电子化的翻译。利用计算机"码字"翻译，采用文字处理软件来编辑文稿，借助各种计算机辅助翻译工具来提高翻译工作效率，成为新时代翻译工作的大趋势。本章内容主要介绍在译前以及译中常用的计算机辅助翻译工具，结合实例演示这些工具常见的使用方法和技巧。

3.1 广义的计算机辅助翻译工具概述

3.1.1 基本概念

计算机辅助翻译（computer-aided translation，简称 CAT）工具有广义和狭义之分。从广义上来说，计算机辅助翻译工具是指"能在翻译过程中提供便利的所有软硬件设施，如文字处理软件、文本格式转换软件、电子词典、在线词典和包括计算机、扫描仪、传真机等在内的硬件设备"，包括在翻译过程中用到的综合的计算机技术。从狭义上来说，它专指"为提高翻译效率，优化翻译流程而设计的专门的计算机翻译辅助软件"，包括翻译记忆系统、术语管理工具、对齐工具、项目管理工具和质量保证等。

3.1.2 广义与狭义计算机辅助翻译工具的区别

根据计算机辅助翻译工具的基本概念可以看出，广义的翻译工具是指那些并非为翻译工作专门使用的软硬件工具，这些工具包括常用的文字处理软件、电子辞书软件以及相关硬件，如外部存储设施、扫描仪等。

狭义的计算机辅助翻译工具指利用翻译记忆来简化重复劳动的信息化技术。当前主流的 CAT 翻译软件如 memoQ、Déjà Vu、SDL Trados 以及术语库、翻译记忆、项目管理和质量保证等技术都属于狭义的计算机辅助翻译的范畴。简单来说，计算机把译者做过的翻译工作全部记录下来，存放到特定的数据库（翻译记忆库）中，等再次遇到曾经翻译完成的句子或术语时，则会实现句子或术语的复现，为译者省去了大量重复劳动和排版的时间，从而提高了翻译效率。

3.1.3 广义的计算机辅助翻译工具的作用和优势

虽然计算机在人们的日常生活和工作中的应用日益广泛，计算机辅助翻译在中国经历了多年的发展，但是公众对计算机辅助翻译的认识，仍然存在着很大的局限性。与传统的人工翻译相比，计算机辅助翻译工具最为突出的一大优势在于它能够让译者节省大量的时间，极大地提高译者的工作效率。同时，该工具介入翻译活动，也为实现由单人翻译向多人合作翻译提供了条件，有利于实现固定语句译文的统一，一方面保证了译文的前后统一，另一方面也保证了多位译员之间的统一。在线词典工具相对于传统的纸质词典而言，更新速度快，收录词汇量大，查询便捷。电子词典的应用和普及，极大地降低了译者的翻译负担。维基百科、百度百科、专业数据库、平行语料库等网络资源也为译者提供了丰富的参考资料，能够辅助译者快速完成高质量的译文。各种搜索工具的使用也为译者的翻译工作提供了极大地便利。谷歌翻译、有道翻译等在线翻译工具，虽然译文的准确性不能完全保证，但是其提供的译文可以在词汇和句子结构方面为译者提供参考，为译者寻找和确定准确的译文开拓了思路。

3.2　常见的广义的计算机辅助翻译工具

本部分内容主要介绍 Microsoft Office Word 文字处理、文本格式转换，通过对电子词典、搜索工具和软件的介绍来涉及一些常用的搜索技巧。传真机、扫描仪等硬件设备虽然也属于广义的计算机辅助翻译工具，并且在译前准备工作中的作用至关重要，但在本章内容中不再赘述。

3.2.1　文字处理

文字处理是翻译工作中非常重要的环节，同时文字处理也是计算机主要的用途之一。

在《计算机与科技翻译》一文中，周光父肯定了计算机在文字处理方面的优势。他认为，计算机给译者的工作带来了极大的便利：打字输入从总体上来说提高了翻译的速度；汉字输入方案的造词功能可以大大提高翻译的速度；大多数文字处理软件都具有强大的编辑功能；文字处理软件大都有强大的处理插图、表格和公式的功能；语音输入软件进一步提高了输入速度。

文字处理软件，作为办公软件的一种，一般用于文字的格式化和排版。文字处理软件的发展和文字处理的电子化是信息社会发展的标志之一。文字处理软件的许多功能可以帮助译者提高工作效率，此类功能包括"自动更正"、"自动图文集"、"文件比较"，拼写检查以及语法检查等功能，对翻译和校对工作都能提供便利和帮助。

目前常用的文字处理软件主要有微软公司的 Word、金山公司的 WPS、永中 office 和开源为准则的 Openoffice 等。这其中，最流行的文字处理程序非微软公司的 Microsoft Office Word 莫属，它结合了文字编辑、表格制作、图形编辑、版面设计以及某些特殊效果的新生代文字处理系统。它的功能最为强大，兼容性最强。日常工作中熟悉和经常使用的 Word 功能也仅仅占它所有功能的冰山一角，例如查找和替换、修订、批注、分栏等功能，与译员的翻译工作密切相关，绝大部分用户已经非常熟悉，在此不再赘述。

下面简单介绍一下 Microsoft Office Word 在日常应用中非常实用但又常常被忽视的两项功能：并排查看和宏。这两项基本功能对译员的翻译工作也是大有帮助的。

3.2.1.1 并排查看

并排查看功能可以将两个文档的窗口左右并排显示在桌面，供用户进行比较检查两个文档的异同，具体操作如下。

首先打开需要对比查看的两个 Word 文档，点击"视图"项下的"并排查看"按钮（注意：因 Microsoft Office 版本的不同，操作界面略有差异，所以"并排查看"按钮的位置也会不同。如 Word 2003 中，该按钮是在"窗口"项下，但是基本操作和功能是相同的）。译者可以将原文显示在左边窗口，将工作文本的内容显示在右边窗口进行翻译和校对。如图 3-1 所示。

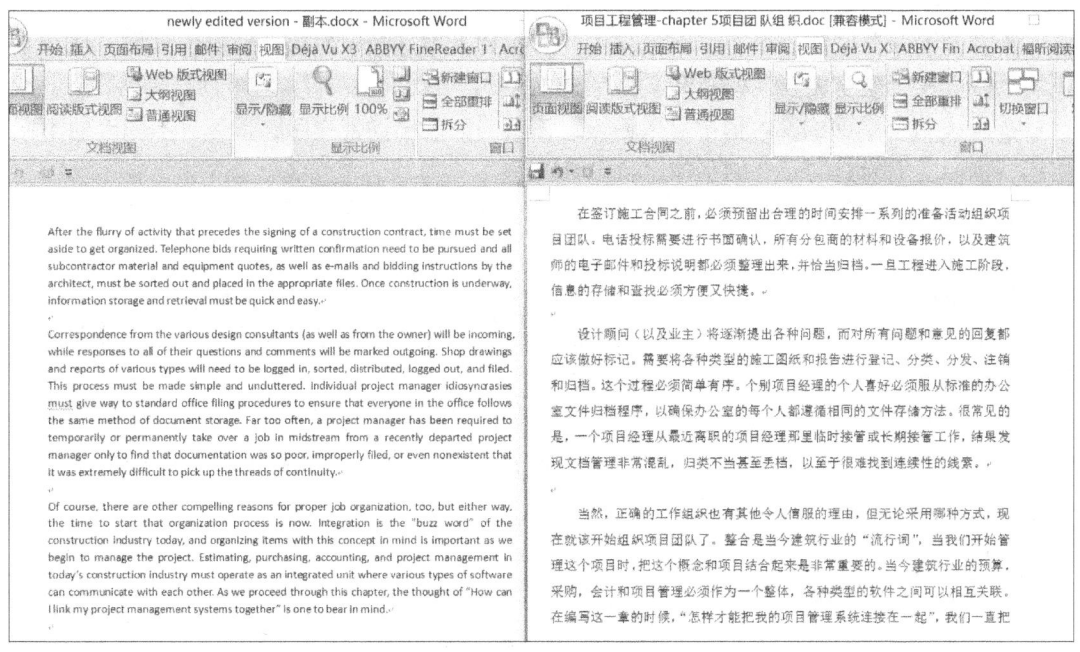

图 3-1 Microsoft Word 的并排查看

需要注意的是，如果任务栏打开了两个以上的 Word 文档，窗口会弹出对话框，提示选择对比查看的文件名。

另外，在并排查看的时候，用户可以选择"同步滚动"选项，这样可以实现在滚动当前文档的同时，另一侧文档同步滚动。

此外，在"视图"项下也可以实现单个 Word 文件的对比查看功能，即使用窗口的"拆分"功能。相对于在纸质文本和工作文本之间不停转换或者在电脑屏幕上不停地转换工作文本而言，这种方式大大增加了工作的舒适度。

3.2.1.2 宏

在处理文档的时候，大量的重复性的操作常常让人忙得焦头烂额。这时候就不得不提到文字处理软件中相当强大的工具——宏，宏可以使这种大量繁琐的重复性操作轻松得到解决。

宏是微软公司为 Microsoft Office 软件包设计的一个特殊功能，目的是让用户文档的一些任务自动化。"宏"是软件内多个操作命令的组合，以实现任务执行的自动化。

Word 提供了两种创建宏的方法：（1）宏录制器和 Visual Basic 编辑器。对于宏语言和宏编程不熟悉的用户，可以首先执行一系列操作，让宏来"记住"这些操作以及顺序，也就是录制宏；（2）高级的用户可以通过内建的宏编程来直接使用该应用程序的功能。

例如，可以利用"录制宏"命令，实现快速排版，具体操作如下。

打开需要编辑的 Word 文档，在"视图"工具栏中找到按钮"宏"，选择点击"录制宏"。

在弹出的"录制宏"对话框中，给"宏"取一个名字，在"宏名"文本框中输入已经给定的名字，例如"正文字体设置"。

给宏设置保存位置，在"将宏保存在"下拉列表中选择宏的保存位置。例如，选择系统的默认方式"所有的活动模板和文档"选项。

在"说明"下面的文本框中可以输入对该宏功能的描述性文字，以区分不同宏的不同功能，例如"该宏是对正文的字体进行设置"。

点击"确定"后即开始进行宏的录制，这时候在"宏"的项下多了一个按钮："暂停录制"，这表明宏正在录制中。

为方便进行对比，把字体设置为"黑体"，字号选"10 磅"（需要注意的是，如果以中文字号选择字的大小，如"小四"，则宏以最接近的磅值数设置字号大小）。对字体设置完成后，点击"停止录制"，即完成宏的录制。

选中需要编辑的文档内容，然后点击"视图"项下的"查看宏"，弹出如图 3-2 所示的对话框后，选中已经录制的宏，然后点击右边的"运行"命令即可自动运行刚才的操作，对其他部分的字体进行相同的设置。

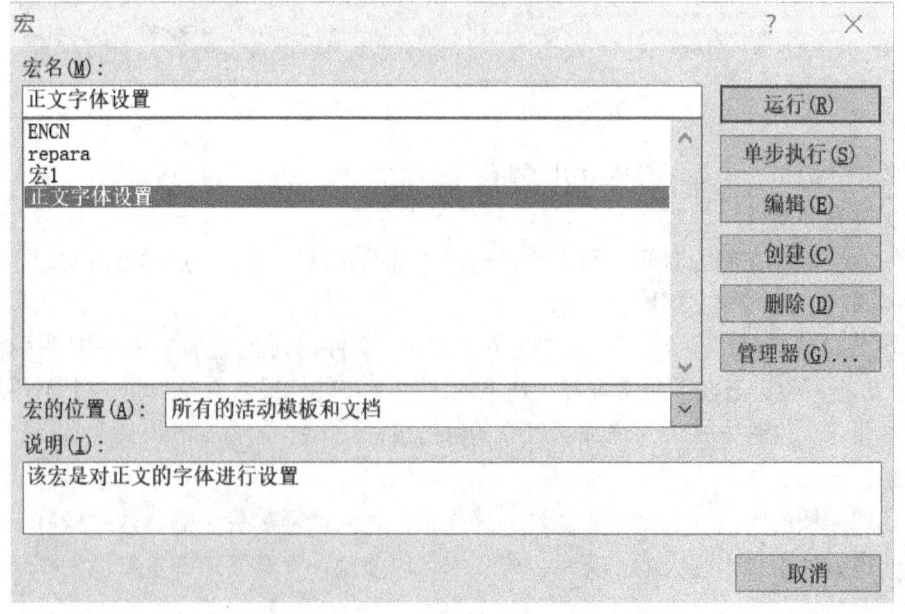

图 3-2 "查看宏"界面

该宏运行后的结果如图 3-3 所示。

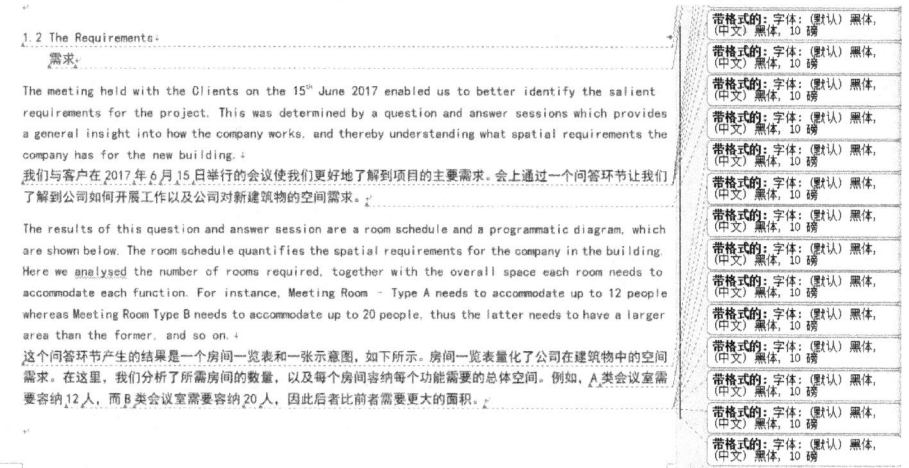

图 3-3　宏运行后的结果

另外，为便于下次快速运行该宏命令，可以把该宏添加到快速访问工具栏中，具体操作如下。

宏录制完成后，点击左上方的 Office 按钮，选择"Word 选项"，弹出"Word 选项"对话框，如图 3-4 所示。

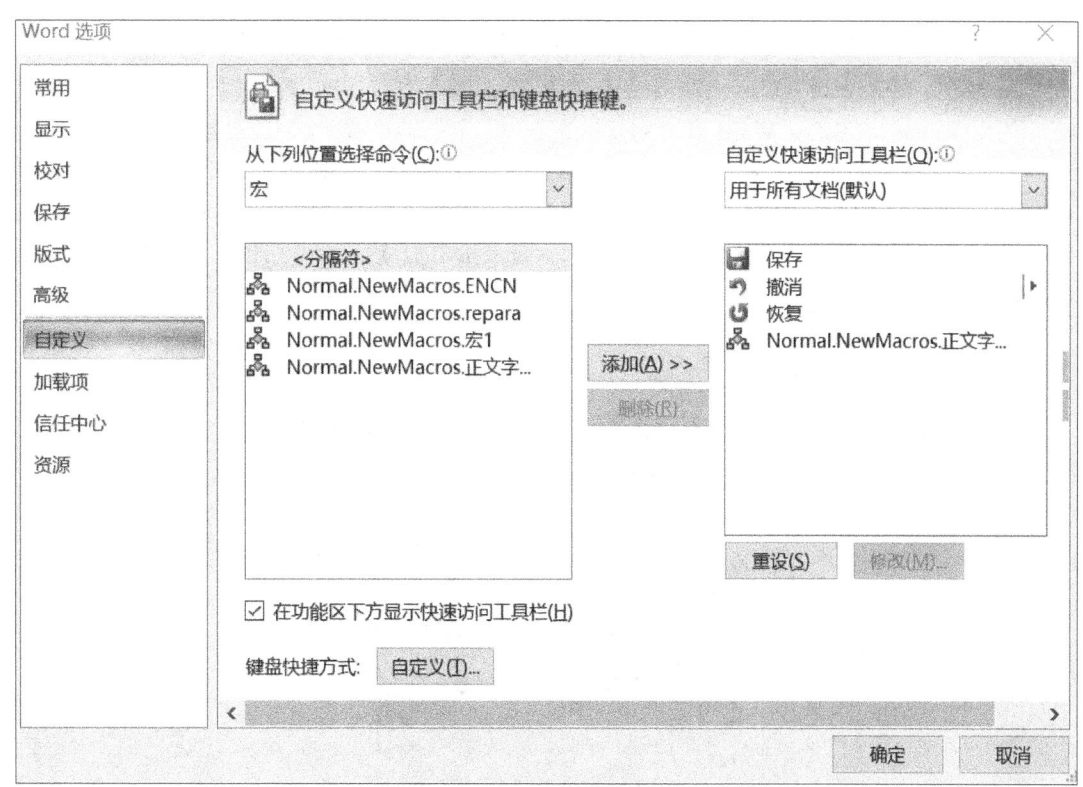

图 3-4　"Word 选项"对话框

修改"自定义"设置，在"从下拉位置选择命令"栏内点选"宏"，然后选取录制的宏添加到"自定义快速访问工具栏"内，最后点击"确定"，录制的宏就显示在快速访问的工具栏了。这样下次再进行此操作，只需要点击该宏命令即可。

宏是将一系列 Word 命令和指令合并成一个单独的命令，它比较常用的典型用法可以加快日常文字编辑和格式设置，自动执行一系列复杂的任务。它的强大功能从上述举例中可窥见一斑。

总体而言，计算机对翻译的影响不仅体现在它在文字处理方面的优势，更多地则表现在其对翻译流程所带来的深刻影响。

3.2.2　文件格式转换

文件格式又称文件类型，是指电脑为了存储信息而使用的对信息的特殊编码方式，是用于识别内部储存的资料。比如，有的储存图片，有的储存程序，有的储存文字信息，每一类信息都可以一种或多种文件格式保存在电脑存储中。每一种文件格式通常会有一种或多种扩展名来识别。当然，也有的可能没有扩展名，例如 Hosts 文件。通常情况下，文件格式是由扩展名来识别的。

在实际的翻译过程中，译者经常遇到的问题就是文件格式转换的问题，主要集中在 PDF 文件和 Word 文件之间的相互转换。下面将分别介绍这两种格式的文件在转换过程中常用到的转换工具。

3.2.2.1　Word 转换成 PDF

Word 转换成 PDF 格式，操作起来相对比较简单，在本文简单介绍两种方法。

A　使用 Mircrosoft Office Word 自身的功能

使用 Mircrosoft Office Word 自身的功能把 Word 文档转换成 PDF 是最常用的方法。

例如，Microsoft Office 2007 中，在 Word 的文件菜单栏中，找到"另存为"，在备选项中选择"PDF 或 XPS"或者 Adobe PDF，又或者"其他格式"中"保存类型"栏中选择"PDF 或 XPS"。当然，其他的 Microsoft Office 版本也可以实现这一功能，只是操作界面略有不同罢了。

如果在该"保存类型"栏中没有"PDF 或 XPS"，则需要通过"Word 帮助"加载一个加载项。具体操作如下：

点击 Word 右上角的 ⊚ 图标按钮打开"帮助"，如图 3-5 所示。

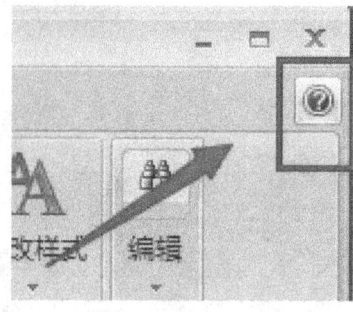

图 3-5　"帮助"按钮

在搜索框中输入"加载项 PDF 或 XPS"，如图 3-6 所示。然后点击搜索图标。

图 3-6 加载项 PDF 或 XPS

在搜索结果中点击第一个链接，进入 Microsoft 官网下载 Microsoft Office 加载项：Microsoft Save as PDF 或 XPS，如图 3-7 和图 3-8 所示，点击"下载"即可，下载完成后再按提示点击"安装"。

图 3-7 Microsoft 官网

图 3-8 加载项下载

下载安装成功后，在 Word 文件的"另存为"以及"其他格式"的保存类型里就可以找到"PDF 或 XPS"选项了。

B 使用 Bacth Word to PDF Converter 软件

把 Word 转换成 PDF 常用的另外一种方法，是利用 Bacth Word to PDF Converter 软件。该软件是一款功能强大且简单实用的 .doc 转 .pdf 软件。不仅可以快速、轻松地将 .doc、.docx 文档转换为 .pdf 文档，并且可以对 PDF 文档进行编辑。它还支持将其他格式的文件，如 DOC、TXT、RTF 等文件批量转换为 PDF 文件，是工作中最好的 pdf 转换器。

Bacth Word to PDF Converter 的工作主界面如图 3-9 所示。

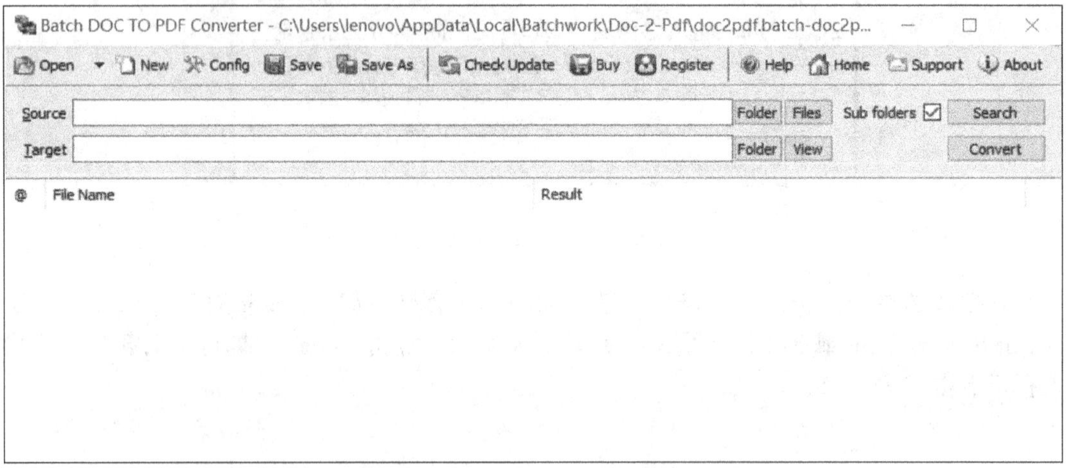

图 3-9 Bacth Word to PDF Converter 主界面

3.2.2.2 PDF 转换成 Word

相对于 Word 转换成 PDF 而言，PDF 转换成 Word 难度大一些，尤其是由于版权的原因，某些 PDF 文件还有可能使用了加密设置。在这样的情况下，译者还必须去掉 PDF 密码，而解决密码问题比较好的软件有 Passware_Acrobat Key、Adult PDF Password Recovery v2.2.0 和 PDF Password Remover v2.2。所有这些软件以及具体的操作方法都可以通过网络查到，本书不再赘述。

用过 PDF 的人都知道，PDF 有两种形式，一种是文本格式，另一种则是图片格式。鉴于 PDF 是由 adobe 公司开发的软件，具有自己独立的操作系统，当它置放到最常用的 Windows 系统中的时候，经常就会出现这样或那样不兼容的问题。

下面将分别介绍一下如何把这两种形式的 PDF 文档转换成 Word 文档。

A 文本格式的 PDF 文件处理

对于文本格式的 PDF 文件一般可以采用一些 PDF 转化工具，常用的有 Nitro Pro 7、ABBYY FineReader、Solid Converter PDF、PDF Converter 和 Adobe Acrobat Pro，在它们的官方网站都可以找到其试用版本。这类文本格式的文件转化过来之后，它们都能够较好地保持原文格式。几款常见的 PDF 转化工具的转换效果如表 3-1 所示。

表 3-1　几款常见的 PDF 转化工具的转换效果比较

Nitro Pro 7	文字保持比较好，有文本框
ABBYY FineReader	原文识别率较高，格式保持较好，有文本框
Solid Converter PDF	部分文字有缺失，无原文格式，无文本框
PDF Converter	原文识别率较高，基本保持了原文格式，有文本框
Adobe Acrobat Pro	原文识别率较高，但是原文格式丢失，无文本框

通过对比不难看出，这几款转换工具各有利弊。用户可以根据自身的实际需要，有选择性地使用不同的转换软件。

B　图片格式的 PDF 文件处理

对于图片格式的 PDF，排版格式通常会比较复杂，图片和文字相互穿插，图片中有文字处理起来就显得比较棘手。处理这种文件，先要采用文字识别软件把它们转变为文字形式。

常见的文字识别软件有 ABBYY FineReader、清华紫光 OCR、汉王 OCR 和尚书七号等。目前而言，西文识别率最好的应该是 ABBYY FineReader，基本上能够对原文保持较好的格式；中文识别较好比较而言还是清华紫光 OCR。

此外，还有一些在线的 OCR 软件，用户把自己的文档发送到它指定的网站，就可以进行转换，这些在线的 OCR 软件有 OnlineOCR 和 FreeOCR 等，只不过这些在线的 OCR 软件文件的大小有限制。对于译者而言，推荐使用 ABBYY 和清华紫光 OCR 软件。

以下将以 ABBYY FineReader11 为例，介绍该程序的强大之处以及在译前如何使用文字识别工具将 PDF 文件转换成 Word 文档。

3.2.2.3　ABBYY FineReader11 的安装及使用

ABBYY FineReader 是一种光学字符识别系统（OCR），用于将扫描文档、PDF 文档、图像文件（包括数码照片）转换为可编辑格式。它能转换任意类型的 PDF，支持的功能包括：扫描到 Word；将 PDF/图像、图片转换为 Word 文档或者可编辑/可搜索的 PDF 文档；另外也支持将 PDF/图像转换为 Excel 文档。目前最新的版本是 2017 年 1 月正式发布的 ABBYY FineReader14，该版本对电脑系统有一定要求，即 Windows 7 以上，不支持 Windows XP 或 Vista。

A　ABBYY FineReader11 的功能特色

从用户体验的角度来看，该软件的优势主要体现在几方面。

（1）识别准确率高，速度快。该软件识别准确率高达百分之九十以上，并且转换速度快，程序启动后，立即启动文档转换，访问基本或高级转换任务更加便捷。

（2）支持 Office。可以将文档和 PDF 文件的图像直接识别和转换为 OpenOffice Writer 格式（ODT），准确保留其本机布局及格式，并且轻松地将文档添加到 .odt 档案。

（3）界面友好。ABBYY FineReader11 拥有强大的新图像编辑工具，包括亮度和对比度滑块以及水平工具，以确保能够获得更准确的转换结果。

（4）保存格式多样。对转换文档进行编辑后，ABBYY FineReader 11 可以导出各种格式的结果，包括：Microsoft Word、Microsoft Excel、Microsoft PowerPoint、Lotus Word Pro、Corel WordPerfect、Sun StarWriter 和 Adobe Acrobat/Reader。另外，经该软件识别的文本可

以被保存为多种文件格式，包括 PDF、HTML、Microsoft Word XML、DOC、RTF、XLS、PPT、DBF、CSV、TXT 和 LIT。

此外，ABBYY FineReader11 不仅支持多国文字，还支持彩色文件识别，让用户能够获得原汁原味的内容，而且还能够保留原稿件插图和排版格式等，使用者再也不需要在使用扫描软件、扫描仪、OCR、Word 等等软件之间进行繁琐的相互转换工作。此外，经 FineReader11 处理过后的文件再启动和加载方面也非常迅速便捷，为用户能够节省许多时间。

B　软件的安装

首先，购买并下载安装程序包，运行自解压程序将安装文件解压出来。

解压完毕自动运行安装程序，点击"安装"。

选择安装语言，选择"简体中文"。

接受协议，点击"下一步"，然后选择安装类型和安装路径。默认"典型"即可。

勾选"创建桌面快捷方式"，点击"安装"后开始软件的自动安装。

图 3-10 是 ABBYY FineReader11 的工作界面。

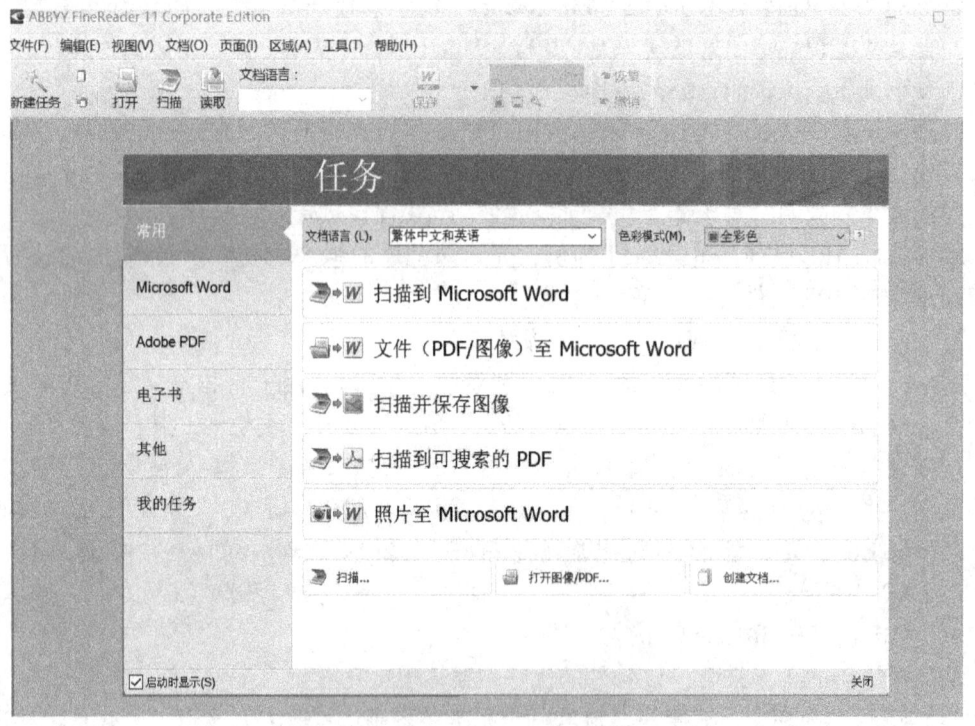

图 3-10　ABBYY FineReader11 工作界面

C　如何将 PDF 文件转换成 WORD 文档

利用 ABBYY FineReader 将 PDF 文件转换成 WORD 文档过程中，最常用到的功能是"验证"和"编辑图像"。

a　验证功能

首先，在 ABBYY FineReader11 的工作界面，点击"打开"，选择需要处理的 PDF 文档，点击"读取"，出现如图 3-11 所示的界面。窗口左侧为图像区，显示的是原 PDF 文件；右侧为文本区，显示的是软件识别、分析后读取的文本内容。

图 3-11 读取、识别和分析 PDF 文件

待整个 PDF 文件读取结束后，可以发现在右侧文件中个别文字或字符带有不同颜色的标记。这些带标记的内容是软件可能未正确检测和识别的部分，这就需要通过软件自身的"验证"功能来进行修正判别。

具体操作：点击右侧窗口文本区的"验证"，会出现如图 3-12 所示窗口。

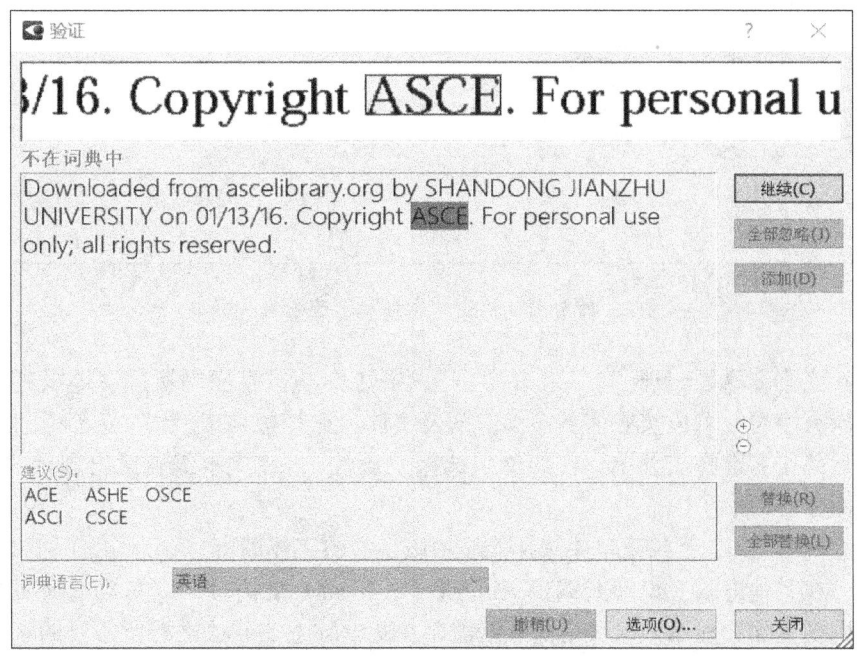

图 3-12 验证窗口

在图 3-12 中，可以看到更为清晰的读取和识别后的源文件。该区域将源文件的读取结果进行了放大处理，并且随着鼠标在源文件区的移动而显示对应的部分，从而方便了对不同区域进行编辑和读取。

通过比对进行人工校正，若认为识别无误可忽略，然后点击"继续"。若有误，则需要用正确内容替换掉识别错误的内容。用户可以在"建议"栏内选择正确的文字或字符，也可以直接在光标所在的位置修改，修改完毕后点击"确认"，然后进入下一个错误验证。

依次验证完毕后，点击"保存"下拉菜单，弹出对话框（如图 3-13 所示），提示将该文件"另存为"的界面，选择需要保存的格式、路径并确定文件名。保存完毕后，系统会自动打开转换完毕的文件。

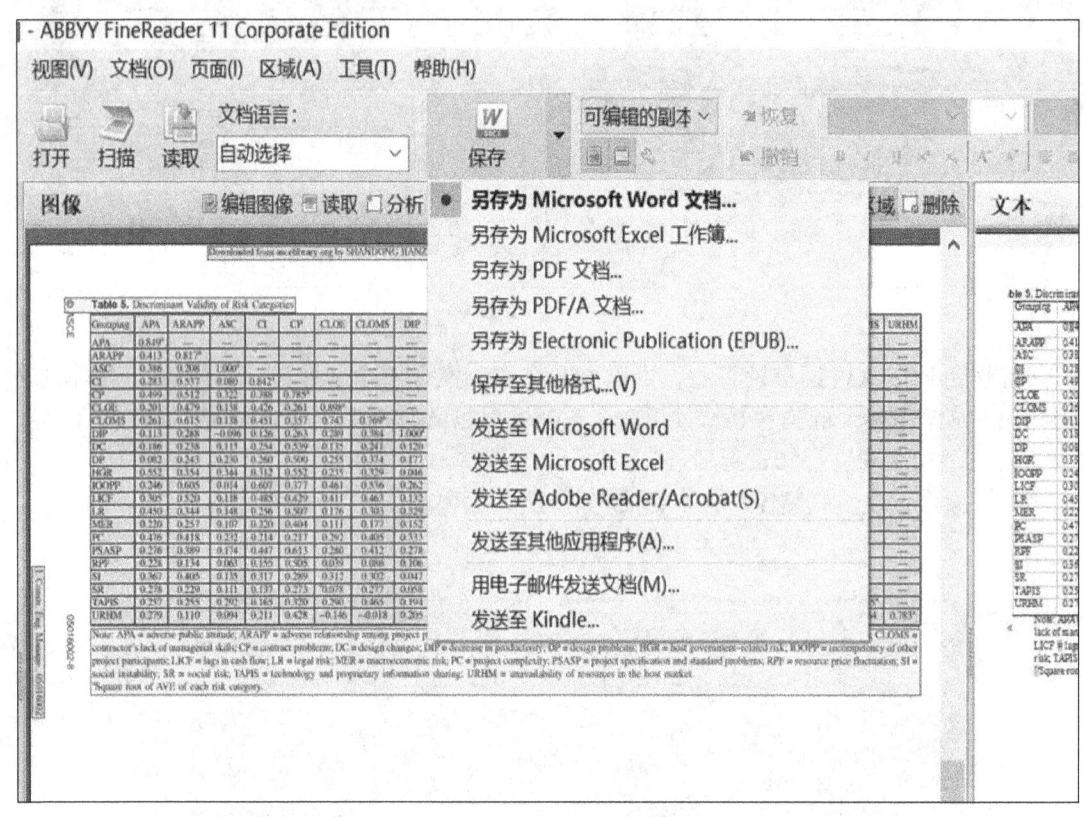

图 3-13　点击"保存"下拉菜单

如果在文本编辑区出现"?"或者"□"，则说明本机字库中所选字体没有涵盖文本中用到的所有字符，可以按照如下操作来恢复字体：选择被换成"?"或者"□"的文本片段，然后单击右键弹出菜单，在菜单中选择"属性"，在文本编辑区出现"文本属性"窗口，如图 3-14 所示。

单击"字体"，在下拉菜单中选择能显示该字符的字体即可。

另外，在其他电脑上识别或编辑 ABBYY FineReader 文档时，该文档中的文本有可能在另一台电脑上无法显示。这种情况下就需要在此电脑上安装该文档所需要的字体或者另选一种字体。

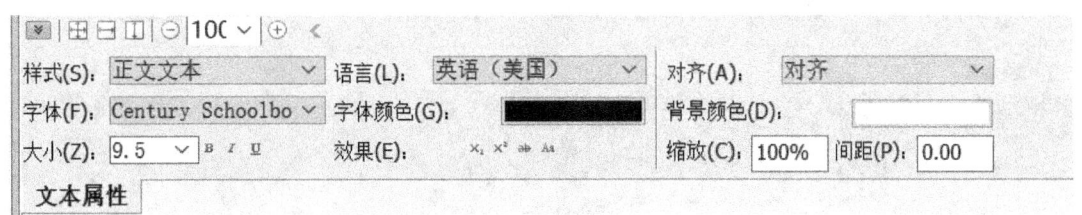

图 3-14 "文本属性"窗口

    b   编辑图像功能

ABBYY FineReader 可以识别数码相机拍摄的图片格式的 PDF 文档,如果拍摄的文件不够完美,如图 3-15 所示。这就需要用到"编辑图像"的功能。在程序读取识别前将 PDF 图像文件处理成理想状态,以便于软件进行快速工作。

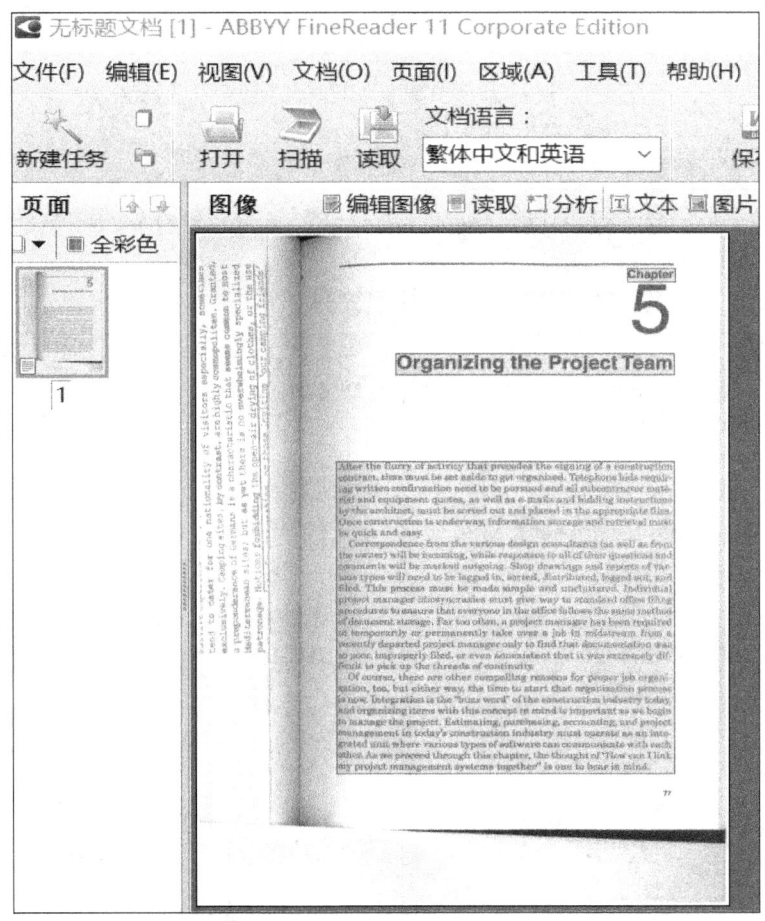

图 3-15 拍摄不完美的 PDF 文档

    首先点击图像区域的"编辑图像",进入"图像编辑器"窗口,如图 3-16 所示,点击"修剪"拖动虚线框,选定后单击"修剪图像"保存裁剪好的图像,退出编辑模式后再进行"读取"。当然,如果修剪后的文件仍然有部分内容不需要,还可以通过"识别区域"进行筛选,只需要选取需要的内容即可。

编辑前界面，如图 3-16；编辑后界面如图 3-17 所示。

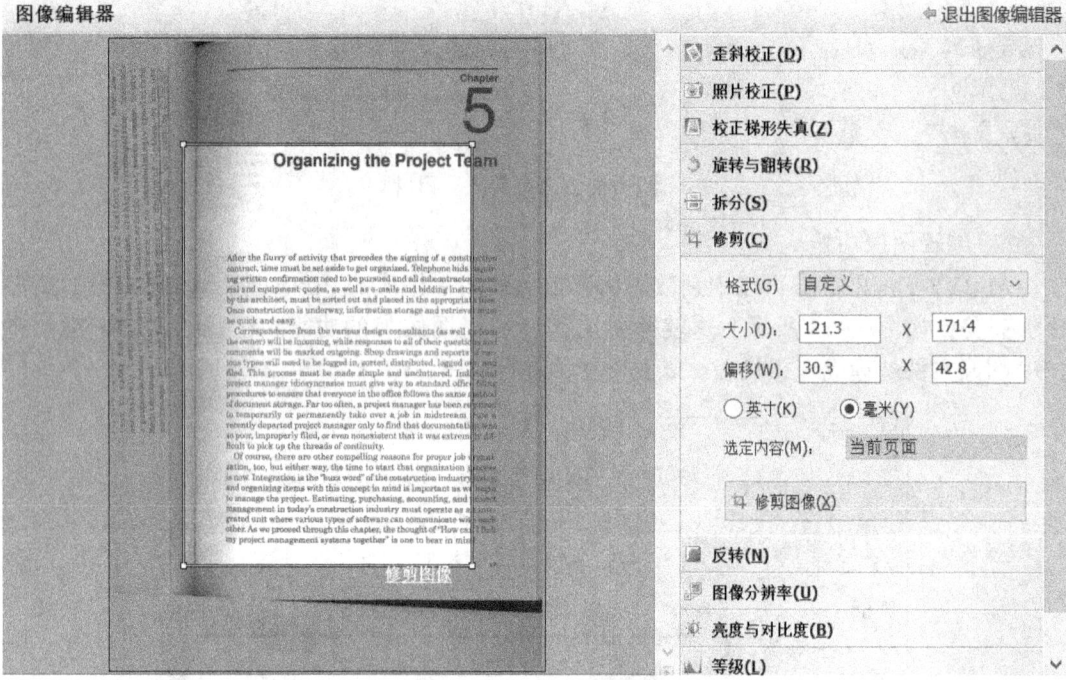

图 3-16　"图像编辑器"窗口

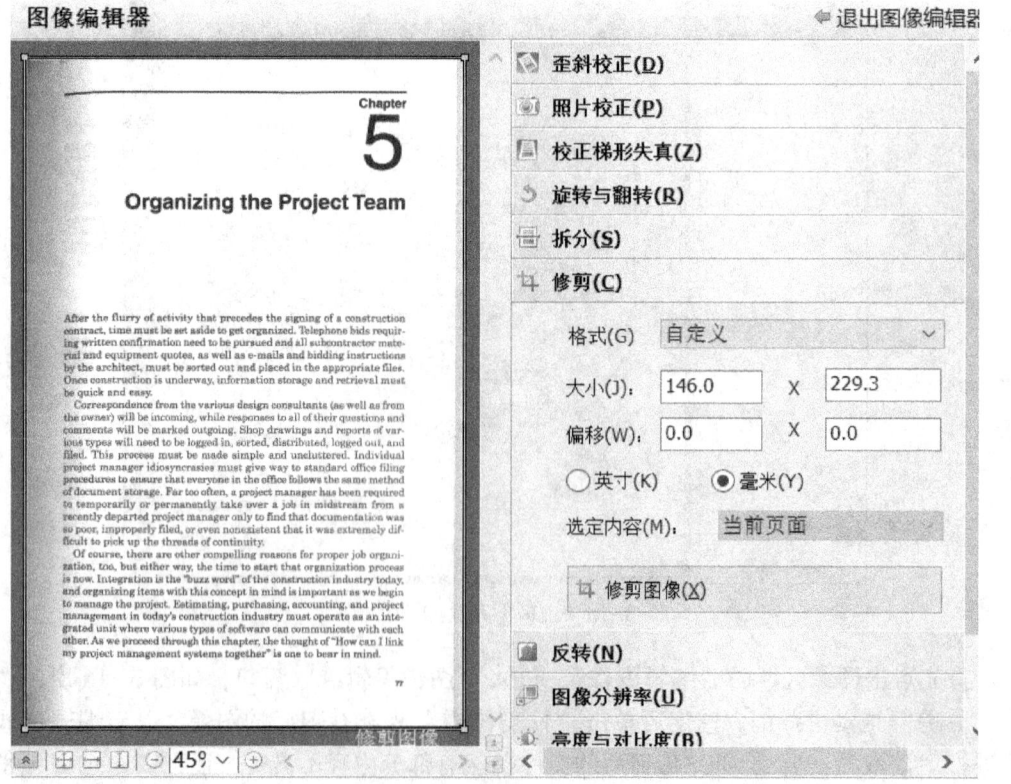

图 3-17　图像编辑后界面

可对于图 3-16 和图 3-17 的图像编辑前后对比进行观察，通过对比不难发现，编辑之后的图像内容更加清晰，软件几乎完美地完成了读取和识别任务，如图 3-18 所示。

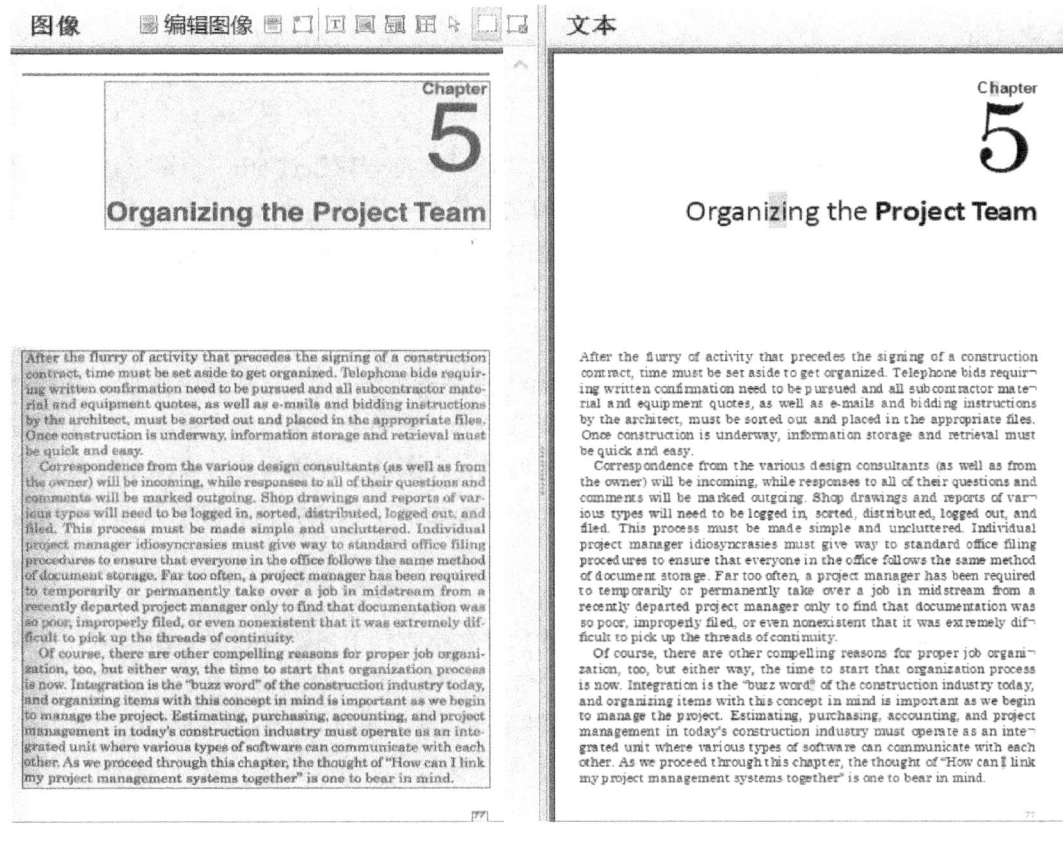

图 3-18　对编辑后图像读取和识别

ABBYY FineReader11 内置强大的 OCR 文字识别引擎，可以轻而易举地将静态纸张文件和 PDF 文档转换成可以进行编辑修改的电子数据，大大节省了用户的时间和精力。当然，ABBYY FineReader 最新版本的功能更强大、更全面，但对于普通的用户来说，这个版本的功能就已足够用了。

3.2.3　桌面电子词典

3.2.3.1　电子词典在计算机辅助翻译中的作用

在当今电子化的时代，电子词典在日常的翻译过程中也是非常重要的工具，与传统的纸质词典和"在线词典"相比，它以方便快捷、功能强大而广受欢迎。电子词典一次性可以查询几十部甚至上百部词典，相对传统的纸质词典而言，其优势不言而喻。

电子词典的作用，不仅仅是字面本身。多数电子词典均包含查词、翻译、句库、百科等模块。词典收录新词和内容不断更新，划词、取词和全文翻译功能也更加强大。同时，词典本身所携带的大量丰富的内容，对译者翻译能力的提高也起着促进作用。

3.2.3.2　常用电子词典介绍及对比

目前市面上的电子词典种类繁多，有灵格斯（Lingoes）、巴比伦词典、有道词典（Youdao）、必应词典、欧陆词典、海词词典（Dict. cn）、金山词霸（含牛津和谷歌合作版本）和 Collins COBUILD on CD-ROM 等等。所有这些电子词典，都可以在官方网站上免费下载试用。

以下简单介绍一下常用的几款电子词典。

A　灵格斯（Lingoes）

灵格斯是一款简明易用的词典和文本翻译软件，支持全球超过 80 多个国家语言的词典查询和全文翻译，支持屏幕取词、划词、剪贴板取词、索引提示和真人语音朗读功能，并提供海量词库免费下载，专业词典、百科全书、例句搜索和网络释义一应俱全，是新一代的词典与文本翻译专家。

B　巴比伦（Babylon Pro）

Babylon Pro 来自以色列最强大的英文翻译软件——Babylon Pro，在全球有超过七十个国家和地区在使用。Babylon Pro 提供最专业英文翻译，它可外加其他语言字典，具有在线同步翻译功能。当用户的词典具有多种语言类型时，在翻译一种语言的时候，系统会自动将所有的语言进行翻译。除翻译功能外，Babylon 还包括了货币转换、时区转换等功能，使用非常方便。

C　有道词典（Youdao）

有道词典是一款小而强的翻译软件。这款软件完整收录了多部权威性专业辞典，还具备多国语言发音功能。它集成中、英、日、韩、法多语种专业词典，支持中、英、日、韩、法、德、俄、西班牙、葡萄牙等 41 种语种翻译；内置超过 65 万条英汉词汇，59 万条汉英词汇，2300 万海量例句；支持在多款浏览器下取词，支持各类常见软件、图片、PDF文档中强力智能屏幕取词。

该词典结合了互联网在线词典和桌面词典的优势，通过网络查询最新翻译，无限容量词库囊括最新中外文词汇。"网络释义是有道海量词典的一项创新功能，通过对数亿个网页进行数据挖掘和文本分析，获取了大量存在于网络但普通词典中查找不到的英文名称和缩写，包括很多影视作品名称、品牌名称、名人姓名、地名、专业术语等。"

3.2.3.3　常用词典的优点与缺点比较

上小节提到的电子词典，基本功能日趋一致，均可以自行添加词典，但是各个词典依然有各自的特色。灵格斯和巴比伦一样，在自定义方面比较突出，应该可以作为电子词典的首选。有道词典功能大而全，市场占有率最高。有道偏重释义，追求网络释义的海量和精准。灵格斯偏向于翻译，例句多。用户可以根据自身的需要，选择不同的词典来使用。

3.2.4　桌面搜索与计算机辅助翻译

3.2.4.1　搜索在计算机辅助翻译中的必要性

译文翻译质量的高低，还取决于译者搜索的能力，即"查"。"查"在翻译中起着极其重要的作用。因此，成为查询能手是成为翻译能手的必要条件。奚德通（中国译典总编）曾说过，好翻译是"查"出来的。这个"查"，不单是指在翻译过程中遇到不懂的表达要去查，如专业术语、生僻单词等，而且还指一些固定的单位/机构名称、人名（尤其英文名在国外更常用的)/地名、有原文背景的外来语句（一定要回到原文中，与原文翻译一致，以免引起歧义）、汉译英中的一词多义、与译者原有知识相冲突的表达以及术语的统一。

　　合格的译员要学会合理利用已有的资源，学会使用常见的搜索和替换工具对搜到的专业词汇在文件内容进行批处理搜索或替换，利用已有的语料库、术语库进行术语的统一。对于译者而言，使用搜索引擎或搜索工具是必需的技能，尤其是在大型的多人合作的项目中，搜索引擎或工具的使用可以将繁冗的工作化繁为简，使得工作事半功倍。

3.2.4.2　常用的搜索工具

　　桌面搜索工具特点之一就是不需要通过浏览器来进行搜索，并且将搜索方位延伸到电脑硬盘中所存储的各种文档，即桌面搜索只是针对本地计算机上的数据，进行索引和检索。桌面搜索工具的好处是，任何人都可以在极短的时间里，从自己所拥有的数据中，找到所需要的东西。桌面搜索工具甚至可以对本地邮件系统、即时通讯等组件中的内容进行检索。

　　Google、Yahoo、ASK JEEVES、MSN、HotBot 都推出自己的桌面搜索引擎。另外，Search and Replace、Regain、Zilverline、DocFetcher、Replace Pioneer 也都是近年来被大家所熟知的桌面搜索引擎。这些搜索引擎所支持文档格式包括 Word、Excel、Email、Power-Point、PDF 等多达 200 多种格式的文本、音乐、图片和网页。不少软件支持用户根据自己的风格控制搜索习惯，并且对用户的隐私也有独到的保护措施。

　　除了电脑系统自带的搜索功能以外，译员常用的桌面搜索工具有 Search and Replace、Everything、Google DesktopSearch 等，后续几小节将主要介绍这几种常用搜索工具的使用方法。

3.2.4.3　桌面搜索工具——Search and Replace

　　本小节内容主要通过对 Search and Replace 这一软件的介绍，让读者了解一下桌面搜索工具的强大功能。

　　A　软件介绍

　　Search and Replace 是 Funduc 公司推出的一款功能强大的查找与替换工具。它可以对同一硬盘中的所有文件进行搜索与替换，可以搜索 Zip 压缩文件中的文件，并且支持特殊字符条件表达式搜寻，或是以脚本文件（Script）做搜寻替换工作，也可以以二进制的表示方式做搜寻替换。对搜寻到的文件也可以针对内容、属性及日期作修改工作，另外还支持文件管理器的右键快捷功能菜单（注意：一定要根据电脑环境下载匹配的版本）。该软件界面如图 3-19 所示。

　　B　基本操作

　　该软件是一款绿色软件，下载工具包后不需要安装，直接双击扩展名为 .exe 的程序文件打开即可，如图 3-20 所示。

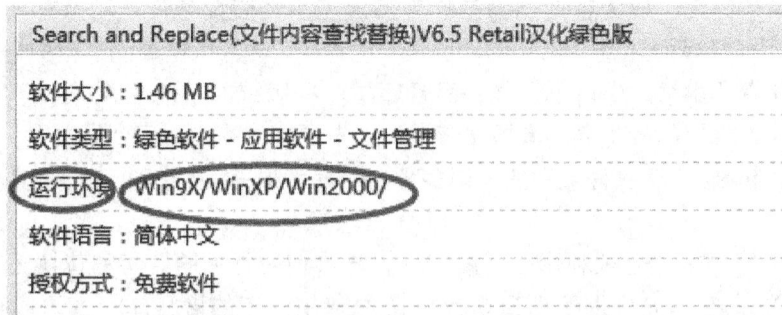

图 3-19 Search and Replace（文件内容查找替换）界面

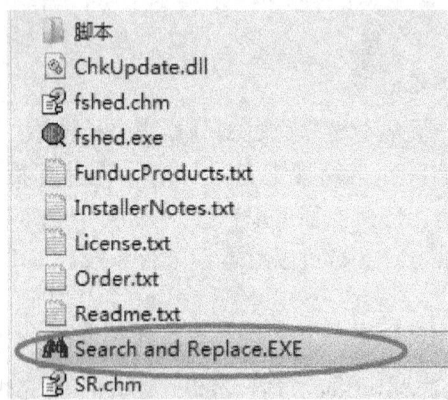

图 3-20 直接双击打开 Search and Replace 搜索工具

打开运行后，界面如图 3-21 所示。

图 3-21 打开 Search and Replace 的界面

下面来介绍一下该软件使用过程中经常用到的操作。

a　限制条件和呈现效果的设置

选择点击主界面下的"视图"下拉菜单，点击"选项"，弹出"Search and Replace 选项"对话框，通过该对话框内各选项卡，可以对所要查找文档呈现的形式、默认打开程序、查询结果存储目录以及文件属性描述等进行设置。

"标记"下拉菜单的各项内容用来设置搜索时的一些条件（当然，搜索条件也可利用工具栏的快捷按钮进行设置），如图3-22所示。

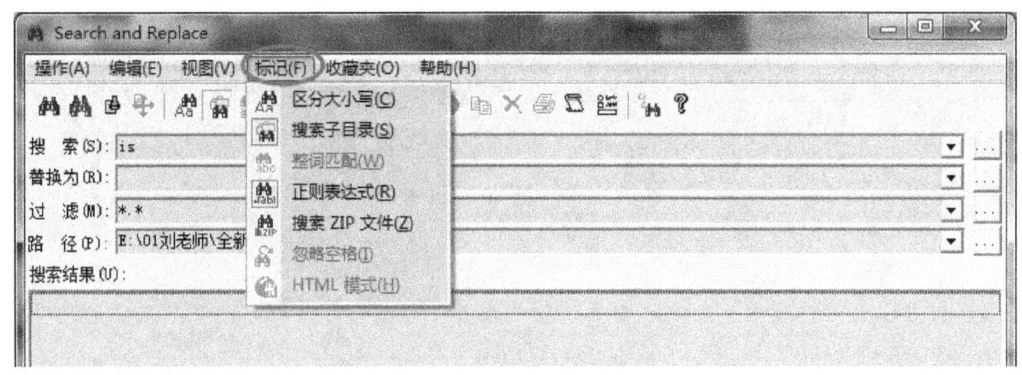

图 3-22　"标记"下拉菜单

b　搜索范围的设置

主界面窗口有4个文本框，即"搜索"、"替换为"、"过滤"和"路径"。在查找前还需要设置待过滤文件。

"过滤"就是指在搜索时"包含"或"排除"掉一些文件，这个必须提前设置。在"过滤"对话框中输入"＊.txt"表示搜索所有的.txt文件。"＊.＊"则表示搜索包含所有的文件格式、文件名称以及文件内相同字段的文档。在搜索时，此处一定要设置正确，如果设置错误的话将无法成功搜索到目标文件。

点击"过滤"行右边的按钮，在弹出界面中，文件匹配设置为"＊.＊"，然后选择"全部"、"同时处理好它的子目录"点击"确定"，如图3-23所示。

路径设置在查找替换中也是关键一环。点击"路径"框中右边的浏览按钮，选择文章所在的文件夹，当然也可手动输入文件的地址。如果能准确知道文件所在文件，尽量定位到该文件夹，这样搜索会更节约时间。例如，搜索"D：\翻译-术语语料库资料2018\机械翻译"比搜索"D：\翻译-术语语料库资料2018"耗时要短。因此，长期从事翻译工作的译者，对于不同的材料都会及时整理归类。如果只设置路径而"搜索"框和"替换"框都保持空白，则搜索出来的是该路径下的文档目录，如图3-24所示。

c　提前备份

通常情况下，为了避免批量查找替换时出错而造成原文件又丢失，在进行查找替换之前一般要提前做好备份。点击"视图"下拉菜单，点击"选项"后出现如图3-25所示界面。

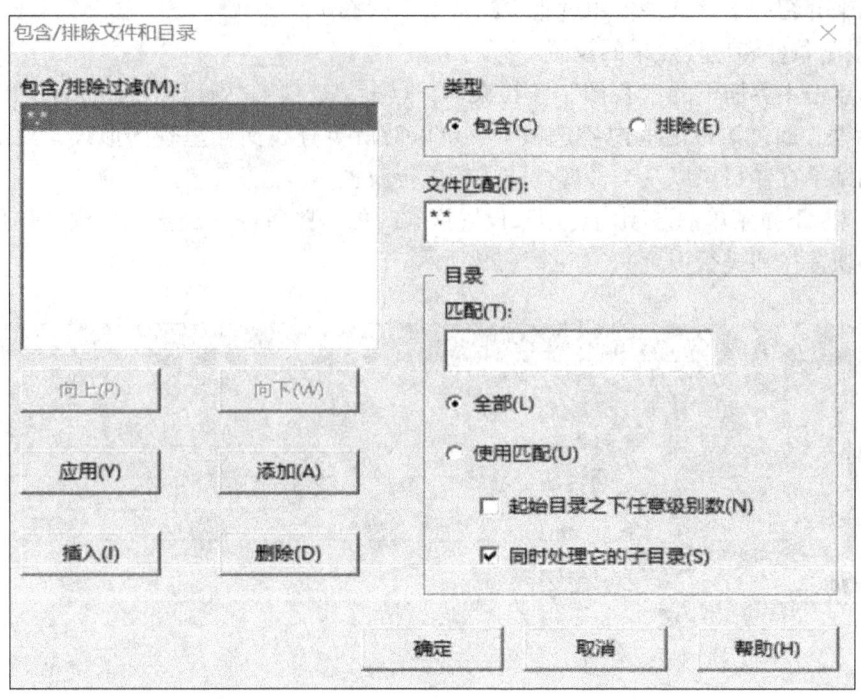

图 3-23 点击主界面"过滤"行右边按钮弹出界面

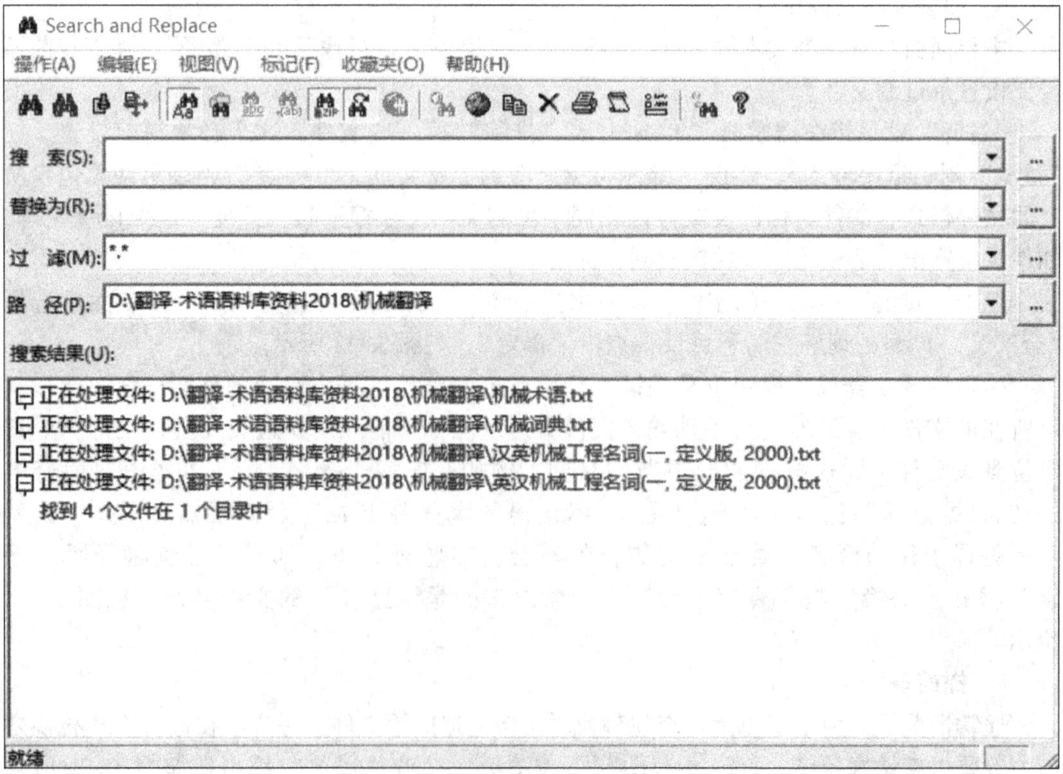

图 3-24 搜索路径下的全部文档

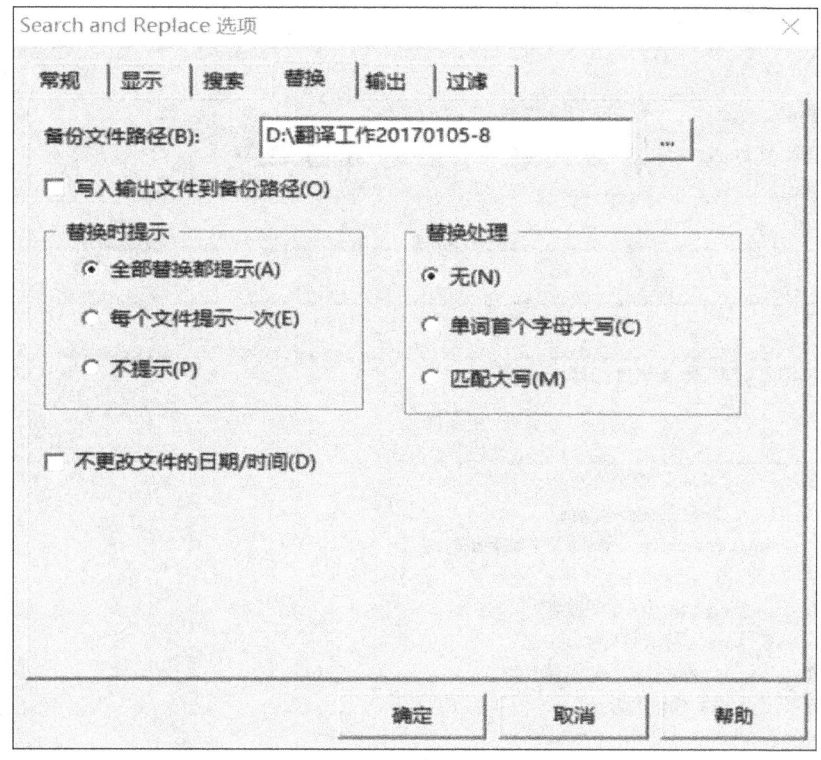

图 3-25 点击"选项"出现界面

点击"替换"按钮，在出现界面的"备份文件路径"栏内设置好"备份文件路径"，查找替换时原文件会自动保存到该指定路径中，避免误操作引起麻烦。同时，如果想在原文中替换，不要勾选"写入输出文件到备份目录"，如图 3-26 所示。

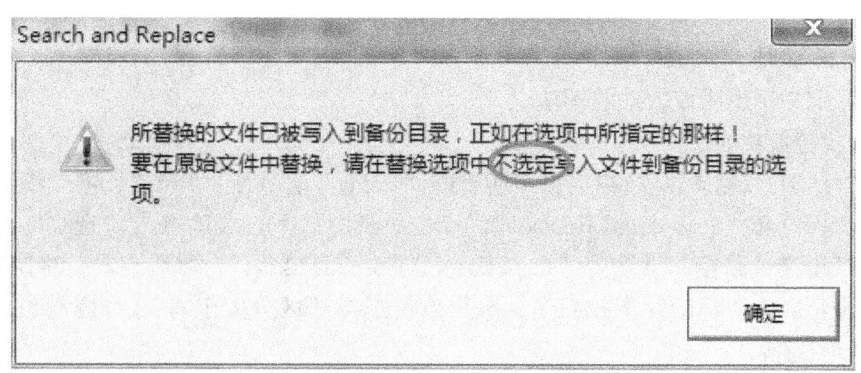

图 3-26 文件备份警示提醒

工具栏下方的快捷按钮分别为"搜索"、"替换"、"更改属性"、"搜索子目录"、"整字匹配"、"搜索 ZIP 文件"、"忽略空格"。在执行搜索替换之前必须要设置的是"搜索子目录"。建议把"搜索子目录"和"整字匹配"勾选上，这样就可以避免出现原文件里有搜索内容，却显示搜索结果为"0"的现象。

需要注意的是，在搜索英文单词时，建议不要勾选"忽略空格"，否则替换的不仅是这个单词，而且还包括含有这些字母的其他单词。如图 3-27 所示。

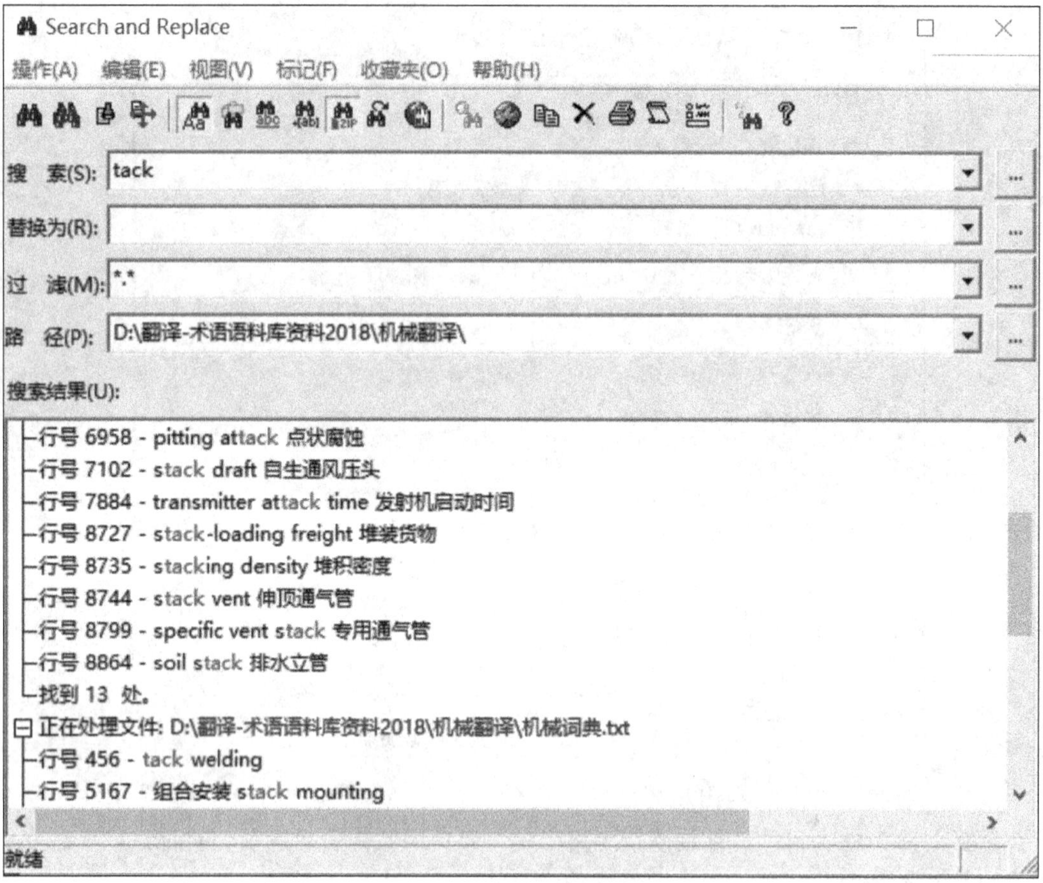

图 3-27　条件搜索结果

C　使用案例

下面分别举例说明该软件的用法。

a　查找替换功能

例如，把 D:\翻译相关\白皮书里所有的"China"替换成"PRC"，操作步骤如下：

第一步：打开"Search and Replace"，点击"视图"下拉菜单点击"选项"弹出对话框，将"备份文件路径"设置为"C:\Users\lenovo\Desktop"，然后点击"确定"。

第二步：点击"标记"下拉菜单，分别点击选择"区分大小写"、"搜索子目录"和"整字匹配"选项。

第三步：在"搜索"栏输入搜索词"China"，在"替换为"栏内输入"PRC"，"过滤"栏文件类型设置成"*.*"，路径为"D:\翻译-术语语料库资料 2018\白皮书"。

第四步：点击菜单"操作"，选择"搜索和替换"，或者点击快捷按钮，会出现"替换确认"框。为保险起见，避免一些不恰当的替换，可以选择点击"替换此处"逐个完成每一行的替换。如果某一行不需替换，只要点击"跳过此处"即可，如图 3-28 所示。

如果确定每一处标红的字体都是需要替换的，只需点击"替换全部剩余部分"，则完成所有替换，同时原文件也复制到了桌面，如图 3-29 所示。

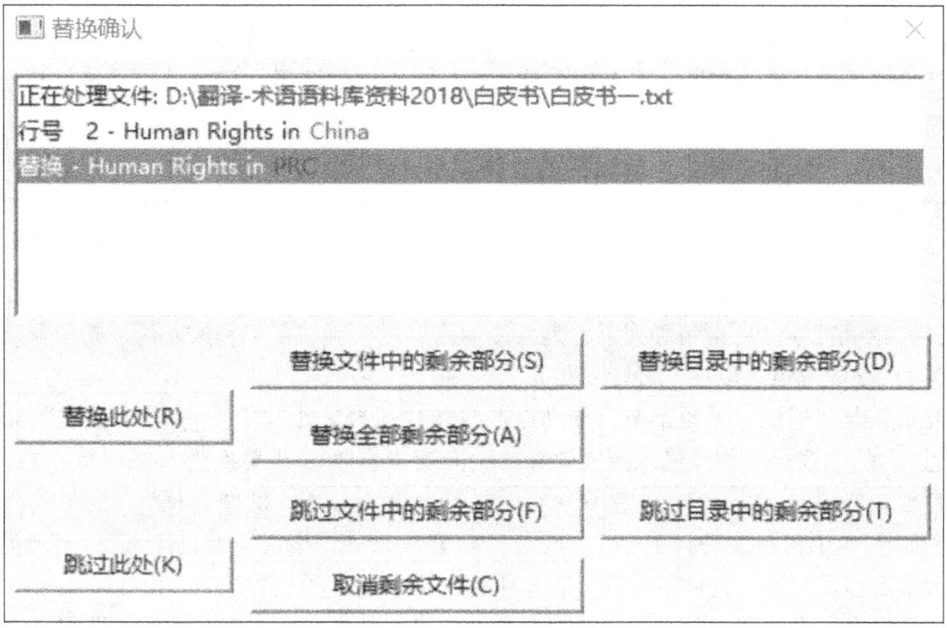

图 3-28　"替换确认"框

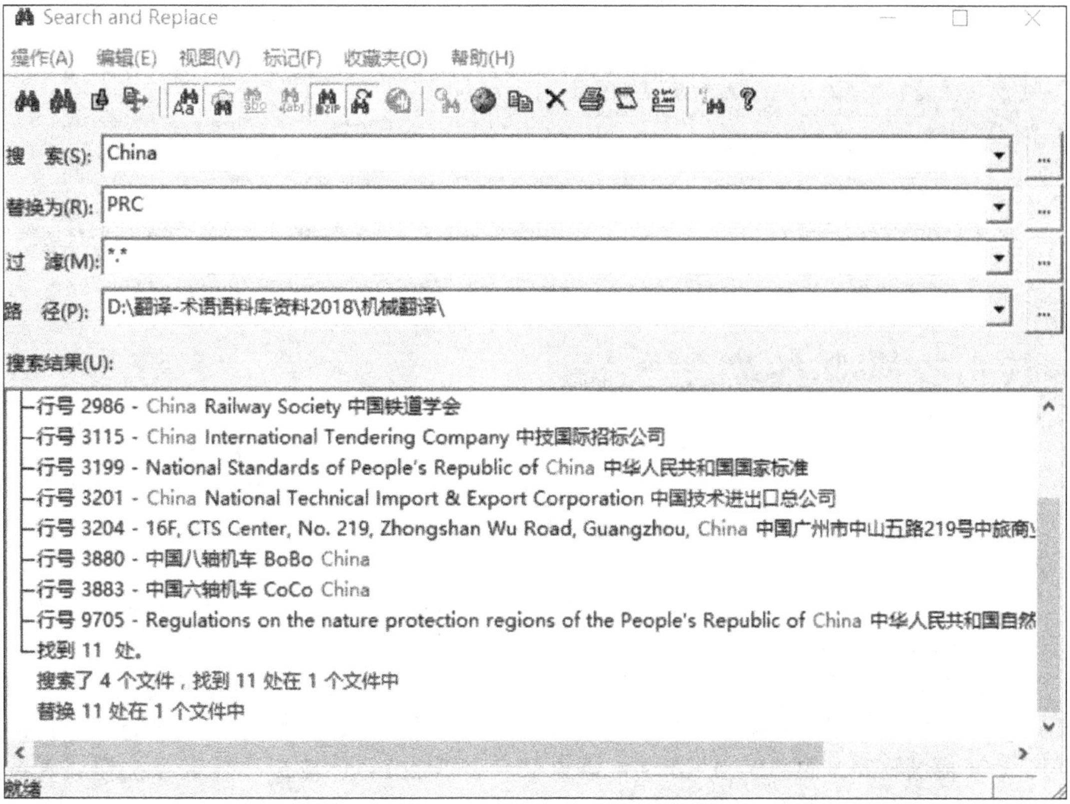

图 3-29　完成所有替换

b　搜索功能

搜索功能是指在已有语料库、术语库中搜索术语、句段、篇章等的翻译。搜索的内容首先是法律条文、医学术语、人名地名等这些相对固定的翻译，其次是句式句意相似的句段、篇章等。

Search and Replace 作为一款简洁的查询工具，无论是 .txt、.htm、.html 还是 .zip 等文件类型，它都能一搜到底，支持 ASCII 和脚本方式搜索，可以以文本或网页方式显示搜索结果，批量替换文件时间属性等。下面将从"精确搜索"和"关键词模糊搜索"两个方面，分别举例予以说明。

（1）精确搜索。所谓精确搜索，是指搜索内容已明确，例如搜索术语、句段等。

例 1：搜索术语。以搜"径向变位系数"为例。

首先点击"标记"下拉菜单，分别点击选择"区分大小写"、"搜索子目录"和"整字匹配"。在"搜索"栏处输入搜索内容"径向变位系数"，"替换为"栏保持空白，"路径"栏处选择具体路径"D：\翻译-术语语料库资料 2018\机械翻译"，也可模糊写入"D：\翻译-术语语料库资料 2018"。点击"搜索"按钮或者按"Enter"键，出现英汉对应的搜索内容及行号，蓝色字体部分表示所查到文本所在的位置。

如果想看得更清楚一些，可选择搜索到的内容，单击右键弹出对话框，选择"查看上下文"，或者直接双击选中的内容，弹出"查看上下文"框，显示该词及译文，如图 3-30 所示。

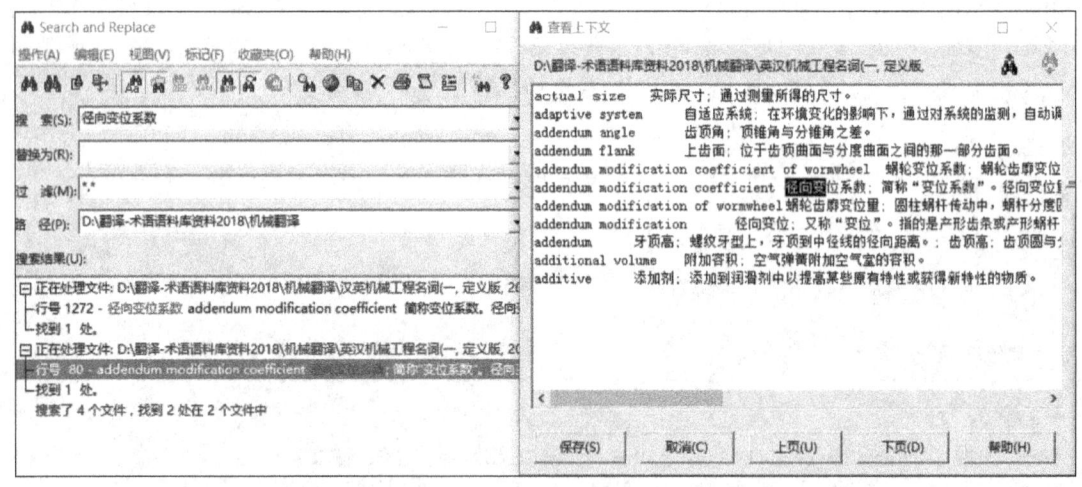

图 3-30　"查看上下文"框显示搜索术语译文

例 2：搜索句段。以搜"定居外国的中国公民，自愿加入或取得外国国籍的，即自动丧失中国国籍"的译文为例。

点击选择"标记"下拉菜单，分别点击选择"区分大小写"、"搜索子目录"和"整字匹配"。在"搜索"栏输入搜索内容，"替换为"栏保持空白，"路径"栏处选择具体路径，也可模糊写入，如"D：\翻译-术语语料库资料 2018"，点击"搜索"按钮或者按"Enter"键，出现汉语的搜索内容及行号。选中并双击其中一项搜索结果，弹出"查看上下文"框，显示该句的英汉对应及所在上下文，如图 3-31 所示。

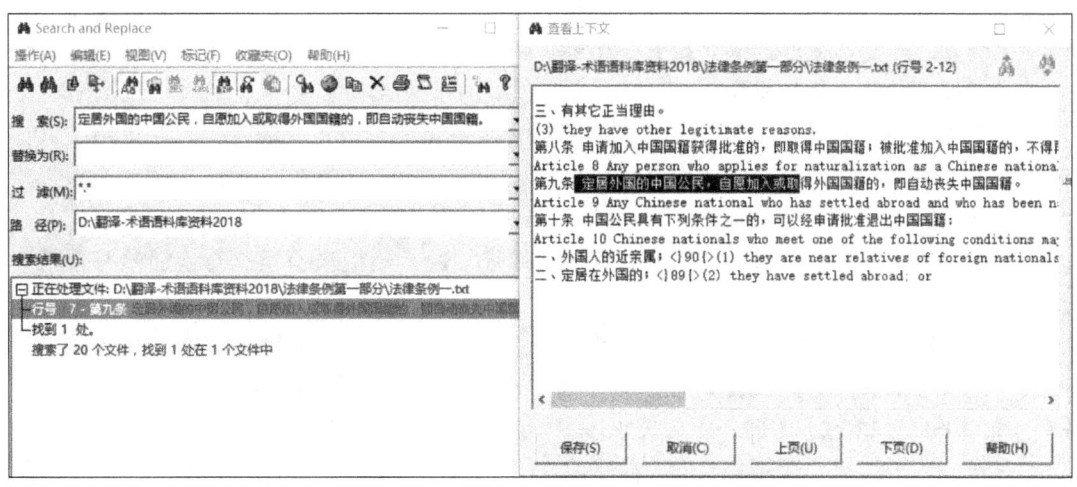

图 3-31　"查看上下文"框显示搜索句段译文

　　"查看上下文"对话框的窗口可以根据用户的需要随意调整大小，查找到的内容也可以进行自由编辑。

　　如果选定其中一项搜索结果，点击鼠标右键，会弹出一个命令菜单，如图 3-32 所示。

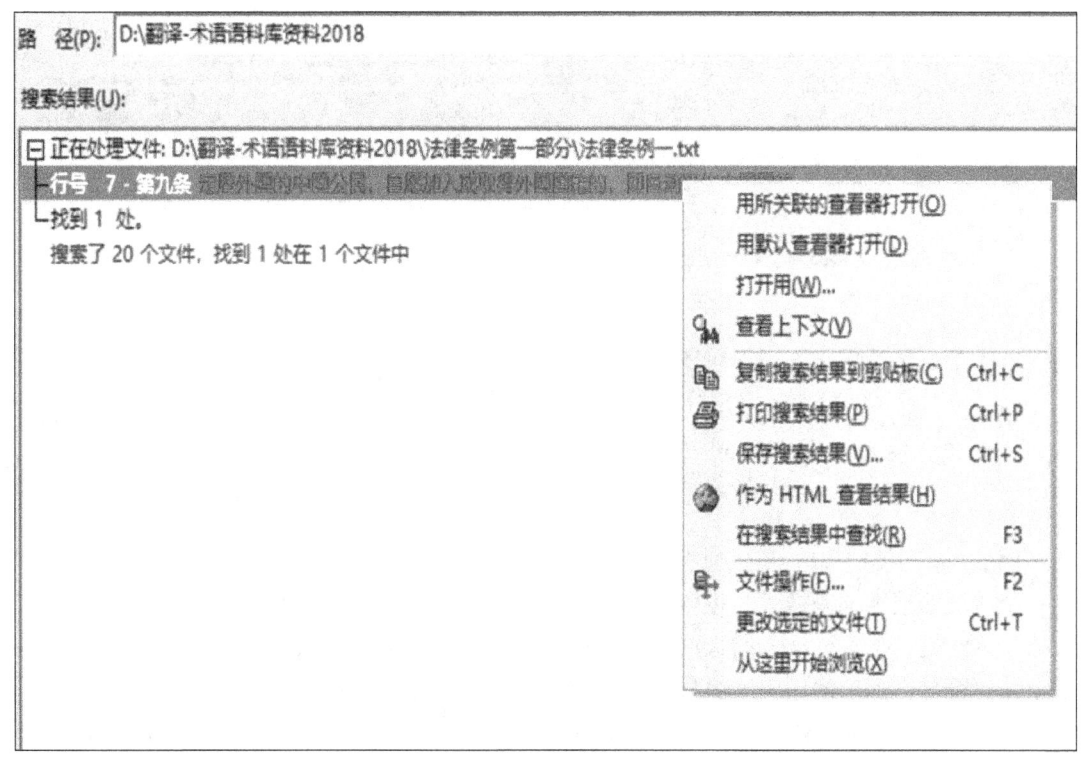

图 3-32　右键命令菜单

用户也可以根据自己的需要选择对搜索的结果进行操作。如果习惯用 Word 或者 WPS

对该文档进行编辑，则选择"用所关联的查看器打开"，选择"用默认的查看器打开"则该程序会以 .txt 文本文件的形式打开。当然，用户也可以选择复制、打印或者保存搜索结果，或者进行其他的文件操作。

　　（2）关键词模糊搜索。对于句段或篇章，译者不可能记得十分精确，这时可用关键词进行模糊搜索。在使用关键词模糊查询的时候，需要注意一定要在"标记"菜单栏中选择"正则表达式"，否则搜索结果会显示为 0。

　　正则表达式由一些普通字符和一些元字符组成。通常被用来检索、替换那些符合某个模式（规则）的文本。

　　例 1：不同关键词之间用"＊"隔开。这表示把所有写入的关键词作为一个搜索词来搜索，搜索结果中所有的关键词在一句话或一个意群中。下面以搜索带有"基层司法机构"和"平台"的句子为例。

　　首先，点击选择"正则表达式"，然后在"搜索"处输入"国有经济＊主导力量"，"替换为"栏保持空白，"过滤"栏处选择任何格式的文件即"＊.＊"，将"路径"设置为"D：\翻译-术语语料库资料 2018"。点击左上方"搜索"按钮或者按"Enter"键，则出现搜索结果。选中并双击其中一个搜索结果，出现"查看上下文"对话框，显示该句话所在的篇章及其译文，如图 3-33 所示。

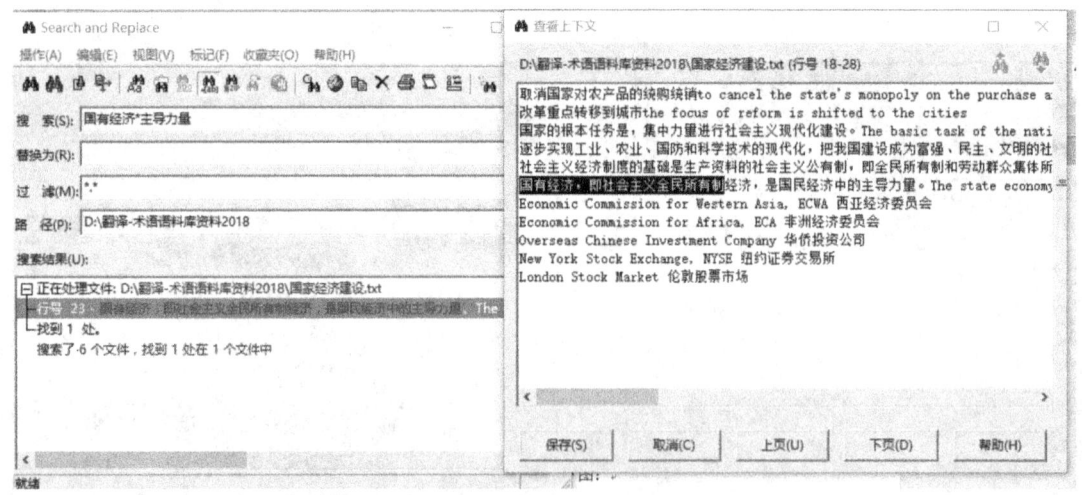

图 3-33　"查看上下文"框显示模糊搜索译文

　　例 2：不同关键词以"（关键词 1 | 关键词 2）"的形式写入。这表示把每个关键词作为一个单独的搜索词来搜索，搜索结果中可能只包括某一个关键词，也可能包括某几个。需要注意的是，搜索栏输入的文字可以是中文也可以是英文，但其括号是英文输入法下的半角括号符号，如果使用中文全角括号符号，则搜索结果为"0"。

　　以"Chinese nationality"和"foreign nationality"为例，如果以"（Chinese nationality | foreign nationality）"写入搜索，则结果如图 3-34 所示。

　　同样，选中并双击其中的某一行搜索结果，都出现"查看上下文"框，显示该句所在的篇章及其译文。

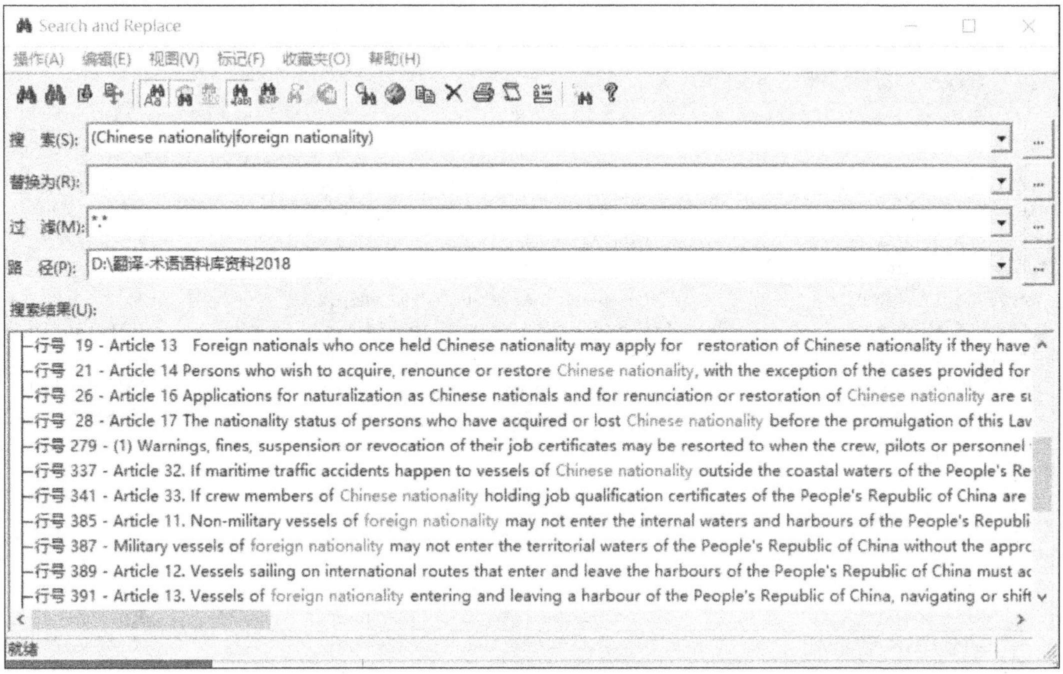

图 3-34 多关键词搜索结果

Search and Replace 与 Windows 系统自身的查找、替换功能相比，有其独特的优势。尽管 Microsoft Office Word 本身已经具备强大的搜索功能，但在很多情况下依然不能满足译员的工作要求。例如，Microsoft Office Word 中的查找、替换功能只是针对已经打开了的文件进行查找和替换，它无法搜索 WPS 格式的文件，也无法搜索数据库，而"Search and Replace"则可以达到传统方法所难以达到的查询效果，工作效率更高。

对于译者而言，在工作中一定要养成随手积累高质量双语语料的习惯，以减轻日后工作的劳动量，提升译文质量。语料库越大越丰富，品类越齐全，表达越地道，那么译文的质量也就越高，译者也能省掉不少重复性的劳动，"Search and Replace"这一软件的优势也就更明显。

3.2.4.4 Everything 桌面搜索

除桌面搜索工具 Search and Replace 之外，Everything 也是一款非常值得推荐的小众桌面搜索工具。

Everything 是一个运行于 Windows 系统、基于文件、文件夹名称的快速搜索引擎。它利用了 NTFS 文件系统的特性来快速建立自己的搜索数据库，这种方式利用了系统自身功能，不需要遍历文件内容。因此，在进行文件索引时，效率高，速度快，而且最节省资源。

Everything 体积小巧，界面简洁高效，支持中文搜索，支持正则表达式，能够实现快速建立索引，快速搜索。可以说，它是速度最快的文件搜索软件，可以瞬间从海量的硬盘中搜索到所需要的文件。用户只需要在搜索框输入文字，就可以显示过滤后的文件和目录。同时，它可以实时跟踪文件变化，并通过 HTTP 或 FTP 形式分享文件名搜索。它的缺点是，不能搜索文件内容，并且只适用 NTFS 文件系统。

该软件的主界面非常简单，由菜单栏、搜索框、文件列表框、信息栏组合而成，如图 3-35 所示。

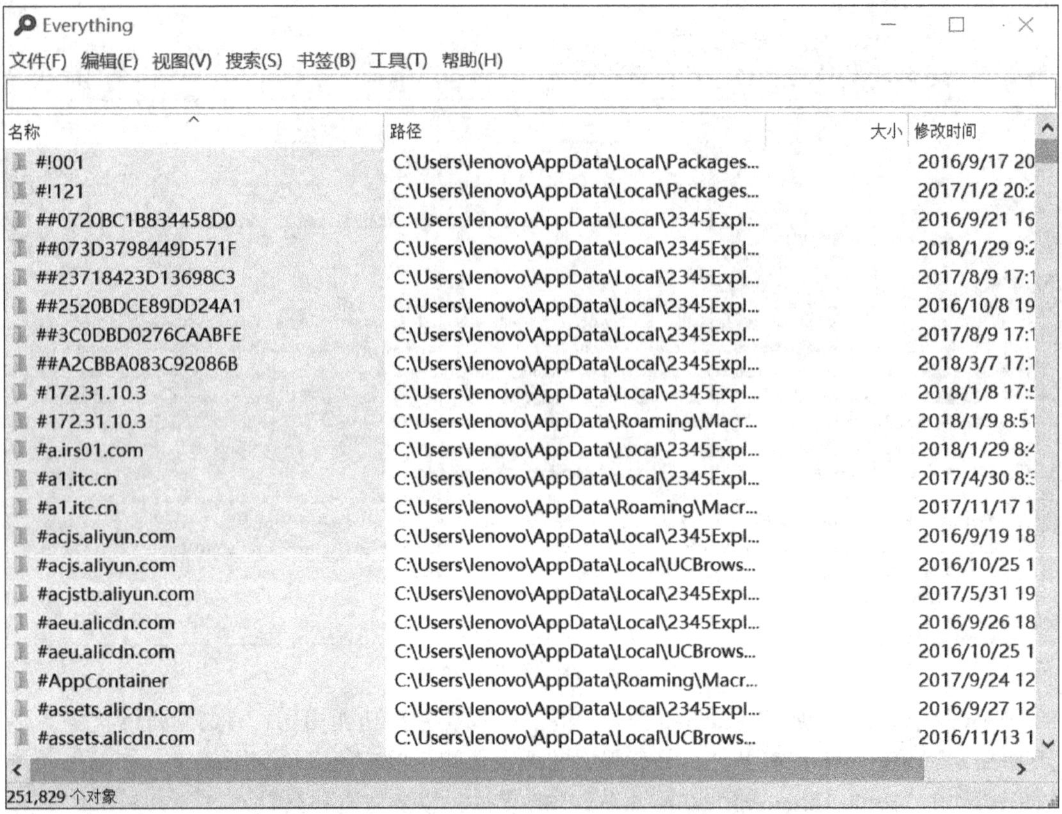

图 3-35　Everything 桌面搜索工具主界面

在进行搜索时，如果对要查找的文件名称不确定，可以进行模糊查询。操作步骤：点击"搜索"，选择"高级搜索"，弹出如图 3-36 所示的对话框。

例如，在"必含单词"栏内输入"机械"，其他选项保持空白，勾选上"包含子文件夹"，点击"确定"，得到如图 3-37 所示的搜索结果。

选定其中一个文件双击即可打开该文件。

关于该桌面搜索的其他设置和操作都比较简单，在此不再一一赘述。

3.2.4.5　谷歌桌面搜索（Google Desktop Search）

谷歌发布的这一桌面搜索，也是硬盘资料搜索的强大工具。Google Desktop Search 可以利用快速查找启动应用程序并立即开始搜索，查找电脑中所有的电子邮件、文件、照片、网络历史记录、Gmail 以及其他内容。此外，还可以利用 Outlook 工具栏在 Outlook 中方便地进行搜索。

Google 桌面搜索可以使用多种方式启动，比如在 Windows 任务栏添加搜索框、启用侧边栏、按两次 Ctrl 键拉出搜索条等等，尤其是最后一种方法"快速搜索条（Quick Search Box）"，为实现快速搜索提供了便利。敲击 Ctrl 键两次，该搜索条就会浮现在桌面中间，提供对网络和本地的搜索；再敲击 Ctrl 两次，搜索条便会消失。搜索锁定（Lock Search）功能，还可以防止别人在自己电脑上进行搜索，保护自己的隐私安全。

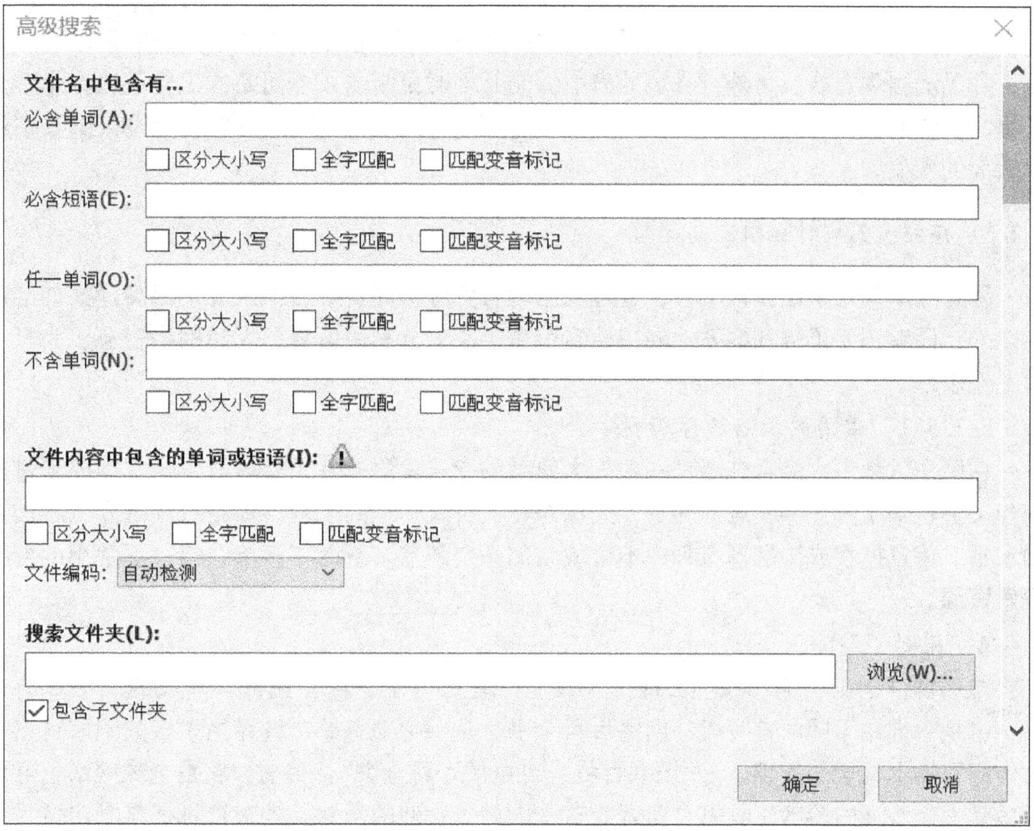

高级搜索 ×

文件名中包含有...

必含单词(A):

☐区分大小写 ☐全字匹配 ☐匹配变音标记

必含短语(E):

☐区分大小写 ☐全字匹配 ☐匹配变音标记

任一单词(O):

☐区分大小写 ☐全字匹配 ☐匹配变音标记

不含单词(N):

☐区分大小写 ☐全字匹配 ☐匹配变音标记

文件内容中包含的单词或短语(I): ⚠

☐区分大小写 ☐全字匹配 ☐匹配变音标记

文件编码: 自动检测 ⌄

搜索文件夹(L):

浏览(W)...

☑包含子文件夹

确定　　取消

图 3-36 "高级搜索" 对话框

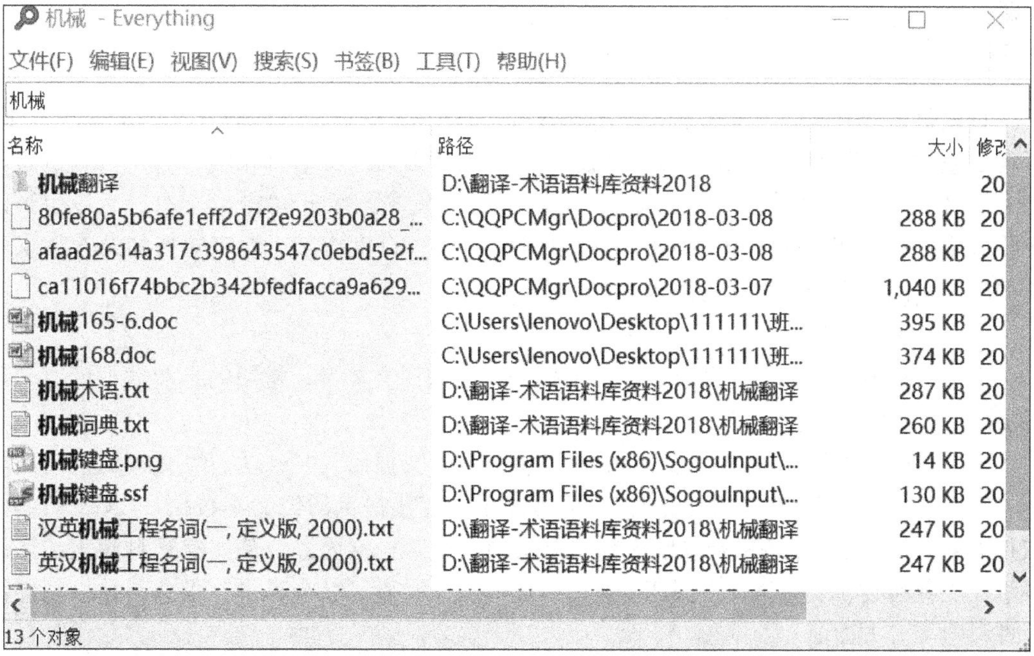

🔍 机械 – Everything — ☐ ×

文件(F) 编辑(E) 视图(V) 搜索(S) 书签(B) 工具(T) 帮助(H)

机械

名称	路径	大小	修改
📄 **机械**翻译	D:\翻译-术语语料库资料2018		20
📄 80fe80a5b6afe1eff2d7f2e9203b0a28 _...	C:\QQPCMgr\Docpro\2018-03-08	288 KB	20
📄 afaad2614a317c398643547c0ebd5e2f...	C:\QQPCMgr\Docpro\2018-03-08	288 KB	20
📄 ca11016f74bbc2b342bfedfacca9a629...	C:\QQPCMgr\Docpro\2018-03-07	1,040 KB	20
📄 **机械**165-6.doc	C:\Users\lenovo\Desktop\111111\班...	395 KB	20
📄 **机械**168.doc	C:\Users\lenovo\Desktop\111111\班...	374 KB	20
📄 **机械**术语.txt	D:\翻译-术语语料库资料2018\机械翻译	287 KB	20
📄 **机械**词典.txt	D:\翻译-术语语料库资料2018\机械翻译	260 KB	20
📄 **机械**键盘.png	D:\Program Files (x86)\SogouInput\...	14 KB	20
📄 **机械**键盘.ssf	D:\Program Files (x86)\SogouInput\...	130 KB	20
📄 汉英**机械**工程名词(一,定义版, 2000).txt	D:\翻译-术语语料库资料2018\机械翻译	247 KB	20
📄 英汉**机械**工程名词(一,定义版, 2000).txt	D:\翻译-术语语料库资料2018\机械翻译	247 KB	20

< >

13 个对象

图 3-37 搜索 "机械" 所得到的搜索结果

与 Everything 相比，Google Desktop Search 的优势并不明显。为实现搜索本地资源的功能，它需要花费相当长的时间和占用数百兆的内存来创建索引数据库，如果系统区分过小，则无法实现安装。另外，谷歌的索引编制是即时更新的，不间断的工作就必定牵涉到资源占用的问题。因此，安装谷歌桌面搜索后可能会出现电脑的运行速度变慢，CPU 占用率增大的现象。

3.2.5　在线搜索与计算机辅助翻译

译者除了使用桌面搜索工具，合理利用现有资源提高自身工作效率，提高译文的准确性以外，译者还要了解和娴熟地利用搜索引擎，并充分利用信息庞大的网络资源，为自身的工作服务。

3.2.5.1　常用的网络搜索资源

在翻译过程中，经常会遇到一些不太熟悉的专业术语或者专有名称，这就需要通过查询相关资料来了解这些领域的知识，加深对相关背景知识的了解，提高对预翻译文本的认知水平。信息搜索成为翻译流程中不可或缺的一个环节。下面将简单介绍一下常用的网络搜索资源。

A　维基百科

维基百科于 2001 年 1 月 15 日正式成立。它是一个自由、免费、开放的网络百科全书，也是一部用不同语言写成的网络百科全书，是一个动态的、世界绝大多数国家可以自由访问和编辑的全球知识体。"维基百科，自由的百科全书"。目前，它是全球网络上最大且最受大众欢迎的参考工具书，名列全球十大最受欢迎的网站。维基百科把自身定位为一个包含人类所有知识领域的百科全书。截至 2017 年，英语维基百科的条目数已超过 550 万。

图 3-38 和图 3-39 是维基百科的网站主页。

B　百度百科

百度百科是百度公司推出的一部内容开放、自由的网络百科全书平台。"世界很复杂，百度更懂你"，百度百科旨在创造一个涵盖各领域知识的中文信息收集平台。其测试版于 2006 年 4 月 20 日上线，正式版在 2008 年 4 月 21 日发布，截至 2018 年 2 月，百度百科已经收录了超过 1520 万词条。同时，百度百科实现了与百度搜索、百度知道的结合，从不同的层次上满足用户对信息的需求。

C　专业数据库

专业数据库能够为译者提供专业、准确的术语和译文参考。常用的专业数据库有知网 CNKI 和北大法宝。

CNKI 系列数据库是数字化最彻底的文本型全文数据库，90% 以上的文献均采用由期刊、图书、报纸等出版单位和博士、硕士培养单位直接提供的纯文本数据。CNKI 数据库依托 CNKI 知识网络服务平台系统为用户提供网上信息检索服务。其文献资料涵盖了基础科学、工程科技、农业科技、医药卫生、哲学与人文科学、社会科学、信息科技以及经济管理科学等方方面面。

"北大法宝"是法律方面比较专业的数据库。它是由北京大学法律翻译研究中心与北

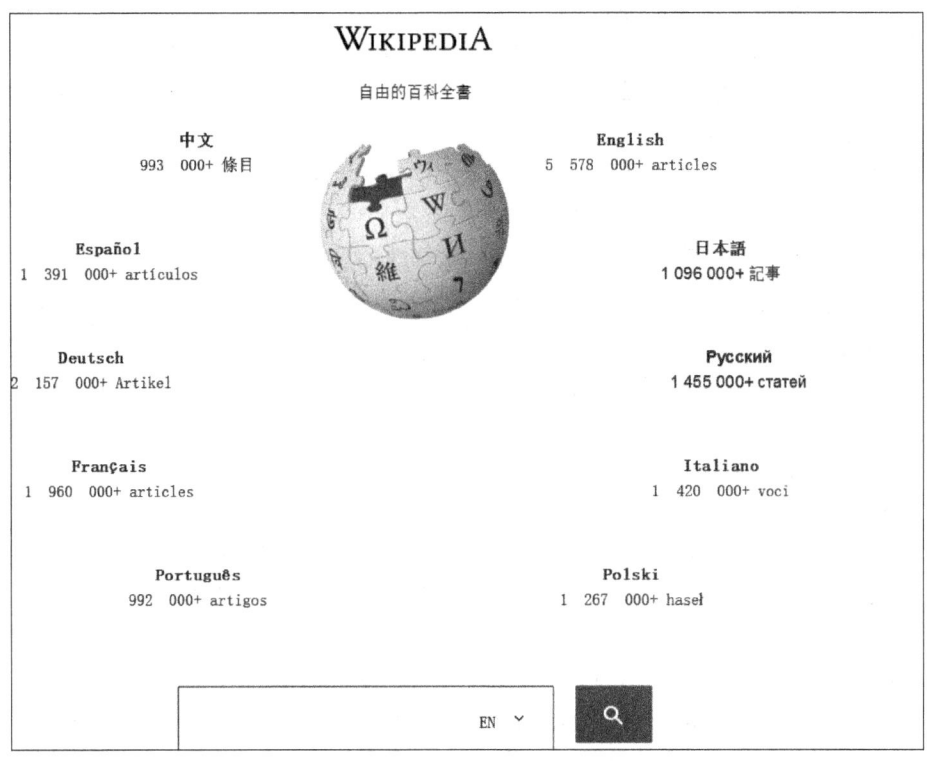

图 3-38 维基百科网站主页

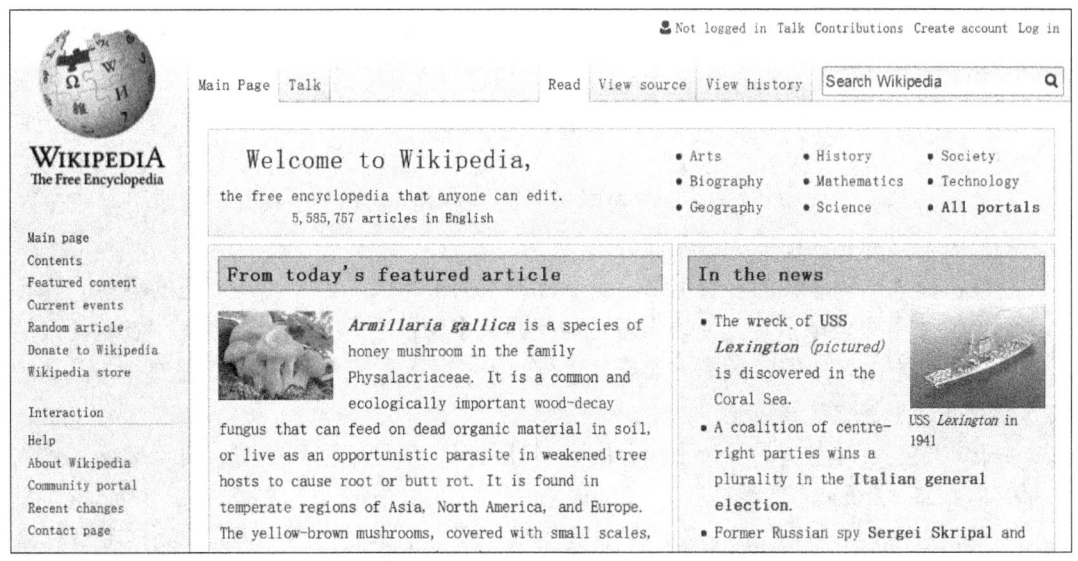

图 3-39 2018 年 3 月 9 日维基百科页面

大英华联合推出。该库建于 2000 年,译文包括北京大学法律翻译研究中心翻译的文本、国家立法机关提供的官方译本以及经有关机构授权使用的译本,经多层次审校,最大限度地保证了英文译本的质量。

D　平行语料库（parallel corpus）

国内开放的平行语料库，包括绍兴文理学院语料库、北京大学 Babel 汉英平行语料库、数据堂（50 万对双语对齐语料库）、"中央研究院语言研究所"语料库、哈尔滨工业大学语料库、中文语言资源联盟等。

绍兴文理学院语料库由绍兴文理学院建立，主要语料有鲁迅作品、四书五经、传统典籍、四大名著和其他名篇、毛邓选集、两岸三地法律法规等。

北京大学 Babel 汉英平行语料库的主要语料有政治、经济和社会文化类等。

"中央研究院语言研究所"语料库的主要语料包括中国台湾国小课本、教育部语料、台湾英汉词典等。

哈尔滨工业大学语料库包括 10 万对对齐双语句对、文本文件格式、同义词词扩展版等。

中文语言资源联盟涵盖了中文信息处理各个层面上所需要的语言语音资源，包括词典、各种语音语言语料库、工具等。

3.2.5.2　常用的网络搜索引擎

搜索引擎（search engine）根据一定的策略、运用特定的计算机程序从互联网上搜集信息，然后对信息进行过滤、排序，按照有用度的高低为用户提供搜索结果。

目前搜索引擎有很多，如谷歌 Google（https：//www. google. com）、Google 学术（https：//scholar. google. com）、雅虎（https：//www. yahoo. com）、百度（https：//www. baidu. com）、阿里云（www. aliyun. com）、360 综合搜索（http：//www. so. com）、微软必应搜索（http：//cn. bing. com）、搜客（http：//www. sokeee. com）、搜霸天下（http：//www. soba8. com）、中国搜索（www. chinaso. com）、新浪爱问（http：//iask. sina. com. cn）等，还有一些聚合搜索整合了多个搜索引擎的结果，如搜有、马虎聚搜、Dogpil 等。

不同的搜索引擎侧重点会有所不同。以谷歌、百度和必应为例，三者搜索功能都非常强大。相对而言，百度，作为全球最优秀的中文信息检索与传递技术供应商，它很清楚中国人的网络使用习惯，对中文的支持很好。其搜索更侧重于"实用、易用"，非常人性化。它致力于改善用户体验、探索商业模式、社区化并向电子商务转型。百度比谷歌"更懂中文"。

必应是最贴近中国用户的全球搜索引擎，微软必应一直致力于为中国用户提供了美观、高质量、国际化的中英文搜索服务。

谷歌，作为全球最大的搜索引擎，更侧重搜索的精确性。以"拒绝邪恶的事物"为行为准则，把"整合全球信息，使人人皆可访问并从中受益"作为自己的使命。谷歌搜索引擎在全世界拥有较多的搜索数据，如果要查找学术、技术的资料，特别是查询一些国外的技术型数据，用谷歌要好一些。

尽管谷歌搜索对中文的支持不如百度，同时因为它本身忽略大小写，对于必须区分大小写的词，如"china（瓷器）"、"China（中国）"、"japan（漆器）"、"Japan（日本）"，即便用表示排除法的符号"-"，其搜索结果也不尽如人意。但是，对于专业译者而言，谷歌仍然是首选的搜索工具。

3.2.5.3　谷歌搜索使用技巧

翻译工作离不开网络，离不开搜索引擎。译员必须通过检索海量的网络信息来找到自己需要的信息。如何在最短的时间内找出最符合要求的内容是网络搜索的核心。熟练运用和掌握搜索技巧，往往能使得工作事半功倍，提高翻译效率。

A　Google 的搜索功能

使用谷歌的搜索功能，就不得不提到几种常见的搜索语法。掌握常用的搜索引擎语法能够帮助译者在最短的时间内找到所需要的信息，给译员的工作带来极大的便利。

a　谷歌模糊搜索

一般情况下，搜索引擎的默认逻辑关系语法是 and，在使用过程中一般用空格代替，还可以用"+"代替。在不输入特殊命令的情况下，这个语法的意思是搜索到所有的关键词。

谷歌搜索引擎也是如此，在搜索栏内直接输入关键词时，它默认的是进行模糊搜索，并且对长短语或语句自动拆分成小的词进行搜索。比如，利用谷歌搜索"building construction contract"（在关键词未加双引号的情况下），搜索到的结果是包含"building"、"construction"和"contract"的文件内容，如图 3-40 所示。

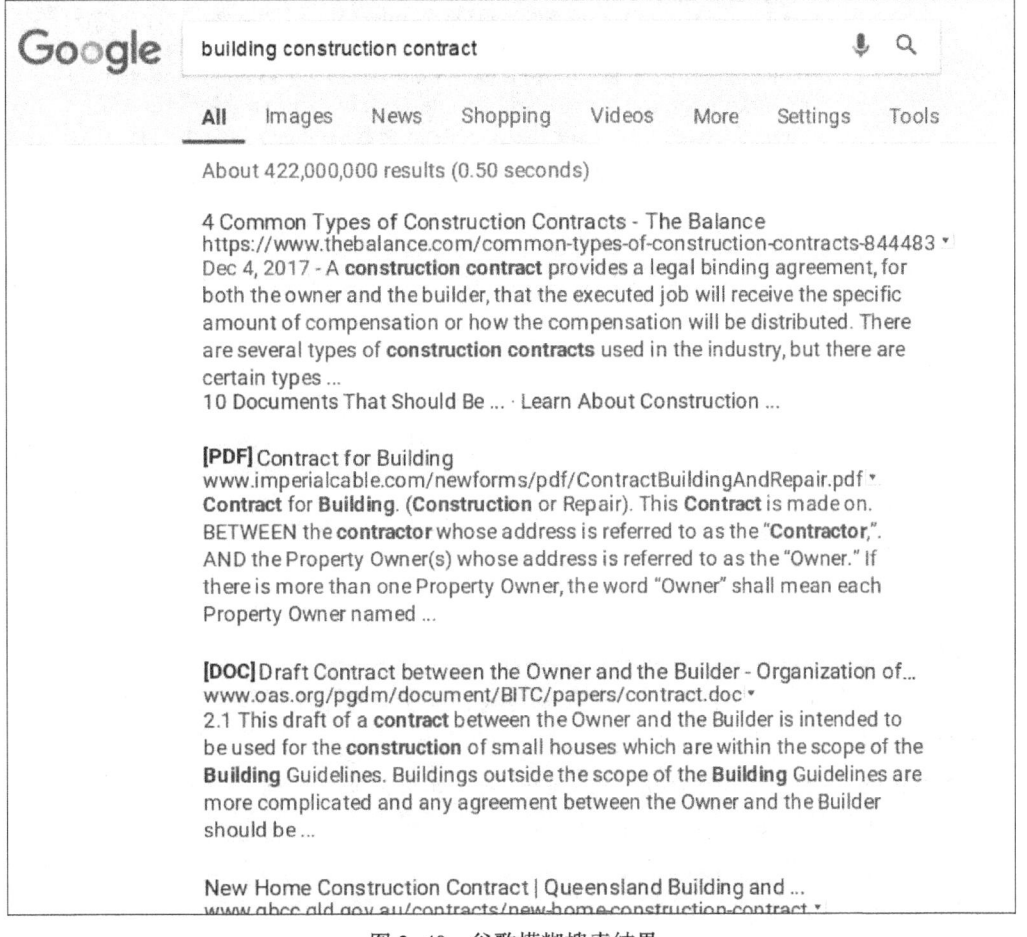

图 3-40　谷歌模糊搜索结果

在某些情况下，如果对关键词中某个单词记忆或拼写不确定时，可以使用通配符"*"来辅助完成模糊搜索，快速找到原文。通配符代表占位，用它代替关键词或短语中无法确定的字词。但需要注意的是，"*"必须在精确搜索符双引号内部使用。以关键词"the * censorship"为例，谷歌搜索到的结果有：the Soviet Censorship，the strict censorship，the increased censorship 等。如图 3-41 所示。

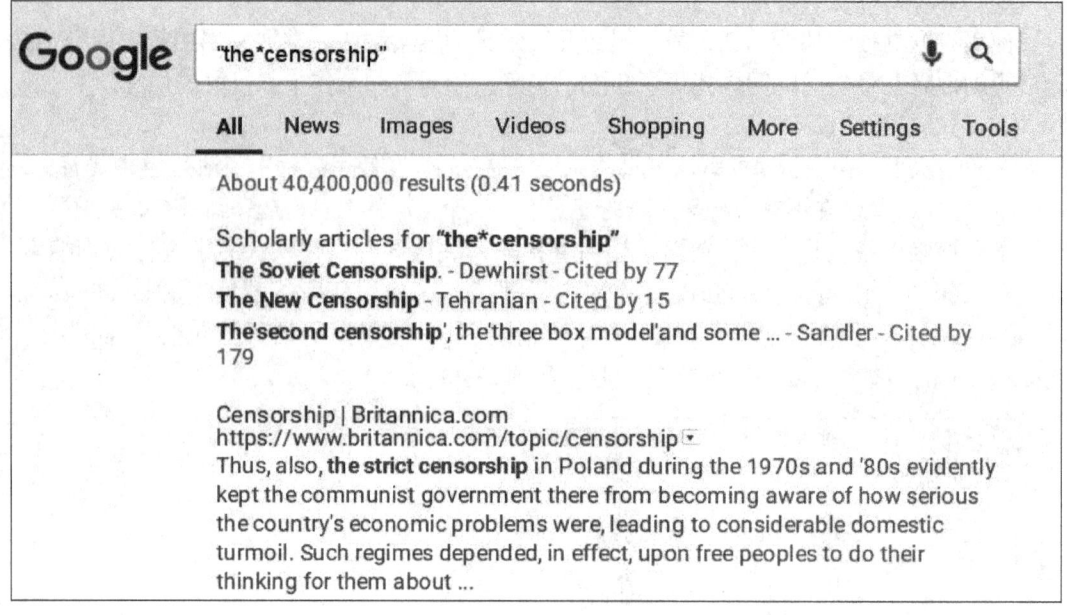

图 3-41　使用通配符搜索结果

如果想查找与关键词完全匹配的结果，则需要用到一些搜索语法来缩小搜索的范围，也就是下面介绍的精确搜索。

　　b　谷歌精确搜索

谷歌精确搜索是与模糊搜索相对而言的，是指尽可能限定搜索范围，以最快的速度找到自己需要的搜索方式。只要对自己需要搜索的内容足够了解和确定，就可以使用精确搜索。

使用精确搜索，就需要用到几种搜索语法。下面介绍一下双引号、减号、filetype 以及 site 在谷歌搜索中的用法。

语法 1　英文双引号

双引号的意思可以理解为关键词完全匹配。

把关键词放在双引号中，代表完全匹配搜索，即所有搜索结果返回的页面包含双引号中出现的所有的词，并且关键词的顺序也完全匹配。

在谷歌搜索栏内输入关键词进行搜索的时候，如果把关键词加上英文的双引号，则可以过滤掉许多无用的搜索结果，只得到精确的搜索结果。

下面以关键词"计算机辅助翻译软件"为例，对比一下有无双引号得到的搜索结果有什么不同（见图 3-42 和图 3-43）。

当搜索关键词不带双引号的时候，可以看到谷歌找到了大约 164 万条搜索结果，用时 0.29s。搜索到的结果中，真正包含"计算机辅助翻译软件"的网页并不多，也就是说搜索结果中有许多网页是没有价值的。

当搜索关键词带双引号的时候，谷歌搜索到 15300 条结果，用时 0.29s。从搜索到的结果中，找到了如下几种工具：Transmate、Déjà vu、雪人、OmegaT、SDL Trados、Wordfast、MemoQ、朗瑞 CAT 等。

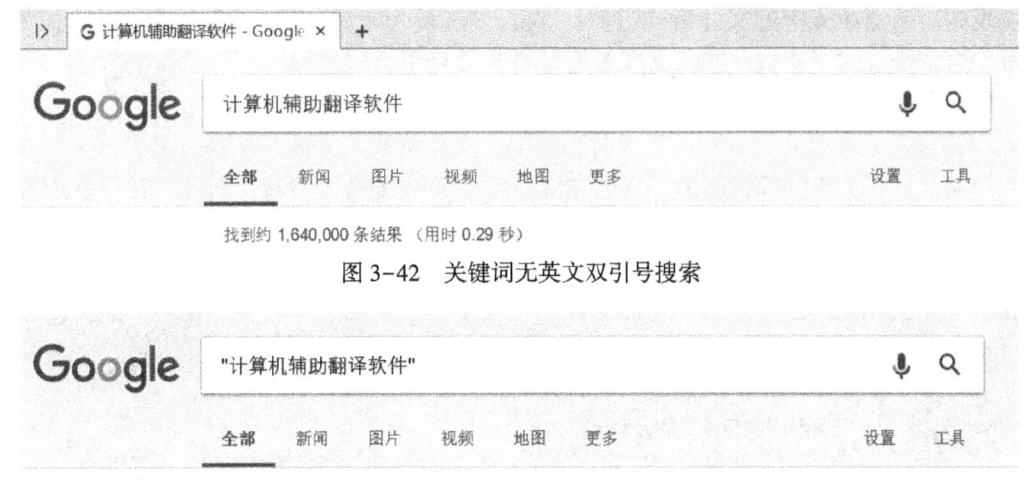

图 3-42 关键词无英文双引号搜索

图 3-43 关键词加英文双引号搜索

通过以上对同一关键词的两种搜索结果进行对比不难发现，当使用谷歌搜索的时候，把关键词加上英语的双引号，可以过滤掉许多不精准的信息，让搜索结果更加容易满足需要。

语法 2 减号

减号代表排除，即搜索不包括减号后面的关键词的页面。搜索结果为匹配前一个关键词但并不匹配后一个关键词的结果。

减号的使用是为了使搜索的结果更加准确。在使用该语法时，需要注意减号与前一个关键词之间要保留一个空格，与后一个关键词之间不能有空格。

该搜索语法的格式为，关键词+空格+减号+要排除的关键词，即：

关键词 1-关键词 2

通过谷歌搜索加双引号的关键词"计算机辅助翻译软件"，可以看到"Trados"和"雪人"出现的频率比较高，这给查找其他有效的信息造成了干扰，这时候如果能排除掉含这两词的搜索结果，就可以提高利用的效率。在这种情况下，可以使用减号，限制谷歌的搜索条件，即把包含"Trados"和"雪人"的网页都排除掉。

在谷歌搜索中输入如下内容："计算机辅助翻译软件"－"Trados"－"雪人"，则用时 0.27s，得到约 9560 条结果。如图 3-44 所示。

图 3-44 排除"Trados"和"雪人"的搜索结果

语法 3 filetype：

"filetype："是谷歌开发的一个非常强大而且实用的检索语法。谷歌不仅能搜索一般的网页，还能对某些二进制文件进行搜索。对某一特定格式的文件进行搜索是通过这个语法来实现的。该语法支持的文件格式包括：.ppt、.xls、.doc、.rtf、.swf、.pdf、.asp、.htm等等。这个语法对于查找一些范文或参考资料非常有用。

该检索语法的格式为：

关键词 filetype：文件格式

例如，查找关于计算机辅助翻译的文章，限定文件格式为.ppt，则可以在谷歌搜索框中输入关键词："计算机辅助翻译"filetype：ppt。

得到的搜索结果如图 3-45 所示。

图 3-45　限定文件格式搜索

谷歌搜索到的关于计算机辅助翻译的 ppt 格式的文件约有 29 项，并且每一项都是一个可下载的文件，点击之后弹出文件下载对话框，选择打开或者保存即可。

语法 4　site：

对于译者而言，学会如何判断搜索结果的真伪和优劣，确定权威译法至关重要。要想判断搜索到的结果的真伪，首先可以通过信息的来源进行初步判断。同样的道理，在进行搜索的时候，也可以通过缩小搜索的范围，选择某些特定的、权威的网站进行有效的信息检索。这就用到 site：网站域名这个检索语法了。

　　site：站点搜索就表示在指定服务器上进行搜索或搜索指定域名，其搜索的结果局限在具体的网站或者网站频道。以下将分别举例加以说明。

　　该搜索语法的格式为：关键词+空格+site：网站或域名，即：

关键词　site：网站或域名

用法 1：指定网站搜索。

　　例如，想查找与"环境承载能力"的信息，搜索的范围限定在 chinadaily（http：//www. chinadaily. com. cn/）这个网站。

　　首先，在谷歌搜索栏内输入如下关键词：

　　"环境承载能力"site：www. chinadaily. com. cn/

　　点击搜索，得到如图 3-46 所示的搜索结果。

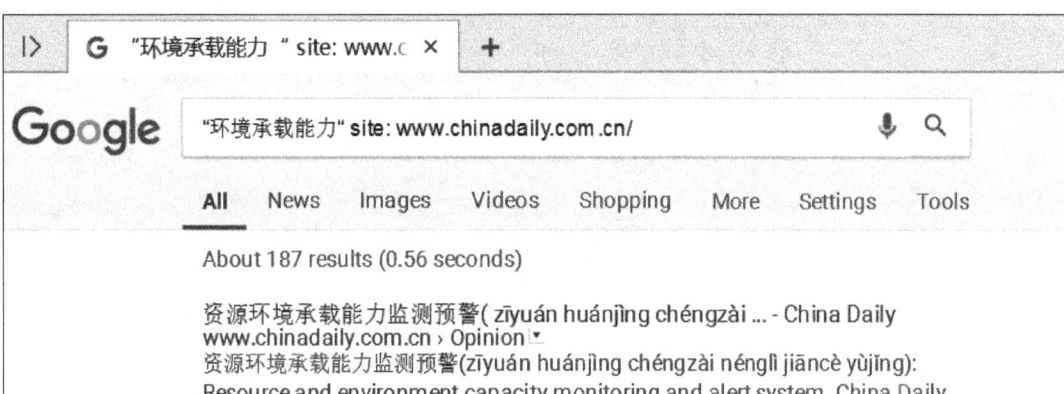

图 3-46　指定网站搜索

选择并点击其中某一个搜索结果即可查看详细信息了。

在使用这个语法的时候，关键词可以在"site"之前，也可以在"site"之后，得到的搜索结果基本是一样的。

例如，在搜索栏中输入如下关键词：

site "环境承载能力"：www. chinadaily. com. cn/

点击搜索，得到的搜索结果如图 3-47 所示。

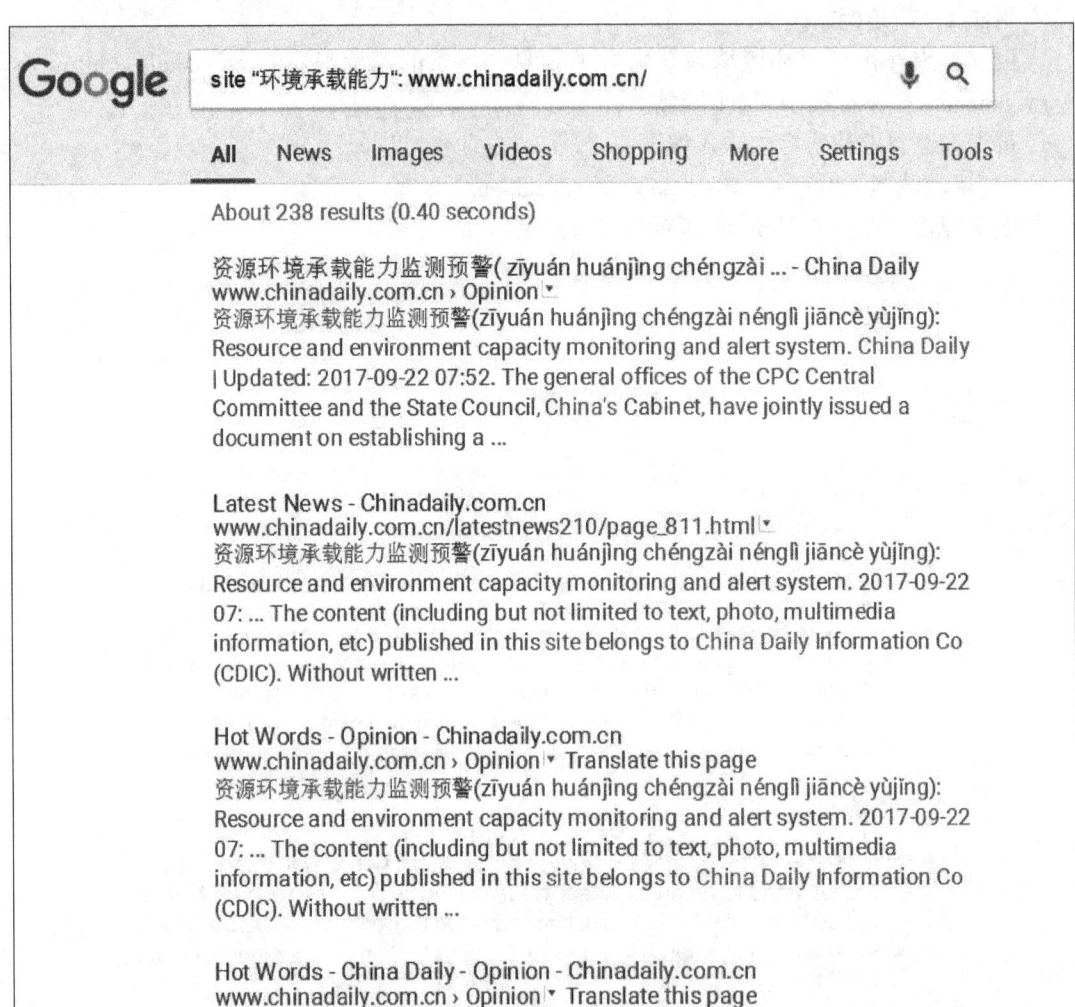

图 3-47　关键词在 site 之后搜索结果

另外需要注意的是，关键词和"site："之间必须有一个空格。site 后面所跟的冒号必须是英文的"："；同时，搜索网站或域名时，不能带"http：//"或"/"。

采用这种方法检索信息还需要特别注意，如果不确定哪些网站与检索的关键词有关，而盲目地把检索范围限制在某一个网站，往往得不到预期的检索结果。

用法 2：指定域名分类进行搜索。

有经验的译者往往可以通过搜索网站的域名后缀来初步判断网站内容以及内容的可靠性。常见的网站的域名后缀有 . org、. gov、. edu、. com、. tech 等，分别代表的含义如下：

.org：Other organizations，非盈利组织；

.gov：Governmental entities，政府部门；

.edu：Educational institutions，教研机构；

.com：Commercial organizations，商业组织，公司；

.tech：科技、技术。

网络查询优先查找或利用的资料，首先是官方网站、新闻网、宣传材料或者说明书，其次是纸质的权威词典或者 PDF 版的相关资料，然后才是提供搜索服务的权威行业网站。

使用谷歌搜索的时候，如果无法确定关键词与哪几个网站最有可能有联系，则可以通过域名来选择限定某一类网站。

例如，以"环境承载能力"为关键词，在域名为 .org 的网页中搜索相关联的信息。在谷歌搜索栏中输入关键词如下："环境承载能力" site：org。

点击搜索，得到的结果如图 3-48 所示。

图 3-48　指定域名搜索

从结果中可以看到，搜到的相关信息所在的网页地址中均包含 .org。当然，输入关键词时，也可以把关键词放在"site"的后面，搜到的结果数量有所不同，但是对最终的搜索结果没有太大的影响。

B Google 的验证功能

使用谷歌搜索引擎，可以进一步验证专业词汇翻译结果的准确性。对一些不确定专业词汇，可以通过搜索引擎，利用网络资源对搜索结果的可靠性进行验证。

译员在翻译过程中难免会碰到生僻的表达，通过查阅词典或网络搜索，对于同一个词往往会有不同的搜索结果。到底哪种表达更地道、更常用？利用"搜索词"+空格+site：+网站名，就可在指定网站内搜索、确定同一表达方式在不同领域内的译文。如果想知道某种表达在美式英语、英式英语或加拿大英语中的使用频率，可以用"搜索词"+空格+site：+指定国家名（us/uk/ca，不分大小写），通过搜索结果来确定哪种表达是 native speaker 更常用的，以保证翻译质量。

在进行搜索验证前，首先需要把谷歌搜索的语言设置为"英语"，如图 3-49 所示，点击"settings"，弹出如图 3-50 所示的对话框，点选"English"并保存。

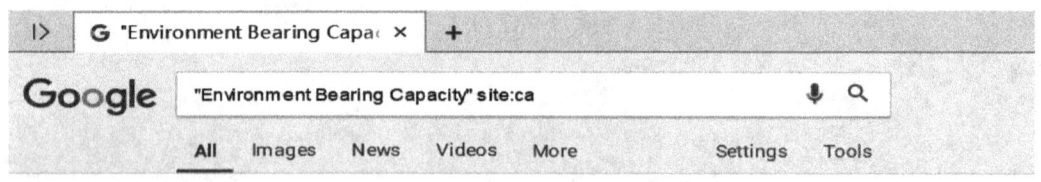

图 3-49 谷歌搜索的语言设置为"英语"

![Google Search Settings dialog]

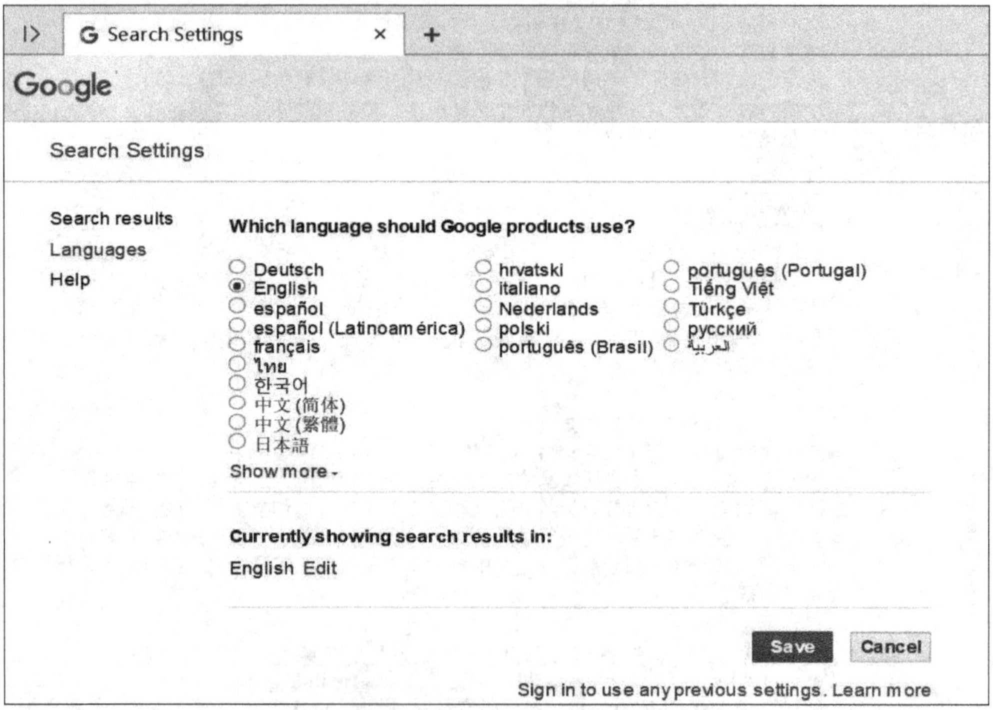

图 3-50 点击"Settings"弹出的对话框

例如，仍然以"环境承载能力"为例，加上"Environmental"作为辅助关键词进行搜索，并验证哪一种译文的表达更地道。具体操作如下。

首先，在谷歌搜索栏内输入以下内容："环境承载能力"Environmental，点击搜索，共得到 7990 条结果，用时 0.37s。如图 3-51 所示。

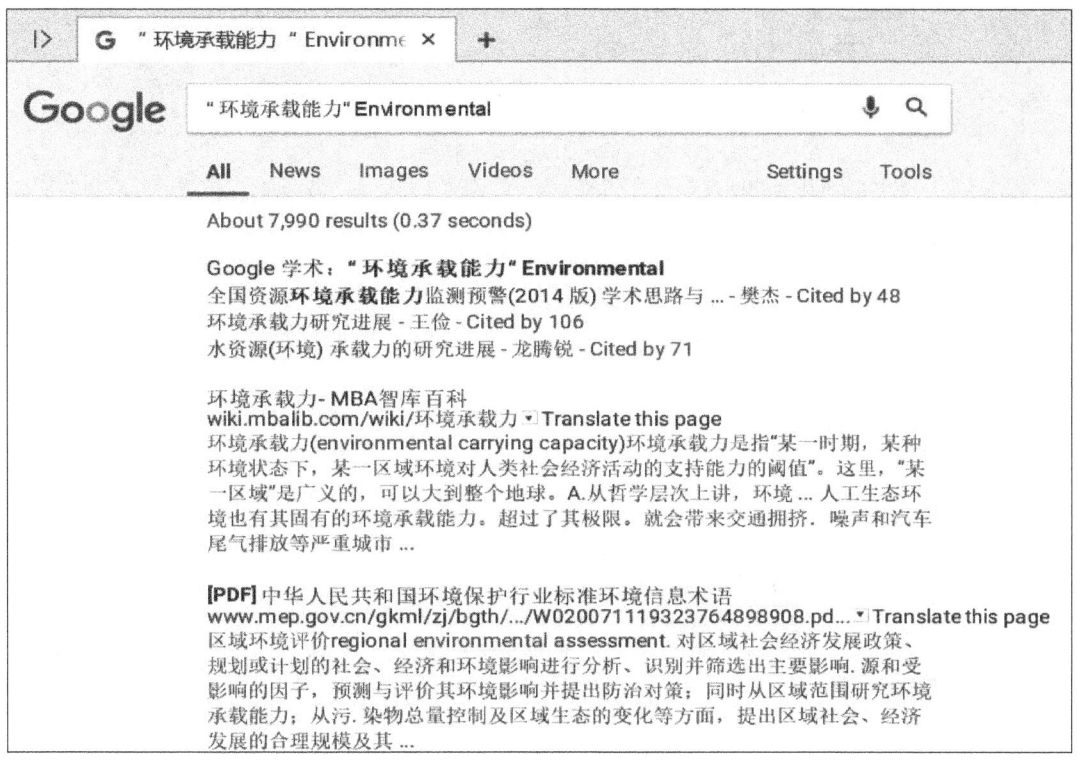

图 3-51 加上"Environmental"辅助关键词搜索

通过筛选搜索结果，总结出关于"环境承载能力"的常见英语表达有：Environmental Bearing Capacity 和 Environmental Carrying Capacity。

下面通过验证某一种英语表达在以英语为母语的国家（分别以美国、英国和加拿大为例）使用的频率来判断哪一种表达更地道。

在谷歌搜索栏内以下列格式："搜索词"+空格+site：+指定国家名（us/uk/ca，不区分大小写）分别进行搜索，得到如下结果，如图 3-52~图 3-57 所示。

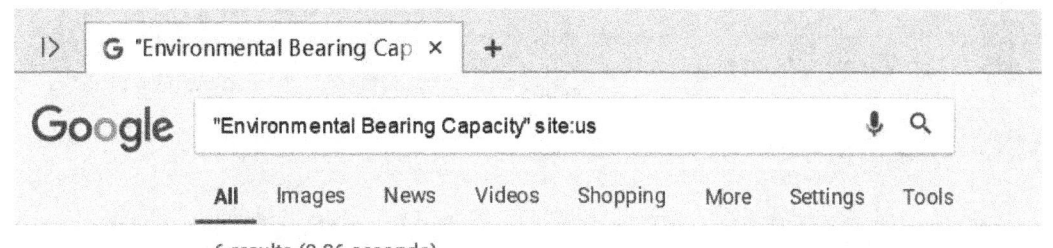

图 3-52 "Environmental Bearing Capacity" site：us 检索结果

图 3-53 "Environmental Bearing Capacity" site：uk 的搜索结果

图 3-54 "Environmental Bearing Capacity" site：ca 的搜索结果

图 3-55 "Environmental Carring Capacity" site：us 的搜索结果

图 3-56 "Environmental Carring Capacity" site：uk 的搜索结果

图 3-57 "Environmental Carring Capacity" site：ca 的搜索结果

汇总以上搜索结果，其比较如表 3-2 所示。

表 3-2　搜索结果汇总比较

译　文	搜索结果 1		搜索结果 2		搜索结果 3	
	site：us	用时/s	site：uk	用时/s	site：ca	用时/s
Environmental Bearing Capacity	6	0.36	8	0.29	3	0.18
Environmental Carrying Capacity	742	0.21	1460	0.32	897	0.37

通过对比搜索结果，不难看出，在美国、英国和加拿大，Environmental Carrying Capacity 这种译法使用的频率最高，这就说明无论在美国、英国还是在加拿大，这种表达方式都是最地道和最准确的。

C　Google 以图搜图

谷歌还有一个强大的功能就是以图搜图，按图索骥。每个人的知识范围都是有限的，当译者对要翻译的图片内容不熟悉时，可以利用谷歌的以图搜图功能，找到类似的图片或与翻译任务有关的网页。或者当对于某个事物、人物，想要得到更多相关图片及介绍时，也可利用此功能。

例如，图 3-58 中自行车各个部分的名称术语众多，翻译起来就需要逐个查询，非常耗时，而且还可能会出现翻译"正确但不地道"的情况。这时就可以借助谷歌的"以图查图"功能。

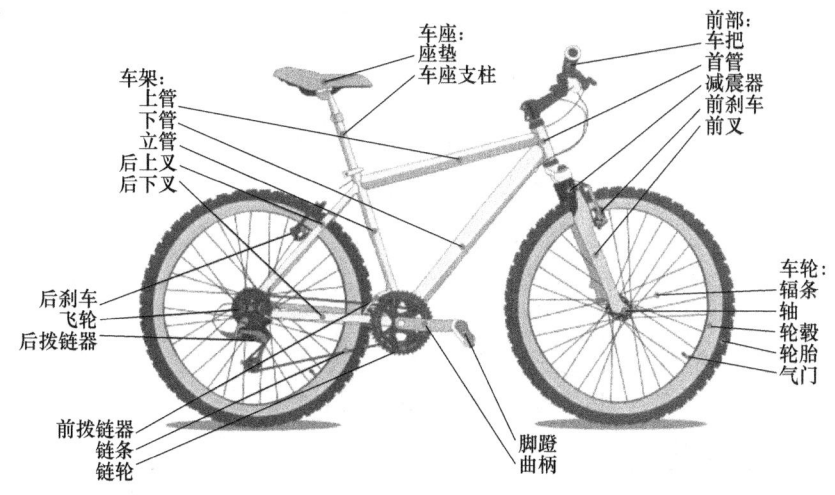

图 3-58　借助谷歌"以图查图"功能

具体操作步骤如下。

第一步，打开谷歌搜索，点击右上角的"Images/图片"，如图 3-59 和图 3-60 所示。

第二步：找到搜索框右边的"相机"图案，单击相机图案，出现"Search by image"字样，如图 3-61 所示。

第三步：可以选择粘贴图片网址（Paste image URL）或者上传图片（Upload an image）两种方式。

图 3-59　打开谷歌搜索

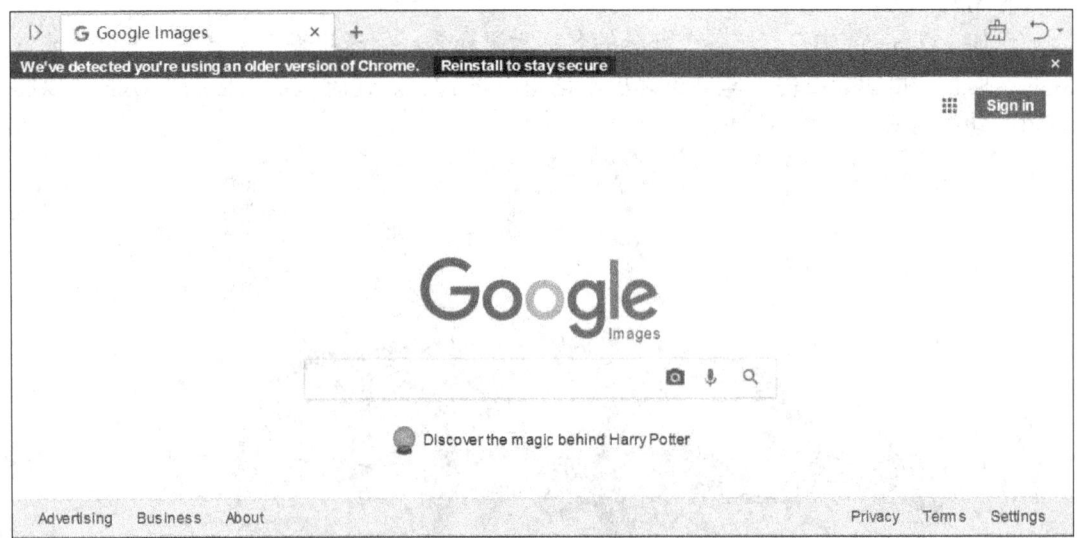

图 3-60　谷歌"Images/图片"界面

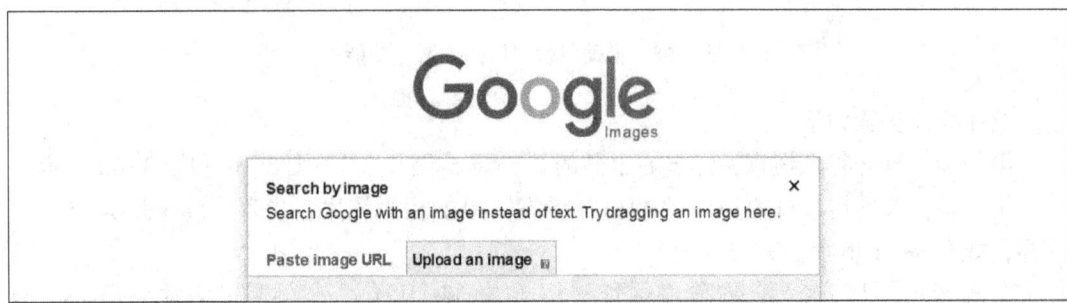

图 3-61　"Search by image"对话框

由于要搜索图片已经保存在电脑上了，所以选择右侧的"Upload an image"，点击"选择文件"，选择文件所在路径，选中该图片，点击"打开"，则显示开始上传该图片。

第四步：上传图片完成后，出现如图 3-62 所示的搜索结果。

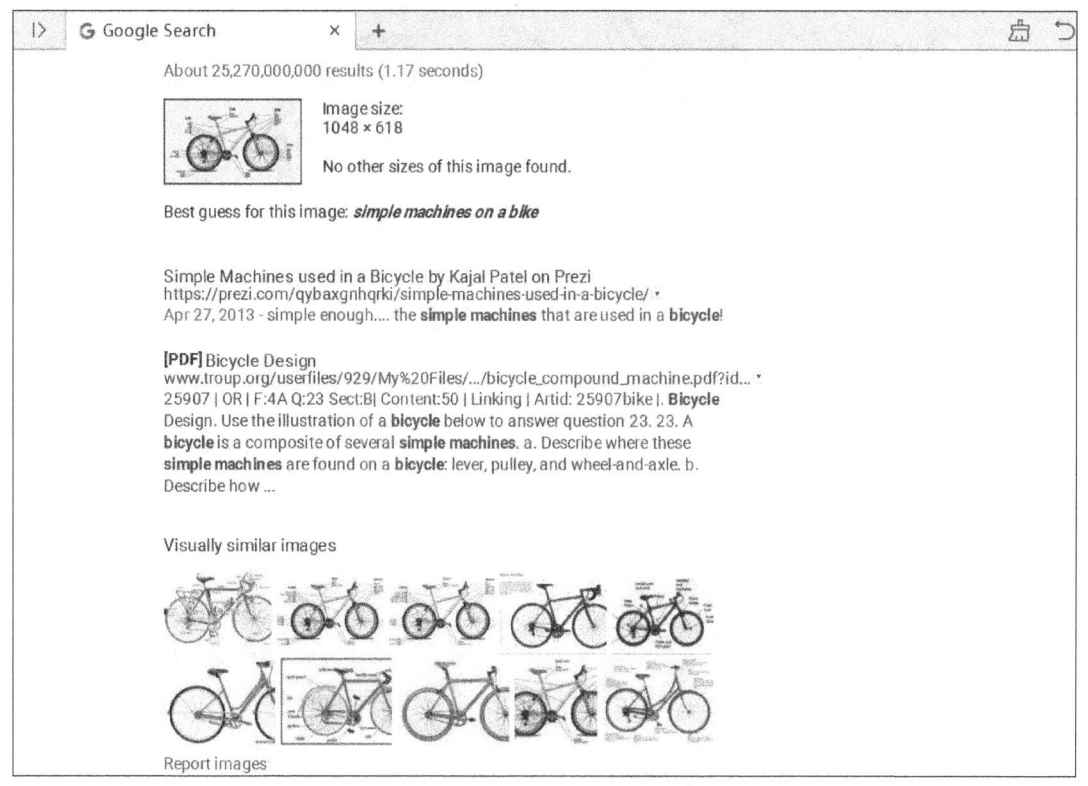

图 3-62　上传图片后出现的搜索结果

第五步：点击选中的图片，出现该图片的详图。下滑鼠标，在网页窗口最下方也有一些相似图片。

想找到最接近的图片，就需要看大图。点击右边的"查看图片"，该图片就会全屏显示，点击其中的一项搜索结果，如图 3-63 所示。

如果想访问相关网页以查找更多具体信息的话，点击右边的"访问网页"，该图所在的网页就会显示。

经过多次对图片进行仔细比对，在谷歌搜索结果中找到精确图片，如图 3-64 所示。

这样，借助谷歌搜索，在比较短的时间内就解决了许多专业术语的查询，省时省力并准确度高。

当然，谷歌以图搜图功能对于爱好摄影、旅游、绘画的人士而言也是大有益处。当然，其他搜索引擎比如百度，也有以图搜图的功能，可以在搜索页直接拖动图片进行搜索。

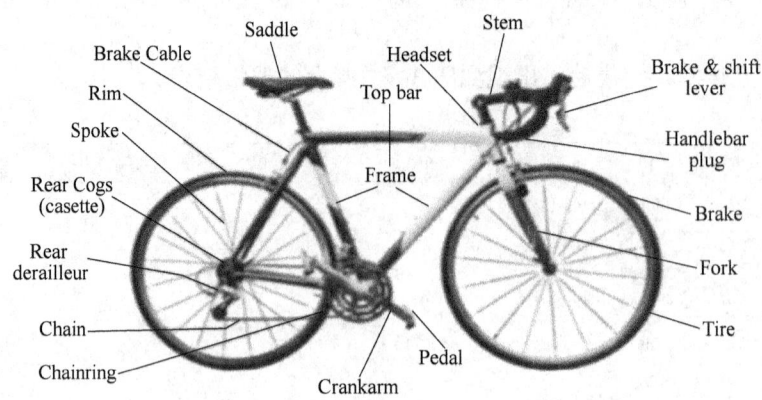

图 3-63　选择最接近图片看大图

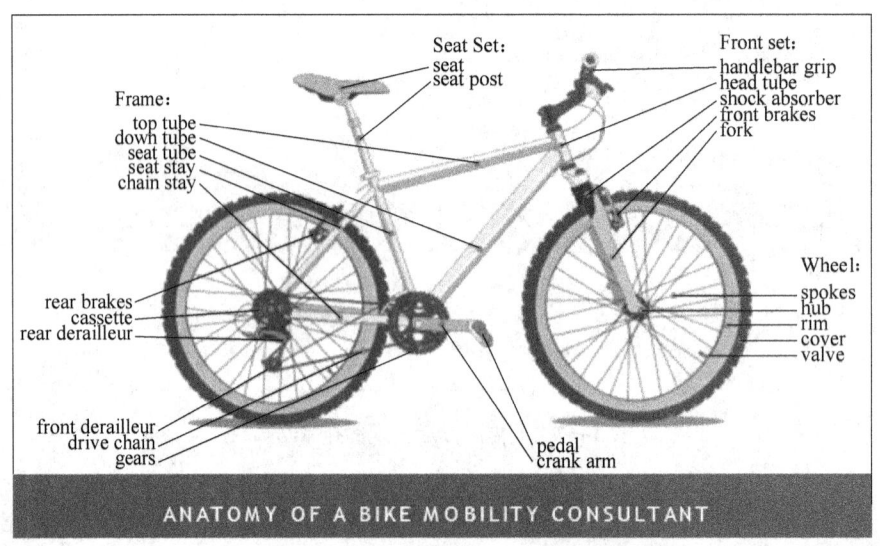

图 3-64　在谷歌搜索结果中找到精确图片

　　若想更加快捷方便地搜图，可以进入谷歌应用商店，搜索"Search by Image"，找到扩展插件，按照提示安装到 Chrome 并运行插件即可。

思 考 题

3-1　请综合使用本章所学的谷歌高级检索技巧，查询与"一带一路"相关的双语文件，文件格式包括 PDF、TXT、DOC、DOCX。要求查询分别限定在政府部门的官方网站和中国日报的官网。

3-2　利用谷歌搜索，检索到"金窝银窝不如自己的草窝"这句话的各种翻译方法，并用谷歌的验证功能来判断哪一种译文更常用、更准确。

3-3 综合利用本章所学的谷歌搜索技巧以及"以图搜图"功能，查找图片中的产品，并找到与该产品有关的信息，详述搜索过程。

图 3-65 题 3-3 图

4 语料库与翻译记忆

【本章提要】语料库是为开展相关语言理论以及语言应用研究而创建的各种语料的汇集。随着现代计算机技术的不断发展，众多学者和译者着手利用语料库展开对翻译的研究与实践。翻译记忆是计算机辅助翻译（CAT）的核心技术，翻译记忆库可视为一种特殊的平行语料库，大都是在翻译过程中由 CAT 工具自动储存更新的。翻译记忆库可供翻译匹配或检索之用，以提高翻译的工作效率和精准度。语料库和翻译记忆库之间既有区别又有联系：理论上，任何平行语料库均可以转换为翻译记忆库，反之亦然。本章从语料库的基本概念入手，介绍其发展历史与分类，并就与翻译实践相关的语料库技术与工具做了详细的讨论，并在介绍翻译记忆库的基本概念与发展的同时，分析了语料库与翻译记忆的区别与联系。本章的最后一部分结合实际翻译项目介绍了翻译记忆库的建设与应用。

4.1 语料库的基本知识

4.1.1 语料库的基本概念

语料库（corpus）源于拉丁语，本义为 body，可以理解为存放语言材料的仓库（数据库）。冯志伟在《语料库语言学与计算语言学研究丛书》的序言中将现代语料库定义为"为了一个或多个应用目标而专门收集的、有一定结构的、有代表性的、可被计算机程序检索的、具有一定规模的语料的集合"。语料库所存储的语料是在实际语言运用中出现过的真实语言材料，它以电子计算机为载体，将真实语料进行分析和加工处理，使之成为有代表性的语言资源。通过检索语料库，获得相应的语料统计数据，进而研究语言事实，探索语言规律。语料库是语料库语言学研究的基础资源，也是经验主义语言研究方法的主要资源，在词典编纂、语言教学、翻译、传统语言研究和基于统计或实例的自然语言研究等方面均有应用。

徐彬将语料库的特征总结如下：

（1）真实语料：语料库中存放的是在语言的实际使用中真实出现过的语言材料（因此例句库通常不应算作语料库）；

（2）基础资源：语料库是承载语言知识的基础资源（因此它并不等同于语言知识）；

（3）加工：语料库中的真实语料需要经过加工（分析和处理）才能成为有用的资源。

4.1.2 语料库的发展

语料库的概念、研究内容以及研究手段随着时代与科学技术的发展得到进一步完善，其发展历程大致可以分为两个阶段：计算机化以前的语料库时期，也称为传统语料库时期；计算机化以后的时期，也称为现代语料库时期。

4.1.2.1 传统语料库时期（20 世纪 50 年代以前）

计算机发明之前，语料库大多是手工记录的语言材料汇集库，基本上处在卡片制作和人工检索的初级阶段，不仅制作周期长，检索的效率也很低。这些手工语料库主要包括词典编纂、语言研究收集的引语库，为教学目的收集的文章库，为语言调查收集的方言库等。当时影响比较深远的是 1959 年由夸克（Quirk）等人建设的英语用法调查语料库（Survey of English Usage，简称 SEU）。该语料库共收录语篇 200 篇，每篇大约 500 词，口语和书面语各占 50%。其目的是通过收录大量风格题材不同的语料以便对英语书面语和口语进行全面系统的描述。SEU 是最后一个手工语料库，在研究观念和方法上都进行了大胆创新，为语言研究提供了全新的科学手段，也为语料库研究进入电子化时代积累了丰富的经验。1957 年乔姆斯基（Chomsky）著名的《句法结构》（Syntactic Structures）问世，转换生成语法逐渐兴起，语言学研究的主流方向也由经验主义转向理性主义，语料库研究受到了很大的冲击，语言研究的主要方法转为内省法。

4.1.2.2 现代语料库时期（20 世纪 50 年代至今）

随着语言学研究的发展，人们开始反思乔木斯基的语言思想，认识到内省法的不足，并重新回归语料库的研究方法。而在新时期，借助先进的计算机科学与计算机技术，语料的收集、编辑、标注、分析和利用都得到充分的发展，大规模语料库越来越常见，语料库研究迎来复兴和繁荣，步入了现代语料库阶段。世界上最早出现的计算机语料库是 20 世纪 60 年代初由 F. Nelson 和 H. Kuçéra 建成的布朗语料库（Brown University Standard Corpus of Present-Day American English）。该语料库按照随机原则，收集了这一时期具有代表性的美国英语语料。语料主要是从当时美国各种不同的出版物中选取，一共 500 篇英语文本，库容量约 100 万词。虽然从今天看，这仅是一个小型语料库，但其在语料库创建与研究方面的价值和意义是后者所无法超越的。我国最早建成的语料库，是由杨惠中于 20 世纪 80 年代主持创建的上海交通大学科技英语语料库（JDEST）。为了反映真实语言的语篇特征，该语料库所选择的每篇语料都是不少于 2000 英语词的连续文本，其选取的构成文类涉及期刊、教科书、专著、论文、科普读物、文摘、手册、书评、新闻报道等；其专业领域涵盖化学、天文学、生物医学、机械制造、电子工程等，总库容量近 400 万英语词。

世界上第一个翻译语料库是由英国曼彻斯特大学翻译与跨文化研究中心的 Mona Baker 于 1995 年创建的翻译英语语料库（TEC-Translational English Corpus），其库容量为 2000 多万英语词，收集了由当代英美翻译家翻译的世界其他国家语言的翻译英文文本。该语料库创建的目的在于研究翻译文本的语言模式在哪些方面会有别于同一语言的原创文本，以及不同译者之间的风格差异。该翻译语料库是单语语料库，仅收录的是翻译过来的英语文本。随着技术的不断发展，目前在翻译实践与研究领域被更多应用的是双语平行语料库。它是以源语和译入语呈句对齐方式保存的电子句对库，一般是连续文本经对齐后制作而成。

除以上提到的语料库以外，管新潮、陶有兰针对语言学和翻译学研究以及翻译实践应用的国内外有代表性的语料库做了如表 4-1 的总结。

表4-1　国内外代表性语料库及特征

语料库名称	建库时间	语料库描述
欧洲议会平行语料库（European Parliament Proceedings Parallel Corpus）	1996—2011	该语料库所有语料均取自欧洲议会的会议记录，包含21种欧洲语言。2012年5月15日发布了第7版，每一种语言的词数均已多达6000万词，总库容量约为12多亿词；该库创建目的是得到句级对齐的文本，以供机器翻译系统使用，目前已实现20种语言与英语之间的语料句级对齐
英国国家语料库（BNC-British National Corpus）	1994	该库是国际上最具代表性的当代英国英语语料库，由牛津出版社、朗文出版公司、牛津大学计算机服务中心、兰卡斯特大学英语计算机中心和大英图书馆等联合开发创建；总库容量超过1亿英语词，包含书面语（9000多万词）和口语（1000多万词）两个子库，共有4124个文本；语料取样包括书籍、杂志、剧本、报纸、广告、信函、电视节目、备忘录、日常对话、广播、电视谈话等；该库创建主要用于语言学研究、词典编纂等
美国当代英语语料库（COCA-Corpus of Contemporary American English）	2008至今	该库是当今世界上最大的英语平衡语料库，由美国杨百翰大学的Mark Davies创建；截至2015年12月，总库容量约为5.2亿英语词，包含220225个文本。语料取材涉及口语文本、小说、通俗期刊、报纸和学术期刊，这5个方面的语料程均衡分布；该库创建主要供语言学家和语言学习者了解单词、短语以及句子结构的频率以及进行相关信息的比较
COBUILD语料库（Collins Birmingham University International Language Database）	1980	该库由英国伯明翰大学与Harper Collins出版社合作，在John Sinclair主持下创建；其库总容量为45亿英语词。语料体裁主要是书面语，包括网页、报纸、杂志和图书等；其口语部分材料则选自电台、电视台等。其代表子库Bank of English™约为6.5亿词，其中的语料均经过精挑细选，在平衡性和精确性两方面代表了今天所使用的英语；该语料库已成为词典编纂工作的基础，第一本基于语料库的COBULID英语词典已于1987年正式出版发行
德语参照语料库（Deutsches Referenzkorpus）	1964至今	该库是世界上最大的当代德语电子文本数据库，由德国曼海姆德语研究所（IDS）创建，共有180多家出版机构和个人参与了该库的建设；截至2015年9月，该库总容量为280亿德语词；语料体裁为文学文本、学术文本、通俗文本、报纸文本以及其他各种文本，语料覆盖实践自1950年至今
德语数字词典语料库（DWDS-Das Digitale Worterbuch der deutschen Sprache）	2003	该语料库受德国德意志研究联合会资助，按照时间和文本类型进行分类，共有形符25亿德语词，其中18亿可供在线检索使用；语料体裁包括文学著作、学术文本、应用文本和报纸等；所有语料均包含文本类型、作者、标题、出版社和出版日期等信息
现代汉语语料库	1998	该库由中国国家语言文字工作委员会创建。其总库容量约为1亿字符，其中已有5000万汉字经过标注，可按词检索；在语料库可靠性、标注准确性等方面具有权威性；语料库选材有足够的实践跨度（1919—2002），抽样合理、分布均匀、比例适当，科学地反映了现代汉语的全貌

语料库名称	建库时间	语料库描述
通用汉英对应语料库	2004	该库是目前库容量最大的英汉双语平行语料库，由北京外国语大学中国外语教育研究中心的王克非主持创建；其总库容量为 3000 万字词，语料均为书面语，含 4 个子库：翻译文本库、百科语料库、专科语料库、对译句对库。该库的创建目的主要应用于语言研究、翻译研究、教学研究以及双语词典编纂等
莎士比亚戏剧英汉平行语料库	2010	该库由上海交通大学外国语学院的胡开宝主持创建。其总库容量为 300 多万字词，包括牛津版莎剧原著（23 部剧本）和梁实秋、朱生号、方平翻译的 3 个中文译本以及汉语原创剧；该语料库创建的目的在于深化对莎剧的研究，即基于莎剧汉译本的翻译共性实证研究、莎剧汉译语言特征和动因研究、莎剧汉译本中人际意义的再现与构建研究、莎剧汉译策略与方法研究
两岸三地英汉科普历时平行语料库	2016	该库由上海交通大学外国语学院的郭鸿杰主持创建；其总库容量为 2000 万字词，下设英译汉和汉译英两个子库，每个子库包括大陆、港、台 3 个小子库。语料载体来自科普书籍、期刊、报纸以及网络等；题材涉及数学、天文、物理、医学、计算机、建筑等。该语料库提供两种文件格式：一是用于语言学或翻译学研究的格式，另一是用于计算机翻译实践的 TMX 格式
英汉医学平行语料库	2011	该库由上海交通大学外国语学院管新潮主持创建。其总库容量为 1000 万字词，语料体裁主要为论文、图书和报告等，涵盖临床医学的内科学、外科学、妇产科学、儿科学、眼科学等。该语料库既可用于语言学或翻译学研究，也可用于计算机辅助翻译实践
中国法律法规汉英平行语料库	2010	该库由绍兴文理学院创建。其库总容量为 2200 万字词，语料体裁为法律法规、契约、合同、章程等，下设大陆地区、香港地区和台湾地区 3 个子库，分别收集了 3 个地区的法律法规 234 部、292 部和 192 部；该语料库实现了汉英句级对齐，可以为法律语言对比研究以及法律翻译实践与教学提供实证资源
汉学文史著作英汉平行语料库	2017	该语料库由山东师范大学外国语学院徐彬主持创建；其总库容量为 500 万词，语料体裁为文史研究著作；该语料库的创建目的既可以用于翻译研究，也可以用于汉译英翻译实践，其语料库文件格式为 TMX 和 XML
建筑工程英汉平行语料库	2018	该语料库由山东建筑大学外国语学院丁玫主持创建。目前总库容量为 300 万词，含 2 个子库：建筑翻译文本库、建筑对译句对库。语料体裁为绿色建筑、建筑理论、建筑标书、建筑合同、建筑材料、城市规划等。该语料库既可用于英汉翻译实践，也可用于翻译学或语言学研究

4.1.3 语料库的分类

现代语料库有多种分类方法。按照语种分类可分为单语语料库、双语语料库以及多语语料库。单语语料库指只含一种语言的语料库；双语语料库指其中语料由两种语言构成；多语语料库由 3 种或 3 种以上的语言构成。

　　按照对应方式分类，可将双语或多语语料库分为平行/对应语料库和可比/类比语料库。平行/对应语料库是由源语文本同译入语文本相对应后建成的文本库，对应层级包括词级别、句级别、段落级别以及篇章级别。平行/对应语料库与计算机辅助翻译实践与教学联系最为紧密。在本书的部分章节中，介绍了翻译记忆的相关知识，本章也将针对翻译记忆和翻译记忆库做进一步的详细介绍。翻译记忆库是在翻译过程中由计算机辅助翻译工具自动存储更新建立起来的，存有源语与目标语对应句段，从这一层面上讲，翻译记忆库也是一种平行语料库。可比/类比语料库是由不同语言的文本或同一种语言不同变体的文本所构成的两个或两个以上的语料库。

　　平行/对应语料库按照翻译方向的不同又可分为单向对应语料库和双向对应语料库。单向对应语料库指整个语料库都是由一种语言翻译到另一种语言所构成的对应语料。在计算机辅助翻译中，单向对应语料库是翻译记忆中最普遍的形式，即是将已经翻译过的文本同原文对应，然后做成对应语料库为将来的翻译任务服务，两种语言之间不能相互自动转换。双向对应语料库指整个语料库中包括原文和译文文本，两种语言之间存在互译关系。

　　类比语料库也可再细分出单语类比库和双语/多语类比库。前者收集一种语言类似环境下的类似内容的文本，后者收集的是在内容、语域、交际环境等方面相近的不同语言文本，多用于对比语言学。

　　由于语料库的分类方法多种多样，为了便于学习者掌握其分类要领，王华树将语料库的分类做了如表 4-2 所示的梳理。

表 4-2　现代语料库常见分类

分类依据	分类名称	相　关　定　义
语种数量	单语语料库	语料仅由一种语言构成
	双语语料库	语料由两种语言构成
	多语语料库	语料由 3 种或 3 种以上语言构成
对应方式（限双语或多语料库）	平行/对应语料库	各语种子库语料在语篇、段落、句子、语块或词组层面实现平行对齐
	可比/类比语料库	各语种子库语料之间不存在严格平行对齐关系但具有可比性
翻译方向（限平行/对应语料库）	单向语料库	各语种子库语料之间存在确定单一方向的翻译关系
	双向语料库	各语种子库语料之间存在互译关系
用　途	通用/异质型/平衡语料库	语料来自广泛收集的不同类型文本，在代表性和平衡性方面得到保证，用于一般性共性研究
	专用/同质型语料库	语料仅涉及某一专门语域或语体，为某一特定用途研制
介质形式	文本语料库	语料由大量文字内容组成
	口语语料库	语料主要由大量语言音频文件组成，可配有相应文字
	多模态语料库	语料集成音频、视频等多媒体语言素材，可供多模态方式进行相关语言研究

续表 4-2

分类依据	分类名称	相 关 定 义
语体（限文本语料库）	书面语语料库	语料为在书写和阅读文章时使用的正式的语言
	非书面语语料库	语料为在日常对话中使用的非正式的语言
时间状态	共时/静态/参考语料库	语料收集自同一较短时期，常用于探索用语的实况与内容表达的比较
	历时/动态/监控追踪语料库	语料收集规模和时间跨度较大，常用于对语言的使用和发展进行动态追踪监测
语言使用程度	母语语料库	语料来源为将该语言作为第一语言的学习者
	外语学习语料库	语料来源为将该语言作为非第一语言的学习者
处理深度	生/未标注语料库	语料未经加工，没有任何切分、标注标记
	熟/标注语料库	语料经过加工，带有切分、标注标记
选材方式	样本语料库	语料为从文章中摘录的段落样本
	全文语料库	语料皆为文章全文
组库结构	平衡结构语料库	语料类型预先设计，各类型所占比例已确定
	自然随机结构语料库	语料为按照一定原则随机收集，不考虑语料类型和所占比例

4.1.4 语料库技术与工具

语料库技术是指在语料库的创建与应用过程中各环节所使用的技术，包括语料的获取、清洗、标记、赋码、对齐、索引等相关技术。语料库技术的发展有 3 个主要特征：(1) 重视基础语料库的发展，在规模上不断突破，在广度上类型也不断增多；(2) 重视对语料进行不同层次的标注，标注的过程是一个语言知识形式化的过程，标注质量和标注深度直接影响可以从语料库中发掘的信息的丰富性、准确性，决定了语料库的可利用价值；(3) 重视各种处理和检索工具的开发，包括通用工具和专用工具，如语料获取工具、标注工具、对齐工具、校对工具以及检索和统计工具等。因此，语料库在自然语言处理和语言研究中应用非常广泛，例如机器翻译、语言处理、话语识别与合成等研究。尤其是平行语料库在开发基于统计和基于实例的机器翻译方面发挥了重要的作用，是机辅翻译工具（包括本地化翻译工具和视听翻译工具）的核心资源，如果没有语料库（翻译记忆库和术语库），机辅翻译工具的作用将大打折扣。

语料库技术种类繁多，更新迅速，本节在介绍语料库技术与工具时，侧重于介绍与翻译实践应用关系较为密切的内容，包括语料的获取、清洗和对齐等技术与工具。

4.1.4.1 语料获取技术与工具

语料的获取不仅要求语料真实，还要求语料具有时效性和权威性，以确保语料库的质量。随着网络技术的迅速发展，互联网成为大量信息的载体，其中语料资源的时效性和权威性是传统媒介所无法比拟的，因此语料获取技术对建立大规模语料库至关重要。语料获取技术是指从各种来源渠道收集整理语料，并根据需要将语料转换为可编辑、可加工、可入库的电子数据的相关技术，主要包括网络爬虫技术、字符识别技术、格式转换技术等。

网络爬虫（Web Crawler），又称为网络蜘蛛（Web Spider）或者 Web 信息采集器，是一个自动下载网页的计算机程序或自动化脚本，是搜索引擎的重要组成部分。网络爬虫通常从一个称为种子集的 URL（Uniform Resource Location，统一资源定位器）集合开始运行，它首先将这些 URL 全部放入到一个有序的待爬行队列里，按照一定的顺序从中取出 URL 并下载所指向的页面，分析页面内容，提取新的 URL 并存入待爬行 URL 队列中，如此重复上面的过程，直到 URL 队列为空或满足某个爬行终止条件，从而遍历 Web，该过程称为网络爬行（Web Crawling）。网络爬虫可用于获取网络上的各类语料，是目前大型语料库建设最常用的手段之一。

网络爬虫按照系统结构和实现技术，大致可以分为以下几种类型：通用网络爬虫（General Purpose Web Crawler）、聚焦网络爬虫（Focused Web Crawler）、增量式网络爬虫（Incremental Web Crawler）、深层网络爬虫（Deep Web Crawler）。实际的网络爬虫系统通常是几种爬虫技术相结合实现的。

字符识别技术主要指光学字符识别 OCR（Optical Character Recognition），即针对各类图片、纸质文件和出版物中的印刷体字符，采用光学的方式转换成为黑白点阵的图像文件，并通过识别算法将图像中的文字转换成文本格式，供文字处理软件进一步编辑加工的技术。识别过程首先使识别设备学习、记忆将要辨识字符的特征，使这些特征成为识别系统自身的知识，然后再利用这些先验知识对输入图像进行判决，得到字符的识别结果。字符的特征不仅仅局限于平面上的点阵位置信息，在频率空间、投影空间，甚至语义空间字符都有各自的特征。这些特征在识别字符时又有各自的特点及优势。根据识别字符所采用具体特征的不同便衍生出了不同的识别技术。通常，根据不同的技术策略，识别方法可以分为如下 3 类：统计特征字符识别技术、结构字符识别技术和基于神经网络的识别技术。

格式转换技术是指通过相关标准与算法，将源文件转换成不同编码格式的目标文件的技术。在语料获取阶段，格式转换技术将 PDF、EPUB、MOBI、AZW 等某些不可编辑的复杂格式文档转换成可编辑文档，以供在后续步骤中提取文字内容。

目前，字符识别技术常与格式转换技术集成于一体，方面用户从各类文档中获取语料内容。常用的工具有 Adobe Arobat、OmniPage Standard、ABBYY FineReader 以及金山、汉王出品的相关产品。

4.1.4.2　语料清洗技术与工具

通过语料获取技术所获得的语料经常存在各种不完整、无效、错误、重复的"噪声数据"。对语料进行清洗的目的就在于提高语料的纯度，提升翻译实践应用中的语料匹配效度，否则不仅会影响匹配效率，甚至影响翻译理解进而导致误译等。语料清洗技术是指在消除语料中的噪声数据，即多余的字符或影响语料对齐的字符、公式、图表等的过程中所使用的技术，也称为语料降噪技术。语料清洗前，需首先分析语料噪声所呈现的规律并予以总结，然后根据规律性的强弱进行清洗处理，先消除出现频率高、干扰性强的噪声，再清除低频弱扰噪声。语料清洗大致可分为 5 个步骤：（1）语料预处理。将数据导入处理工具或特定数据库，并分析数据结构信息等，为后续处理做准备；（2）缺失数据补全。检查在前序数据抓取过程中遗漏的词句、数字或格式信息，补充语料需谨慎，如果缺失效率高则应重新抓取语料；（3）格式内容清洗。清洗标签、时间、日期、数值、全半角、标点符号等格式问题，确保语料格式一致无误；（4）逻辑错误清洗。去除重复的以及平行语料库研制中明显非平行对应的句段等；（5）非需求清洗。在前序步骤基础上，将不需要的句段去除，此步操作也需谨慎，为避免多余删除造成不可挽回的后果，应注意勤备份数据。

对于语料库规模极小的数据文件，可使用各种文本编辑器进行人工简单处理，如 Vim、Notepad++、EditPlus、EmEditor、Sublime Text、UltraEdit 以及 Microsoft Word 等。处理过程中注意避免因人工介入而导致产生新的噪声。对于大多数语料库的语料数据，更常用的清洗方法是编写程序或脚本批量处理文件或操作数据库，这种方法灵活、高效、定制化程度高，可移植复用，支持各种复杂操作，能更好地满足各类建库需求。

4.1.4.3 语料对齐技术与工具

语料对齐技术是平行语料库建设中特有的技术，一般是将双语或多语语料进行句子级别的对齐，构成句间平行对照的形式。目前常见的语料对齐工具主要包括 3 类：辅助学术研究（如 ParaCone 软件的 View Corpus Alignment）、CAT 工具配套携带（如 SDL Trados 的 WinAlign）和独立的软件产品（如 Tmxmall 对齐工具、ABBYY Aligner 等）。

上述几款对齐工具中，除了 ParaCone 软件的 View Corpus Alignment 在语料对齐后导出的文档仅供自身检索统计使用外，其他 3 款工具均可导出 TMX 等格式文档，这些文档可直接作为 CAT 工具使用的翻译记忆库。

WinAlign 是 SDL Trados 软件自身携带的对齐工具，可对齐与 Trados 翻译应用相关的所有语种。对齐时，WinAlign 利用文档的结构元素信息，如 Word 文档中的标题信息、HTML 和 XML 文档中的 tag 符等信息，为源文档和目标文档建立起结构树。即便未能建立起清晰的结构树，WinAlign 也会利用字体、段落编码等信息进行结构识别。一旦建立起结构树，WinAlign 就利用与上下文和内容相关的特征如索引词条、脚注、专有名称、数字、日期、格式或 tag 符等进行句对齐自动处理。然后在自动对齐的基础上，可由人工介入进行对齐处理。

ABBYY Aligner 是一款独立的对齐工具。对齐时，首先锁定段落对齐，然后在段落内部进行句对齐处理，同时辅以相关的文本信息进行对齐参照。然后，由人工在自动对齐的基础上进行后续句对齐处理。该软件可对齐多语种语料。

Tmxmall 对齐工具是一款在线对齐工具。对齐时，先进行段落对齐，然后在段落内进行句对齐处理。Tmxmall 自主研发的智能对齐算法可在源文档和目标文档之间自动实现"一对多，多对一"。除了双文档对齐外，该工具还可用于呈上下段落对齐的单文档对齐。后续的人工介入对齐时在自动对齐的结果上进行。Tmxmall 对齐工具目前支持多语种语料对齐。

ABBYY Aligner 和 Tmxmall 对齐工具均是在对齐句子之前先行锁定段落，然后在段落内部进行句对齐加工处理。这样的对齐效果，使得一句译成多句或多句译成一句的情况仅出现在两个文档的对应段落内，不会对后续段落造成无法对齐的影响。

View Corpus Alignment 是 ParaCone 软件的一个功能，用于实现源文档和目标文档的平行对齐。识别前，需在每一句句前添加"<seg>"以及每一句句末添加"/seg"，以便 ParaCone 进行更好的对齐识别。若源文和译文是一句译成一句的，对齐处理相对简单，可实现自动对齐；若存在一句译成多句或多句译成一句的，则需人工介入进行句对齐处理。

对齐工具的选择标准有两个：（1）自动对齐效果；（2）界面操作友好性。对齐的原则是自动对齐为主，人工校对为辅。

4.2　语料库与翻译记忆

4.2.1　翻译记忆与翻译记忆库

　　翻译记忆（translation memory）是计算机辅助翻译工具的核心技术之一，即将翻译流程中涉及纯粹记忆的活动，比如自动搜索、提示、匹配、记忆和复现高度相似的句子等工作交给计算机来完成，译者无需进行重复劳动，只需专注于审校及新内容的翻译，从而提高翻译效率并实现翻译一致性。翻译记忆库是一个用于存储源文和对应译文的数据库，属于语料库中的双语或多语平行语料库，具备管理翻译数据的能力，能够创建、储存、浏览、抽取以及处理翻译单元，是一个能够为翻译人员重复利用已有翻译成果提供各种协助的数据库管理系统（见图4-1）。

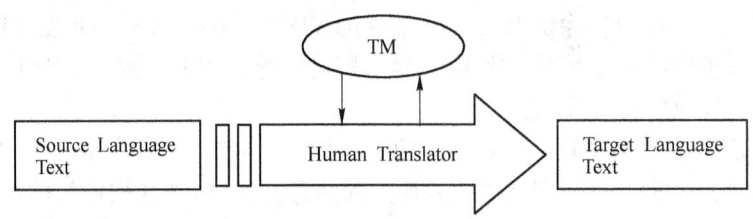

图4-1　计算机辅助翻译流程中应用TM的模式

　　翻译记忆的出发点非常简单。由于专业翻译领域所涉及的翻译资料数量巨大，而范围相对狭窄，集中于某个或某几个专业，如政治、经济、军事、航天、计算机、通讯等专业，就必然带来翻译资料的不同程度的重复。据统计，在不同行业和部门，这种资料的重复率达到20%～70%不等。这就意味着译员至少有20%以上的工作都是重复劳动。翻译记忆技术就是从这里着手，首先致力于消除译员的重复劳动，从而提高工作效率。

　　翻译记忆在计算机辅助翻译中的作用主要体现在"存储""记忆""搜索"和"匹配"四个方面。首先，译员利用已有的源文和译文，建立起一个或多个翻译记忆库，翻译过的内容会以翻译单元的方式存储在翻译记忆库中，这样可以保证后续翻译在术语、短语、风格以及其他方面的一致性。翻译过程中，系统将自动搜索翻译记忆库中相同或相似的翻译资源（如术语、句子、段落），然后以精确匹配（exact match）和模糊匹配（fuzzy match）的形式把记忆库中的相关内容提供给译者参考。匹配值是可以设置的，一般使用百分比来标示。匹配值越高，译文质量就越高，系统给出的参考译文数量就越少。反之，匹配值低，系统给出的参考译文多，给译者扩大选择范围的同时，也增加了选择难度。译者可根据翻译的实际需要对匹配值加以设置。在翻译实践中，一般将匹配值的下限设为70%比较合适，因为这一取值最有利于提高译者的工作效率。翻译记忆系统在把源文件与记忆库中的语料进行匹配并呈现给译者的同时，译者根据待译源文件的语境对匹配的内容进行接受、修改或拒绝，编辑后的内容同时作为新的内容存储到翻译记忆库中。翻译记忆库在后台不断学习和自动存储新的译文，从而扩大记忆量，变得越来越"聪明"，效率越来越高。成熟的翻译项目最终都会产出记忆库和术语库，无论对本地化翻译公司还是对个人译者，这两者都至关重要，能保证翻译项目质量及术语一致性，同时提高工作效率。

4.2.1.1 翻译记忆的发展

翻译记忆的思想最早可以追溯到 1971 年，当时供职于联邦德国国防部翻译服务处的 Krollman 提出了"语言数据库"（linguistic data bank）的设想，其子库之一即为"翻译档案"（translation archive）。20 世纪 70 年代后期到 80 年代初，Peter Arthern、Martin Kay 与 Alan Melby 等人分别研究和完善了翻译记忆的理论，将其视为当时仍处于理论构想的"译员工作台"中的重要组件。20 世纪 80 年代后期，个人计算机技术的发展与普及为"翻译记忆和译员工作台"的实现提供了技术条件。第一个具备翻译记忆功能的译员工作台 ALPS（Automated Language Processing Systems）在此期间问世。到了 20 世纪 90 年代，翻译记忆随着"译员工作台"系统的市场化为业界所接受，出现了包括 Trados、IBM TM/2 以及 Transit 在内的多种翻译记忆系统，应用于文本重复性强且对术语一致性和翻译效率要求较高的领域，如欧盟文件翻译和软件本地化行业等。1990 年，本地化行业标准组织（LISA，Localization Industry Standards Association）成立，并于 1998 年基于可扩展标记语言（XML，eXtensible Markup Language）制定了中立、公开的翻译记忆交换标准 TMX（Translation Memory eXchange），统一了翻译记忆的存储格式。在几次小幅度修订后，LISA 于 2007 年 3 月公布了 TMX 2.0 草案接受业界的评议。如今，翻译记忆技术已成为计算机辅助翻译的核心技术，翻译记忆系统的使用也不再局限于专门的语言机构和语言服务商，许多翻译公司要求译员用特定的翻译记忆系统进行翻译。

4.2.1.2 翻译记忆的主要功能❶

（1）导入（import），这一功能是用来将外部的文字与翻译的内容从文字档案传输到翻译记忆库里。导入功能的来源档案可以是原生档案，也可以是其他业界标准的翻译记忆档案。有些翻译记忆库若是以其他形式储存，则必须通过一些格式转换才能完成导入。

（2）分析（parsing），分析的过程可以细分为下列几项：1）文句分析（textual parsing），辨识文句的标点符号相当重要，例如，必须能正确辨认文句结尾的句点与缩写的句点，正确判定文句结尾的位置。其他应视为文句段落的标点符号或是标记也必须尽量辨识出来。例如在多数的状况之下问号、感叹号等也是文句结尾的判定之一，很多状况之下例如冒号、换行符等也会被文句段落的辨识标记。翻译人员在正式开始翻译之前，通常都要先对文句进行标识，该动作是将不需被翻译的符号或是段落给以特点标记，将必须被翻译的文句给以另一种标记；2）句法分析（linguistic parsing），句法分析旨在减少文句中基本形态字词的数量，做法是从文章中提取出专用术语、词组等。

（3）区段化（segmentation），其目的是找出最有用的翻译单元（translation unit）。与文句分析有些类似，区段化是在单一语言下进行，并使用可定义的规则来进行表面的分析，例如可定义哪些特定类型的符号或是标记应被纳入翻译单元里，哪些符号应被视为结束一个翻译单元的点。举例来说，一个冒号前后的文字可以视为一个完整的段落（翻译单元）；但在某些情况下，冒号前后也会被拆解为两个翻译单元。假设译者手动改变了翻译单元，例如将某两个翻译单元合并为一个，或是将一个翻译单元拆解为两个或多个，则下一次的文件版本更新将会丧失这个翻译单元的相符性，因为下一版本仍旧会以既定的规则来对文件进行区段化。

---

❶ 该部分内容摘编自中文维基百科，2018 年 4 月 27 日。

（4）平行对齐（alignment），这是讲源语与目标语文字平行对应对齐的工作。区段化的标准将会影响平行对齐的效果，通常也得依赖好的平行对齐算法来校正区段化的错误。

（5）专用术语提取（term Extraction），这是针对既有的文件进行分析，从中抽取未知术语。通常可以借助文字分析统计来抽出这些词语，例如利用文本统计分析的工具来进行，根据统计结果由术语出现的频率及重复性来加以分析。

（6）更新（updating），是指在翻译工作完成后，将对齐后的文本导入已有的翻译记忆库。输入新的——对应的翻译单位，并对记忆库进行更新，是翻译记忆库持续扩大。

（7）自动翻译（automatic translation），是利用现有的翻译记忆库，对待翻译文本进行自动翻译处理。如果翻译记忆库中存在与待译文本中比较相似的部分，记忆库就会对待译文本进行自动翻译处理。相似率可以由人工设定。

（8）团队作业（team work）。翻译记忆库可以是个人独有的，也可以是团队共享的。如果是团队共享的，则翻译团队的成员都可以连接到共享的翻译记忆库，从而相互协助，完成团队作业。

4.2.1.3　翻译记忆库的质量

翻译记忆库旨在复用既有资源，将译者从重复性劳动中解放出来，但必须以既有翻译语料质量合格为基础，否则不但不能解放译者，提高效率，反而会降低了翻译质量。

A　翻译记忆库中译文质量的判定

译文之所以被称为是好的译文，需要满足 4 个条件：（1）译文所表达的意义与原文完全对应；（2）译文表述简洁、易于理解；（3）译文符合目的语的特定要求；（4）译文已无需再行修改。但是在现实的翻译实践中，许多译文是达不到这一最佳层级水平的。虽然如此，但不妨碍此类语料的实际应用，因为不同的译文毕竟存在质量上的区别。只要达到某一层级质量水平以上的译文，均可纳入翻译记忆库的创建之中。至于这一质量层级为何物，则要看具体项目所界定的具体要求以及相关方对于译文质量的要求。翻译项目委托方对质量的解读是：质量既不是绝对的也不是最具可行性的，而是满足所定义的预期即满足所设定的质量要求。译者对于翻译记忆库中译文质量的解释准则是译文必须在语言安全性、专业知识和功能表述能力 3 方面满足要求。

B　翻译记忆库降噪

翻译记忆库中的文字内容是翻译应用过程中最为重要的数据资源，但其格式信息往往会影响匹配和检索的质量，如分隔符、软回车等引起的断行现象，句对原文分割成多个句段也会导致译文产生多个句段，且不对应，如此可能出现预翻译错误，甚至会导致出现严重的翻译事故。因此，在计算机辅助翻译实践中建议创建两个翻译记忆库，即纯文字翻译记忆库和项目翻译记忆库。纯文字翻译记忆库不得启用更新功能，仅可应用于参考、检索；项目翻译记忆库可包含当前项目的更多其他信息，可进行编辑与更新。创建纯文字翻译记忆库的方法有二：（1）使用对齐工具制作句对，但需在制作之前对语料进行降噪处理，实现纯文本后建库；（2）采用 TMX 编辑器工具，把从项目中得到的 TMX 文件进行降噪处理即去除所有的标记信息，然后倒入翻译记忆库。

纯文字翻译记忆库不仅具有增强"相关检索"的效果，即在翻译过程中增强语块的翻译匹配效果，还可以优化记忆库数据资源，减少因格式造成的数据信息冗余，提升检索速率，降低翻译过程的匹配滞后时间。

C 翻译记忆库适用性

翻译记忆库不宜过大或过小，关键在于语料具有较强的翻译适用性，即在某一特定领域满足较高的专业性需求。质量好的记忆库无需庞大，力求语料质量高，专业针对性强。如果翻译记忆库过于庞大，在应用于 CAT 实践时，可能会因为翻译匹配项过多，而在一定程度上干扰了译者的选择。

4.2.1.4 翻译记忆库的优势与劣势

翻译记忆的有效应用，是建立在对已翻译文本的有效利用基础之上的。因此，在重复率很高的文本中（比如技术类文本或含有特定词汇的文本），翻译记忆的作用能得到最大程度的发挥。张霄军、王华树等总结了翻译记忆的 5 项优势：

（1）确保翻译文件的一致性，包含通用定义、语法或措辞以及专用术语。这针对多个翻译人员同时翻译同一项目文本或文件时相当重要。

（2）使翻译人员不需自动处理众多不同格式的文档，仅需面对翻译记忆软件提供的界面或是单一格式的文档便可进行翻译。

（3）提高整体翻译的速度，即翻译记忆库已"记忆"先前已翻译过的素材，翻译人员针对重复的文字仅需翻译一次。

（4）语料复用可以降低长时间的翻译项目的开销。以使用手册翻译为例，警告信息等这类大量重复的文字仅需被翻译一次，便可以重复被利用。

（5）针对大型文件的翻译项目而言，即使在首次翻译时翻译记忆的使用效益并不明显，但当进行该项目的衍生或者后续项目，例如文件的修订版本或者更新版本时，翻译记忆的使用便可大幅节省翻译的时间与花销。

尽管翻译记忆可以给翻译人员在具体翻译过程中带来很大的便利，从而提高翻译效率，但是从翻译记忆技术本身和翻译记忆系统而言，还是有一些局限性。王华树总结出翻译记忆的 3 项劣势：

（1）语言是随着时代不断发展的，总有新的内容是前期翻译记忆所涵盖不到的，仍需译者运用扎实的翻译功底进行翻译。

（2）当前翻译记忆的检索算法是基于语言形式而非意义，在文学类等需要运用大量修辞手法，并根据全文信息进行意译的领域，翻译记忆复用率相对不高。

（3）翻译记忆是基于源语言文本及目标语言文本制作而成，对目标语言文本的质量优劣很难界定，一定程度上会影响后期翻译的整体质量。

4.2.2 语料库与翻译记忆库的关系

语料库和翻译记忆库之间既有联系又有区别。

4.2.2.1 语料库与翻译记忆库的区别

语料库和翻译记忆库的区别包括两个方面：

（1）语料库可以以语篇的形式存在，也可以以句对形式存在。而翻译记忆库则只能以句对形式存在。

（2）语料库由语料文本构成，拥有了语料文本并按特定原则进行构建就能形成语料库。而翻译记忆库则不同，只有在翻译过程中通过逐句添加翻译句对，或通过对齐工具把原文和译文以句对的形式储存才能创建起一个可以实际应用的翻译记忆库。

4.2.2.2　语料库与翻译记忆库的联系

语料库和翻译记忆库的联系也包括两个方面：

（1）语料库中的平行语料库作为计算机辅助翻译的基础，为翻译软件提供资源，是翻译记忆库的存在形式与载体。

（2）语料库中的平行语料库在转换成 TMX 格式并应用于计算机辅助翻译时，可以转换为翻译记忆库；通过使用对齐工具或计算机辅助翻译软件经过翻译过程而制作的翻译记忆库，也可转化为相应的语料库以供科研和教学使用。

总之，相比于翻译记忆库，语料库是一个更为宽泛的概念，而记忆库是与计算机辅助翻译（记忆翻译）相关联，属于语料库范畴之内。

4.2.2.3　语料库与翻译记忆库的相互作用

A　翻译记忆的发展推动语料库特别是平行语料库的发展

从翻译记忆的工作原理来看，翻译记忆库不仅可以重复利用，而且可以动态扩充。随着译者工作量和翻译能力的提高，句段匹配的精准度和质量也在上升。翻译记忆库的精准匹配、完全匹配和模糊匹配功能给译者提供了选择空间，强大的存储检索记忆功能大大减少了译者的重复劳动，而译者的创造力及其在文学、艺术、美学等领域的学识和修养不断完善翻译记忆库。这种互动是普通语料库望尘莫及的，翻译记忆库可谓是升级版或智慧版的语料库。

其次，翻译记忆技术的提高及翻译记忆库的发展，为语料库，尤其双语平行语料库提供了素材及技术支持，体现在"质"和"量"两个方面。在"质"的方面，随着译者对记忆库提供的语料不断编辑、翻译水平不断提高，记忆库中语料的匹配度也越来越高，语料库的语料质量得以保证。在"量"的方面，翻译记忆库的"动态扩充"使得库中的语料源源不断。翻译记忆库中大都为未标注的生语料，涉及面广但纵深度欠缺。随着翻译记忆技术日臻完善，大多数翻译软件的记忆系统都内置了翻译记忆、术语管理、文本对齐、机器翻译、自动匹配、项目管理等功能，省去了之前人工去噪、对齐、检索等的麻烦，这些都对语料库，尤其双语平行语料库的创建起到了推进作用。

B　平行语料库的发展有利于翻译记忆水平的提高

双语平行语料库是源语文本和译语文本经过机器和人工校对处理后以段落对齐或句级对齐存储的，可经处理后转换为翻译记忆库用于计算机辅助翻译实践。若双语平行语料库中的语料质量高且语料对实际翻译项目有较强适用性，其所提供的匹配项参考价值就越大，译者即能够提高其翻译速度以及译文质量。

4.3　翻译记忆库建设与应用

翻译记忆库的创建可通过两种方式：（1）使用对齐工具，将源文和译文进行句级对齐，再生成 TMX 格式，从而创建翻译记忆库；（2）借助计算机辅助翻译工具，通过逐句翻译添加源文和译文，最终得到翻译记忆库。

4.3.1　语料对齐

对齐能够将不同语言彼此为互译关系的两份或多份文件在句子层级进行匹配建立翻译

记忆库，从而让未经翻译工具处理的已翻译文件成为翻译工具可以利用的语料。对齐工具是专门用来创建双语或多语平行语料库的利器。前文已经介绍了几款对齐工具，本节以《2017年政府工作报告要点》文本为例，介绍如何利用 Tmxmall 对齐工具将其制作成翻译记忆库。

（1）文档导入。首先访问 Tmxmall 在线对齐官网（http：//www.tmxmall.com/aligner）并登录。登录后选择对齐模式，即"双文档对齐"或"单文档对齐"（本例为"双文档对齐"模式）。"双文档"指原文文档处于两个文档中；"单文档"指原文和译文在同一文档中，以段落上下对照的形式出现。单击"双文档对齐"，之后选择需对齐文档的语言方向，点击文件夹图标分别将待对齐文档导入，如图4-2和图4-3所示。

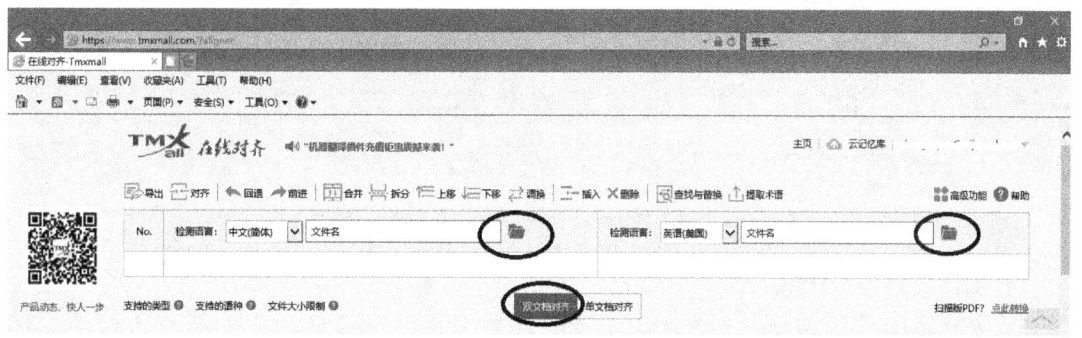

图4-2　Tmxmall 在线对齐双文档导入界面

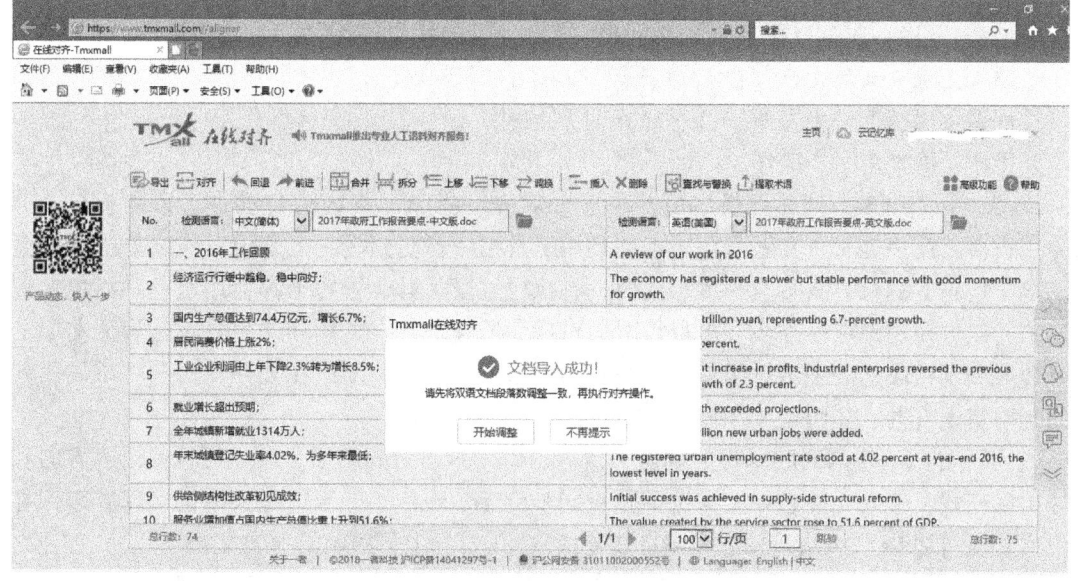

图4-3　Tmxmall 在线对齐双文档导入成功

（2）段落调整。文档导入成功后，用户可利用工具栏中的"合并"、"拆分"、"上移"、"下移"、"插入"、"删除"、"回退"及"重做"等操作，使左右两列段落语义对应，并将段落总行数调整至相同，如图4-4所示。

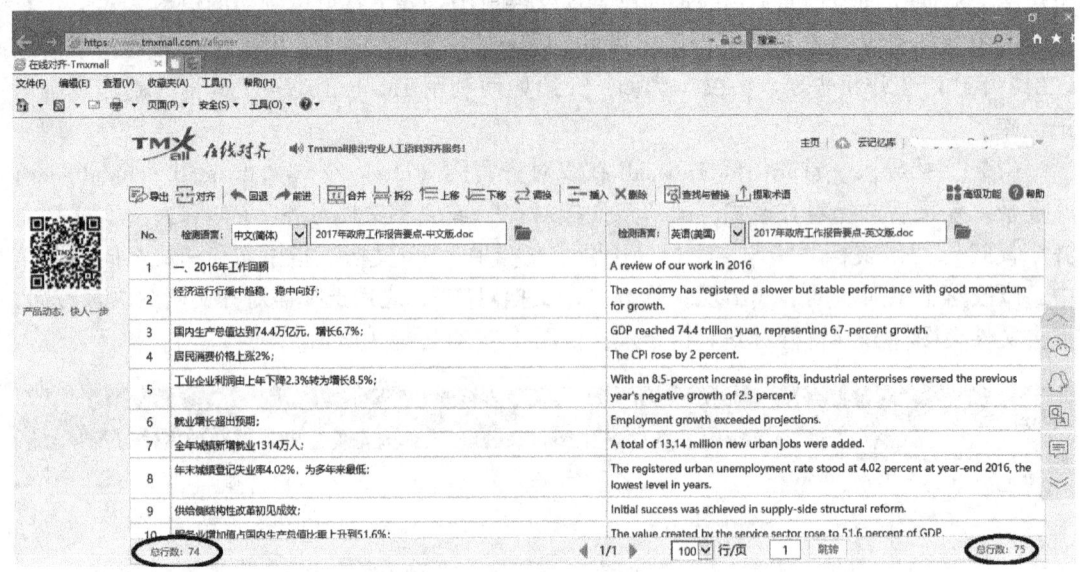

图 4-4　Tmxmall 在线对齐段落对齐界面

几项功能具体操作说明如下：

合并：选中某单元格（行），按住 Shift（或 Ctrl）并选中其余需要合并的单元格（行），点击"合并"，完成合并段落/句对操作。

拆分：双击单元格进入编辑状态，将光标悬停至需要拆分的位置，点击"拆分"，完成拆分段落/句对操作。

上移/下移：选中（可多选）单元格（行），点击"上移/下移"，完成操作。

插入：选中某单元格（行），点击"插入"，完成操作。

回退：撤销上一步操作。

重做：恢复上一步操作。

（3）句对调整。段落调整之后，单击"对齐"按钮，系统将自动进行段落拆分。拆分完成后，用户需对全文做通篇检查并利用工具栏中各功能键对个别不对应之处进行细微调整，使句对总行数调整至一致。同时，有执行过段落拆分的句子都会用黄色和绿色标记出来，以方便用户在检查环节重点校对句对拆分的准确性。黄色和绿色分别代表原文中的奇数段和偶数段，以表示对相邻两个段落的区分，从而避免用户在合并句对时将不同段落的句对错误合并，如图 4-5 所示。

（4）导出。将两列的总行数调整一致后，即可导出对齐结果。用户可选择语言方向和导出的格式，输入文件名并按需选择是否同步到 Tmxmall 私有云进行云端记忆库管理。导出格式支持 TMX 文件（.tmx）、Excel 工作簿（.xlsx）、上下对照的文本文档（.txt）和左右对照的文本文档（.txt）。设置完成后，单击"确定"导出文件。若要以创建可用于计算机辅助翻译的翻译记忆库为目标，则应选择保存格式为 TMX（.tmx）格式（见图 4-6）。

（5）其他功能。句对齐完成后，还可以根据用户需求进行"语料去重"、"筛选功能"、"查找与替换"、"术语提取"等高级操作。

语料去重：包括原文=译文；一句多译；一键去重。

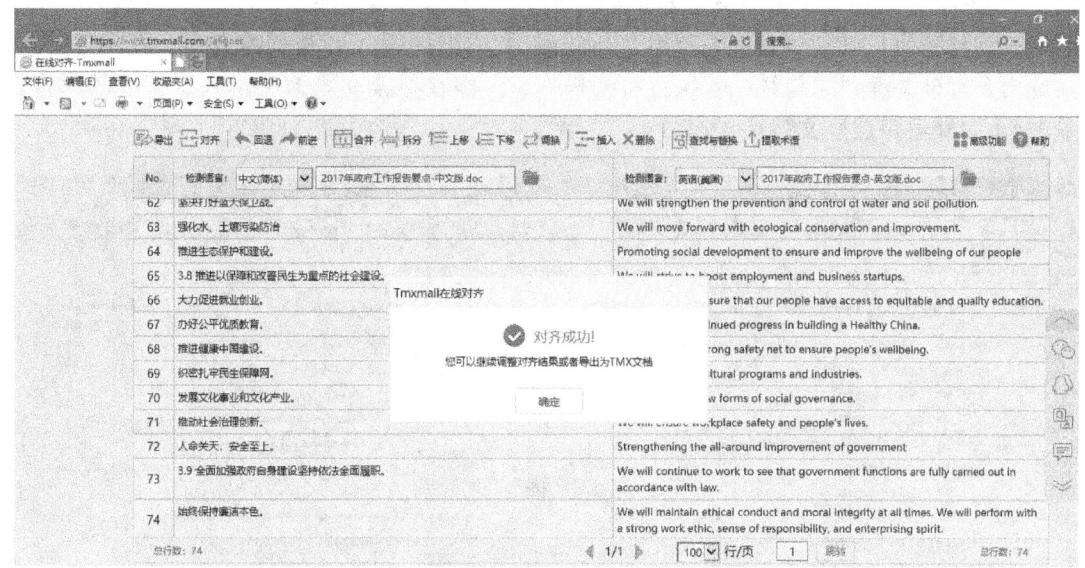

图 4-5　Tmxmall 在线对齐句对对齐界面

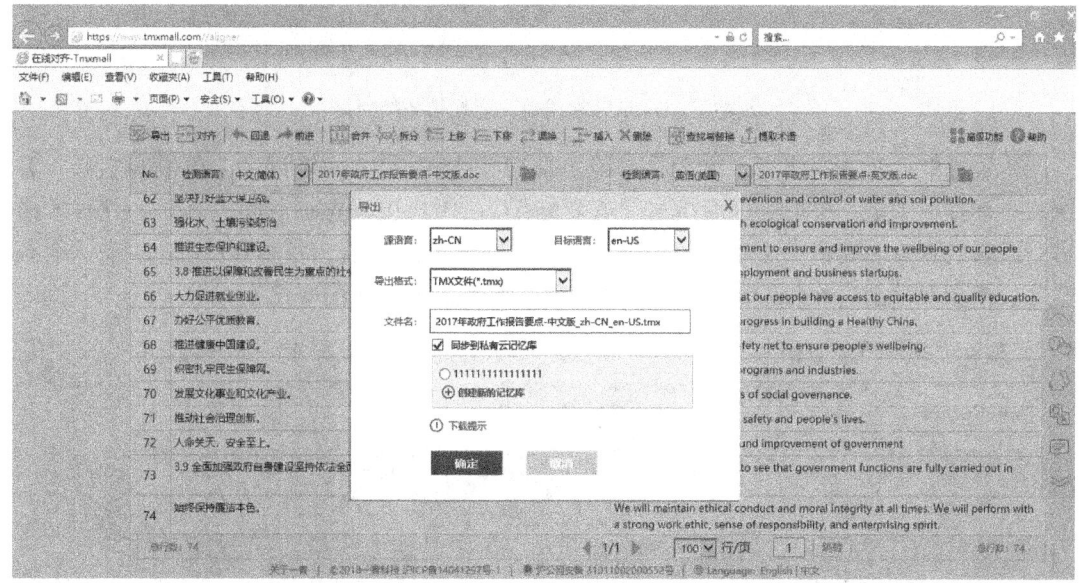

图 4-6　Tmxmall 在线对齐翻译记忆库导出界面

1）原文 = 译文：指筛选 TMX 文件中原文与译文（左右两列）完全相同的句对。单击"原文 = 译文"，可筛选出记忆库中原文与译文两列内容完全相同的句对，用户可按需选择性进行删除。

2）一句多译：指筛选 TMX 文件中原文对应多种译文的句对，并可根据需要选择"随机保留一条"。单击"一句多译"，可筛选出 TMX 文件中一句原文对应多句不同译文的句对，用户可按照需求选择性进行删除。若单击"随机保留一条"，将默认保留第一条结果。

3）一键去重：去除 TMX 文件中内容完全重复的句对，只保留一条句对。单击"一键

94

去重"，系统会去除文件中多条完全重复的句对，只保留一条句对。

查询与替换：单击"查询与替换"，在查找文本框中输入要查询的内容，页面会自动筛选出含有该关键词的句对；若执行替换操作，只需在替换文本框中输入要替换的内容，单击 OK，即可完成全文替换，如图 4-7 所示。

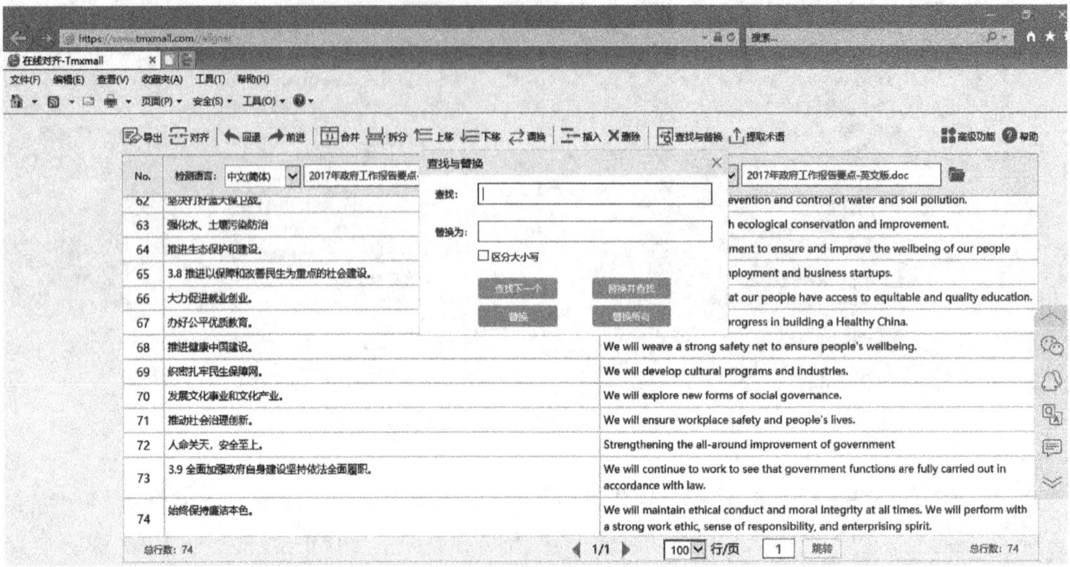

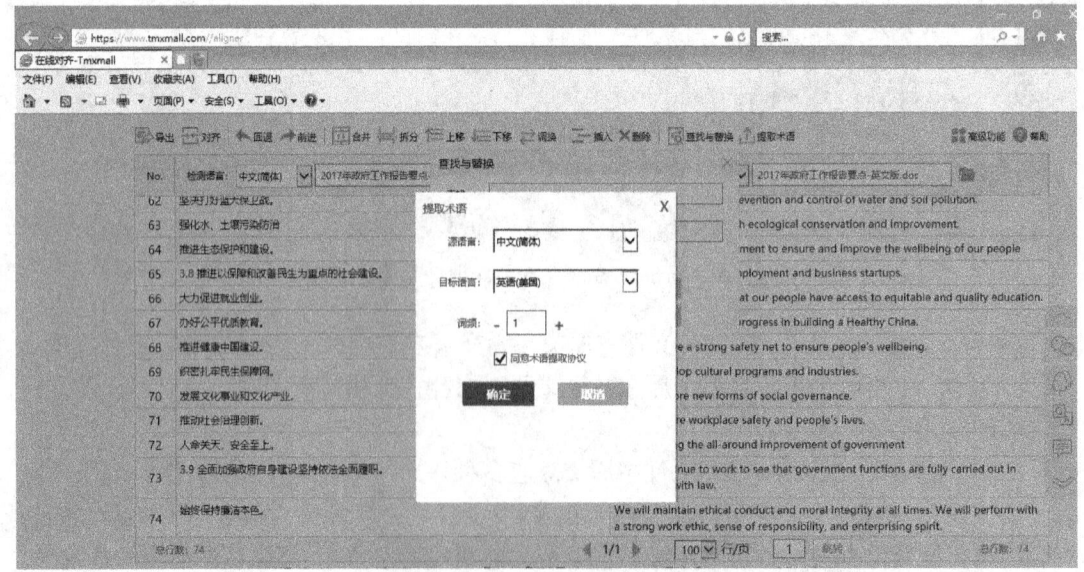

图 4-7 Tmxmall 在线对齐查找与替换界面

术语提取：对齐完成后，单击"术语提取"，设置语言方向和词频，单击确定后，系统将自动提取术语，提取完成后单击"查看结果"。用户可设置词频筛选术语，并对术语进行编辑或删除。编辑完成后，用户可选择勾选要导出的术语，将其导出 Excel 或下载至本地、同步保存至 Tmxmall 私有云术语库或保存至术语宝，如图 4-8 所示。

图 4-8 Tmxmall 在线对齐术语提取设置界面

　　通过 Tmxmall 在线对齐工具，将一个可用于计算机辅助翻译的翻译记忆库建立起来。该记忆库以需实行分类管理（分类越细，后续的组合应用效果越好）。在执行具体的翻译项目时，应该对与翻译项目相关的 TMX 文档进行组合，创建一个适宜于当前翻译项目的翻译记忆库。一般的计算机辅助翻译工具都提供 TMX 文档自动组合功能。

4.3.2　CAT 创建翻译记忆库

　　上述讨论了如何使用对齐工具创建翻译记忆库，后续则以 memoQ 8.4 翻译《2018 年政府工作报告要点》文档为例，介绍如何在翻译实践中通过加载翻译记忆库，达到辅助翻译的效果，并最终生成新的翻译记忆库。

　　（1）首先启动 memoQ 2015，如图 4-9 所示。将源语言文档"拖放"到如下图所示区域，或通过"浏览"添加源语言文档，如图 4-10 所示。

图 4-9　memoQ 直接拖放或通过"浏览"添加源语言文档界面

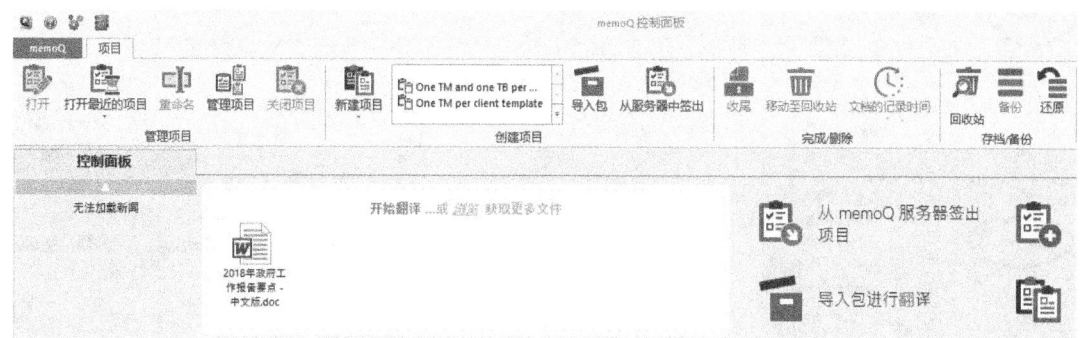

图 4-10　memoQ 单击开始翻译界面

　　（2）单击"开始翻译"，展开文档翻译工作。

　　（3）选择项目模板并填写模板参数，项目模板选择"One TM and one TB per language pair"（每个语言对一个翻译记忆库和一个术语库），分别选择"源语言"和"目标语言"，"项目"字段必须填写，其他内容可以忽略，信息确认无误后单击"完成"，如图 4-11 所示。

图 4-11 memoQ 选择并填写项目模板信息界面

(4) 新建翻译记忆库，单击界面左侧的"翻译记忆库"，在显示的对话框中选择"新建/使用新的"，在弹出的对话框中输入翻译记忆库的"名称"，确定"源语言"和"目标语言"，路径定位到准备好的翻译记忆库文件夹"C：\ProgramData\MemoQ\Translation Memories\我的翻译记忆库 1"，保留其他设置，单击"确定"，如图 4-12 所示。然后，单击"从 TMX/CSV 中导入"，选择翻译记忆库，然后单击"打开"，如图 4-13 所示。之后会弹出一个对话框，单击"确定"即可，如图 4-14 所示。

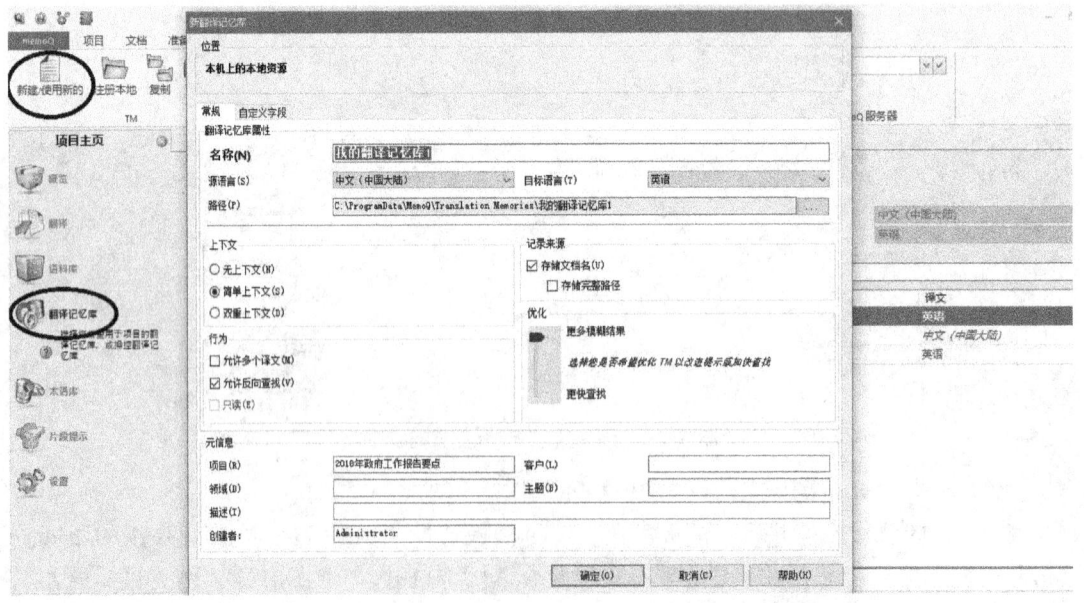

图 4-12 memoQ 新建翻译记忆库界面

图 4-13　memoQ 导入翻译记忆库界面（1）

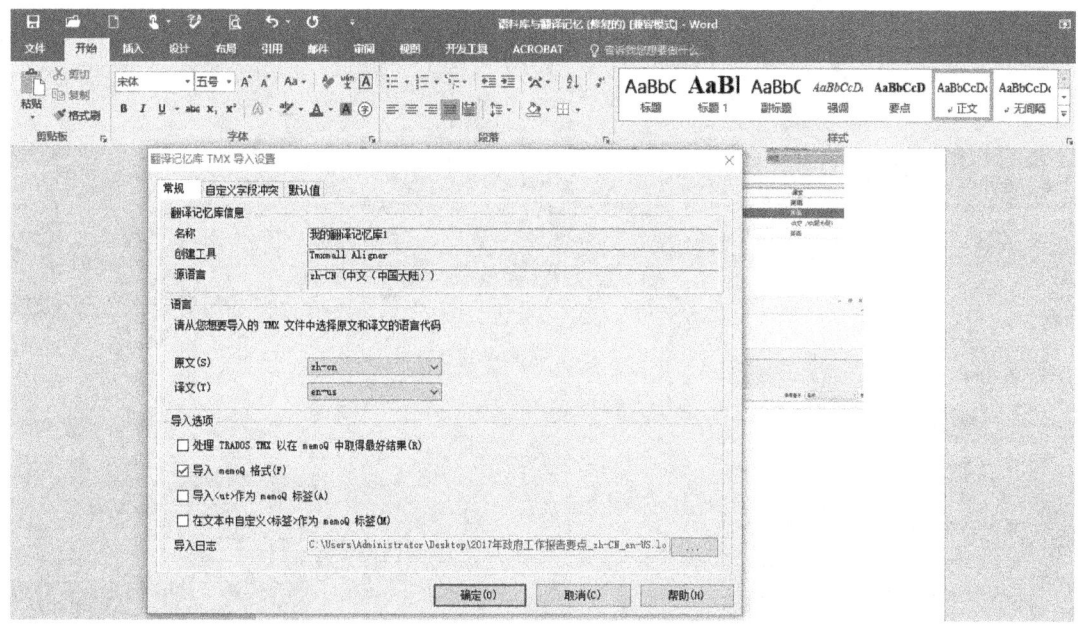

图 4-14　memoQ 导入翻译记忆库界面（2）

　　一般而言，在计算机辅助翻译实际工作中，常常需要加载多个翻译记忆库。而本节采用在上一部分中通过 Tmxmall 在线对齐工具对齐后产生的 TMX 文件《2017 年政府工作报告要点》作为此次翻译《2018 年政府工作报告要点》的翻译记忆库，如图 4-15所示。

　　（5）单击左侧栏中的"翻译"，界面转到翻译视图。

　　（6）在"翻译"视图中，双击"文档"标签下的待译文件，或者单击右键并选择"打开文档以翻译"，如图 4-16 所示。

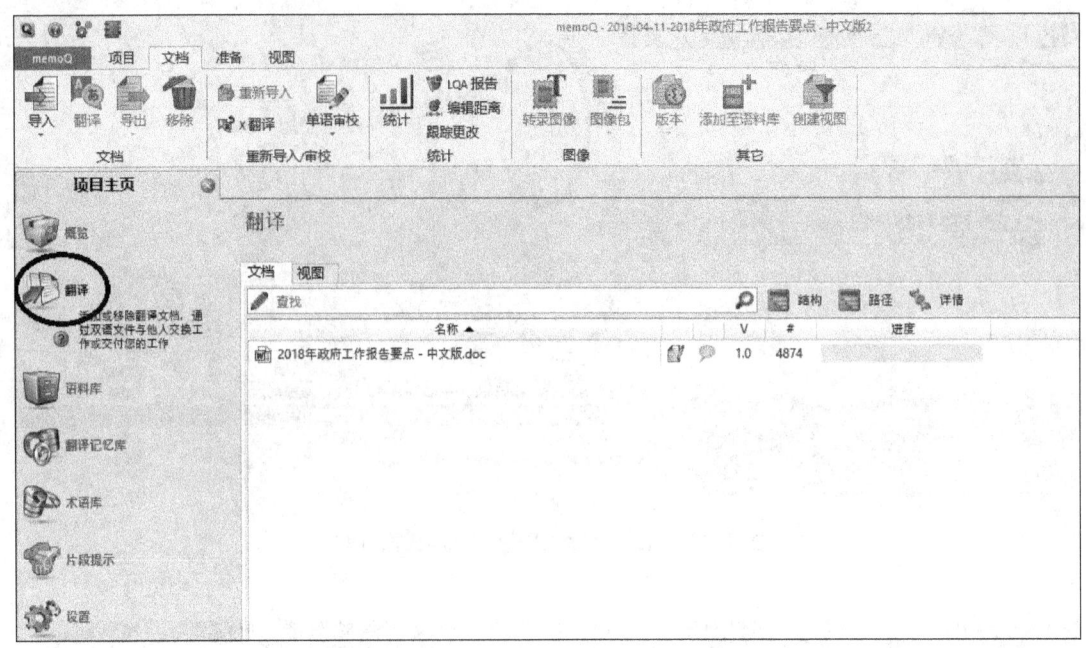

图 4-15 memoQ 跳转回翻译界面

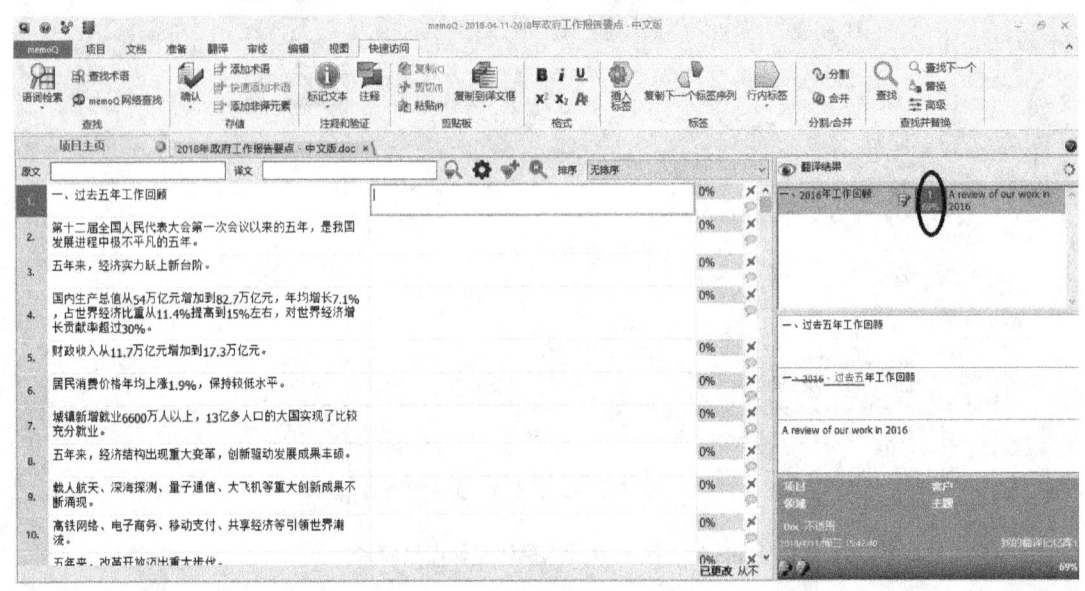

图 4-16 memoQ 翻译界面

从图 4-16 中可以看出，翻译记忆库已经实时显现作用。在翻译第一个句子时，右侧的"翻译结果"窗口显示待翻译源文和翻译记忆库中《2017年政府工作报告》中源文的第一个句子的匹配值是 69%，这是一个模糊匹配句段，这表示当前的源文句段与翻译记忆库中存储的源文句段之间的相似度是 69%。右边的"翻译结果"窗口中的比较文本框中还可以很直观地看到两个句段之间的差异。对于模糊匹配句段，将其修改为正确的译文再确认翻译即可。

如果翻译过程出现匹配值为 95%~99% 的情况，在 memoQ 中将其称为近乎精确匹配（Nearly exact match），表明源文句段与匹配的句段文本内容完全一致，仅在数字、标记、标点符号、空格等方面稍有差异。此时，稍做修改即可确认翻译。

（7）在译文区逐句添加译文。使用快捷键"Ctrl+Enter"确认翻译，如图 4-17 所示。当前句段被保存到翻译记忆库中，光标自动跳转到下一个句段。

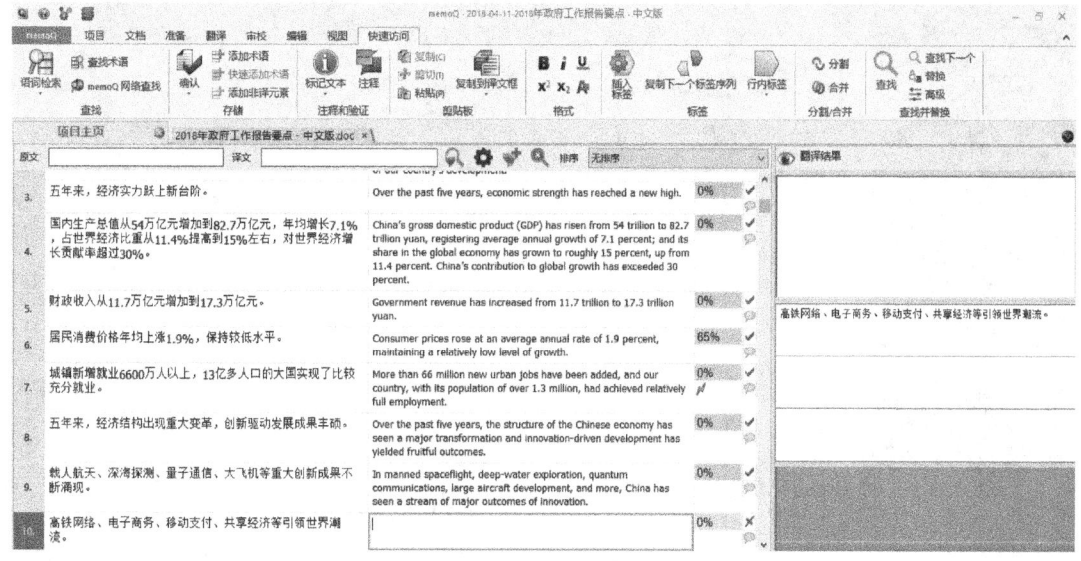

图 4-17　memoQ 添加译文并确认翻译界面

（8）导出译文。翻译完成之后，单击"文档"选项卡，再单击"导出"，从"导出"快捷图标下拉菜单中单击"导出（存储路径）"，可以将译文导出到源文文档存放的位置，如图 4-18 所示。

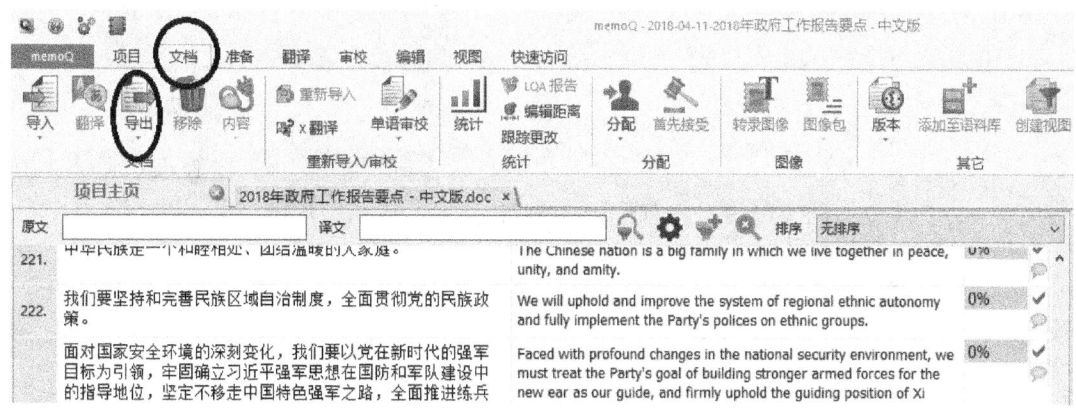

图 4-18　memoQ 导出译文界面

导出的译文文档名称为 2018 年政府工作报告要点-中文版_eng. doc，自动添加了目标语言后缀名，以表示和原文不同。

（9）导出翻译记忆库。回到 memoQ 翻译页面，单击左上方的 memoQ，在显示的界面中单击"资源"，再继续单击"资源控制台"，如图 4-19 所示。在弹出的翻译记忆库页面中选中刚才翻译完成的项目的记忆库，如图 4-20 所示。在弹出界面下方，单击"导出至 TMX"，在弹出的对话框选择保存路径，一个经过 CAT 实践翻译得到的翻译记忆库就建立起来了，如图 4-21 所示。

图 4-19　memoQ 导出记忆库界面（1）

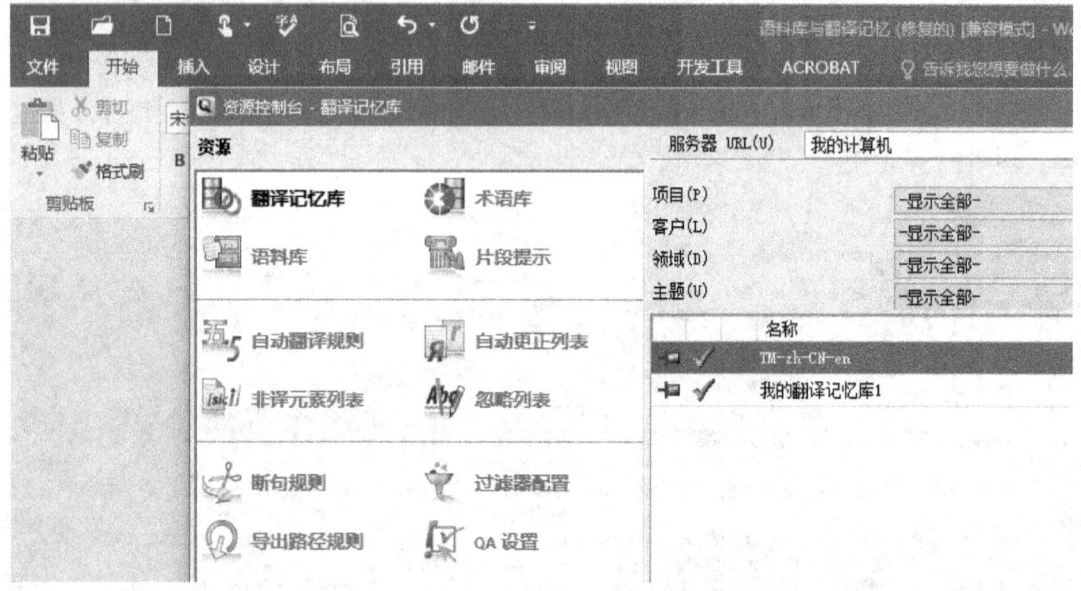

图 4-20　memoQ 导出记忆库界面（2）

4.3.3　翻译记忆库的应用

　　译者使用计算机辅助翻译系统展开翻译的过程基本分为 3 个阶段，即译前准备阶段、翻译阶段以及译后收尾阶段，翻译记忆库的应用则贯穿于这 3 个阶段。

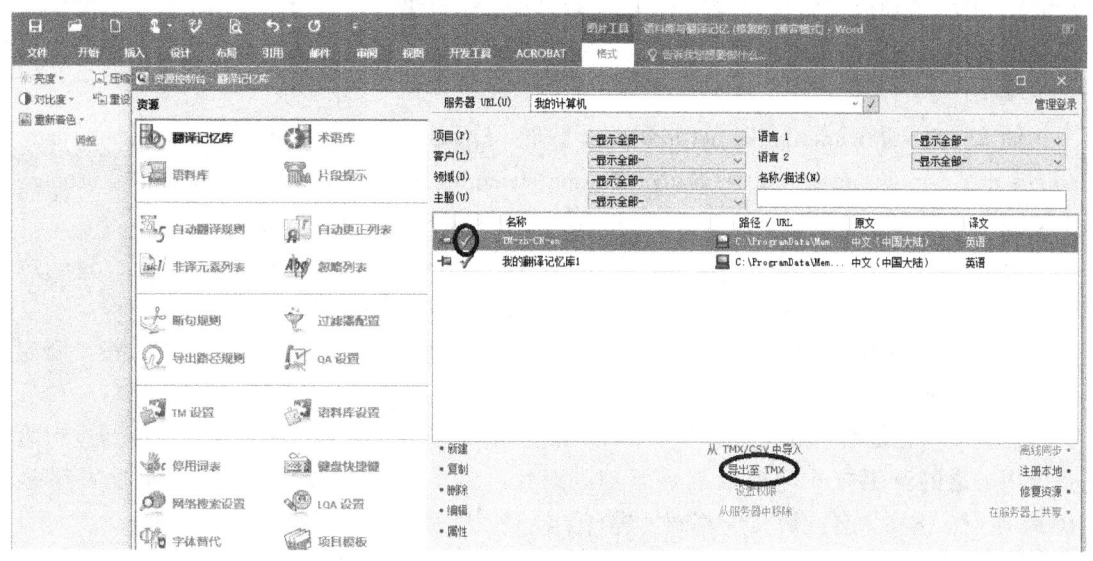

图 4-21 memoQ 导出记忆库界面（3）

4.3.3.1 准备阶段

在翻译某文档之前，译者可通过查看与之相关的翻译记忆库了解原文的内容概况、专业知识，并熟悉译文的语言风格，同时也保证了术语的统一。这样可以有效帮助译者展开翻译工作。

以翻译某摩托车制造商项目文件为例（上海外国语大学研究生吴迪撰写本案例），该项目共有两批文件，第一批已经完成翻译，在翻译第二批文件时使用了第一批文件建立的翻译记忆库。通过参阅翻译记忆库中的原文和译文，译员不仅可大致掌握背景知识，了解翻译风格，还可以借助翻译记忆库中的"搜索"功能，进一步加深对专业知识的了解。如：对原文中"凸轮定位机构"不甚了解，可在搜索框内输入该词语，相关原文和译文即可显示：

原文 1：变挡凸轮定位机构、变挡杆在发动机箱体上的支撑部位均采用球轴承，将换挡时的滑动摩擦变为滚动摩擦，阻力小，换挡更轻松。

译文 1：Both the cam positioning mehanism and the shift lever are supported by the ball bearing mechanism, replacing sliding friction with rolling friction. With less resistance, gear shifting is much easier.

原文 2：凸轮定位机构球轴承

译文 2：Cam positioning ballbearing

通过两条语料对比，译者可以获知"凸轮定位机构"在前一批原文中的语境，同时也熟悉了其译法。这不仅有助于译者进行翻译前准备，也有利于调整翻译团队，帮助新加入的译者更快地把握原文和译文，进入翻译状态。

4.3.3.2 翻译阶段

在翻译过程中，译者可设定匹配值，高于匹配值的，记忆库提供原文和译文；低于匹配值的，记忆库则不提供原文和译文。译者在得到按匹配值要求的原文和译文后，可根据实际情况选择完全采用、经过修改或完全不用的决定。如：翻译某搜索引擎技术类书籍

（青岛科技大学研究生曲乐撰写本案例），翻译任务是该书的第三版，使用了第二版翻译时创建的翻译记忆库，翻译过程中匹配值设定为 50%。

例 1

原文：Search marketing is not like other forms of marketing that constantly creates new campaigns that soon disappear without a trace. Search marketing campaigns are more perennial because they are based on searchers' keywords—which tend to remain relatively static.

TM 原文：Search marketing is not like other forms of marketing. Search marketing campaigns are more perennial because they are based on searchers' keywords.

TM 译文：搜索营销和其他形式的营销不同。搜索营销活动持续的时间会长些，因为它们基于搜索者的搜索请求。

此原文与记忆库中的原文达到了 56% 匹配，给出了参考译文。译者读后了解到这句话是分析普通的营销方式与搜索引擎营销的对比。但由于原文与记忆库中的原文并不是100% 匹配，需要译者在原文的基础上进行了补充完善和修改，最终确定译文如下。

译者译文：其他形式的营销通常会不断发起新的广告攻势，但是很快就消失得无影无踪，搜索引擎营销和它们并不相同。搜索引擎营销广告持续的时间更长，并且相对稳定，因为它们是基于搜索关键词进行的。

例 2

原文：Similarly, if rankings are okay, but referrals remain low, conversions will continue to be low, too. However, you will take different actions in these two situations, because the ways to improve search rankings are not always the same as the ways to improve low referrals when you have high rankings.

TM 译文：同样的，如果排名还不错，但引荐保持很低，转化可能也保持低水平。但是你会在这两种情况下采取不同的行动，因为提高搜索排名的方法，与在高排名下提高低的引荐的方法是完全不同的。

此原文与记忆库中原文达到了 100% 匹配。但是译者分析完原句和参考译文后发现，参考译文中有明显的误译及漏译的情况。"…are not always the same as…" 参考译文译为"……是完全不同的"，这是明显的误译，not always 是部分否定。其次，参考译文也出现了漏译的情况，例如，"the ways to improve search rankings are not always the same as the ways to improve low referrals when you have high rankings" 参考译文译为 "提高搜索排名的方法，与在高排名下提高低的引荐的方法是完全不同的"，漏掉了 when you have high rankings 这一重要前提。因此译者最终确定译文如下。

译者译文：同样，如果搜索排名还不错，但是引荐相对较低，那么转化有可能也保持低水平。但是，针对以上两种情况要采取不同的措施，因为在有较高排名的前提下，提高搜索排名的方法和提高搜索引荐的方法并不总是相同的。

分析上述案例，可以看出翻译记忆库虽然达到了设置的匹配率并给出了参考译文，但由于翻译记忆库中的语料也存在表达生硬、语句不通，甚至是漏译、误译等情况，所以需要译者再次斟酌，确定最终译文。在这种情况下，记忆库将对新的原文和译文重新配对，并收录到记忆库中。

4.3.3.3 收尾阶段

翻译工作结束以后，CAT 的翻译记忆库会提供各种译文格式的处理工具，支持流行的文档格式，导出译文方便、快捷且译文会自动套用原文的格式，无需译者排版。

4.3.4 翻译记忆库的维护与管理

一般而言，翻译记忆库的规模越大，其潜在的应用价值就越高。然而，当记忆库的规模逐渐增大时，只有进行有效的组织与维护，才能确保其功能的正常发挥。唐旭日、张际标指出：在翻译记忆库的组织、维护中，需要处理好一致性原则与记忆库合并的问题。

一致性原则指的是在进行翻译数据库管理时，要尽量保证同一翻译记忆库中翻译内容在术语应用、翻译风格等方面的一致性。用于组织和管理翻译记忆库的维度很多，可以从专业领域角度进行管理，也可以从客户角度进行管理。无论采用哪一个维度，都要遵循一致性原则。这样，才能在翻译时，能够依据具体语境要求提供高质量的译文，减少编辑时间。这就要求分散管理翻译记忆库，越细致越好，以便于有针对性地选择和应用翻译记忆库。

然而，一致性原则也可能会造成翻译记忆库过于分散，不仅管理上容易出现混乱，在翻译过程中，匹配的概率也会减小。因此也往往需要考虑翻译记忆库的合并。使用合并后规模较大的翻译记忆库，可以获取更多的匹配结果，但同时也可能与一致性原则冲突，降低翻译记忆库提取的质量，增加翻译过程中的操作。例如，可能会出现同一个词在不同的翻译记忆库版本中出现不同翻译的情况。与此同时，翻译记忆库的规模越大，进行搜索所需的时间就越长，其应用效率也大打折扣。

因此，处理好一致性原则和记忆库合并之间的矛盾是做好翻译记忆库组织与维护的关键。Walker 提出"动态合并"的观点，即在翻译记忆库管理系统中"同时加载多个翻译记忆库"。例如：在应用 SDL Trados 进行翻译时，可以同时加载多个翻译记忆库。应用这一机制，一方面可以保证单个翻译记忆库在翻译方面的一致性，避免对翻译记忆库进行过度合并。另一方面，可以同时检索多个翻译记忆库以获得更多匹配，增加翻译记忆库的使用效率。与此同时，在使用时可以根据需要确定应该对哪一个翻译记忆库进行更新，从而解决一致性和记忆库合并之间的矛盾。

思 考 题

4-1 什么是语料库？如何利用语料库进行翻译实践？
4-2 语料库与翻译记忆库的区别与联系？
4-3 如何利用在线对齐软件制作翻译记忆库？
4-4 如何管理翻译记忆库？

5 术语和术语管理

【本章提要】术语是思想和知识交流的工具，是构成社会知识和社会文化的要素，一直被广泛应用于世界各个学科和领域，在中西方交流中也起着越来越重要的作用。在计算机辅助翻译工作中，正确的使用术语能够极大地提高翻译效率，提升信息的传播速度，从而满足不同语言间和各行业间沟通交流的要求。本章主要介绍术语和术语库的相关概念、术语管理和术语管理系统的相关概念以及在计算机辅助翻译中如何处理术语和管理术语库等技术。

5.1 术语和术语库

5.1.1 术语概述

术语是人类知识在语言中的结晶，是知识的基本单元，充当着"知识的管理员和知识迁移的手段"。《现代术语学引论》的作者冯志伟也提出，术语是人类科学知识在语言中的结晶，在科学技术现代化过程中具有非常重要的地位。术语反映了人类科学研究的成果，术语名称和含义的演变也反映了科学思想的发展过程。在信息网络高速发展的当代社会，术语逐渐成为了语言信息处理的核心问题。如果没有统一和规范化的术语，信息和知识的传播就会遇到各种各样的障碍，对社会政治、经济等各方面的发展都会产生不可估量的损失。对术语进行收集和整理、创建术语库、管理术语、保证术语一致性等一系列工作的第一步就是要明确术语的定义和特征。

5.1.1.1 术语的定义

根据中华人民共和国国家标准《术语工作词汇》（GB/T 15237.1—2000）的定义，术语是"在特定专业领域中一般概念的词语指称"。作为一种语言或词语指称，术语可以是词或词组，是一种约定性符号，用来正确标记生产技术、科学、艺术、社会生活等各个专门领域中的事物、现象、特性、关系和过程。

根据国际标准，"术语"一词仅指"文字指称"。但许多人使用此词颇为混乱，时而指指称，时而指概念。这可能是由于言者脑中的概念漂移，但也可能同加拿大术语学家隆多（G. Rondeau）给出的另一定义有关，即视术语为索绪尔（Saussur）意义的语言符号，为所指和能指的统一体。

术语所指的概念既可以是物质的，也可以是非物质的；既可以是自然的，也可以是人为的；既可以是具体的，也可以是抽象的。术语是知识单位，术语只适用于专业知识领域。但是语言的动态发展性决定了术语与普通词汇之间也并非泾渭分明和一成不变，有些术语也逐渐应用到共同语言中，有些普通词汇也会成为术语，术语和非术语的交叉使用是常见的语言现象。

5.1.1.2　术语的特征

根据"语义三角"理论，术语、概念以及所指之间具有一定的互动关系，如图 5-1 所示。

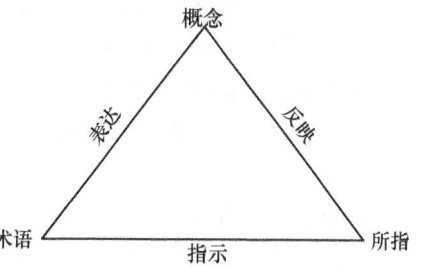

图 5-1　术语的语义三角

术语和概念以及所指之间的这种互动关系体现出了术语的本质特征，即术语的专业性、科学性、单义性和系统性等。

术语最突出的也是最根本的特征是专业性和标准化。专业性是指术语表达的是某种特定知识或特定领域内的专业概念，例如生产技术、科学文艺或社会生活等，属于专门用途语言，所以通行范围有限，使用的人较少。例如，acoustic material 在建筑土木领域译为"声音材料"。标准化是指术语的用词准确规范，符合构词规则，且修辞中性化。

术语的科学性是指术语所表达的概念内涵具有准确的、科学的描述，语义范围中所指的范围具有确定性。它不仅标记一个概念，而且精确，与相似的概念相区别，避免借用普通的生活用语和日常用语。

术语与一般词汇的最大不同点在于它的单义性。术语的单义性是指术语与概念、所指在特定学科领域内的对应关系具有唯一性。一个术语所表达的概念以及所指在一个特定学科领域是唯一的，不存在同一术语表达多个概念或所指的现象。但是，有少数术语在不同的学科领域中可能表达多个不同的概念或所指，例如汉语中"运动"这个术语，分属于政治、哲学、物理和体育 4 个领域。

术语还具有系统性的特点，即术语属于特定的领域，术语间的内部语义关系具有体系性，构成了层次结构明确的系统。在一门科学或技术中，每个术语的地位只有在这一专业的整个概念系统中才能加以规定。例如，医学领域中的 nephritis（肾炎）、gastritis（胃炎）、bronchitis（支气管炎），这些医学术语都具有相同的后缀，语义关系上具有体系性。

此外，术语还具有本地性、国际性、稳定性等特征。

术语往往是由本民族使用的文字词汇或词素构成。成为术语后，与原词的意义部分地或完全地失去了联系。术语要符合本民族的语言习惯，不应含有感情色彩，符合本民族语言的构词规则。在一些语言中越来越多的术语来自外来语。术语和外来语的引进方式虽有不少共同点，但二者之间不完全相等。有专业性的外来语（或借词），即是术语；无专业性的词语，则只是外来语。术语应与国际上通用的标准术语和术语概念保持一致，使用国际通用的字母和符号，以利于国际交流。另外，术语一旦形成，就不应做出轻易地改动。

5.1.1.3　术语的类型

根据术语的表现形式可以把术语分为单词型术语、多词型术语，另外还包括多词表达式、搭配、格式文本、缩略词等。

（1）单词型术语。最常见的术语就是单词型术语，例如 weld（焊接）。单词型术语一般具有能产性，可以通过构词法或词组构成的方法派生出新的术语，例如 spot-weld（点焊）。

（2）多词型术语。由多个词语组成的术语称为多词型术语。多词型术语的显著特征是语法结构固定、句法透明性减弱、语义规约。虽然多词型术语也是由两个或两个以上的词语序列构成，但是词语之间的先后顺序是相对固定的。在句法结构上，构成多词型术语的各个词语之间的句法关系的透明性减弱，词语作为构成单位的句法行为与这些词语独立使用时所表现的句法功能并不完全一致。在语义上，这些短语具有不透明性，其整体意义并不能够通过分析其中各个词语的意义来获得，而是表现出较强的规约性。例如，incoming inspection standard（进料检查基准书），auto-checkod record of first & last parts（首末件自主检查记录表）这两个术语是将整个短语作为一个整体，指向一个特定目标。如果把每个单词分开来看，则并不能直接获得该短语的语义所指。

（3）多词表达式。多词型术语严格来说也属于多词表达式的一种形式。另外，多词表达式还包括集合型短语、搭配、标准化文本、术语缩略形式等多种不同形式，如表5-1所示。

表 5-1　多次表达式的类型和示例

类型	小　类	示　例
句法层面的搭配异常	句法异常搭配	at all，by and large
	cranberry 搭配（搭配中的一些词语仅在该搭配中使用）	inretrospect，kith and kin
	缺陷性搭配（defectivecollocations）	ineffect，foot the bill
	词语性搭配（phraseologicalcollocations）	in/out of action，on show/display
语用程式	具有特定语用功能的表达式	alive and well, A horse, a horse, my kingdom for a horse!
	隐喻、谚语	You can't have your cake and eat it. Enough is enough.
	比喻	as good as gold
行业术语		计算机，路由器
语义程式	透明性隐喻	behind someone's back，pack one's bags
	半透明性隐喻	onan even keel，pecking order
	不透明性隐喻	bitethe bullet，kick the bucket
高频搭配	语义搭配、语义倾向性、语义启动结果（priming effects）	jamwith food
	聚类性搭配（collocation paradigms）	rancid butter/fat，face the truth/facts
	句法搭配	too…to…
命名实体	地名、机构名、人名等专有名称	北京、WTO 等

多词表达式具有多词型术语的所有特征，在语言应用中起着十分重要的作用。根据对中文和英文文本的统计，多词表达式一般占据全文的 1/5～1/3，因此，如果将多词表达式存储到术语库中，翻译的效率会得到大幅度的提高。

根据术语的意义可以把术语分为单义术语、多义术语、多源术语、同义术语、同音术语。

（1）单义术语。单义术语是指一个术语只表达一个概念，而且这个概念只能用该术语来表达。例如 design（设计），engineering（工程）等。

（2）多义术语。多义术语是指一个术语表达两个或两个以上的概念，而且这些概念之间有某种语义上的联系。例如 pound，可以指重量单位"磅"，也可以指货币单位"英镑"；再如 subject，可以指"科目"，在语法中也可以指"主语"。

（3）多源术语。多源术语是指源语中不同术语翻译为同一个术语，该术语具有源语中的多个术语来源。例如"建筑工地"来源于两个英文术语 constructionsite 和 constructingsite，因此"建筑工地"属于多源术语。

（4）同义术语。同义术语是指两个或两个以上的术语表示同一个概念。例如，concrete 和 beton 都可以指"混凝土"，rebar 和 reinforcing steel bar 都可以指"钢筋"。同义术语往往会导致术语的使用混乱，因此要进行认真的比较和选取。

（5）同音术语。同音术语是指一个术语表达两个或两个以上的概念，而且这些概念之间在语义上没有任何联系，属于多义术语。同音术语中又包括了同音异形异义术语，例如汉语中的"基建"和"机件"。

根据术语的使用范围，还可以把术语分为纯术语、一般术语和准术语。其中纯术语专业性最强，如"等离子体"。一般术语次之，如"压强"。而准术语，如"塑料"，已经渗透到人们的生活中，逐渐和一般词汇相融合。

5.1.2 术语翻译

术语翻译是翻译工作的主要问题，术语翻译是评判翻译质量的一个重要标准。

术语翻译也是翻译质量的重要考核指标，术语翻译的准确性和一致性直接关系译文的质量。准确的术语翻译在译文中需要保持统一译名，这不仅需要术语理论知识，更需要术语翻译实践。在翻译过程中，能否正确的处理术语直接影响到译文的质量。动态的术语支持和匹配，能够保证译文的语言质量和可用性，也能够提高译文的产出速度并保证术语的准确性和一致性。

5.1.2.1 术语翻译的原则

翻译术语应该秉承的第一个原则就是准确性。术语承载着某个学科的基本概念，具有单义性的特点。术语翻译要精确的表达源语，避免产生歧义和误解。在《中国科技术语》一文中，徐嵩龄讲述到准确翻译术语的八个方面，即应区分概念性术语与非概念性术语、坚持对概念性术语的专词专译，例如，hydrargyrum 应译为专业名称"汞"而非"水银"这一普通用词、正确处理"一词多译"、正确处理同义词翻译、正确表达"词组型术语"的构成、保护音译术语的文化意义、精于炼字、建立有助于提高我国术语准确性的术语管理体制。

翻译术语的第二个原则即约定俗成。所谓的约定俗成是指某一事物由广大人民群众通过长期的实践而认定确立的惯例和规则。在《努力实现我国科技名词术语的统一与规范》一文中，钱三强指出，对于已"约定俗成"名词术语，虽然定名并不贴切，但大家都已经习惯，换个新的名称，人们反倒不认识了，不利于统一，故应沿用。例如，FM、AM 全称为 frequency modulated transmitter 和 amplitude modulated transmitter，译为"调频发射机"和"幅调发射机"，但现已习惯译为"调频"和"调幅"，如果更改将导致不便，故未做改动。

翻译术语的第三个原则即尽量体现透明性原则。所谓透明性，是指能够从译文顺利地回译到原文。例如，pragmalinguistic failure（语用语言失误）和 poverty of stimulus（刺激贫乏）等透明性强的术语翻译往往带有明显的源语特点。

5.1.2.2　术语翻译的途径

术语翻译的途径主要有两种，即异化和归化。术语翻译的通常途径是先异化后归化，这与文学翻译有所不同。术语的特点是单一和专业，术语翻译的标准强调的是精确和统一，因而较少的考虑到读者的认知和接受。

这两种途径具体到翻译中采用的是"音译"、"意译"、"音意兼顾"、"形译"等方法。音译法是异化最明显的标志，也是最常用的一种方法。例如，Newton's Similarity Law（牛顿相似定律），Archimedes' Principle（阿基米德定理）等诸如人名、专业的化学名称等。意译法是根据源语的意义，在目标语种选择最贴切的词语来翻译，这就需要对术语进行分析。例如，negative charge（负电荷），crystallization（晶化）等。更多的术语翻译要音意参半，大多用在专有名词的翻译中。例如，sonar（声呐）、neon（霓虹灯）等。科技英语中经常会有根据形状以字母加单词而组成的术语，例如，T-bend（三通接头）、X-ray（X 射线）等，这些术语的翻译往往采用形译法。

5.1.2.3　术语翻译的意义

为保证有效的信息传递和知识交流，准确的术语翻译起着至关重要的作用。

术语翻译是翻译工作中不可或缺的基石，尤其是在科技方面的翻译中，术语翻译的作用更是重中之重。术语的准确与否，直接影响到翻译工作的成败。不准确或不专业的术语翻译，会导致信息的误差甚至沟通交流的失败。

术语翻译的意义具体表现在以下 3 个方面。（1）标准的术语翻译可以更好地体现术语所限定的领域，也能更好的表达术语所属的概念体系；（2）准确的术语翻译能更有效的传递源语信息，从而达到顺利的交流效果；（3）正确的处理术语能极大提高术语的专业化和标准化，体现原文的专业特点，符合该领域的表达习惯。

从原文术语到译文术语的转换并不是机械的转换，在尽量保持语义对等的同时，也要谨记对等术语并非一一对等，要选取特定的某一个意义，而且在译文中需要保持统一译名。在多义术语的翻译中，上下文语境是决定性因素。正确的术语翻译不仅需要术语理论知识，更需要术语实践。术语翻译的准确性和一致性直接关系译文的质量。

术语的翻译不同于常规的语言翻译，术语专员有各自完善的方案用以研究和确定最合适的译名。对一些十分生僻晦涩的术语，还需要向源语言的术语专员或该领域的专家征求意见和建议，以确定最终的译名。对于一词多义的术语，还需要添加使用注释，以帮助译员正确使用这些术语。

5.1.3　术语库概述

5.1.3.1　术语库的概念和分类

术语库是记录和管理术语的术语容器，该数据库以计算机读出的形式用来记录、存储、分类、检索术语，也能调动各分支程序完成术语存储、术语输入、术语输出等功能。术语库将术语及有关资料集合在一起，相当于一个自动化操作的词典。术语库为满足用户特殊需要而设计，一般是按专业领域来搜集术语，数据库中每条术语的记录包括与术语有关的所有资料单元。

术语库的主要来源包括以下 3 个方面：（1）术语学家从各领域的科技文献中分析得来的术语，需要按照术语学原则对其进行处理和预加工。（2）其他术语库中的术语数据。各个术语数据库必须具有兼容性，以方便术语数据库之间的数据传输和转换。（3）术语库的用户在工作中所遇到的并更新至术语库中的新术语。

根据术语库的组织者等级，术语库可分为 3 级：第一级是国家标准化术语库，是管理标准化术语的总库；第二级是专业领域术语库；第三极是基层术语库，是相关单位或个人为了工作需要而建立的术语库。根据术语库的学科领域，术语库可分为综合型、多学科型、学科型 3 种；根据术语库服务的地域范围，术语库可分为国际通用型、区域型、国家型、地区型、行业型；根据术语库的用户不同，术语库可分为翻译工作者、术语学家或术语词典编纂者、技术编辑、科技领域专家、专业语言老师、公共服务的术语库等。术语库的类型按照分类标准的不同还有很多，在此不再一一赘述。

目前常见的国内外典型术语库有：法国标准化协会术语 NORMATERM、世贸组织 WTOTERM、欧盟 EuroTerm Bank、微软 Language Portal、TermWiki、联合国多语术语库 UNTERM、TAUSData、MyMemory、术语在线、中国关键词、中华思想文化术语库等。

5.1.3.2 术语库的结构和形式

术语库建设应遵循一定的原则和方法，并采用多语种对应关系。作为一种集中存储库，术语库可以表现为平面文件的形式（如 Excel 文件），也可表现为结构化数据库的形式，两者都允许对源语言和目标语言术语进行同步管理。

建立数据库之前，必须明确术语条目中需要包括的数据类目的类型、数量和可复用性，即明确数据结构模型。术语库的数据结构中通常要包括描述术语本身的数据项，如词条、语种、术语定义、主题领域、语境、出处、注释等以及术语的提交者、术语修改者、术语修改日期、术语的状态等有助于术语跟踪管理的数据项。数据字段的约束级别包括必选字段和可选字段，必选字段不允许为空（如主条目术语、输入日期和源文献），可选字段可以为空（如专业领域、条目标识符、同义词等）。这些数据项是一些通用内容，在不同术语库的条目下，数据项的使用也有所不同。一般而言，面向翻译的术语库条目可包含一个术语、与该术语对应的多种语言的译文以及一些说明性信息。

根据国际标准 ISO 30042—2008，术语库条目通常包含 3 个层级：条目层、索引层、术语层。条目层包括系统字段以及整个条目的其他说明性字段，其中系统字段主要用于存储条目或字段的跟踪信息，如条目编号、创建日期、创建人、修改日期等；索引层包括多种语言内容的索引字段，用来记录条目中不同语种的术语，每个索引对应一种语言；术语层包括用于描述术语的说明性字段，用来说明和描述整个条目或单个术语的相关信息，如术语的定义、缩略词、语境、图片、链接等。

术语库的存储格式有 CVS 和 TBX 两种。最通用的文件格式是 CVS, Comma Separate Values, 其特点是方便导入或导出至各种表格和数据库中。TBX, Term-Base eXchange, 由 LISA 开发，采用这种交换标准，用户可以在不同格式的术语库之间交换术语库数据。多款主流计算机辅助翻译软件和术语工具均支持 TBX 格式文件。

5.1.3.3　术语库的功能

术语库的建立不仅能储存术语，还能快速查询术语信息，满足术语日益更新的需要。术语库具有（1）输入、（2）存储和（3）输出 3 大功能。输入功能包括术语采集、术语校对以及将术语输入到计算机中。术语数据的输入有两种方式，一是批量上传，二是通过交互的方式手动输入。输入完成后，系统会自动进行校对，包括双词条校对、一致性校验、拼写校验和图像校验。存储功能是指要在计算机上处理术语数据中未经核实的存储内容，然后存储从其他术语库转移过来的术语数据，还有就是存储符合术语库要求的术语数据，并且每一条术语的各项数据都必须是规格化的。输出功能是指提供给用户两种术语数据，一种是针对某一个术语，输出其有关数据项；另一种是针对某一学科领域，输出该学科的全部或部分术语数据。

除上述 3 大功能外，术语库还具有以下功能：

（1）术语库为不同的用户提供友好的双语或多语处理环境的用户界面。界面系统能够达成用户与系统的沟通，在操作过程中给用户进行各种提示，并提供提问帮助；

（2）术语库的基本目标是进行数据检索。除了检索单一术语及其相应信息，还可以检索内部属性（如分类语言检索）、外部属性（如机构、年代检索）和组合属性。用户可以通过关键字或检索词来进行所需检索；

（3）用户可以在检索结果中选择相应的术语或某一学科的术语库进行浏览。每个术语都会显示某条术语录入时所输入的数据信息以及某学科领域的部分或所有术语；

（4）术语库中的数据可以通过网络和其他团队或企业进行分享；

（5）用户可以通过管理员权限在系统上进行术语库管理和维护，包括术语查重、数据校验、数据库重组与重构、数据恢复、备份和重新启动等功能。用户还可以对术语进行更新和维护，包括术语添加、术语编辑、术语删除等功能；

（6）术语库中的数据文本可以导出为 XML 和 TBX 文件，以便导入计算机辅助翻译软件中，并可生成打印。

术语数据库是术语标准化、词汇研究和机器翻译等的重要参考工具，而通过在翻译流程中有效地使用术语库，就可以确保译文准确一致，并提高工作效率。

5.2　术　语　管　理

术语的数量规模巨大，传统的人工处理和管理已经无法满足需要，因此必须借助专业的技术工具对术语进行有效的管理，以保证术语的一致性和规范性。近年来，语言服务行业迅速发展，术语作为重要的语言资产，对其进行有效的管理能够最大限度地实现术语的资产价值。

5.2.1　术语管理的定义和内容

术语管理是指"对术语信息所做的任何深思熟虑的加工"。几百年来，各国各领域的科学家在研究过程中一直在进行实用的术语工作。他们创立各种概念并用以思考和交流，而这些准确而无歧义的概念即为术语。术语形成后，又有专业人员对其进行系统的记录，记录术语包括各种具体的形式，例如字典、术语汇编、术语数据库等。对于企业来说，术语是全球化企业语言资产的重要组成部分，也是企业信息开发和技术写作的基础性工作，术语企业语言战略的重要组成部分。这些系统的记录可以用于各种活动，例如口译、笔译、技术写作、信息管理等。针对某种具体的目的检索这些记录，即可提高工作效率，并保证术语的一致性和规范性。

术语管理的本质就是对专业领域的知识进行管理，使该领域知识的表征更加有序化和规范化。具体来讲，术语管理是为了满足某种目的而对术语资源进行管理的实践活动，包括术语的识别、提取、存储、检索、编辑、维护和分享交换等活动。概况而言，术语管理的具体内容包括以下几个方面：

（1）术语提取。在翻译项目的计划阶段，需要提取项目中的术语，并统一数据格式。除了专有名词之外，还应提取高频词汇或短语、项目中的特定用语等。术语的提取要尽量做到完整、全面，以便利于后期的翻译。提取出的术语表要交由项目经理审核，必要时提交客户并确认；

（2）术语表格式转换。提取出的术语表一般格式多样，有些还带有标记符号，因此需要进行格式转换，以便导入术语库；

（3）术语知识描述。术语多为专业领域的词汇，晦涩难懂，因此需要对术语进行全面详细的知识描述，以便理解和使用，这包括术语的定义、概念指称、使用范围、规范程度、语种信息等；

（4）术语翻译。在翻译项目中，术语翻译是最重要的步骤，即为源语术语找到目标语中的对应术语；

（5）术语应用。在翻译项目过程中，译员需要调用术语库中的术语。鉴于术语多样的类型和特定的使用范围，译员需要谨慎选择最匹配的译名；

（6）术语更新和维护。项目的收尾阶段，需要对术语进行整理，加入新术语，淘汰不恰当的旧术语，不断完善术语库。这对于翻译质量的提高和翻译项目的成功有重要的作用。

5.2.2　术语管理的原则和策略

术语管理的宗旨是确保特定组织机构中与其产品、服务和商标相关的专员用语能够在其源文档和所有目标翻译文档中保持一致。术语管理需要遵循一定的基本原则。

（1）一致性。术语一致性的重要意义不言而喻，这是翻译质量的前提和保证，也能直接影响翻译项目的成败。每条术语的添加都要保证其翻译一致性，在调用时也要保证术语的翻译以及翻译风格前后一致。

（2）以客户为导向。确定术语需要以客户为导向，术语翻译风格指南的确定、术语的入库、术语的使用和后期的更新都要与客户进行先沟通确认。

（3）权威性。术语本身具有权威性，因此术语的确定和发布都要由权威专家和客户的确认后才能进行。另外，术语一经确认，不可随意更改；术语库的访问权限也需要设置，有些术语只有术语专员和项目经理才能进行更改，其他人员只能使用。

（4）全程性。术语管理贯穿整个翻译项目的全过程。项目的启动和计划阶段，需要确定术语翻译风格指南；项目实施过程中，使用术语的同时也需要对新术语进行查询和更新；项目收尾阶段，要及时对术语库进行更新和维护。

根据术语翻译自动化水平的不同，Wright 和 Budin 把术语管理策略分为三种。第一种策略，译员主要通过自主检索术语和修改术语的定义及其他标注信息，同时译员之间、译员与术语管理人员之间保持沟通，因此依赖自动化的程度较低。第二种策略，在收集整理了大规模平行语料并构建了术语库的基础上，译员利用计算机辅助翻译软件等信息技术在翻译过程中提供术语的译文提示，因此提高了翻译的自动化水平。第三种策略是以术语库为基础，实现完全自动翻译。当需要翻译的文本数量巨大并且翻译质量要求并不高时，可以利用术语库的资源，实现译文的自动翻译。术语库所包含的信息量越丰富，领域区分越明确，自动翻译的质量也就越高。

术语库构建后应采取系统化的术语管理策略。第一，术语管理贯穿项目始终。在项目立项或产品开发阶段即开始考虑术语的一致性问题，在项目进行过程中充分利用术语库，在项目结项时对术语库进行整理。第二，保证术语库中的信息既丰富又全面。术语库中不仅应包含术语及其对应译文，还应包含术语的定义、术语用法示例、图片说明等。术语库不仅可用于翻译辅助，也可用于写作辅助、内容检索、拼写检查、翻译质量检查等多种需求。

5.2.3 术语管理的类型和作用

根据术语管理的性质和内容的不同，术语管理可以分为描述性术语管理（descriptive terminology management）和规范性术语管理（prescriptive terminology management）。描述性术语管理主要涉及非规范性的术语活动，往往是译员、技术写作者、社会科学家出于翻译和写作的目的而对术语进行的整理工作，并不对术语的用法予以规定。规范性术语管理则是由术语标准化工作者、政府管理人员、命名专员、语言规划人员来实施，目的在于对某一领域中的术语进行统一和协调，以此促进该学科领域的交流和发展。在这个意义上来看，术语的标准化工作也属于术语管理活动的一种。

从另一个角度来看，术语管理主要涉及的就是术语数据库的建设和管理。术语管理的分类也可以理解为术语数据库的基本分类。

根据术语库的构建目的，术语库可以分为 3 类：（1）为技术交流而建立的术语库；（2）为术语推广而建立的术语库；（3）为术语标准化或术语协调而建立的术语库。

根据用户类型，术语库可以分为：（1）为翻译工作者建立的术语库；（2）为术语学家或词汇学家建立的术语库；（3）为技术编辑建立的术语库；（4）为科技领域专家建立的术语库；（5）为专业语言教师建立的术语库；（6）为一般公众建立的术语库。

术语管理（包括产品名、技术术语、品牌名称、商标等）在企业信息开发、全球化文档创作、企业内容管理、多语信息处理、翻译和出版、客户沟通、品牌一致性、规避法律风险等方面发挥这日益重要的作用。

（1）如何保证术语的准确性和一致性是术语工作的核心问题。术语不准确或不一致将会导致交流失败，影响翻译质量。因此，保证术语准确和一致，避免术语的使用混乱，达到顺畅的沟通，从而提高翻译质量是术语管理的根本作用。

（2）翻译过程中术语库的使用能够减少译员的重复劳动，节省人力资源和时间成本。同时，术语管理还能够实现术语库在译员之间、各部门之间以及语言服务企业和客户之间的远程共享。因此，有效的术语管理能够提高术语的重复使用率，从而降低翻译成本。

（3）术语资源确定后在陆续的使用中还需要进行更新和备份等维护工作，以此推进术语资源建设，积累语言资产。

（4）对于语言服务企业来说，强大有效的术语管理能够打造过硬的服务品质，增强品牌形象，对于扩大业务，实现各企业之间和各国之间的知识管理和资源共享也具有十分重要的意义。

5.2.4 术语管理的流程和技术

术语对翻译质量的影响基本覆盖了翻译项目的各个阶段，因此术语管理是翻译项目中必不可少的工作内容，贯穿于翻译项目的各个阶段，即项目启动、项目计划、项目实施、项目监控和项目收尾，涉及客户、项目管理人员、工程技术人员以及译员等整个团队。

术语库是术语管理的物质基础。术语库的应用贯穿翻译项目的整个过程。在启动阶段要明确术语库的需求，在计划阶段要确定术语库的管理方法，完成术语的采集、翻译和入库，在实施阶段要确定和更新术语库，在收尾阶段要整理、更新和备份术语库。王华树、张政给出了翻译项目管理的四个阶段中术语管理工作的具体内容，如表 5-2 所示。

表 5-2　翻译项目中的术语管理工作

部门阶段	启动阶段	计划阶段	实施阶段	收尾阶段
翻译客户	响应 LSP 的术语咨询、确定术语管理提案	确定 LSP 的术语	确定新术语	确定新术语、术语库更新和备份
项目管理	确定客户术语需求、估算术语管理成本、制订术语管理提案、同客户沟通和确定	编写术语管理指南、制订术语管理进度、项目中术语设置、术语资源分配和共享	术语质量控制、问题术语处理	术语资源更新、打包发送客户确认、术语资源备份
工程技术		确定术语指南、术语提取参数设置、提取源语术语列表	术语系统配置、术语技术支持	
语言翻译		翻译提取术语列表、翻译多语术语列表、SME 审核和确定	术语库设置、术语识别和插入、新术语讨论、术语 Query 提交、译后术语验证	

翻译项目中的术语工作包括 9 项活动，即术语需求分析、术语资源搜集、术语提取与术语选择、术语研究、术语修订、术语条目加工、术语质量保障、术语维护、术语发布。具体的翻译项目可以根据项目的实际情况选择进行相应的术语活动。任何一项活动的管理不到位，就可能会影响整个翻译项目的成败。以下将从译前、译中、译后 3 个阶段来介绍术语管理的内容和所用到的管理技术。

5.2.4.1 译前术语管理

A　明确术语工作范围

在翻译项目的启动阶段，项目经理的工作之一是全面了解客户的需求，明确项目的工作范围，评估项目的工作难度并向客户说明术语管理的意义。这其中包括对术语的需求分析，即客户是否指定术语工具，是否提供术语表或其他术语数据库，是否要求进行术语更新和维护，是否愿意为术语管理工作支付费用等。如果客户不能提供术语数据，项目经理和术语专员就需要对待翻译文件进行分析和统计，详细估算术语管理的工作量和各项费用，并征求客户的意见，最终得到客户的确认。

在翻译项目的计划阶段，根据项目的具体特点和客户的需求，项目经理需要组织术语专员进行大量细致的术语准备工作。其中最主要的工作是编写术语管理指南，该指南可以包含在翻译风格指南中。术语管理指南的内容包含以下多个方面：确定术语工作的整体进度、设置术语系统参数、确定术语的提取范围和语言规则、确定术语翻译的规范以及术语词条的详细信息、设置术语库使用权限、确定术语库的更新和维护规范等。

B　术语识别和术语提取

明确了术语工作范围之后，术语专员首先需要利用术语提取工具或计算机辅助翻译软件中的术语管理模块来进行术语识别和术语提取。由于术语具有结合紧密性、语言完备性和领域性的特征，因此可以充分利用术语的这些特点和表现形式来进行术语识别和术语提取。

（1）术语识别是术语管理的第一步，可以分为主动术语识别（active terminology recognition）和自动术语识别（automatic terminology recognition）两种方法。在 TMS 系统、集成文本处理系统或翻译记忆系统中的术语识别模块属于主动术语识别装置。主动术语识别的过程实质上就是词典查找的过程。在计算机翻译过程中，译者需要熟悉相关的术语，创建术语库，并导入术语表。在翻译含有术语的句段时，系统中的术语识别模块就会自动查找术语库，系统会自动显示术语库中的目标术语信息。因此充分利用系统中的预翻译（pre-translation）功能就会事半功倍。但是这需要软件中拥有内容丰富的翻译记忆库和术语库，这需要导入现有的翻译记忆库和术语库，或者在翻译过程中逐渐添加积累。因此，主动术语识别的质量取决于术语数据库资源的完善和建设。

自动术语识别是指系统能够自动扫描文本并识别出文中术语（指代概念的词串）的过程。知识抽取和文本挖掘等信息技术中的关键步骤，也是术语库建设的有效手段。术语自动识别主要有 4 种方法：基于语言学的方法、基于统计学的方法、机器学习方法和混合方法。1）术语一般以名词或名词短语的形式出现，而且具有特殊的词缀和特定的组成模式。因此可以利用自然语言处理方法，根据术语的书写、形态、词汇、句法等方面的语言学特征，重复使用术语构成的语法和词形模式判断词串是否符合为术语。2）术语还具有一些显著的统计特征，如共现、逆文档词频、熵、互信息等。统计方法主要是依据术语的特征值构建统计模型，基于频率测量指标，查看该词串指定特征值是否符合该模型的阈值。3）机器学习最早是用于关键词的提取，近年来已经被应用于术语识别和提取，成为自动化术语识别和提取的新兴模式。机器学习系统通过训练数据学习术语的各种特征，从而实现对候选术语的自动化识别和提取。4）以上 3 种方法均有各自的优缺点，比如语言学方法识别效率有限，统计学方法则主要关注多词术语，识别效果也差强人意。因此，混合模式综合了各项优点，使术语识别和术语提取的准确率和完整性都得到了提高。例如，先利用语言学方法处理文本，获得候选术语的初步结果，再利用统计模型判断其是否符合术语的特征，这是目前比较高效的术语自动识别和提取手段。

（2）术语的提取主要是由术语提取软件来自动完成。世界各大研究机构例如北京大学计算语言学研究所等已经利用语言学方法和统计学方法对术语的识别和抽取开展了卓有成效的研究。很多术语自动识别和抽取软件如 TerMine 和 UMLS 能够自动扫描源语文本并识别出其中的术语。

根据语种数量，术语提取可以分为单语术语提取和多语术语提取。单语术语提取只对一种语言中的术语进行识别和提取；多语术语提取是通过从对齐语料库中识别和提取多语翻译对等词，建立多语术语的翻译资源。术语提取的主要对象是多词型术语，对于文本摘要、文档分类等语言处理任务具有十分重要的价值。

术语提取软件有批量提取和新术语的即时发现两个功能。术语的批量提取实现了从大规模领域语料库中自动提取术语的功能，而且可以对于出现在领域相关语料中的新术语候选进行定期的广泛收集。这项功能方便了专家对术语进行规范和更新。新术语的即时发现功能可以即时发现在某篇特定的文本中出现的新术语，并将该文本中出现的新术语和已有术语分别标注出来。此功能方便了普通用户对专业文献的学习和掌握。

自动术语识别和自动术语提取是密不可分的，多数软件和系统已经将术语的自动识别和自动提取整合为一体，因此有些专家学者认为，术语识别也被称为术语提取。

C　术语知识描述

术语提取出来之后，需要术语专员对其进行正确且全面的术语知识描述。术语知识描述是指术语库中应包含术语的哪些相关信息。对术语的科学、准确、充分的描述决定了术语库的使用范围和使用效率。术语翻译和术语知识描述需要译员具有丰富的专业知识储备，查阅大量的相关资料，利用字典、互联网、术语书籍等来进行翻译，以确保术语的准确性。

传统的手工采集一般包括术语本身的信息、同义词、主题领域、日期、参考文献以及上下文信息等，但是这种收集方法是随机进行的，缺乏系统性。从术语管理的角度出发，Wright 采用了"术语自治"（term autonomy）的原则来对术语进行微观描述。"术语自治"是指在构建术语库时以"概念"作为数据库构建的基本单位，所有与某一概念相关的术语都应包含在该概念中，术语的词形特征、定义、上下文等描述信息都可以作为特定术语的附属信息。"术语自治"的本质就是利用概念之间的关联来获取术语之间的关联，以此满足术语的可组合原则。另外，同一概念的不同术语形式也可以共享概念层面的共有信息。

具体来讲，术语的微观结构包括语言知识、概念知识和关联知识。语言知识是指术语的表现形式，包括词形、语音、词性、翻译等词汇学的基本信息，其中翻译部分是最为重要的，因此应该准确并且规范。术语的概念知识是指词语之间的关联，即术语与所在知识领域范畴之间的关系，从而能够通过定义和知识单元对术语的概念进行确定。术语的关联知识包括与该术语相关的，尤其是与信息使用者认知能力相关的知识，例如术语使用频率、参考图片、音频视频等。

5.2.4.2　译中术语管理

A　术语库构建

术语库建立的意义在于能够方便地管理一定数量规模的术语，同时具备快速检索功能，有利于建立术语间的关联关系，从而减少术语的使用混乱情况，提高术语的使用效率。术语库的查询检索功能在翻译过程中和其他领域都具有极大的应用价值，例如文档写作、产品查询、产品使用帮助等。

术语库是按照一定的格式存放在计算机中的术语数据库。术语库的索引功能是其核心功能。通过索引，使用者能够即刻得到所需要的某条术语记录，能够节省时间，提高工作效率。构建术语库主要进行两个操作：（1）转换数据格式。提取术语后，需要对术语进行整理，其中主要是术语译文的添加，以获得双语术语列表。接下来把整理好的 Excel 格式的列表转换为术语库软件支持的 XML 文件。（2）添加索引。在 XML 文件中制订相应的索引机制。最后利用术语库软件即可构建出术语数据库。

B   术语库应用和更新

在翻译项目的实施阶段，项目经理需要把项目任务分配给每位相关的项目成员。项目成员通过项目管理系统接收到任务并开始进行翻译。在这个过程中，译员需要先导入术语库。翻译过程中使用术语库的主要目的就是保证术语的一致性。术语的一致性对于提高翻译质量至关重要，尤其是在多人协作翻译项目中更是如此。同时，使用在线的术语数据库能够减少译员查询术语的时间，从而提高翻译效率。

翻译工作所用到的计算机辅助翻译软件中都具有自动推荐（auto-suggest）的功能。用户在翻译编辑窗口输入译文时，系统会监控所输入的文字，并据此给出一系列相应的译文。用户可以在译文列表中选择匹配最高的词条，直接引入至对应的翻译句段中。术语数据库除了能够正常运行，也应可以对其实现更新和维护，保障其安全性和完整性。首先，可以在术语库中直接进行添加、删除等修改；其次，可以在计算机辅助翻译软件中进行添加、删除等修改来实现更新。如果译员在翻译过程中遇到新的术语或对术语库的内容有疑问，则需向项目经理提出术语查询的请求。项目经理讲查询请求交由术语专员处理，经研究并得到客户的确认后再反馈给译员，并及时对术语库做出相应的更新。术语更新和维护的策略应得到翻译项目管理人员的重视，如何确保术语的一致性是所有问题的核心。

要做到术语一致，应注意以下几个方面。

（1）不能自创新术语，应使用约定俗成的术语；

（2）新术语须经核实后添加至术语库；

（3）技术性术语等特有词语应注意专业特点，以词汇表为准。

5.2.4.3   译后术语管理

在翻译项目的收尾阶段，项目经理的工作之一是项目的存档和备份，目的则是完善语言资产，以备将来翻译工作使用。这其中包括利用术语管理工具对术语进行整理、更新和维护。首先需要将新的术语更新至术语库中，将问题术语和停用术语清除出术语库。然后将术语文件、术语管理指南等备份到项目服务器上。最后将术语资产发送给客户，调查其满意度，以得到客户的意见和建议。

在计算机辅助翻译软件中，译者需要建立术语库并导入术语，才能进行译后的检查。术语库是利用数据库管理系统创建的，可以快速有效地进行术语检查。系统会对术语库进行自动的批量检查，有重复的或者不匹配、不一致的都将明确标注出来，以便于进行编辑和修改，确定术语的一致性，从而提高译文的翻译质量。

术语管理是翻译项目质量保障机制的重要一环。术语管理的质量直接影响到翻译服务的交付质量。因此，对术语管理工作的质量监控需要从人员、过程和产品三个方面来实施进行。术语产品也应遵循相关语言标准、内容标准、形式标准以及语言服务企业或客户所制订的其他标准。另外，术语管理工具的便利性决定了术语使用的便利性，不同的术语管理工具有着各自不同的优势和劣势，项目经理和译员应根据项目具体的特点和要求最大限度地利用术语管理工具，以保证翻译过程中术语一致性和规范性。

5.2.5 术语管理系统

术语的管理工作是翻译工作中的重点也是难点。术语数量庞大并且层出不穷，对任何一个译者都是难以完全掌握的内容，及时发现、收集并翻译层出不穷的新术语已是计算机辅助翻译工作的当务之急。然而，传统的翻译过程中大多都缺少术语管理环节。而目前的语言服务企业也大都没有使用专门的术语管理工具，多数还在使用 Excel 等表格文件，这显然已经无法满足术语管理的需求。另外，受到翻译项目所需时间的限制，对术语详细信息的记录往往得不到保证；大型翻译项目团队人数众多，每个人专业知识的不同导致了术语不一致的现象也相对比较严重，术语管理也很混乱。

5.2.5.1 术语管理系统的定义和分类

术语管理系统（TMS）的出现能够很好解决上述问题，可以实现对术语的有效管理，在术语的收集、描述、处理、存储、编辑、呈现、检索、维护和分享等方面都能面面俱到。

根据国际标准 ISO/DIS 26162 给出的定义，术语管理系统是指专为译员、术语专员和其他用户设计，用来收集、维护、获取术语数据的软件工具。目前市面上的术语管理系统品种多样，各具特色，能够有效节省术语管理的工作时间，极大地提升术语管理的工作效率。

国外比较常见的术语管理系统有：acrolinx IQ Terminology Manager、Across crossTerm、AnyLexic、BeeText Term、Heartsome Dictionary Editor、Lingo、MultiQA、qTerm、SDL Multi-Term、SDLX 2007 TermBase、STAR TermStar、SystranDictionaryManager、TermFactory、T-Manager、TBXChecker、XTMTerminology 等。国内常见的术语管理系统有：东方雅信 CAT 术语模块、雪人 CAT 术语模块、语帆术语宝、传神术语云等。

根据不同的分类标准，术语管理系统可以分为不同的种类。Klaus-DirkSchmitz 将术语管理系统大致分为 3 类：管理术语数据的系统，如 Word、Excel、Access、计算机辅助翻译软件中的术语管理模块、独立的术语管理系统（Schmitz, 2009）。ISO/DIS 26162 标准将术语管理系统分为独立型（standalone）、集成型（integrated）和组合型（combined）。根据软件系统架构，术语管理系统可以分为单机版、客户/服务器模式和浏览器/服务器模式。根据软件操作平台，术语管理系统可以分为基于 Windows 系统的术语管理系统、基于MAC 系统的术语管理系统和跨平台的术语管理系统。根据软件版权，术语管理系统可以分为市场上销售的商用系统、开放源代码系统和只供企业内部使用的专有系统。根据语言种类，术语管理系统可以分为单语系统、双语系统和多语系统。根据软件适用对象，术语管理系统又可以分为适用于个人译员的小型系统、适用于翻译团队和中小企业的系统和适用于大型企业的综合型系统。

5.2.5.2 术语管理系统的功能

术语管理系统的主要功能模块包括以下8项：（1）数据库描述（如数据库分类、数据模型、语言对和字符集等）；（2）数据录入（数据容量、数据模板以及属性字段等）；（3）检索功能（通配符、模糊匹配、全文检索和过滤器设置等）；（4）数据库管理（多个数据库并存、局域网及因特网等）；（5）数据交换（格式支持、导入、导出和打印格式等）；（6）用户管理（不同用户分类、使用权限等）；（7）系统界面管理（布局、显示样式和WYSIWYS等）；（8）兼容性（同CMS、TM及其他系统的集成）。

术语管理系统在翻译实践中的作用如下：（1）收集、储存、加工和维护翻译数据；（2）提升协作翻译的质量，确保术语的一致；（3）配合计算机辅助翻译工具和质量检查工具等，提升翻译速度；（4）促进项目利益各方之间术语信息和知识的共享；（5）方便翻译的双方间进行高效的术语数据交换和管理，传承翻译项目资产，方便后续使用。

从企业运作的层面来看，术语管理系统的作用有：（1）节省企业研究、收集、整理和查询术语的时间，提高运转效率；（2）提高企业内容重复使用率和可恢复性，降低内容管理成本；（3）确保术语在企业不同部门之间的准确性和一致性，提升企业语言资产的安全级别；（4）缩短产品本地化周期，加快产品上市时间。

当今时代互联网通讯和语言处理技术飞速发展，术语管理系统也呈现出标准化、融合化和云端化的发展趋势。高效的术语管理配合现代化的术语管理系统，可以体现其更宏观的价值，在企业内外共享信息，加强企业文化凝聚力，确保企业品牌的一致性，提高企业在全球多语言市场上的战略优势。个人用户和企业用户应从术语管理的需求、术语任务、术语类型、预算等方面深度考量，来选择适合自身的术语管理系统，以便有效提升管理工作和翻译工作的效率。

5.3   memoQ 中的术语管理

处理术语是翻译工作的基石。翻译项目的开展是从整理和翻译术语、建立源语和目标语对照的术语表开始的。在利用计算机辅助翻译软件进行翻译时，需要将术语表导入到已创建的术语库中，以便于在翻译过程中自动识别，并在译文中插入术语的译文，提高翻译速度，翻译后进行术语检查，保证同一术语的一致性。

5.3.1   memoQ 术语管理模块简介

memoQ 术语管理模块集成于计算机辅助翻译软件中，该软件提供客户端/服务器架构以及浏览器/服务器架构的产品，因此，用户可以通过客户端术语管理模块、服务器术语管理模块以及 QTerm 来实现术语管理的功能。在客户端中，术语库与翻译记忆卡、语料库同属项目"重资源"，可以在客户端软件的资源控制台、项目主页和选项中进行集中设置和管理；服务器术语管理模块具有集中存储、许可配置、共享、控制、统一访问术语库的功能；在浏览器中通过 QTerm 在线管理术语，可以进行术语库创建、使用权限设置等操作。

memoQ 术语管理模块界面友好，功能强大，而且操作便捷。在翻译过程中，既可以集中管理术语数据，又能随时调用术语资源，确保术语翻译的一致性。

在 memoQ 中，可以通过以下两种途径进入术语管理的相关模块：

（1）打开"资源控制台"，选择"术语库"，即可进入术语库管理界面，可根据项目、客户、领域、主题、语种信息进行筛选，查找术语库列表，如图 5-2 所示的术语库列表中可查看和编辑服务器术语库和本地术语库，右键单击该术语库，可以执行新建、删除、编辑术语库等操作，另外还可以查看术语库属性，导入导出术语，设置权限，注册本地，离线同步，在服务器上共享和移除操作，修复术语资源等。

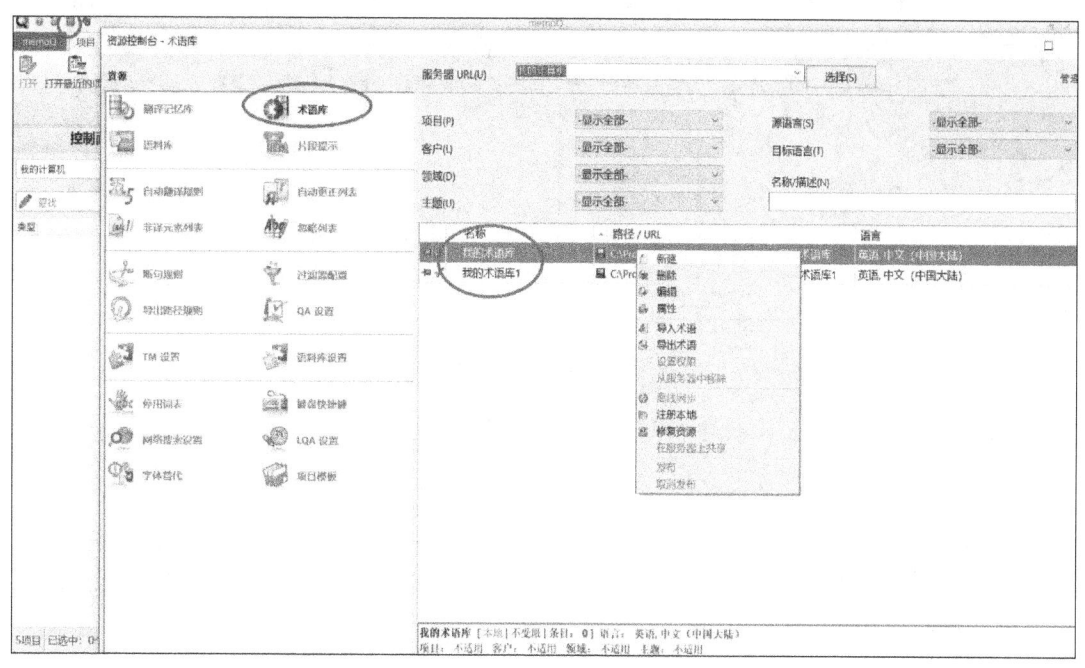

图 5-2　资源控制台中的术语库管理

（2）打开"项目主页"，选择"术语库"选项卡进入，可以查看当前项目的术语库列表，并可对其进行各种操作。一个项目可以有多个术语库，其中一个可设定为主术语库，级别为"1"，其他为参考。单击数字"1"或"2"，即可调换术语库的级别，如图 5-3 所示。

5.3.2　术语库管理具体操作

5.3.2.1　术语库创建

在 memoQ 创建新项目时，在创建翻译记忆库之后，根据项目设置向导，继续创建术语库，在对话框中可以进行术语库排序、查看属性、提高级别、从项目中移除、注册本地等操作，如图 5-4 所示。

也可以在"项目主页"中，单击"术语库"选项卡，打开术语库管理界面，单击左上方的"新建/使用新的"，或右键单击某个术语库，选择"新建/使用新的"，如图 5-5 所示。

还可以在"资源控制台"中创建。打开"资源控制台"，右键单击"术语库"，选择"新建"，如图 5-6 所示。

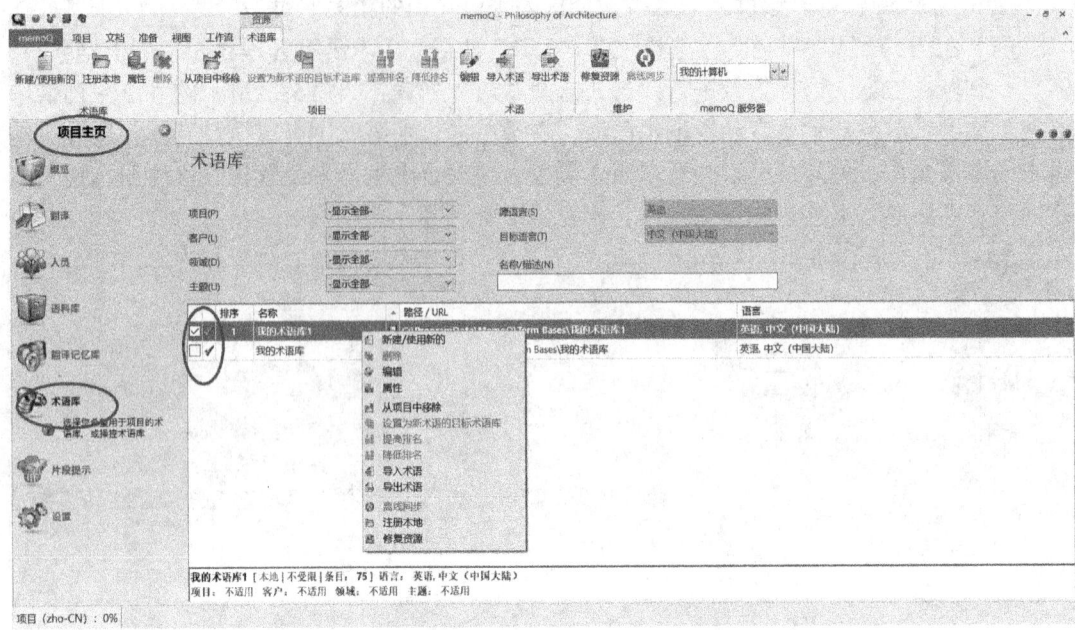

图5-3 项目主页中的术语库管理

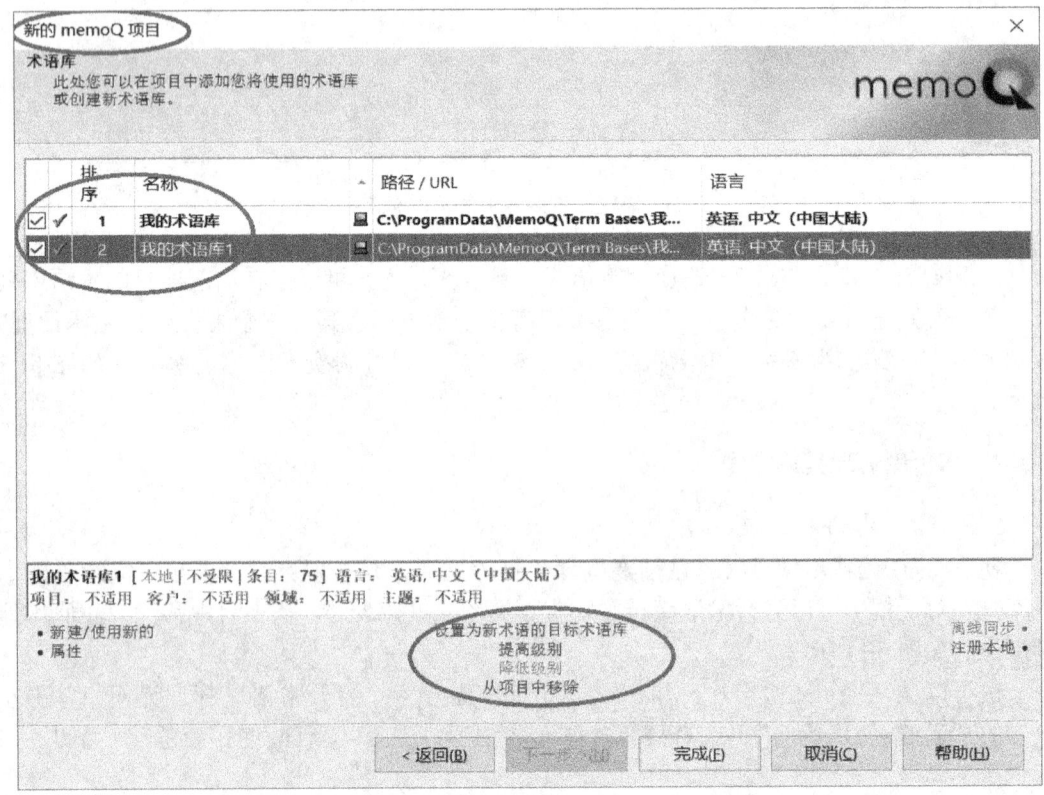

图5-4 新建项目时创建术语库

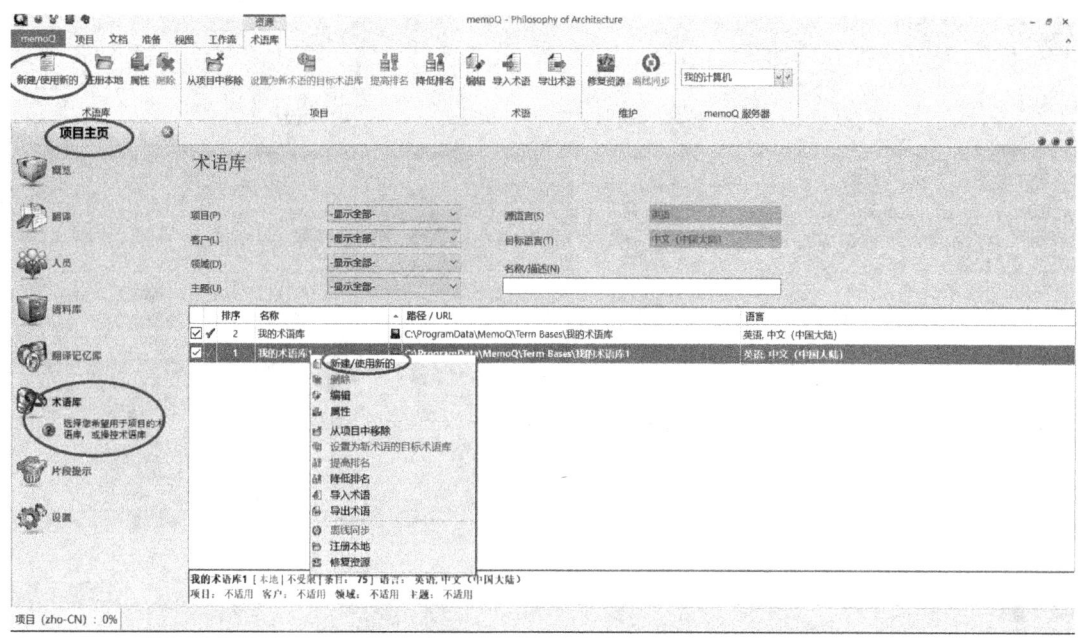

图 5-5　项目主页中新建术语库

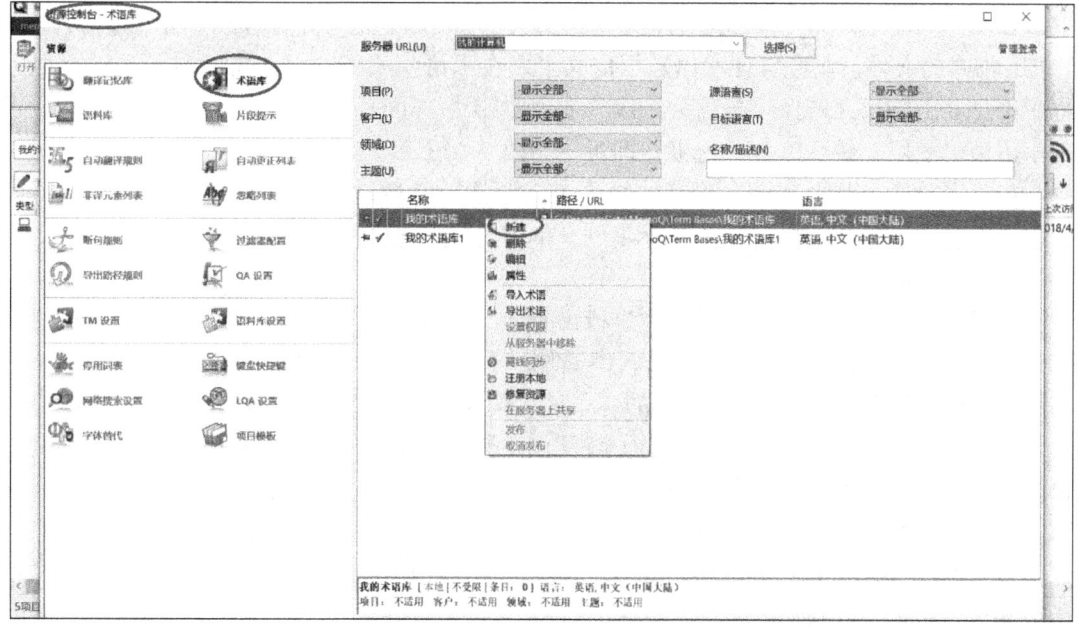

图 5-6　资源控制台中创建术语库

在"新术语库"对话框中，需要输入术语库"名称"，在右侧选择源语言和目标语言，选择默认术语库存储路径或自行设定，根据需要填写元信息，如"项目"、"客户"、"领域"、"作者"等，也可后续补充，如图 5-7 所示。

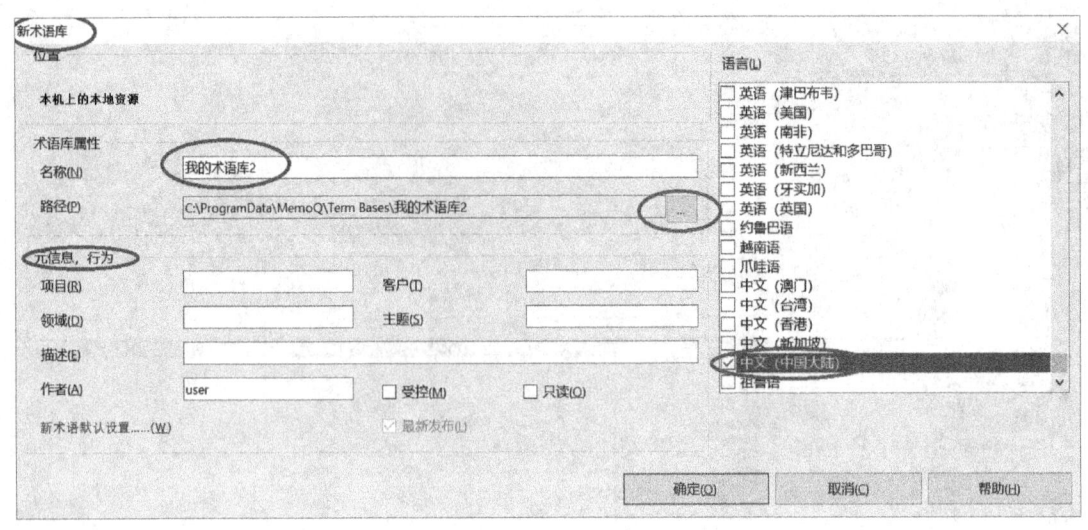

图 5-7　新术语库设置

5.3.2.2　术语交换和术语提取

如果客户或企业提供了现有的术语库，可以在创建术语库时直接导入即可。memoQ 术语模块支持导入 CSV、TMX、TXT、XLS、XLSX、TBX、Excel 等格式的文件，还支持导入 SDLMultiterm 的 XML 格式的术语库文件；另外，memoQ 支持导出 TXT、XML、RTF 和 HTML 格式的文件，以此实现术语数据的共享。在术语编辑器中，单击"导出"，在对话框中选择导出路径，选择"导出为 CSV"或"导出为 MultiTerm"，方便导入 SDLMultiTerm 的术语模块使用，最后单击"导出"即可，如图 5-8 所示。

如果客户或企业没有提供现有的术语表，那就需要通过术语提取来准备该项目的术语。在项目主页界面，在"准备"标签下，单击"提取术语"，可以"继续会话"或"开始新会话"，如图 5-9 所示。

在弹出的"提取候选"对话框中进行设置。"资源"中显示术语提取的来源，包括：翻译文档、翻译记忆库、LiveDocs 语料库文档，一般选择待译文档来进行单语术语提取。"选项"中是常规设置，可以对术语的"长度、词频、分隔符"等方面进行设置。在"查找"中如果勾选"查找候选"，memoQ 可以在当前项目的术语库中查找术语候选词的翻译。如果勾选"忽略带数字的字词"，就可以排除带有数字的术语候选词。在最下方的"停用词表"中，可以设置停用的术语候选词。memoQ 自身提供了停用词表，用户也可以点击下方的"添加"自行添加停用词表，还可以设置该停用词是否会出现在词首开头、词中或词尾。如图 5-10 所示。

单语术语提取完毕之后，需要人工对提取后的术语进行筛选、删除，并翻译，然后按"Ctrl+Enter"接受术语。处理完所有术语之后，单击"导出"即可导出至术语库中，如图 5-11 所示。

如果项目有翻译记忆库或 LiveDocs 语料库文档，还可以基于这两类资源提取双语术语，其操作步骤与单语术语提取步骤相似。

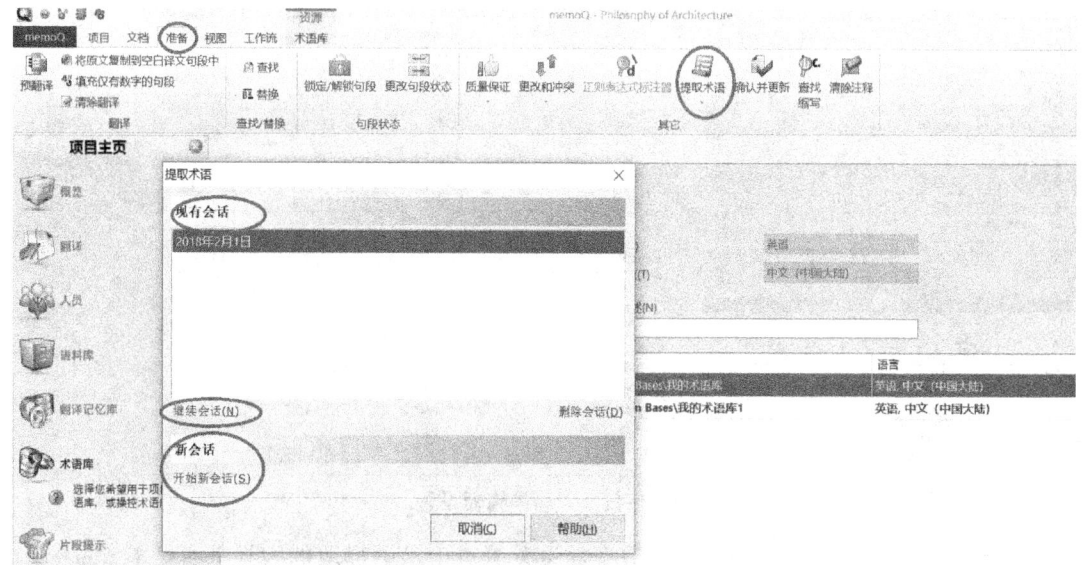

图 5-8 术语库导出设置

图 5-9 提取术语会话

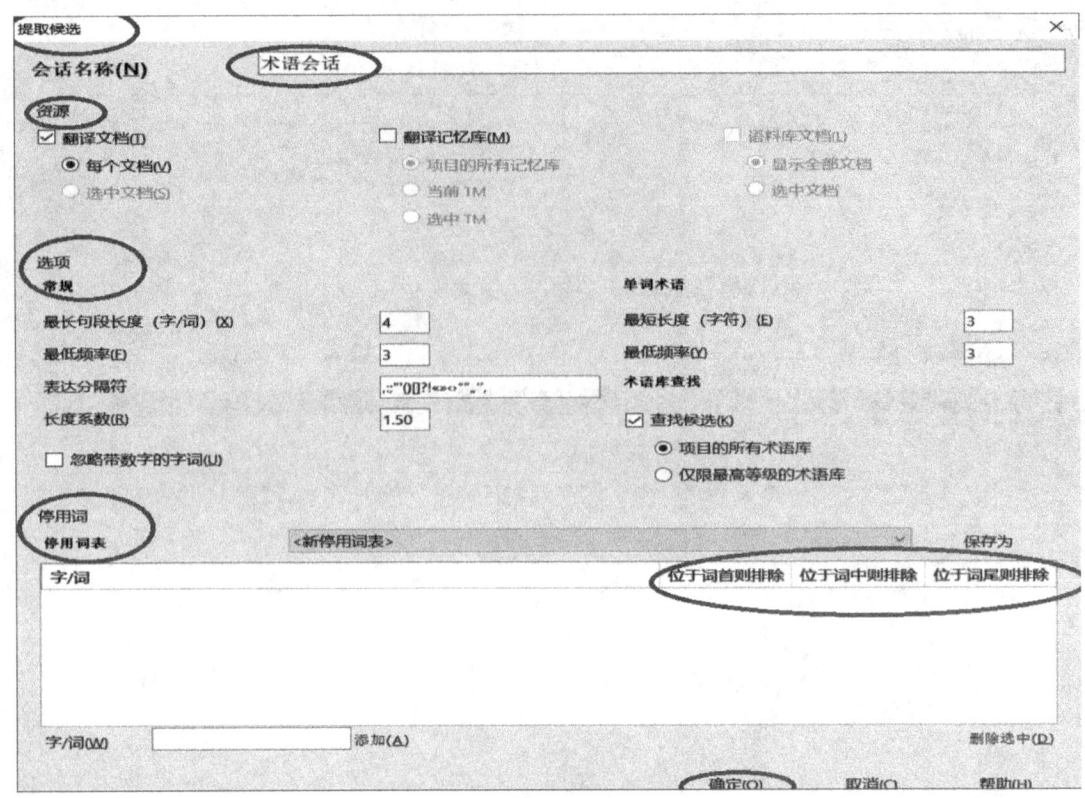

图 5-10 术语提取候选设置

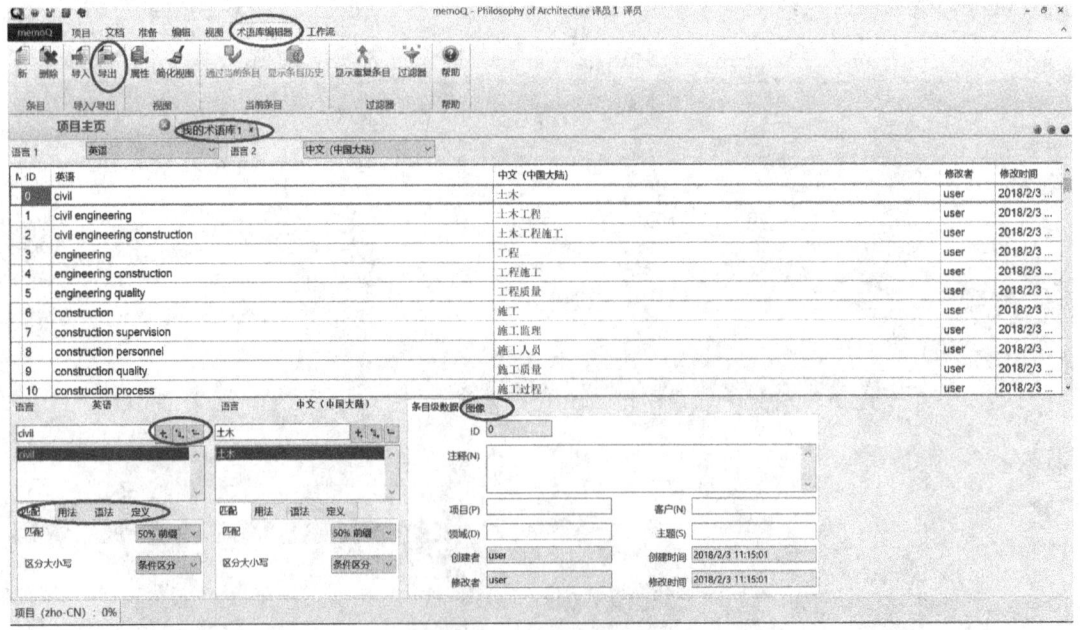

图 5-11 术语编辑器设置

　　项目的语言类别、文章长度、提取参数设置等对于术语提取的效果都有影响。memoQ
提供了丰富的停用词表选项,可以分别对词首、词中、词尾的停用词进行设置。

5.3.2.3 术语库编辑

翻译过程中，可以在翻译编辑器界面和术语库编辑界面快速编辑术语条目。

分别选定源语言术语和目标语言术语，右键单击选择"添加术语"或"快速添加术语"，或按"Ctrl+Q"，术语条目将自动添加至术语库中，并实时显示在翻译结果界面，如图5-12所示。

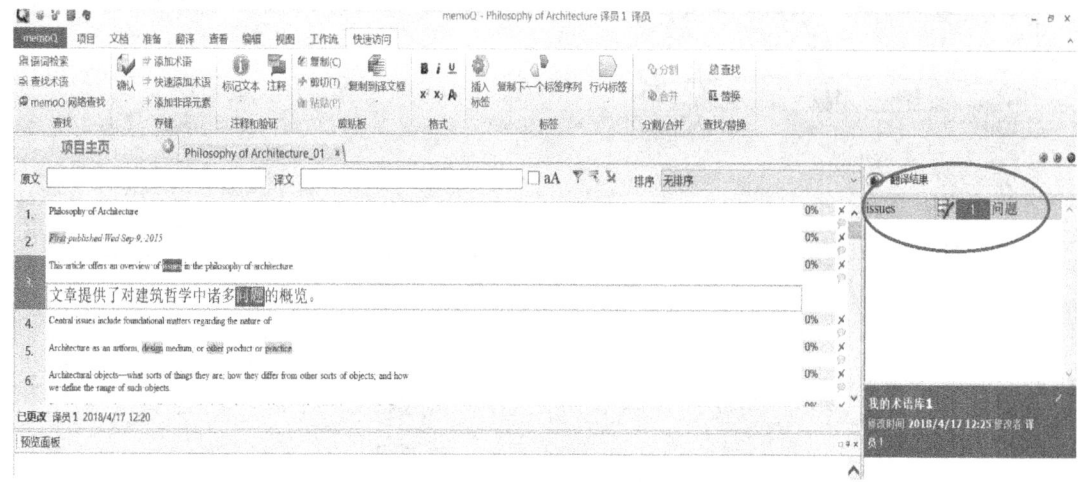

图5-12 术语添加

单击"添加术语"或按"Ctrl+E"，在弹出的术语条目编辑对话框中，可以按照术语的语言分别设置术语匹配值，包括"模糊、50%前缀、精准匹配"，还可以设置"区分大小写、禁用术语、词性、单复数、阴阳性、添加术语定义"等。在条目级数据选项中，可以添加术语的"项目、领域、客户、注释"等信息。单击"图像"，可以添加静态或动态图片，如图5-13所示。

对于现有术语条目，单击翻译结果窗格右下角的铅笔图标，也可右键单击"编辑"，在弹出的术语编辑对话框中，可以对术语条目进行添加和编辑，完成后点击"确定"即可，如图5-14所示。

打开术语库编辑界面，单击左上角的"新建"，在文本区域出现的空白行中输入术语的原文和译文，点击"+"图标，即可将新术语条目添加至文本区域，点击"-"图标，即可删除术语条目，中间的图标为"更改"，如图5-15所示。

5.3.2.4 术语库使用

在"项目主页"中，单击"术语库"，打开术语库界面，可以查看术语库列表，勾选前面的复选框即可选定为当前项目的术语库。

在翻译编辑器界面，当前句段中源语言术语的匹配信息将以蓝色背景突出显示在右方翻译结果的窗格中，其中包括术语候选列表、术语原文和译名、术语库名称、修改时间、修改人、图片信息等，双击译名或按"Ctrl+术语列号"即可快速插入译文框（详见第7章memoQ 2015操作使用）。

在翻译过程中，译员还可以在术语库、翻译记忆库中进行术语查找。划定字段，在上方"翻译"菜单中"查找"中单击"查找术语"，可以在该项目中所有术语库中查找术语，如图5-16所示。

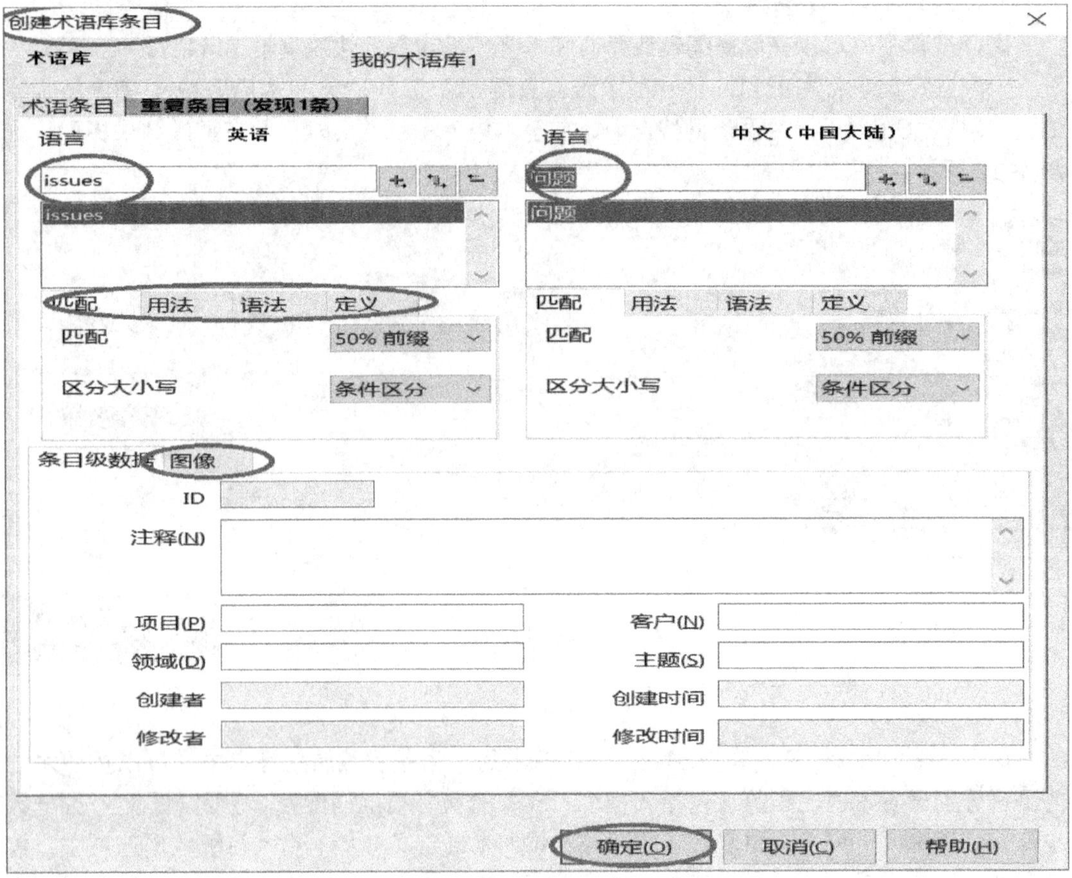

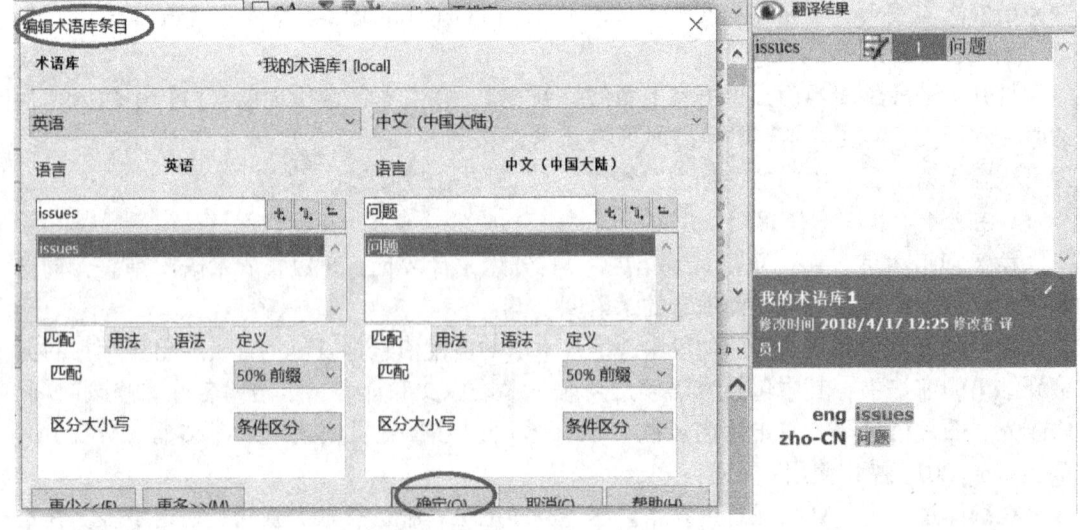

图 5-13   创建术语条目

图 5-14   编辑术语条目

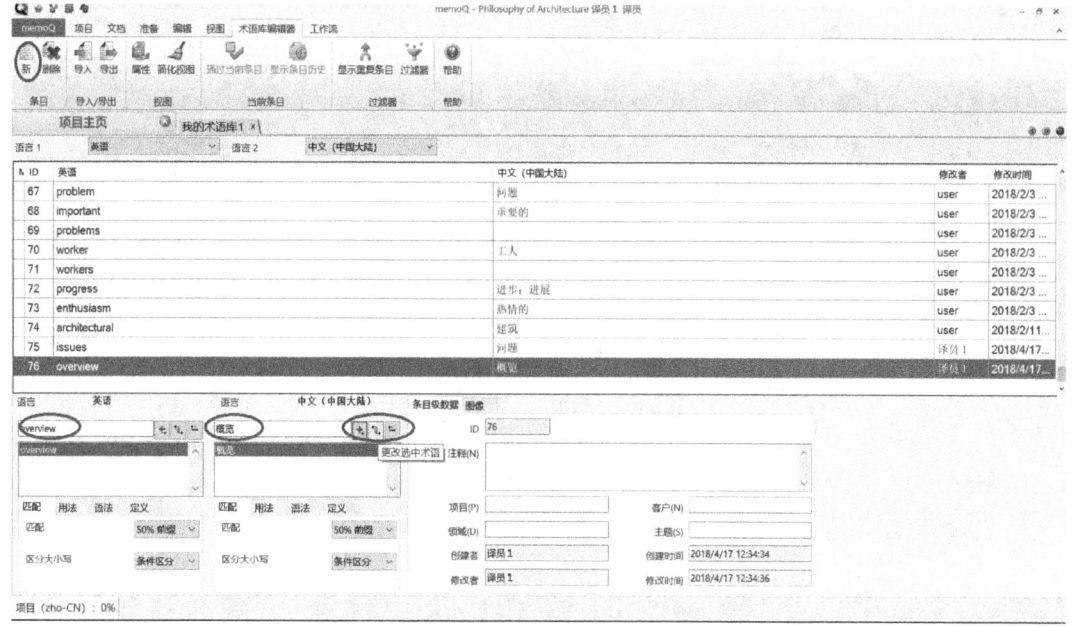

图 5-15　添加新术语

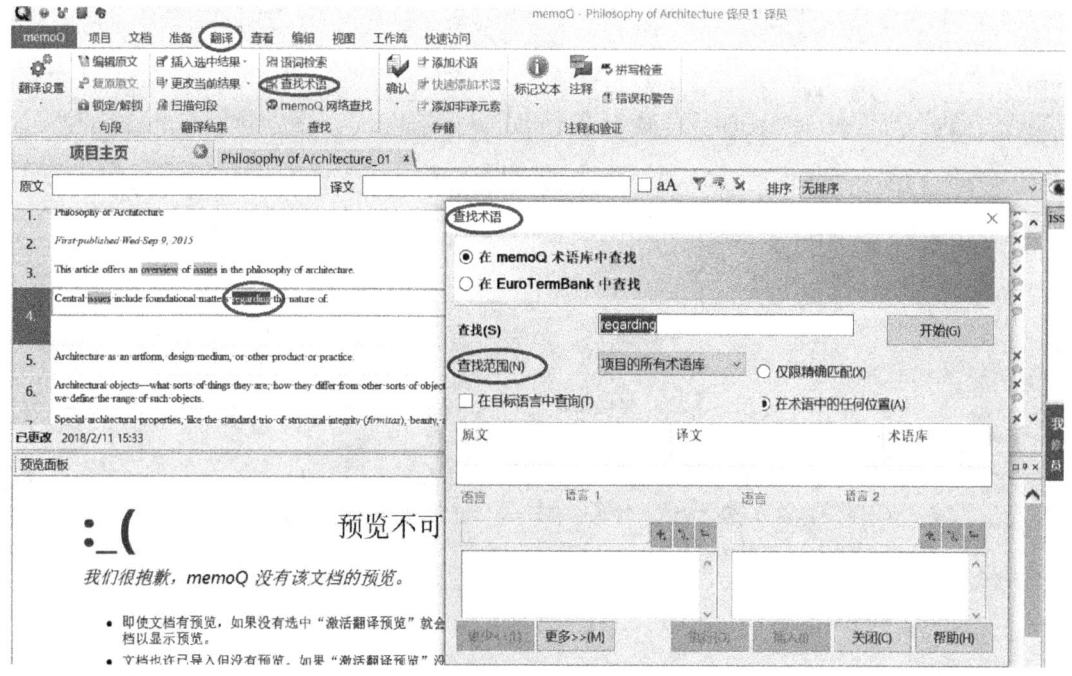

图 5-16　查找术语

选定字段,单击"语词检索",或者按"Ctrl+K",即可以查找翻译记忆库中是否包含该字段的译文,如图 5-17 所示。

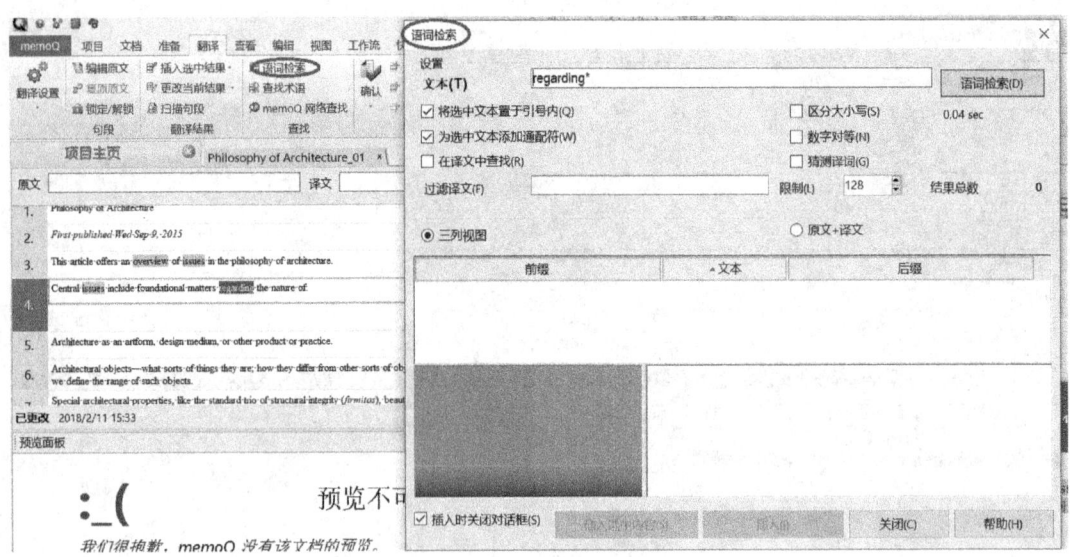

图 5-17　语词检索

翻译工作完成后，为了保证术语的准确性和一致性，需要进行术语质量检查。单击"选择"，选择"运行 QA"，无需修改默认设置，单击"确定"，如果有不一致的情况，则会显示在错误警告窗口，如图 5-18 所示。

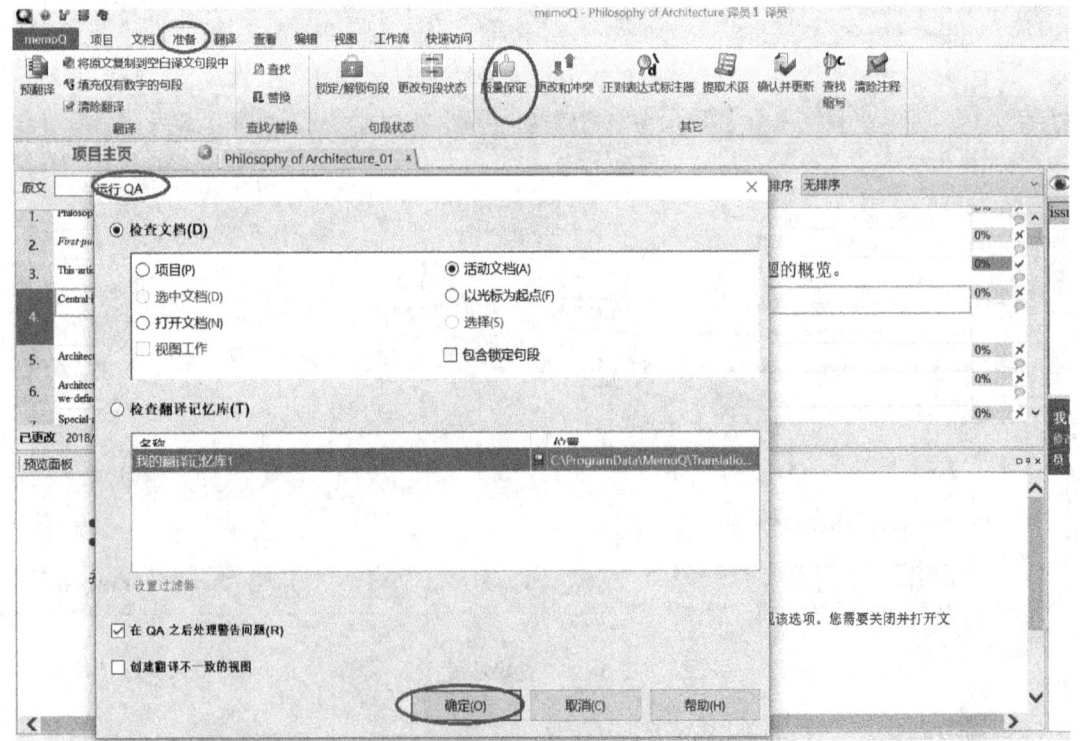

图 5-18　术语质量检查

5.4 总 结

随着社会和科技的进步，术语已成为知识和技能传播的重要途径，能大大促进不同语言和行业间的交流。术语的发展也反映了社会知识和科技进步的程度。正确使用和翻译术语，能够使信息更清晰透明，保证了语言的质量和可用性，减少了因术语而产生的问题，缩短了查找时间，从而极大提高了翻译效率。随着信息科技的飞速发展，大量的新术语不断涌现，因此应该及时发现、收集并解释这些新术语，否则就会造成概念的不理解，影响知识的传播和学术的交流。

鉴于术语的重要性和海量数据，高效的术语管理已经成为语言服务企业核心竞争力的重要组成部分。术语管理的目的旨在提高企业的工作效率，为客户提供高质量的产品，进而增强企业在市场中的竞争力。因此，利用先进的术语管理技术对术语进行高效的管理，能够提高术语翻译质量，最终确保翻译项目的成功。这无论对个人或企业，还是对信息知识的交流传播，推进全球经济发展都有着举足轻重的作用和十分重要的意义。

思 考 题

5-1 简要介绍术语和术语库的特点和分类。

5-2 简述术语翻译的重要意义。

5-3 简述术语管理的流程。

5-4 术语管理在翻译实践中有什么作用？

5-5 如何利用 memoQ 建立术语库？

6 字幕翻译

【本章提要】作为一种特殊的翻译形式,字幕翻译在信息传递和文化传播方面起着越来越重要的作用。本章主要介绍字幕的一般知识,重点讲述了字幕翻译的本质、特征和作用,结合现阶段字幕翻译的局限性,提出了利用计算机辅助翻译工具来翻译字幕的有效措施,并具体介绍几种常用的字幕处理工具。

6.1 字幕翻译概述

6.1.1 字幕翻译的产生和发展

随着信息和知识的全球化,各国之间的政治、经济、文化交流日益加深,各国人民之间有越来越多的机会互相接触和了解彼此不同的文化背景和异国风情。计算机科技和音频视频技术的问世和更新也使影视文化产业得到了空前的发展。人们对视听艺术的需求逐渐增大,大量的国外电视节目、影视作品,还有游戏等产品在世界范围内传播。然而,语言不通是非常大的障碍,听不懂人物对白和背景叙述,欣赏就无从谈起。

在国外电视节目和影视作品引入中国的初期,也就是20世纪中叶,通常是由翻译人员将人物对白翻译成汉语,然后再由专业的配音演员来做配音制作。当时具有代表性的是上海电影制片厂的配音部门,在其影响下,之后的50年中,我国的电影译制事业蓬勃发展起来,能够译制超过30个国家的影片,在思想性、教育性和艺术性、娱乐性方面都达到了相当高的水平,例如《牛虻》、《红与黑》等。配音的形式主要是为了适应民众较低的外语水平,能够被更容易的接受。但是这种方式费时费力,需要大量的时间和人力、物力,而最终合成的效果和质量也差强人意。配音无法充分表达人物的情绪和语气,同时音效也存在着很大的问题,这些都极大地影响了人们对原声作品的欣赏水平。

到了20世纪80~90年代,随着改革开放的开始和深入,更多的片源进入了中国市场,例如《泰坦尼克号》和《拯救大兵瑞恩》等带有很强的视觉和听觉效果的欧美大片。同时由于人们对英语的学习和爱好也日趋普遍,越来越多的人开始不满足配音的模式,更倾向于欣赏带字幕的原声作品,这就引发了中文字幕配置的要求。进入21世纪以来,由于互联网的飞速发展,除了各大电影制片厂以外,网络上还活跃着"字幕组(FanSub)"群体。这些人员大多是影视爱好者和外语爱好者,尽管他们翻译水平参差不齐,但是观众数量也颇多,逐渐成为字幕翻译的重要力量。

6.1.2　字幕翻译的定义

西方社会对字幕翻译的研究已经形成了一定的规模和体系，其研究对象和研究视角也逐渐趋向多元化发展。然而我国在此领域的研究起步较晚，目前还没有形成系统的理论体系。就本质而言，字幕翻译就是为实现特殊交际目的并且本身也承载这交际和再现交际任务的一种认知活动。关于字幕翻译的定义，目前业界没有权威的界定，能被普遍接受的主要有以下几种：

（1）字幕翻译是将源语言翻译成目标语言并置于屏幕下方，同时保持电影原声的过程。字幕翻译是语言转换的一种特殊形式，是语言化、口语化、集中化的笔译。

（2）字幕翻译是一种特殊的语言转换类型——原声口语的浓缩的书面译文。具体包括三层含义：语际信息传递，语篇简化或浓缩、口语转化为书面语。

（3）字幕翻译不仅进行了语言转换，还进行了文化的传输与移植。

字幕翻译并不完全等同于影视翻译，综上所述，字幕翻译就是在保留原声的基础上将源语言翻译为目标语言，形成文字并叠印在屏幕下方的翻译活动。另外比较全面的定义是字幕是一种为无声电影提供的在屏幕上以印刷体出现的说明或者对白片段，或者为外语电影或电视节目的画面所提供的出现在屏幕下方的台词的翻译。

字幕翻译是一种特殊的语言，即原声浓缩后的书面译文，包含以下3个层次，即语际信息传递、语篇浓缩或简化、口语转换为书面语。影视剧多以人物对白、肢体语言和表情等形式来表现剧情，并渲染情节、呈现故事的主题，最终达到体现价值观和审美观的目的，同时外国影片中还承载了丰富的文化信息。字幕翻译就是以间接交际的形式参与到直接交际活动中来再现直接交接，使目标语观众和影视剧中的源语人物产生有效的间接交际。因此，在字幕翻译研究中，要以目标语观众为中心，同时也要兼顾原声作品的内涵。

6.1.3　字幕的特点和类型

字幕一般具有以下几个特点：

（1）字幕是一种印刷体文字，可以是与原声相同的语言，也可以是不同于原声的另外一种语言。

（2）字幕具有同步性。字幕必须与原声作品中的画面、声音同步出现，如果独立存在，就会丢失语言文字的真正含义。

（3）字幕具有临时性。字幕出现在屏幕上的时间比较短暂，瞬时而过，无法供观众反复阅读。

（4）字幕具有空间制约性。字幕受到屏幕上的空间限制，通常每行字幕应最多不超过35个字母或18个汉字。

（5）字幕具有融合性。字幕和人物的肢体语言，以及画面和声音信息之间是相互影响、相互补充的，无论是对白还是形体语言，以及其他的原声信息都应很好的融入情节的发展过程中。

根据不同的划分标准，字幕有多种不同的类型。

从技术角度讲，字幕可以分为开放性字幕和隐藏性字幕。开放性字幕是非任意性的，包括电影字幕和语际电视字幕。隐藏性字幕是任意性的，是把文字加入电视信号的一种标准化编码，电视机内置或独立的解码器能够将文字显示出来，有助于听障人士观看，既能让观众看懂又不会影响画面的欣赏效果。

从字幕内容上看，字幕可以分为显性字幕和隐性字幕。显性字幕主要是指源语中人物的话语和对白等；隐性字幕是指提示性内容，如解释时间、地点、物品等信息。

从字幕形式上看，字幕可以分为单语字幕和双语字幕。单语字幕只显示一种语言的字幕，可以通过设置来进行切换；而双语字幕不仅显示目标语言，还能同时显示源语言，这给外语爱好者和学习者提供了良好的学习素材。通过汉语和外语的对照，观众可以更好的学习外语的口语表达并了解文化上的差异。

从语言学角度讲，字幕可以分为语内字幕和语际字幕。语内字幕是指原声和字幕同属一种语言，但是观众对原声并不能很好地理解，例如粤语、闽南语等方言。语内字幕并不涉及翻译，其主要作用在于为本语言内的观众提供视觉信息补充，对于本语言外的观众来说是提高外语听力的有效途径。语际字幕则是指原声与字幕属于不同的语言，需要在保留原声的基础上，把源语言翻译成目标语言，并以文字的形式叠印在屏幕下方。

根据原声作品的种类，字幕可以分为剧集字幕、电影字幕、电视字幕和解释字幕。剧集字幕具有相对稳定并不断重复的意群。剧集中的人物反复出现，其语言方式和话题内容都呈现连续性。而电影的播放时间相对较短，语言的选择和使用也就更严谨，应力求在有限的时间内最大的呈现出编剧和导演的思想观点。电视字幕主要涉及电视节目、电视演讲等形式，语速往往较快，内容也更注重娱乐性。解释字幕，即说明性字幕，通常没有同步的原声，通过特写画面来让观众更好把握作品的主题和内涵，例如对人物身份、事件发生时间、场景地名、事件大体介绍等信息。

根据字幕的应用方式，字幕还可以分为硬字幕和软字幕。硬字幕也称内嵌字幕，是将字幕文件和视频流压制在同一组数据中，与视频画面融为一体，具有最佳的兼容性。但硬字幕的缺点是字幕破坏了画面内容，修正难度大，不可取消，也不可更改。软字幕也称外挂字幕，是将字幕文件单独保存为 ASS、SSA 或 SUB 格式，播放时自动调用，而且修正便捷，可以随意修改。软字幕的缺点是需要字幕插件的支持，有些播放器在某些配置下可能无法实现。

不管按照什么规则来划分，字幕的类型多种多样。字幕多出现在屏幕下方，包括人物台词、背景介绍和其他相关信息的补充说明。观众借助字幕能够更好理解视频的内容，看懂故事情节，还能获得配音模式下容易失去的信息。通过演员个人的音色特征、说话的方式和语气以及表情、肢体语言等，再结合字幕语言，观众就能更清晰地看到个性鲜明的人物形象，体验到原汁原味的异国文化。

6.1.4 字幕翻译的特征

字幕翻译是文学翻译的重要组成部分。除了文学翻译的一般特点外，字幕翻译面对的是由声音、图像、画面、色彩等特殊表意符号所融合而成的多重符号文本。字幕翻译相对传统的文学翻译而言还是一个新兴的翻译领域。字幕翻译具有自身特有的特征，主要体现在下述几个方面。

（1）字幕翻译具有通俗性。需要字幕的原声作品通常是大众化的，有一定的商业目的，应让尽可能多的观众认可和接受，因此语言不应晦涩难懂，而应通俗易懂，明白顺畅却并不低俗平淡。

（2）字幕翻译具有无注性。在传统文学翻译中，如果遇到晦涩的语言或读者不熟的文化信息，通常可以采取加注的方式进行补充说明。而字幕受时间和空间制约的特点使得注解不可能存在。字幕也可以包括一些解释性的文字，通常出现在片头或片尾，也可以有旁白，但这些都是视频作品中原有的，翻译过程中不允许再添加注解，否则会让观众无暇理解，影响欣赏效果。

（3）字幕翻译具有口语化和口型化特点。由于影视作品的核心是对白，字幕也应尽量口语化，表现出口头语的特点，应简短、直接、生动，有较多的非正式语、俗语、语气词等。口型化要求译文在保证准确、生动、感人的前提下，力图在长短、节奏、唤起、停顿乃至口型开合等方面达到与剧中人物说话时的表情、口吻相一致。口型化的特点使字幕的翻译具有了性格和感情，使译文"言如其人"。因此翻译时要站在剧中人物的立场上感受其内心世界，从而领会言语的确切含义，将字幕性格化、感情化。

（4）字幕翻译具有文化性。任何一个民族都从自己独特的自然环境、历史条件和社会现实中发展而来，都具有自己特有的文化。任何文本的意义都有直接或间接的反映一个相应的文化，词语意义最终也只能在相应的文化中找到。翻译表面上是跨语言的交际，但实际上也是跨文化的交际。文化上的差异，尤其是思维模式和表达方式上的差异，必然会给翻译带来很大的难题。而外语影视剧作品应属于艺术作品的再创作，目的除了传递语义信息，更重要的还在于介绍外国文化，增强不同文化民族的交流。

（5）字幕翻译趋向于娱乐化。影视剧作品的功能不仅是教育，更重要的是娱乐。因此，字幕的翻译已经相比传统的翻译严肃性有了较大的改变。

（6）字幕翻译趋向于个性化。传统的文学翻译通常是在翻译原则和标准的指导下进行，考虑到译文的忠实性、文化性和审美性，但是字幕翻译有时候却可以无视传统的翻译规则，跳出种种理论的束缚，更注重自我个性的传递，在基本表达原文意思的基础上，给观众带来了更多的快乐。

6.1.5　字幕翻译的作用

字幕翻译既不同于口译也不同于笔译，原声作品的复杂性决定了字幕翻译的复杂性。英国翻译学家蒙娜·贝克（Mona baker）把影视作品分解为4个信道：

（1）言语听觉信道，包括对话、背景语言、歌词等（Verbal Auditory Channel, including dialogue and background voices and maybe lyrics）。

（2）非言语听觉信道，包括音乐、自然声响、音响等（Non-verbal Auditory Channel, which is made up of natural sound, sound effects, as well as music）。

（3）言语视觉信道，包括添加的字幕标题以及画面上出现的书面符号（Verbal Visual Channel, comprising the sub-titles and any writing within the film, as for example, letters, Posters, books, newspapers, graffiti, or advertisements）。

（4）非言语视觉信道，即影片的画面构成及其播放流（Non-verbal Visual Channel, which include the composition of the image, camera positions and movement as well as the editing which controls the general flow and the mood of the movie）。

从以上分类很容易看出，字幕属于言语视觉信道，文字是其单一的信道。言语视觉信道和其他 3 种信道是密不可分，紧密结合的。字幕所提供的语言信息是和视觉信息、听觉信息密切配合的，因此字幕的翻译如何与视听信息互相补充，共同实现传达信息的目的是字幕翻译者需要考虑的首要问题。另外，字幕的语言信息呈递进式推进。字幕所提供的信息分段显示在屏幕下方，在较短的时间内一段一段的传达给观众。因此，字幕的翻译必须保证递进式信息的衔接与连贯，确保观众能在最短的时间内轻松获取最大限度的信息。

字幕最主要的作用就是提供信息，准确表达原文的语义。在较高英语水平的基础上，译员能够做到准确理解源语文本，遇到不通或不熟的地方，通过查阅工具书或网络资源来选择正确的表达方式。字幕另一个重要的作用是能让观众中的外语爱好者和学习者在学习语言的同时了解源语所承载的文化知识。因此，在字幕翻译的过程中，译员应谨慎处理涉及文化背景的信息。例如，影片中出现了这样一句台词 "He committed the Seventh Commandment."，如果直译为"他犯了第七诫"，观众可能并不了解犹太教义中的"摩西十诫"，因此会造成对影片的欣赏和理解，所以正确的翻译应该是"他犯了第七诫——杀人罪"，这样既能让观众理解影片又能让英语爱好者学习到文化知识。

6.2　字幕翻译的局限

影视剧是一种大众化交际形式，同时还强加了一些技术制约因素。从语篇方式来讲，字幕翻译是由口头向书面转换，因此受到语言形式的制约，另外传播载体的技术限制也是很大的问题。

6.2.1　语言形式制约

字幕翻译不同于传统意义上的文学翻译，例如小说、诗歌、散文等的翻译，它们所采取的译文语言通常是比较正式的。在小说中，会有描写、叙事、对话、议论、抒情等各种不同的表达方式，翻译应采取不同的风格来与之对应。然而字幕翻译有其自身与众不同的特点。观众主要是通过听觉和视觉来获取信息，影视剧中绝大部分的内容都是人物的对白和台词，因此，字幕翻译采用的语言不应该太正式，而应该趋于口语化。口语化的翻译应避免词义的错误理解，尤其是一些约定俗成的说法，另外要充分考虑目标语言的表达习惯，杜绝漏译等粗心大意导致的问题。

6.2.2　字幕形式制约

字幕必须遵循一定的形式规范。形式规范主要包括时间和空间两方面的技术制约因素。另外，其他的形式规范也会在一定程度上影响字幕的接受效果，例如字幕布局，主要包括连字符和标点符号的使用、对白字幕的安排、同一行字幕是否允许一个会话轮次等；另外还有时间线索，主要包括字幕之间的帧数、是否允许影响镜头和画面的切换等。

（1）时间因素。画面的图像是持续播放的，对话和图片的停留时间相对较短。字幕的显示时间应与人物的语速同步。如果一句话稍长，但语速过快，就无法用过长的语言表达出来，只能精简译文。反之，如果一句话较短，但出于感情表达的需要，应将短句用稍长的译文来表达，需要添加一些文字，这样才能够增强真实感，更好的表达人物的内心情感。另一方面，观众自身文化素质和反应速度因人而异，对出现时间相同的字幕的理解程度也就各不相同，因此字幕应长短适中，尽量满足所有观众的需要。

字幕的显示时间和观众的阅读时间是有区别的。《国际字幕标准》要求字幕的显示时间比较长，尤其是留给聋哑人的阅读时间更长一些。因此，字幕的显示时间是受规范限制的抽象概念。

（2）空间因素。屏幕上可以出现字幕的空间是有限的，字幕的字符数、行数和字体大小都会受到对白的影响。因此字幕必须与对白的时间相适应，不应占据屏幕过多的空间，否则会影响画面效果和观众对作品的接收效果。每行最大字符数应是大体相当的，大概11~16个字，双语字幕的上一行是源语字幕，下一行是译语字幕。字体的颜色要根据画面的色调进行灵活的调整。字体也应根据影视剧的种类选择恰当的字体形式，最终的目的都是要让观众更轻松的接受。

6.2.3 字幕翻译速度的需求

随着人民生活水平的提高和精神文明的发展，人们对电视、电影的欣赏需求呈现跳跃式的增长，外国优秀的影视剧作品受到了广大外语爱好者和乐于接受新鲜事物的观众的青睐。一旦有最新的剧作出炉，一些人往往会急不可耐的想要一睹为快。电视、电影作品不同于著作，具有更强的时效性。群众的需求和较强的时效性对字幕翻译的速度提出了新的挑战。字幕翻译的力量不断壮大，影视剧作品从诞生到字幕翻译完成所需的时间也在逐渐变短。自国外影视剧引入中国以来，官方的电视台和电影制片厂的译制工作能力和技术还比较欠缺，翻译一部电影大约需要几天的时间。而随着翻译技术和计算机技术的不断发展，无论是官方翻译机构还是民间的"字幕组"群体，翻译流程更加科学化，每个流程都有专门人员负责，加上越来越尖端的计算机技术，译制工作的效率得到了极大的提高，一部电影的整个译制过程不会超过一天。

6.2.4 字幕翻译的其他问题

首先，字幕翻译组成员之间分工协作的问题也比较突出。受到翻译组成员专业水平的限制以及成员工作的时间和地点不同，成员之间很难进行统一协调的工作。更重要的是，多人协作翻译会导致译文风格的不统一和前后不一致的问题。其次，字幕翻译缺少高端的技术和工具支持，无法保证工作效率的提高。目前很多字幕翻译组都没有使用过专门的计算机辅助翻译软件和字幕处理工具，在翻译和校对等环节还处于重复性的人工翻译阶段。而市面上的字幕处理工具也还存在诸多的缺陷，例如缺少翻译记忆功能和术语管理功能，因此亟待技术人员开发功能更全面、更强大的软件来填补。

6.3 字幕翻译的策略

6.3.1 字幕翻译的原则

字幕翻译是一种跨语言、跨文化的交际翻译。因其源语言的特殊性，字幕翻译是连续性的，而且要始终以观众为中心。在短时间内和有限的空间中，字幕的翻译要做到达意传神。因此，字幕翻译的基本原则应该是经济原则、同步原则、通俗原则、文化对等和文化转换原则。

字幕翻译的最高准则是字幕的隐形。字幕的隐形主要体现在两个方面：（1）字幕不应影响影视剧的视觉效果；（2）字幕应具有易读性，避免观众付出额外的努力。因此，字幕必须简明易读，明白畅达。具体来讲，字幕翻译应遵循以下几个原则：经济有效的利用空间、用词明确，避免观众误解、避免翻译腔和又长又复杂的句子、注意语境和人物的身份、关系、谨慎处理文化差异问题、符合大众品味。

6.3.2　字幕翻译的指导理论

由于字幕翻译的自身特点，字幕的翻译应该充分结合直译、意译和音译，在深刻理解影片的基础上，把握观众的审美能力和文化水平，最大限度的维持原作风格，进行二度创作。

6.3.2.1　功能对等

字幕翻译属于翻译学中重要的组成部分，翻译理论也同样适用于字幕的翻译，其中美国翻译理论家尤金·奈达（Eugene Nida）的功能对等理论在字幕翻译中起到了重要的作用。奈达认为，翻译是一个完整的交际过程。从读者接受角度出发，他将翻译定义为"从语义到文体在译语中用最近似的自然对等值再现源语的信息"。翻译时应更注重源语的意义和精神，而不必拘泥于语言结构。功能对等理论的目的是要让目标语读者在接受源语信息时产生与源语读者相同的感受。因此，译员在翻译时所要寻求的是对等语，而不应是同一语，译员的主要任务是传达原作的内涵。奈达还指出，当译员在传达源语作品内容的过程中遇到问题和障碍时，可以适当的改变其语言表达形式，使译作与原作在功能上达到一致。字幕的功能正是如此，字幕的表达内容应与源语作品的内容一致，表达形式却可以多种多样。

功能的对等应包括四个方面：词汇对等、句法对等、篇章对等、文体对等。鉴于字幕翻译的特殊性，在翻译字幕的时候，应更注重词汇、句法和审美三个方面。词汇对等是指在目标语言中找到与源语言不仅在词汇意义上对等而且在文化内涵上也等效的词汇，目的在于使读者产生与源语读者同样的反应。句法对等是指保持语义不变，在目标语语言规则下，尽可能再现源语言的风格和特点，与源语言的句法形式保持一致。但当形式和内容差异较大时，应更注重语义和内容的对等，适当的舍弃形式对等，以保持字幕的简洁。

字幕的翻译除了做到语义对等之外，还要给观众带来一定的审美效果，属于再创作的过程。字幕的审美价值体现在将影视剧作品的艺术美感通过字幕文字的押韵、对仗、工整、传神等美感传递给观众。

6.3.2.2　归化和异化

美国翻译理论家劳伦斯·韦努蒂（Lawrence Venuti）提出了归化和异化的翻译方法。归化法要求译文向目标语读者靠拢，采取目标语读者所习惯的表达方式。这不仅体现在语言层面上，也体现在对文化因素的处理上，尽量将文化因素纳入目标语读者的知识范围，将作者引向读者。原文的文化特色要符合目标语言的文化规约。这种翻译理论指导下的策略能够让观众更好的理解剧情。而异化法则要求译文以源语言文化为归宿，在风格和形式上应完全保留源语言的特色，将读者引向作者。异化法通常以加注或补充说明的方式来对文化差异进行解释说明。这种翻译能够让观众通过观看原汁原味的影片来更好了解外国文化。归化和异化都是为了让读者和观众更好理解源语，但是归化靠近目标语，异化靠近源语，在翻译中要恰当地运用其中一种，并在必要的时候结合运用，才能更有利于观众理解，并能更有效的传播文化。

由于受到时间和空间的制约，字幕翻译中对于文化因素的处理，主流方法是归化法。为了在短时间内让观众更容易的理解视频内容，又能更好地达到大众化娱乐的目的，尽可能全面的照顾到所有观众的欣赏水平，字幕翻译不应使用晦涩难懂的文化词汇和陌生的表达方式，应采用归化的翻译策略。归化策略具有明显的优势，通过采用目标语观众所熟悉的表达方式，能够拉近观众与影片的距离，让观众倍感亲切和熟悉。例如《乱世佳人》中的一句台词 "Well, that's fine. But I warn you just in case you change your mind…I intend to lock my door." 其中 "change your mind" 翻译为 "变卦"，具有浓郁的中国特色，而且更加口语化，让观众能够欣然接受。

6.3.3 字幕翻译的主要方法

根据字幕翻译的特征和局限，在字幕翻译原则和翻译理论的指导下，字幕翻译的主要方法包括下述 6 种方法。

6.3.3.1 直译和意译

直译就是把源语言直接转移过来或采用音译法。这种方法可以最大限度保留原文的表达方式，保持原作的原汁原味。由于文化差异，有时候直译无法保持原作的形式和风格，此时就必须使用意译法。在功能对等理论的指导下，直译和意译相结合的方式更加灵活，在源语语义的基础上做出适当的调整，根据剧作的风格和内容对原文进行增加或删减，达到全面传递信息的目的。

6.3.3.2 减缩法

字幕翻译受到时间和空间的限制，所提供的信息要足够但是又不能过多，否则会影响观众的欣赏效果，因此减缩法是应用最普遍的方法。减缩法是指在充分考虑观众的文化背景、价值观和语言习惯的基础上，将多余的或者无关紧要的信息进行压缩、简化或删除，尽量使用信息浓缩度高的语言，避免冗长的复杂句，减少观众对信息的加工处理过程，从而达到欣赏的最佳效果。

在实践中，减缩法可以具体分为三种情况：浓缩、压缩性意译和删除。浓缩是指翻译出原文信息的精髓要旨，压缩或删掉无关紧要的信息。中文有四字格语言，其优势是言简意赅、整齐匀称，并且顺口悦耳，因此字幕中多使用中文四字格也能够减少观众对信息的加工处理。例如，《乱世佳人》中的台词 "I think it is hard winning a war with words, gentleman?" 其中 "winning a war with words" 翻译为 "纸上谈兵"，言简意赅，令观众印象深刻并且容易接受。

再如，《西雅图未眠夜》中的台词 "They don't cover anything when they put it in the fridge. They just stick it in and leave it there till it walks out by itself." 如果直译的话语言显得非常啰嗦，而且在几秒钟的时间内提供这么多文字，会让观众来不及观看，并且一头雾水。因此，应采用意译的原则，翻译为 "男人直接把东西放冰箱就不管了，他们能一直放到变质。"例如，《断背山》中的一句台词 "If I had three hands, I could"，翻译为 "我简直腾不出手"，简洁明了又符合中文的表达习惯。

减缩法是字幕翻译中应用最普遍的方法。经过减缩的字幕有时候可能无法面面俱到，这时就需要借助画面、声音和人物的表情、动作等，使字幕和其他信道互相补充，在文字不全面的情况下，也能使观众理解剧情。

6.3.3.3　增译法（信息补充）

字幕信息不足也会影响观众对作品的信息接收，因此在必要的时候字幕中应该加入一些语言视觉信道中没有的信息来起到注释的作用。增译法并非画蛇添足，而是从观众的理解和接受程度出发，对一些目标语观众不熟的风俗或不明所指进行补充说明。例如画面中出现的信件内容、电子邮件内容、地名等能影响情节发展的重要信息。在这些添加文字的帮助下，观众就会对作品有更全面的认知。

6.3.3.4　文化调和

字幕翻译应以源语言文化为依托，尽量保存原文的表达方式。在选择语言的时候进行文化补偿，旨在保存和介绍异国的文化特色，这样能使观众更多的了解异国文化。但是有些语言的翻译并不能完全照搬，源语和目的语意义相差较大，此时应该采用归化的翻译方法，尽量减少异国情调，照顾目标语的文化习惯，否则会造成观众的困惑，因此在必要的时候要进行文化移植，即引入本语言文化，舍去源语言文化，使字幕倾向于本土化。这种原则能使字幕读起来更地道、更生动。以上两种方法经常综合使用，尽可能减少源语言和目标语言中文化信息的缺失。

例如，《阿甘正传》中丹中尉的一句台词"Well, thought I'd try out my sea legs."其中"sea legs"本义是指"不晕船的能力"，此时应进行文化补偿，翻译为"我来施展拳脚"，更能符合人物的特点和个性，体现出他在失去双腿的情况下不服输，与命运斗争的毅力。再如，《黑衣人3》中的一句台词"Now there is big part of me that's gone!"其中如果直译的话，观众并不能立即明白其真实含义，此时应采用文化移植的策略，翻译为"他走了，我心都空了!"，其交际翻译的目的非常明确，让观众立感亲切并简单易懂。

6.3.3.5　合并法

由于影视剧中的语言多为口语，口语中的省略现象是相当普遍的。因此，把短小的句子合并在一起，既能保证字幕的简洁，又能节省观众的阅读时间。例如《里克·斯坦的西班牙之旅》中的一句台词"Five minutes in the microwave. Anyone of them, five minutes and done. Ready to eat."可以翻译为"微波炉热上五分钟就可以吃了。"这样把三个简短的句子合并翻译为一个句子，能够有效利用时间和空间，观众也能更容易的理解剧情。

6.3.3.6　在字幕翻译中应注意专有名词的处理并符合一致性原则

例如人名、地名、组织机构的名称等。议员可以通过参照工具书、网络搜索等方式来统一译名，尽量符合惯例，确保观众能够容易的接受。

6.3.4　字幕翻译质量规范

6.3.4.1　字幕格式规范

所有翻译和审校人员需要使用统一的软件，如 Aegisub、Popsub。使用过程中，需要注意以下几点。

（1）中文字数限制。单条时时轴不要超过 25 个汉字，不包含空格和其他标点符号。同时还要考虑时长，如果时间过短，即便文字不多，也会导致观看压力。

（2）标点符号。避免使用逗号、顿号、冒号、问号、感叹号等，全部改成英文空格；句尾不需要有中文句号；省略号应规范使用"……"；可以有双引号，书名号。不允许出现连续 2 个（含）以上空格的情况。句首不允许有空格。

（3）对话格式。在单条时轴上出现了一个以上人物的语言，可用"–"加以区分。

如果对话比较短，可以将两人的对话放在同一行，如：

—你还好吗—我不太舒服

如果对话比较长，可以分成两行，用横线表示一个人的话语，换行后横线表示另一人的话语，如：

—我今天已经很疲惫了

—那你为什么不早点休息呢

（4）换行。换行是允许的，但空行是不允许的。如果一条时间轴里的内容太多，但是切成两条时间轴又不方便观众理解，则可以换行，但最多不允许超过 2 行。

（5）歌词翻译。用英文#符号包围起来，例如：#今夜你是否能感受到爱意？#一般情况下，碰到歌词类翻译要首先去网上搜索歌词资源。

（6）屏幕文字。屏幕上显示的文字如果不在原字幕中，并且对观众理解内容非常重要，请添加到原字幕中，并进行翻译。

（7）单条时轴时长限制。为了确保字幕不在屏幕上停留时间过长，单条时轴时间跨度尽量不要超过 6s。为了确保观看者能够看清字幕，单条时轴时间跨度不允许低于 1s。

6.3.4.2 翻译质量规范

字幕翻译遵从的规范如表 6-1 所示。

表 6-1　字幕翻译质量规范

1. 忠实原文	1. 完整、准确地表达原文信息，符合原文风格，无核心语义差错；无漏译、误译。无翻译人员自行添加的不必要的解释性台词； 2. 影片中所有显示的外文字幕都要有中文字幕匹配，若剧中有备注字幕（如地名或古装剧中的名词解释）、或手机短信、报纸、信件、网站信息等出现在画面中，需要一并翻译，综艺节目中打出的大字幕也需要翻译并添加时间轴； 3. 剧集片头要有片名、季数、集数显示； 4. 影片内片头片尾需有中文字幕，影片中所有背景声音音乐歌词等都必须翻译
2. 术语统一	术语符合目标语言的行业、专业通用标准或习惯，并前后一致
3. 行文通顺	1. 语言准确流畅，行文清晰易懂，符合目标语言文字规范和表达习惯，无语句不通顺或逻辑关系不清楚的情况； 2. 避免使用网络术语（如然并卵、萌萌哒、也是醉了等），在视觉和感官上营造亲切亲和的语言氛围，可适当保留部分为中文环境所接受的外来语和流行词汇； 3. 无错别字

续表 6-1

4. 数字表达	符合目标语言表达习惯；采用特定计数方式的，应符合相关规定或标准
5. 专有名词	人名、地名、团体名、机构名、商标名、职务头衔等，使用惯用译名（有特殊要求的按双方约定），并保持前后一致；无惯用译名的，可自行翻译，必要时附注原文
6. 缩写词	首次出现时，应全称译出并附注原文；经前文注释过或意义明确的缩写词，可以在译文中直接使用，并保持前后一致；译文篇幅过长或缩写词过多时，可附加一缩写词表

6.3.4.3 翻译内容审核规范

我们在切轴时，已针对图片进行了内容初审，请译员在听译时务必针对内容进行第二次审核。如发现频中存在违法违规内容，请不要翻译该视频，并将相关信息填入"违规内容报告模板"，并在提交翻译好的文件时一并提交。具体违规情况请参考《中华人民共和国国家新闻出版广电总局》电影管理条例［2001］第二十五条　电影片禁止载有下列内容：

（1）反对宪法确定的基本原则的。

（2）危害国家统一、主权和领土完整的。

（3）泄露国家秘密、危害国家安全或者损害国家荣誉和利益的。

（4）煽动民族仇恨、民族歧视，破坏民族团结，或者侵害民族风俗、习惯的。

（5）宣扬邪教、迷信的。

（6）扰乱社会秩序，破坏社会稳定的。

（7）宣扬淫秽、赌博、暴力或者教唆犯罪的。

（8）侮辱或者诽谤他人，侵害他人合法权益的。

（9）危害社会公德或者民族优秀文化传统的。

（10）有法律、行政法规和国家规定禁止的其他内容的。

6.3.4.4 审核标准

译员在完成听译后，请务必根据以下标准对译文进行时间轴、字幕格式及字幕内容 3 个方面的审核，如表 6-2 所示。确保没有问题之后再提交。

表 6-2　审核标准

1. 时间轴		时间轴切分合理，字幕时间轴完全匹配，做到听觉和视觉感官统一，视觉上没有明显抢跑或延迟，没有时间轴过短或过长的情况
2. 字幕格式		字体大小、位置和长度等符合规定，原则上不允许出现两行字幕，特殊情况参照前面的格式要求
3. 字幕内容	忠实原文	1. 完整、准确地表达原文信息，符合原文风格，无翻译人员自行添加的不必要的解释性台词； 2. 剧中有备注字幕（如地名或古装剧中的名词解释）、或手机短信、报纸、信件、网站信息等出现在画面中，有相应的翻译，综艺节目中打出的大字幕有相应的翻译并添加了时间轴； 3. 剧集片头有片名、季数、集数显示； 4. 影片内片头片尾有中文字幕，影片中所有背景声音音乐歌词等都已翻译

	术语统一	术语的翻译前后一致
3. 字幕内容	行文通顺	1. 语言准确流畅，行文清晰易懂，符合目标语言文字规范和表达习惯。无语句不通顺，或逻辑关系不清楚的情况； 2. 避免使用网络术语（如然并卵、萌萌哒、也是醉了等），在视觉和感官上营造亲切亲和的语言氛围，可适当保留部分为中文环境所接受的外来语和流行词汇； 3. 无错别字
	专有名词	人名、地名、团体名、机构名、商标名、职务头衔等前后一致

6.4 计算机辅助翻译中的字幕翻译

当今社会是一个信息化时代，影视娱乐早已成为一种全球化、网络化、大众化的消费形式。根据字幕翻译的本质和特征以及面临的一系列问题，如何利用互联网和计算机辅助翻译技术在最短的时间内让观众获得丰富的、高质量的源语信息，已经成为外语片译制领域的主流手段。然而，目前对字幕翻译的研究主要集中在翻译策略上，对计算机辅助翻译软件、术语和语音识别等计算机科学技术的研究却鲜有成果，而这些计算机技术在提高翻译速度和保证翻译质量方面有着极大的作用。本节主要讲述计算机辅助翻译环境下的字幕制作。

6.4.1 字幕翻译的流程

字幕翻译的流程一般包括以下几个环节，即分配任务、视频源下载、原剧本确认（听录原音字幕或下载源语言字幕）、字幕翻译、校对、后期制作（制作时间轴与特效）、后续发布等。

如果视频源没有提供原音字幕，则需要根据视频听写出源语言字幕，然后才能对其进行翻译。如果视频源提供了源语言字幕，就可以根据字幕文件提取字幕内容并确认，将其转换为 Word 等格式的文件，便于开始进行翻译。

翻译工作首先要了解节目内容，对原文进行断句。如果文字较多，可以利用计算机辅助软件来进行翻译。字幕翻译完成后，需要进行校对，然后根据源语言视频中的字幕显示字体、效果、颜色和目标语言种类，来选择可支持的软件添加到对应的目标语言字幕中。例如在播放源语言视频时，字幕是默认打开的，本地化后的字幕也应具备默认打开的条件。

字幕翻译通常是采取分工协作的方式，每个小组和每个成员都有其专门负责的环节。上文已经提及，目前分工协作方面存在很多的问题。翻译和校对还停留在人工翻译阶段，成员间的翻译风格和专有名词的使用得不到有效的统一。

6.4.2 字幕翻译中计算机辅助翻译技术的应用

6.4.2.1 译前

字幕翻译和其他文本翻译相同，翻译之前需要进行格式转换和术语提取。格式转换是前提和基础，术语提取是为了达到整部作品术语翻译的一致性。相比传统的人工操作方式，计算机辅助翻译软件能够轻易做到这两点。

（1）计算机辅助翻译工具能够完好保存原始字幕的文本格式。目前，.srt（sub rip text）和.ass（advanced substation alpha）等主流字幕格式均可转换为.txt 记事本格式，然后将其导入 memoQ、SDLTrados 等计算机辅助翻译软件中翻译。计算机辅助翻译软件能够将不需要翻译的内容保护起来，避免误删字幕文本中的时间码、句子序号等错误，避免出现误删导致中英文混杂等问题。翻译完成后，计算机辅助翻译软件可以进行双语导出或单语导出。

（2）计算机辅助翻译工具还有一个很重要的功能，即术语提取和确认。原文中出现的高频术语，例如人名、地名、机构名称、专有名词等，会被软件自动提取出来，并导入到术语库中，以供译员重复使用。其优势首先在于能够保证同一术语的翻译在影视剧作品的前后都保持一致，其次在于能够减少重复工作量，节省人力和时间，从而提高翻译效率。

6.4.2.2 译中

字幕翻译的文本内容绝大部分是人物之间日常生活中的对话，对话中难免会出现大量的口头语、俚语、俗语等非书面用语，而且这些用语还受到影片故事情节和语境的制约。计算机辅助翻译软件中的翻译记忆库能够为每部影视剧创建一个对应的数据库，将多种表达方法存储进去，方便译员检索和参考，保证整体风格的统一，避免脱离剧情和语境。另外，译员还可利用软件内置的机器自动翻译功能进行快速翻译，然后进行修改和采纳，最后将确认后的词条句段等导入翻译记忆库。随着翻译的不断进行，翻译记忆库中的信息也会积累得越来越多，从而使翻译效率得到更大的提高。翻译记忆库和术语库构成了语言资产，供有需要的译员实时共享，节省了大量重复信息处理的时间和人力。

6.4.2.3 译后

对影视剧作品字幕的翻译和其他类型的翻译同样有着非常高的质量要求，但是由于各种原因，尤其是影视剧作品的时效性较强，留出的翻译时间较短，各种错误总是难以避免。除了语言文字上的误用之外，还存在着类似标点符号、数字等方面的细微错误。这些错误很难通过人工肉眼发现，而且会耗费大量的时间，也无法保证能够发现所有的错误，因此利用计算机辅助翻译软件来进行质量检查和质量保证是势在必行的。计算机质量保证工具能够对包括一致性、术语、数字、标点、标记符号等诸多问题实现快速自动化的检查，从而有效节省了时间和人力。

6.4.3 字幕编辑中的常见问题

字幕编辑中常会出现下列问题。

6.4.3.1 标点及多余符号错误

除了省略号、引号（请勿对人物的对话或独白加引号）、书名号外，不得有任何其他中文标点符号，中文标点符号用空格代替。

字幕中如果出现人物名称，而未在视频声音中出现，这种情况不需要翻译，如图 6-1 所示。

dialogue	埃德加：人类有一种解药
dialogue	Pewds：哦……
dialogue	埃德加：圣诞节的时候
dialogue	吃外婆家古老的圣诞蛋糕
dialogue	能包治百病
dialogue	Pewds：要想拯救圣诞节
dialogue	你得先救圣诞老人

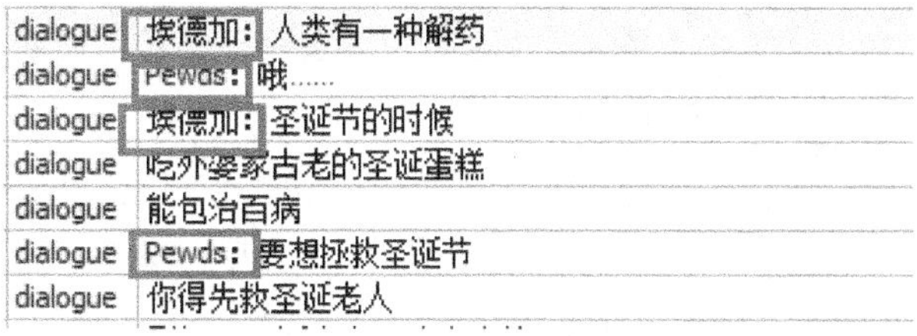

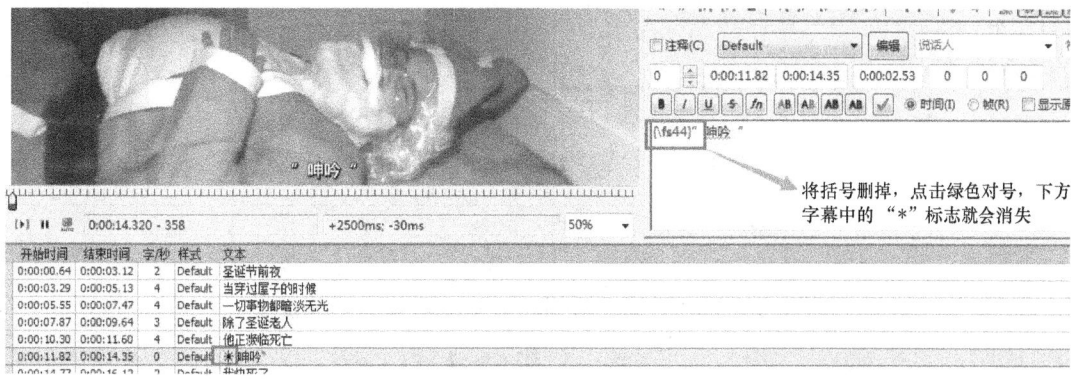

图 6-1 不翻译未在视频声音中出现的人名

译文中的星号＊（图 6-2 框中符号）是样本字幕的标志，没有样本字幕出现的情况下，请删掉该符号。

图 6-2 在没有样本字幕出现时，删掉“＊”符号

6.4.3.2 翻译问题

字幕翻译完成后，请对照视频和字幕进行检查，不要出现漏译的情况。

当两行时间轴存在时间重叠时，点击一行时间轴时，下一行时间轴会变成红色，如图 6-3 所示。

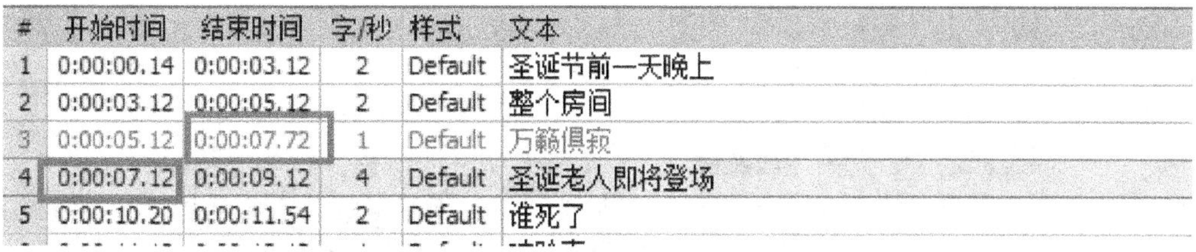

#	开始时间	结束时间	字/秒	样式	文本
1	0:00:00.14	0:00:03.12	2	Default	圣诞节前一天晚上
2	0:00:03.12	0:00:05.12	2	Default	整个房间
3	0:00:05.12	0:00:07.72	1	Default	万籁俱寂
4	0:00:07.12	0:00:09.12	4	Default	圣诞老人即将登场
5	0:00:10.20	0:00:11.54	2	Default	谁死了

图 6-3 下一行的时间轴变成红色

遇到以上情况，请灵活调整时间轴，右键点击“使时间连续”进行调整即可。

6.4.3.3 没有修改配置和样式编辑器

在“脚本配置”中应填写“标题”、“脚本原作”和“翻译”，选择正确的分辨率，根据需要勾选“比例缩放边框和阴影”，如图 6-4 所示。

在“样式编辑器”中应填写“样式名称”，选择合适的“字体”，并选择“颜色”和“垂直边距”，最后单击“应用”，如图 6-5 所示。

图 6-4 脚本配置

图 6-5 样式编辑器

6.4.3.4 ASS 格式导出步骤

首先，打开"文件"，选择"导出字幕"，如图 6-6 所示。

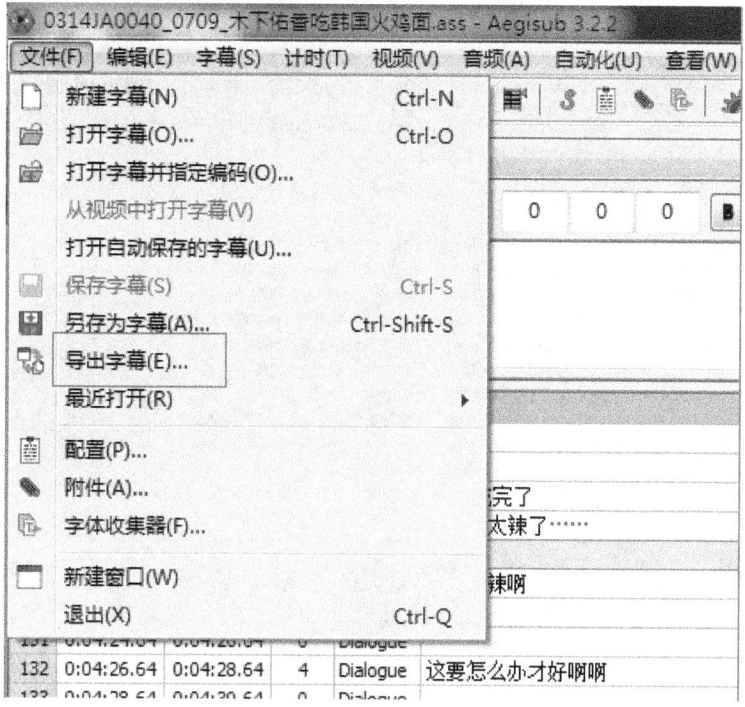

图 6-6　导出字幕

　　接下来，在弹出的"导出"设置对话框中，根据需要选择"滤镜""文字编码"，然后选择"Unicode（UTF-8）"，然后单击"导出"，如图 6-7 所示。

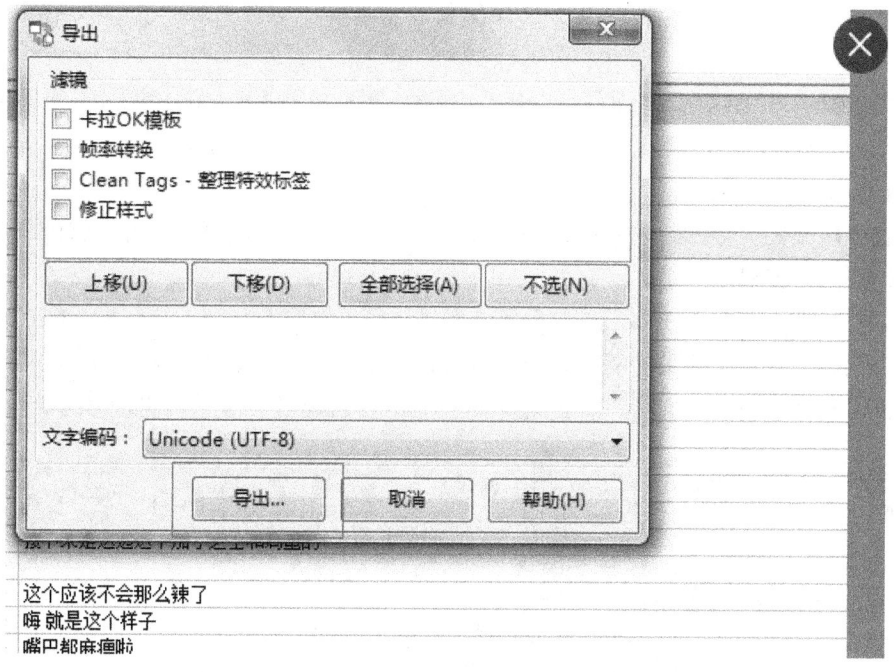

图 6-7　导出设置

将导出的字幕文件保存在既定路径中，格式为.ass，如图6-8所示。

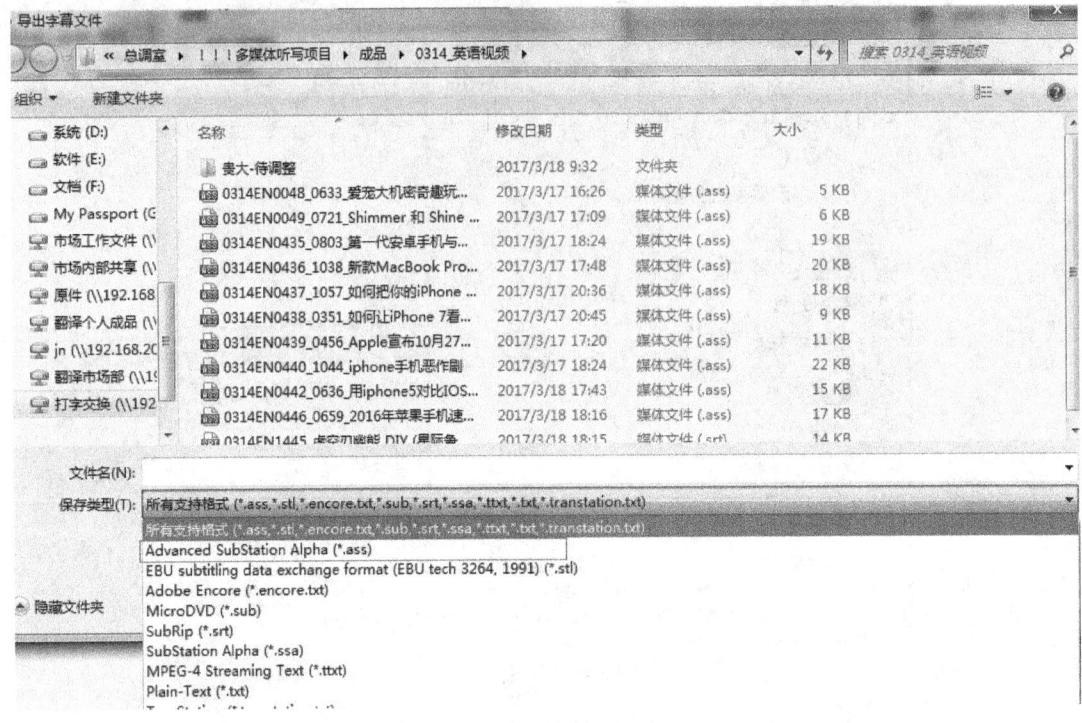

图6-8　导出的字幕文件

6.4.3.5　字幕文件名中出现不应该的额外信息

应参照如下样式命名：

英文：0314EN0114_0742_Bulgogi Beef Recipe-How to Make Korean-Style Barbecue Beef

中文：0314EN0114_0742_韩式烤牛肉食谱-如何制作韩式烤牛肉

6.4.3.6　双语对照

所有听译文件均为外到中翻译，纯译文（中文）即可，当前字幕仅供听译时原文内容的参考，请勿做成双语对照。

6.4.3.7　分行不当

正常来说，每行字幕长度需要控制在25字以内，如因说话人语速过快，导致字幕过长，则可灵活处理，正确回行，分成两句话，而不要出现以下情况（见图6-9）。

开始时间	结束时间	字/秒	样式	文本
0:01:09.47	0:01:14.37	5	Default	还没有用iphone之前我就已经开始用安卓手机了 因为安卓
0:01:14.77	0:01:17.99	4	Default	手机当时对我来说又便宜又容易使用
0:01:18.22	0:01:20.92	4	Default	我们是在比较安卓的不同版本
0:01:21.20	0:01:23.38	2	Default	这是安卓1.0
0:01:23.80	0:01:28.20	4	Default	也就是说我们比较的是安卓1.0和安卓7.1

图6-9　正确回行分成两句话

时间轴是语音自动识别后断行的，当前英文字幕只是用来辅助听音的，存在错误，切勿直接按照英文字幕来翻译。实际翻译时，还是需要尽可能听懂每句话来翻译。

此外，还应看着画面及画面上显示的英文字幕，查看完整的一句话在哪里，尽可能一行一句话，切勿按照目前的英文断句来翻译中文字幕。

6.4.4 字幕处理工具和制作软件

字幕制作分为有源语言文本的字幕翻译与制作和只有视频、音频的字幕翻译与制作。前者相对简单，后者，即听译，包含了语言符号、图示符号系统、代码、图像、音效等视听元素，其难度较大。

字幕制作过程分为片源获取、（音频转换成文本）+文本翻译、时间轴制作、校对、视频压制。其中最主要、碰到问题最多的是"音频转换成文本、文本翻译、时间轴制作"环节。比如，音频转换成文本的过程中，说话人语音、语速以及译者听力水平会对这一步骤有直接的影响。

本节通过 Aegisub、PopSub、小丸工具箱 r236 来介绍时间轴的制作及字幕编辑。

6.4.4.1 Aegisub 软件

A 软件功能简介

Aegisub 是一套跨平台开放源代码的免费字幕编辑软件，主要功能是制作字幕的时间轴、设计字幕样式和卡拉 OK 字幕。它是一款高级字幕制作编辑工具，其开发商为 NetworkRedux（软件官网：http：//www. aegisub. org/）。和其他的字幕制作软件相比较而言，它的发展时间较短，但功能强大。不仅支持 Unicode，也支持超过 30 个地区的语言编码（ex：Big-5、GB 2312、Shift-Jis），除了具备字幕预览视窗，它的时间轴调整使用音频显示。可以用波形图或是声音频谱图显示语音，方便跳过没有对白的部分以及卡拉 OK 的音节切割。

B 使用详解

（1）安装 Aegisub。安装过程如图 6-10~图 6-15 所示，选定语言并按照安装向导完成安装。

图 6-10 安装界面—选择语言

图 6-11 欢迎界面

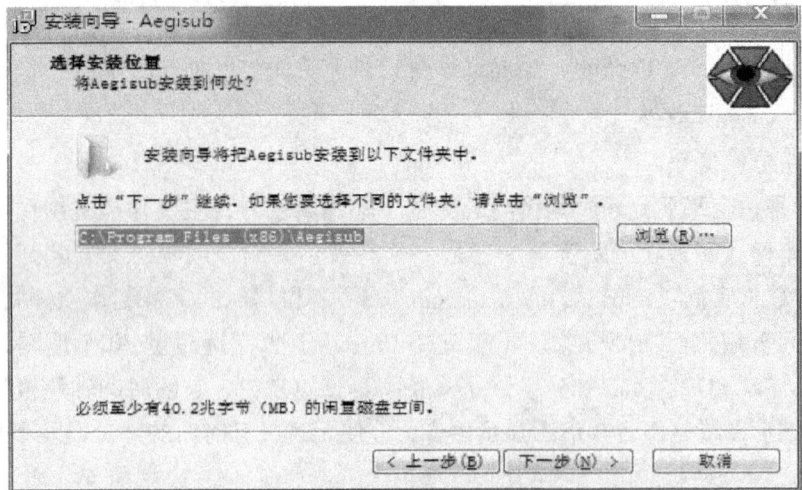

图 6-12 选择安装路径

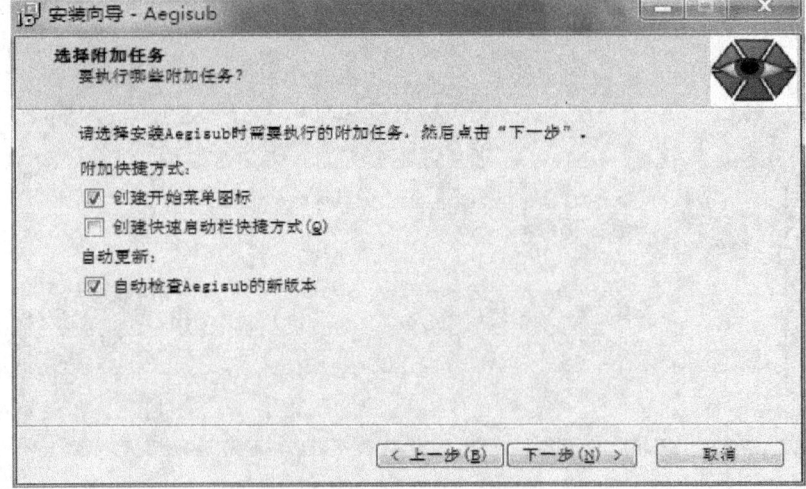

图 6-13 选择附加任务

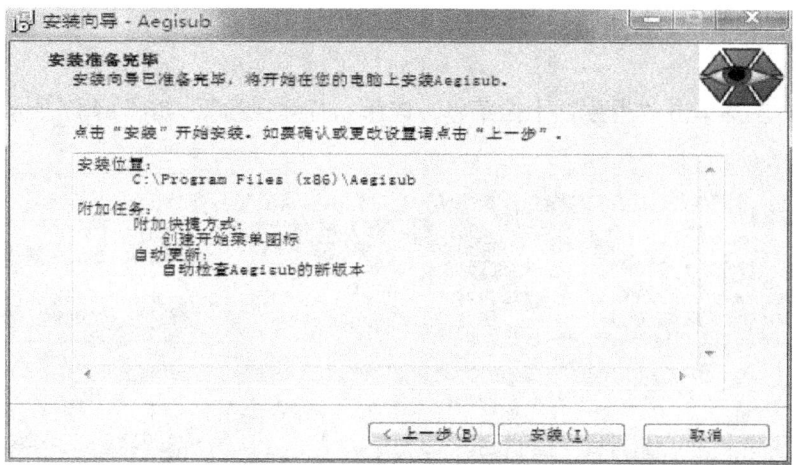

图 6-14   准备完毕开始安装

图 6-15   安装完成

安装成功，然后双击打开，Aegisub 的总界面图如图 6-16 所示。

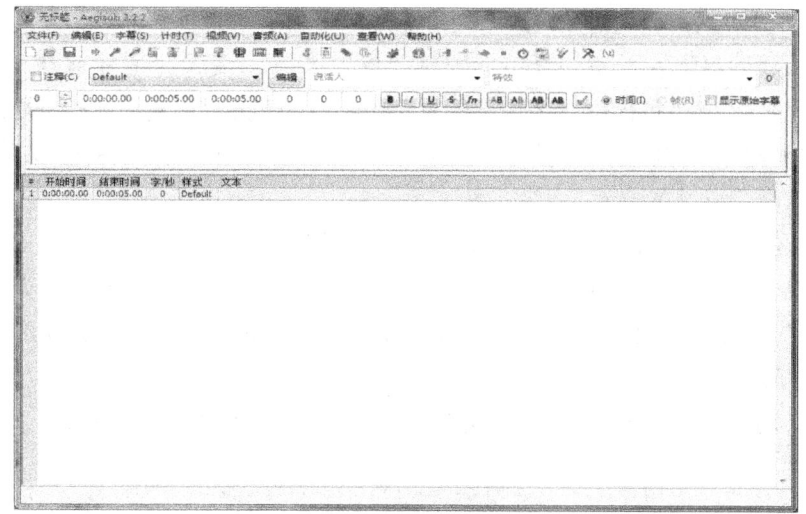

图 6-16   打开 Aegisub 界面

（2）时间轴制作。可以通过两种方法完成时间轴的制作。

方法一。

步骤1：左键单击"视频"下拉菜单，选择"打开视频"，如图6-17所示。

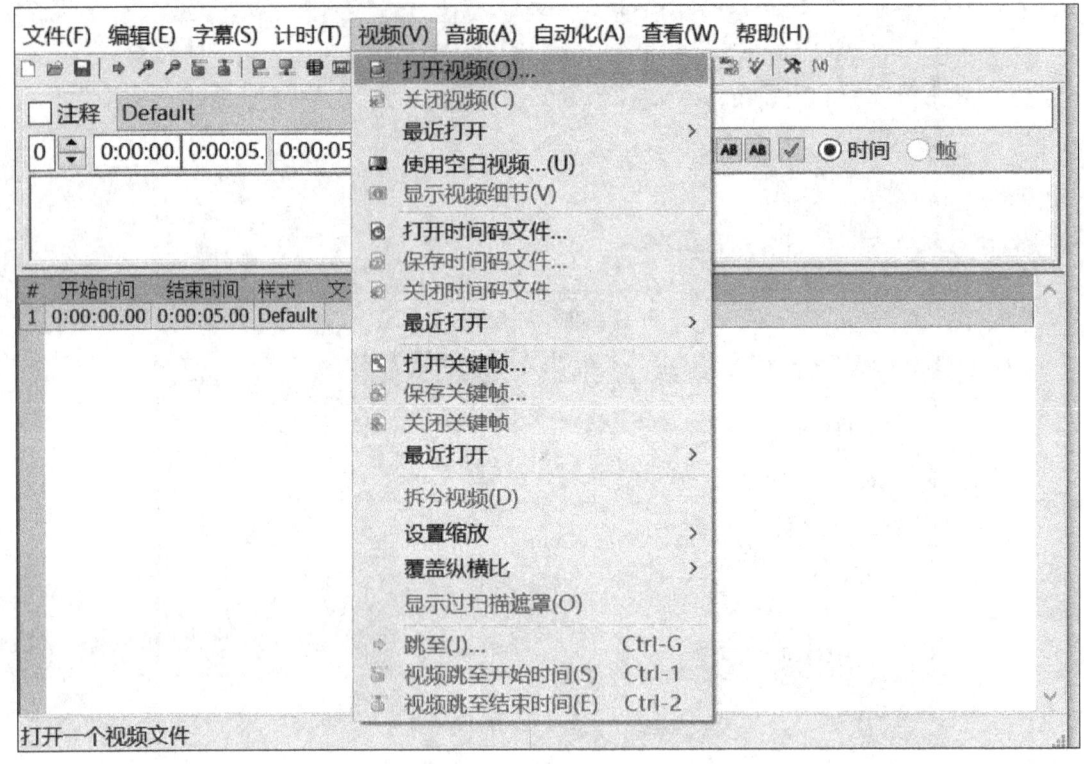

图6-17　"视频"下拉菜单

在出现的如图6-18的界面上点击"音频"下拉菜单，中找到"从视频中打开音频"（见图6-19）并点击打开与视频相对应的音频。现在该视频处于待编辑状态。注意：一定要从视频中打开音频，否则播放的声音很可能是上一个视频的声音。

步骤2：找到界面左下角处第一个按钮"▶"点击，找到合适的节点（一个意群，一句话）暂停。（建议每行中文字数不超过18字，每行英文不超过12单词。尽可能减少字数，增加时间轴频率）如图6-20所示，在当前视频中，第一个节点在0：00：06.855处。

步骤3：在如图6-18所示界面右侧的音频部分拖动蓝色竖线至0：00：06.855处，点击音频下方左数第四个"播放当前行"按钮，确保音频与视频一致。检查无误，点击音频下方的"√"提交，如图6-21所示。提交后上一段时间轴的结束线变成亮红，成为下一段时间轴的开始线。

步骤4：写入字幕，确保字幕与视频吻合（可等时间轴做好后写入），如图6-22所示。

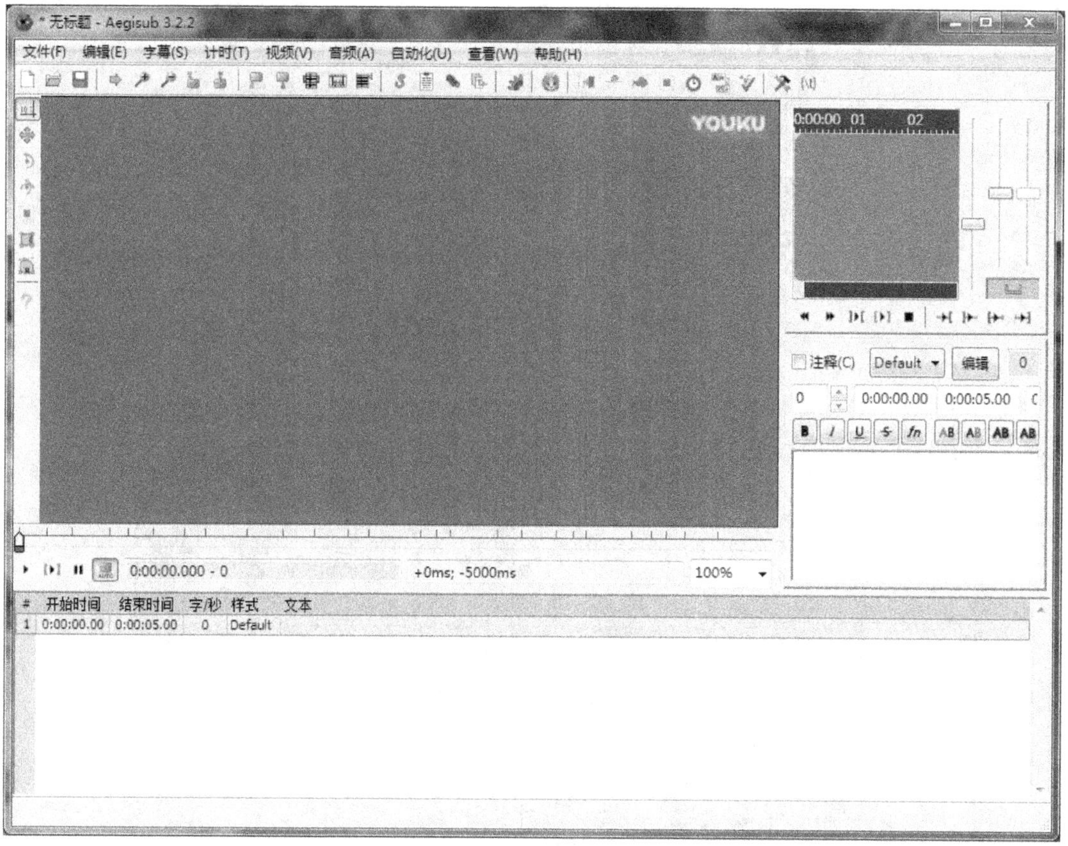

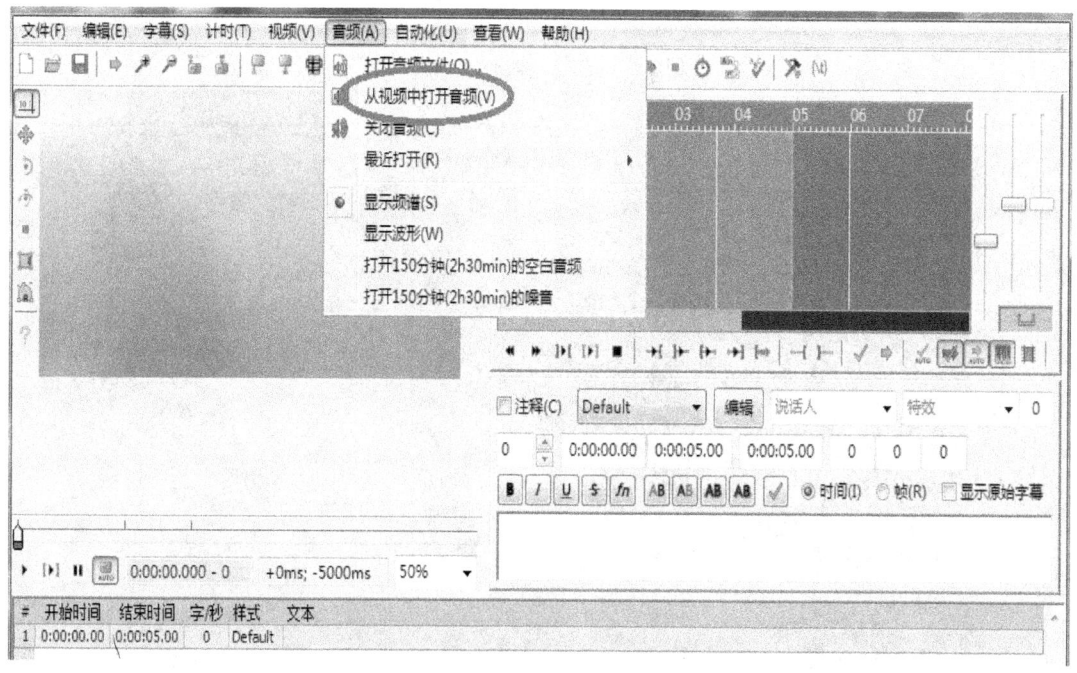

图 6-18 "打开视频"界面

图 6-19 "音频"下拉菜单

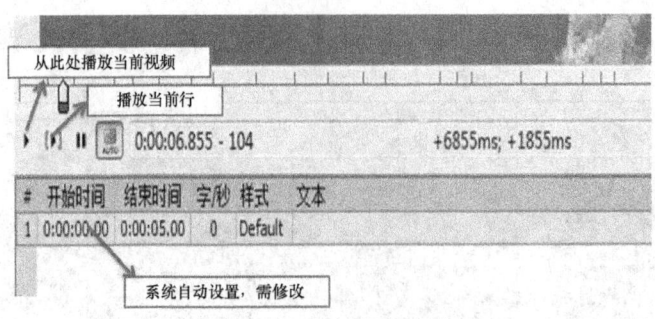

图 6-20　尽量增加时间轴频率

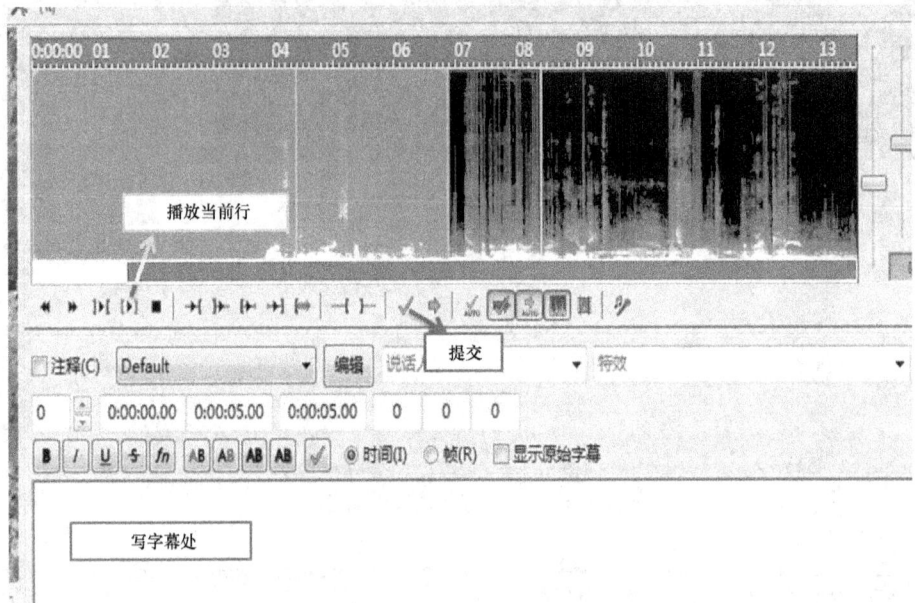

图 6-21　音频部分界面

图 6-22　写入字幕

　　在音频下方的"编辑"按钮可以变换写入字幕的字体字号等，如图6-23所示。当写入框中有汉语和英语，且汉语在前，则视频上会显示汉语在上行，英文在下行；但当英文在前汉语在后，则视频中显示英语在上行，汉语在下行。需要注意每行的字数及是否在意群处停顿；英汉之间要有空格，否则视频中会出现同一行中英汉混杂的情况。同样点击音频下的"√"提交，字幕就会出现在视频下方。

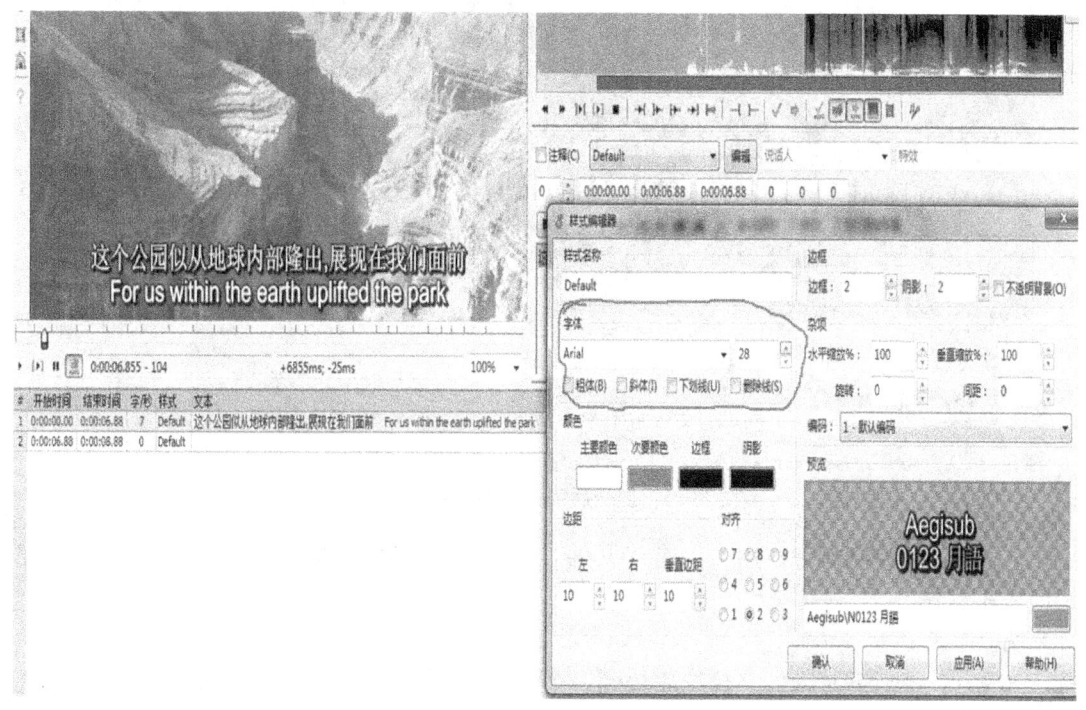

图6-23　设置字幕的字体字号等样式

　　必须注意一定要记得随时保存，如图6-24所示。

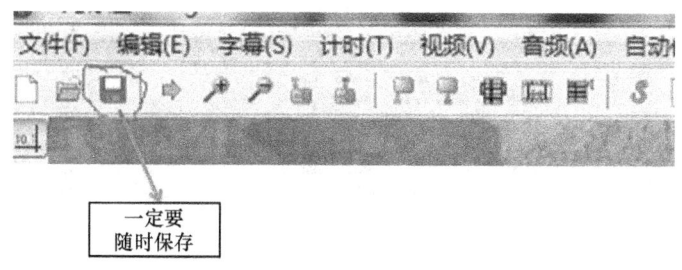

图6-24　随时保存

　　步骤5：同样的方法，在视频中从上次停顿的地方继续播放，找到停顿的节点，再在音频界面拖动蓝线到需停顿部分，并再次"播放当前行"确保视频音频一致，点"√"提交。这时可以敲入本段字幕，同样点"√"提交，字幕就会出现在视频下方（提交后上一段时间轴的结束线变成亮红，成为下一段时间轴的开始线），如图6-25所示。

图 6-25　提交后字幕出现在视频下方

步骤 6：所有制作完成后，点击"文件"下拉菜单中的"保存字幕"，及时存盘，完成时间轴制作。

方法二。

步骤 1：把所需写入的字幕统一放到一个 Word 文档里，按照意群分成不同的行（注意每行的字数都要合适），如图 6-26 所示。

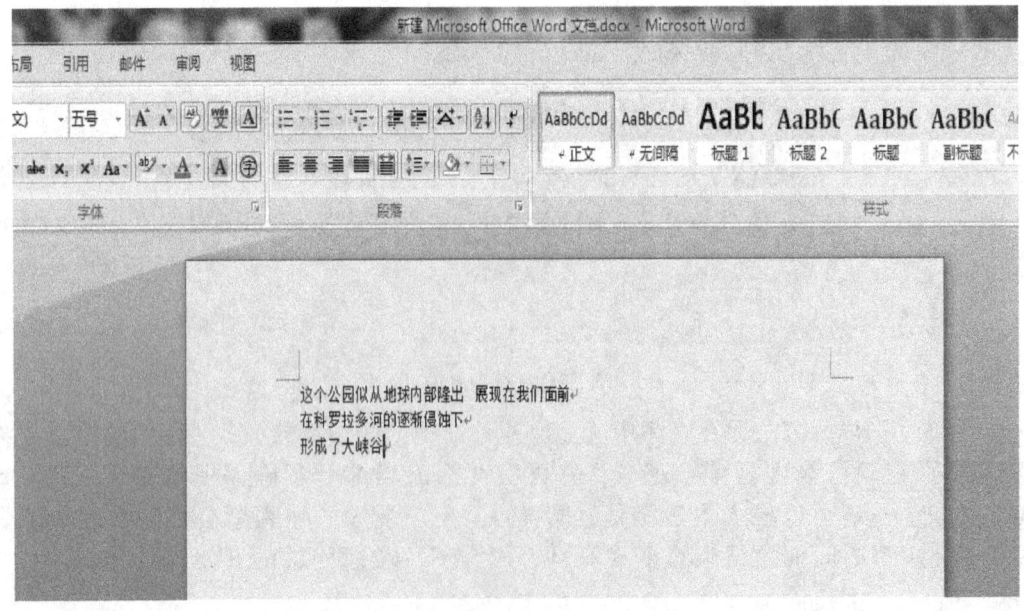

图 6-26　将字幕统一放到 Word 文档里

步骤 2：在 Word 文档中全选→复制。

步骤 3：打开视频及音频并选中视频下方的时间轴，按键盘上的 Enter 键使下方出现多行，且行数多于 Word 文档中文本的行数，如图 6-27 所示。

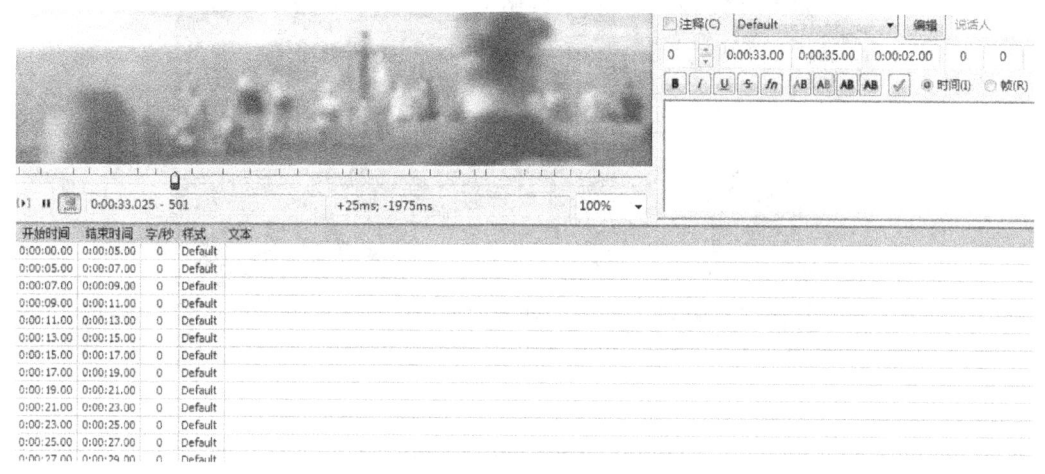

图 6-27　选中时间后下方出现多行

步骤 4：选中第一行时间轴并粘贴，如图 6-28 所示。

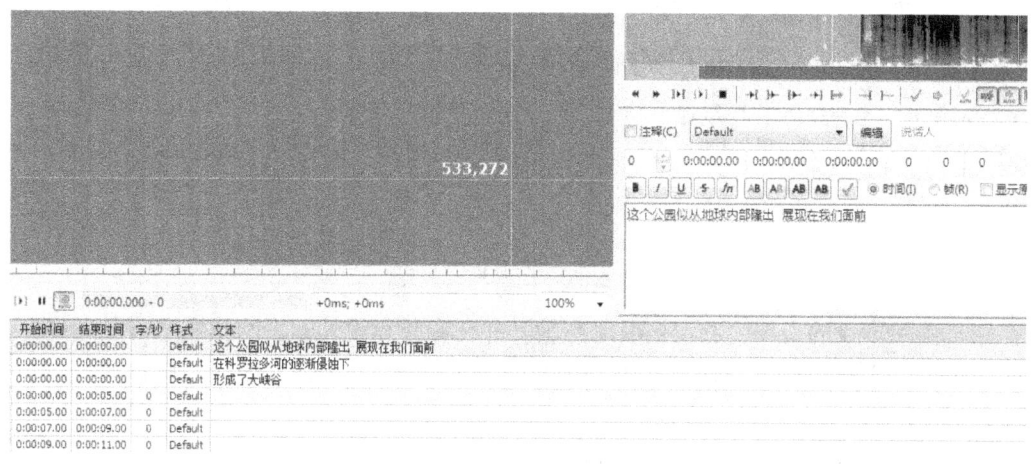

图 6-28　选中第一行时间轴粘贴字幕

步骤 5：全选文本，进行字体字号等的编辑。需注意区别在同一字体之前有符号 @ 的差别，如以"新宋体"/"@新宋体"为例从图 6-29 可见到其不同。

步骤 6：分别选择各行，利用音频下方的"开始时间/结束时间"进行调整和修改，然后提交并保存字幕。

C　常见问题及解决方法

（1）时间轴出错。Aegisub 3.2.2 版本在制作时间轴的过程中，前一个时间轴提交后，其结束线（蓝色）都会自动变成下一段的开始线（亮红），所以下一段时间轴制作时只需在协调好视频和音频的基础上挪动蓝线到指定时间节点。万一制作过程出了意外也会导致时间轴有点乱，如图 6-30 所示。

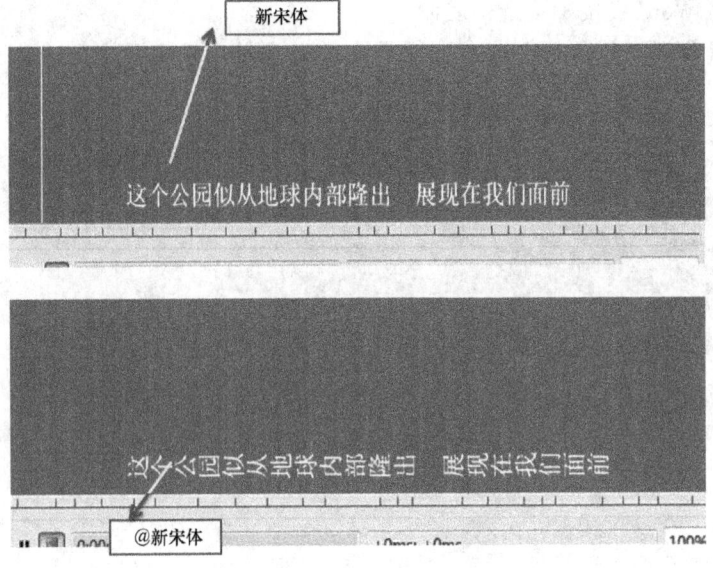

图 6-29　新宋体与@新宋体的差别

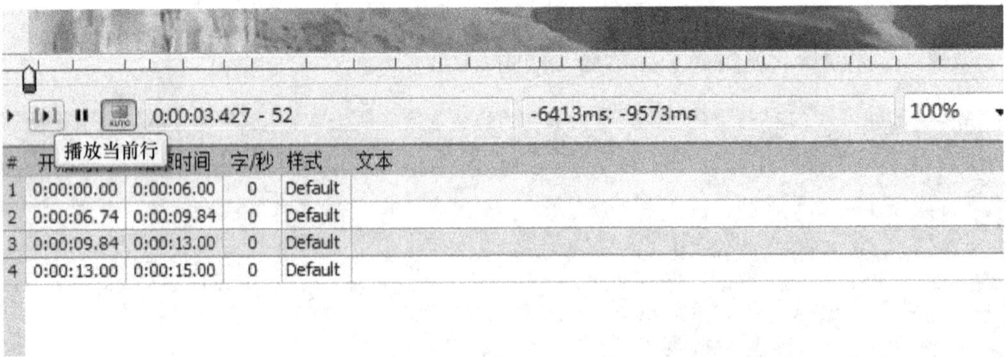

图 6-30　时间轴有些乱

　　可以参照本段的文本，选定该段时间轴，并在音频与输入框之间找到"开始时间"及
"结束时间"，只需要输入正确的开始结束时间，点击上方"√"提交，即修改完毕，如
图 6-31 所示。

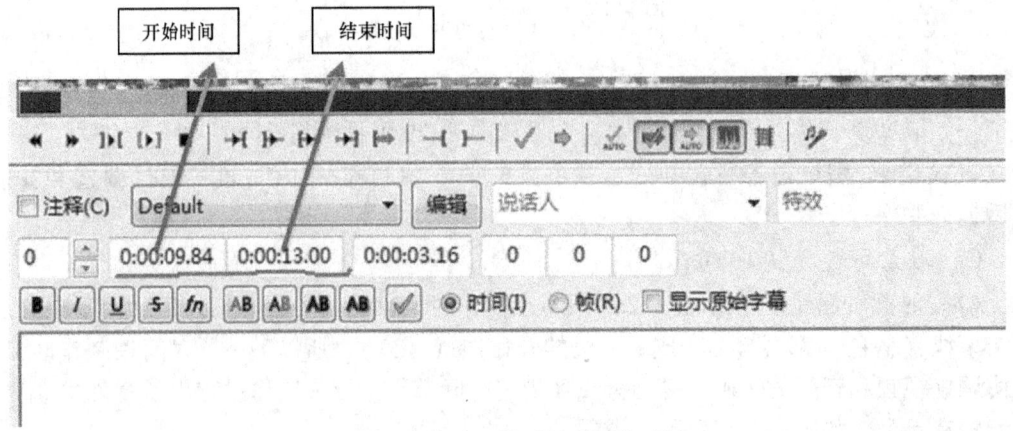

图 6-31　修改开始时间和结束时间

（2）播放时音频字幕不同步。点击"计时"下拉菜单，找到"平移时间"，根据需要修改时间，勾选选项，如图6-32所示。

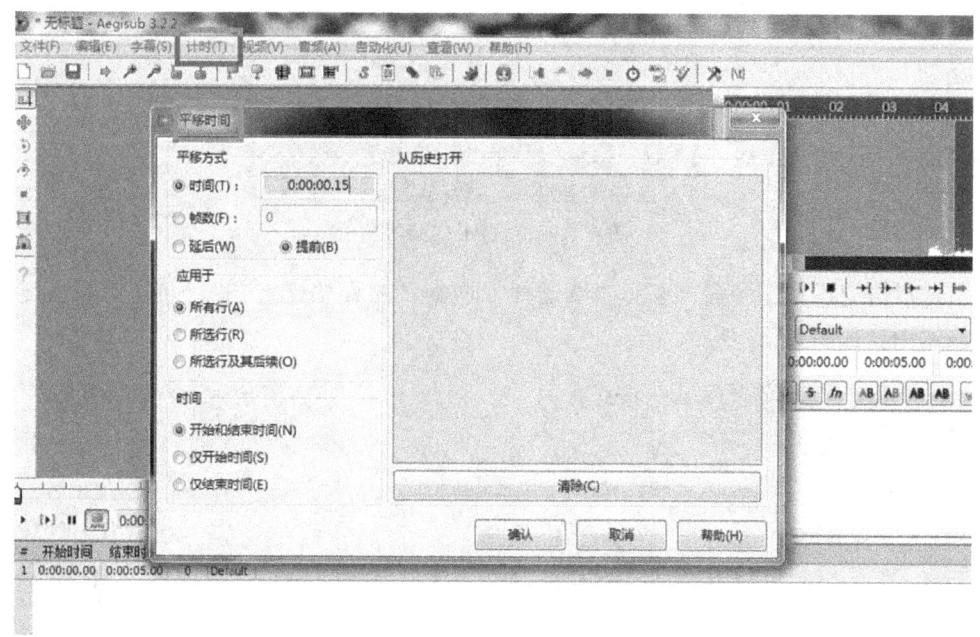

图6-32　"平移时间"对话框

（3）文本出错。在视频下方直接选中要修改的文本所在时间轴，在右边的输入框中修改并提交。

（4）不想让某一行字幕出现在视频中。选中该行，勾选音频左下方的"注释"项，本行字幕就不会显示在荧幕上。

（5）字幕的"层"的意思。层号越大，字幕越往表面显示，一般来说，层号大的字幕会遮挡住层号小的字幕。这个在原有字幕的基础上重新加入字幕时较适用。

（6）"说话人"的意思。这个选项一般不用。多用于卡拉OK时用它来标记谁是主唱，多人合唱时候区分歌手。但是有的版本在下次打开时该选项仍是处于未选状态。

6.4.4.2　PopSub软件

A　软件功能简介

PopSub是一款简体中文版字幕制作软件，由漫游字幕组开发。它可以保存为常用的字幕格式，可以同视频同步编辑。目前有PopSub 0.77，PopSub 0.75及PopSub 0.74版本。需要注意的是这三个版本要求的运行环境略有不同，选购软件时一定注意所需运行环境是否和电脑配置一致。比如在Windows 7状态下，所打开动画必须是AVI格式（如果不是可以用格式转换软件转换成AVI）。虽然可以把预打开文件格式设置成"其他"，但是这样打开的部分视频会出现"设置速度错误"的提示。Windows 8状态下用PopSub 0.77版打开某些动画时会出现"run-time error'339'"。相对来说，PopSub 0.74相对稳定一些。

B　使用详解

下面就以PopSub 0.74这个版本为例讲一下它的用法。

步骤1：安装PopSub。如图6-33所示，按照提示输入口令，点"确定"。

6 字幕翻译

图 6-33　PopSub 安装界面

　　右键点击应用程序图标，选择"发送到"中的"桌面快捷方式"，建立桌面快捷方式以方便使用，如图 6-34 所示。

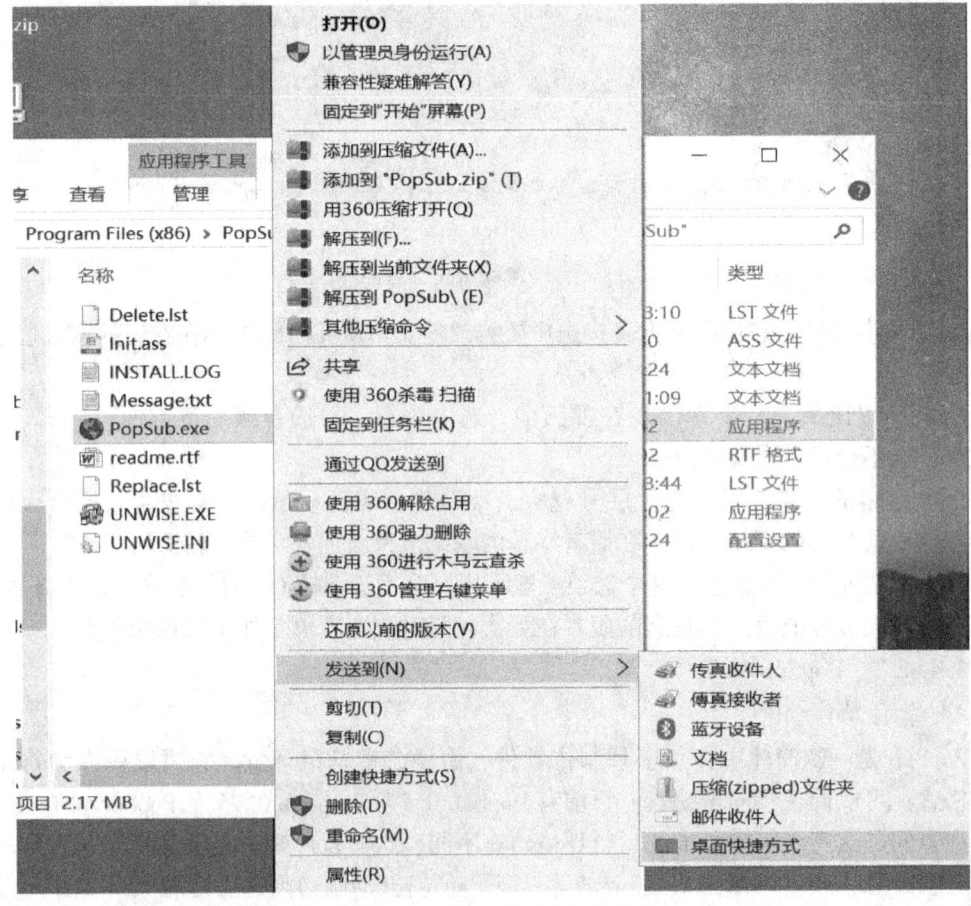

图 6-34　建立桌面快捷方式

　　步骤 2：新建文件夹并放进需编辑的视频，在里面新建 TXT 文本文档，写入所需文本（见图 6-35），按照意群换行，注意每行字数（参考标准同 Aegisub）尤其在英汉文都有的情况，确保英语和对应的汉语在同一行里。

　　要注意：必须是 TXT 文本文档，如果是 Word 文档，用 PopSub 导入时就会出现乱码，如图 6-36 所示。

图 6-35　新建 TXT 文档并写入文本

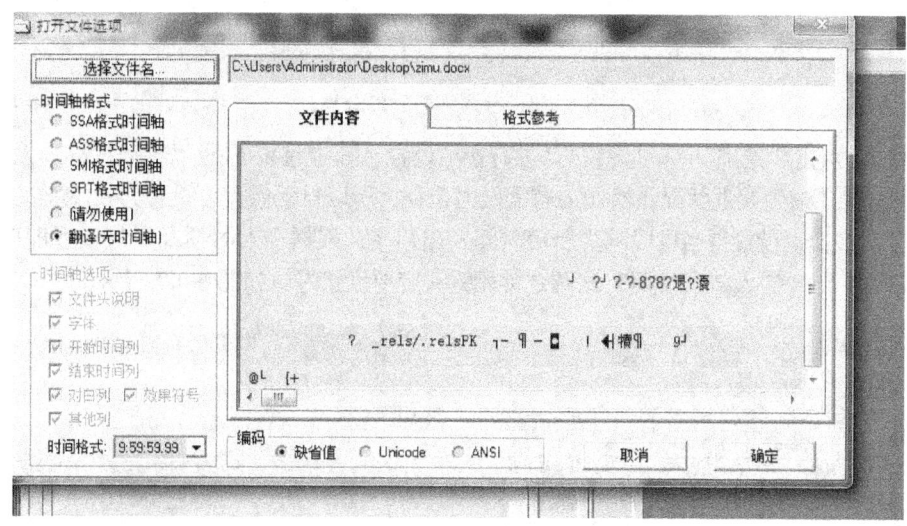

图 6-36　Word 文档导入时出现乱码

步骤 3：打开 PopSub，点击左上方"文件"→"打开时间轴"→找到之前建的 TXT 文本文档并打开，会出现如图 6-37 所示界面。

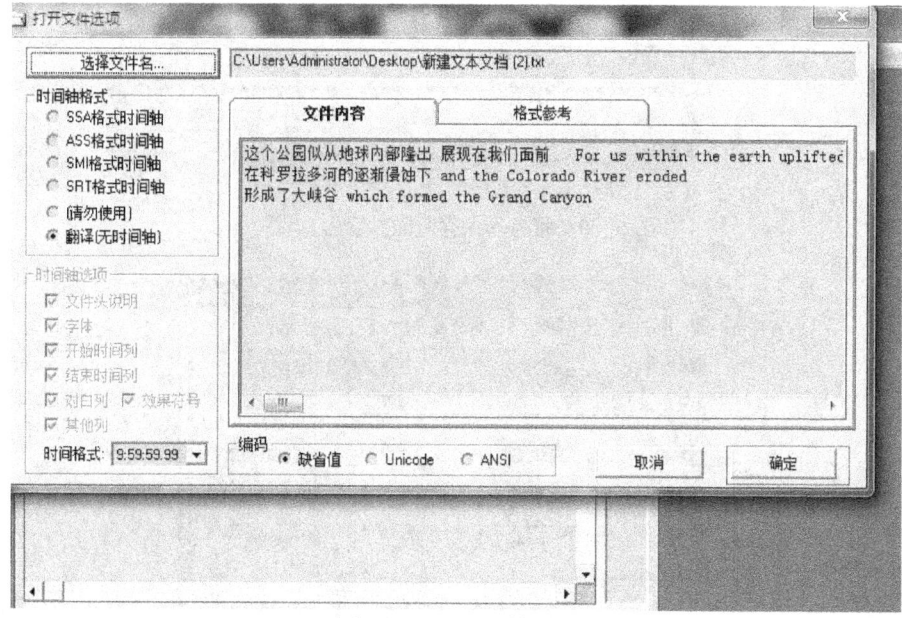

图 6-37　TXT 文档导入

什么都无须改动，直接点"确定"，出现如图6-38所示界面。

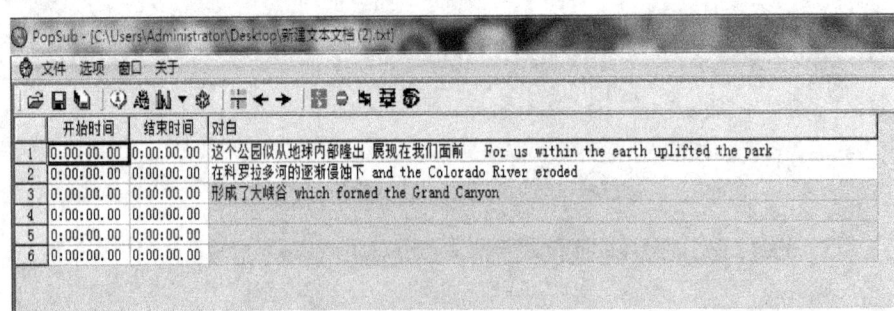

图6-38　导入字幕后的结果

步骤4：点击"选项"→"设置"，进行各项设置。其中重要的是"自动保存"及"快捷键"设置。为了避免突发状况，所做内容需及时保存，所以自动保存可设置为60秒左右，如图6-39所示。快捷键设置得当可以减少所用时间及出错率，根据个人习惯及爱好设置即可。"插入开始时间"与"插入结束时间"这两个常用键一定要设置好，如图6-40所示。

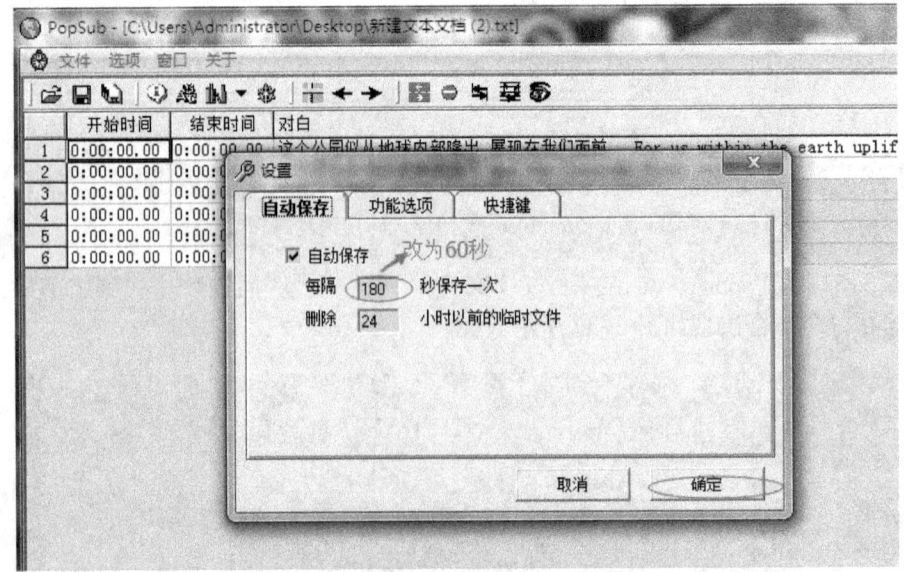

图6-39　将自动保存时间设置为60秒

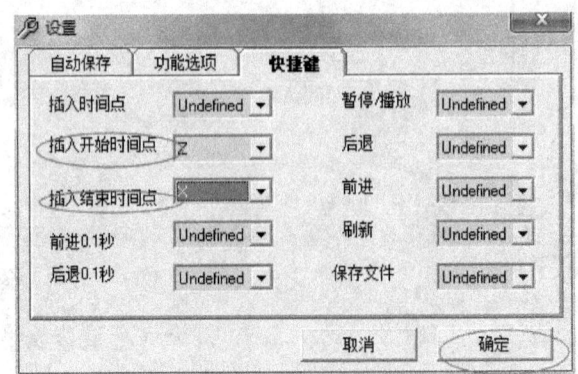

图6-40　设置"插入开始时间"与"插入结束时间"

步骤5：导入听译原视频。"文件"→"打开动画"后如图6-41所示，选择导入的原视频。

图6-41 选择导入的原视频

视频尽量选择 AVI 格式，如果不是 AVI，可尝试把右下角的"动画（.avi）"改成"其他（*.*）"。根据电脑环境不同，这样打开的视频可能正常播放，也有可能会出现"设置速度错误"的提示（应对方法：（1）转换成 AVI 格式；（2）重新下载安装和环境相匹配的 PopSub）。同时，播放速度按钮左移，语速变慢，对于正常语速下听不清的音频，可用慢速反复听。图6-42是视频导入后完整界面。

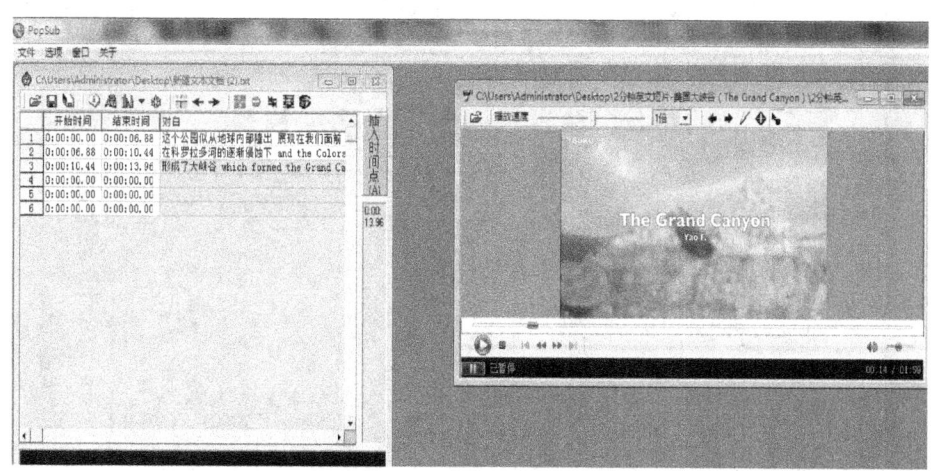

图6-42 视频导入后的完整界面

此处设置的本段时间轴的结束时间就是下段时间轴的开始时间，所以一段时间轴的节点定下后，暂停播放视频，在本段时间轴的"结束时间"处摁下快捷键，同时光标自动移到下一段的"开始时间"处，再摁下"开始时间"的快捷键。这样就定下了本段时间轴的结束时间和下段的开始时间。继续点击播放视频至文本停顿处暂停，点击本行时间轴"结束时间"快捷键及下行"开始时间"快捷键，以此类推。如不设置快捷键，可点击右上方"插入时间点"按钮。

利用"检查时间轴"按钮对时间轴进行检查（不要改动里面的项目内容），如需微调，可选中要修改的时间，双击进行修改，如图 6-43 所示。

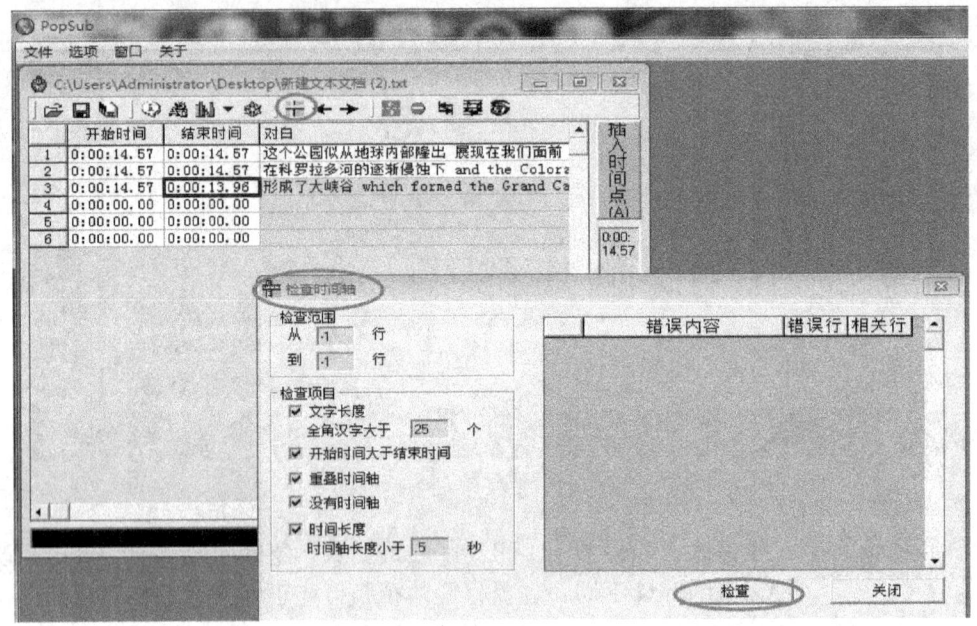

图 6-43　"检查时间轴"界面

检查无误后，选"文件"→"另存为时间轴"，如图 6-44 所示。

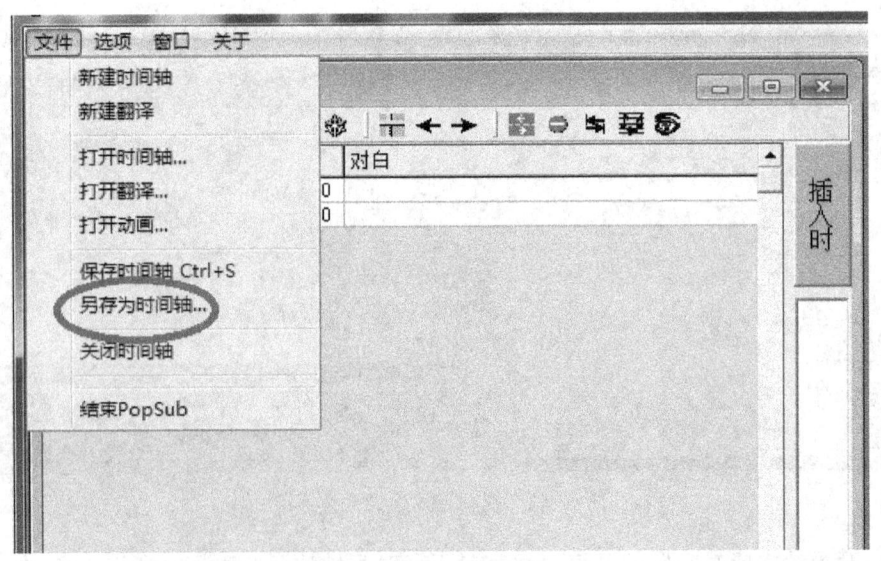

图 6-44　选择"另存为时间轴"

保存时一定要保存为 ASS 格式，点击"确定"，如图 6-45 所示，在原来放 TXT 文档的那个文件夹里就可以找到一个写着同样名称的 ASS 字幕文件。用播放器打开视频文件，拖动字幕文件到视频，就可看到双语字幕的文件了（注意：字幕文件、视频文件要在一个文件夹里。因电脑环境不同，也可能出现拖动后不出现字幕的情况。这时需要用视频压制软件做出真正的双语字幕的视频）。

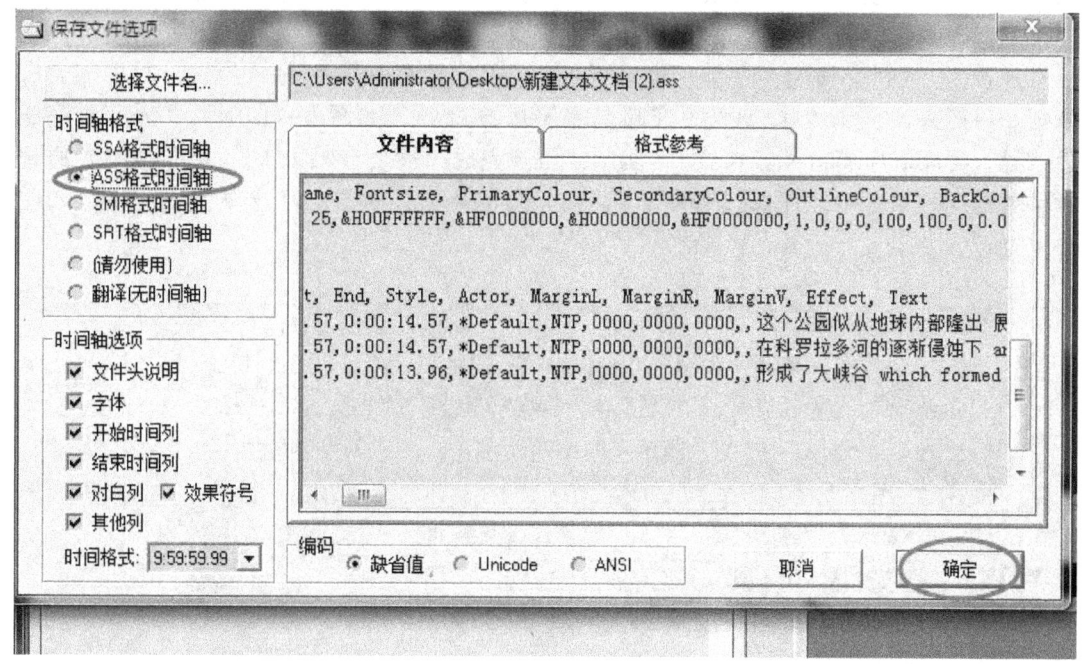

图 6-45　存为 ASS 格式文件

6.4.4.3　视频压制——小丸工具箱 r236

A　小丸工具箱软件简介

用 PopSub 与 Aegisub 制作的时间轴需要经过和原视频压制后才能出现带有同步字幕的视频。小丸工具箱是一款用于处理音视频等多媒体文件的软件，是一款基于 x264、FFmpeg 等命令行程序的图形界面。这种格式的一大特点就是较低的码率和较高的画质。它的目标是让视频压制变得简单、轻松。主要功能有高质量的 H264 + AAC 视频压制、ASS/SRT 字幕内嵌到视频、AAC/WAV/FLAC/ALAC 音频转换、MP4/MKV/FLV 的无损抽取和封装。

B　小丸工具箱 r236 使用详解

（1）视频框。首先，进入小丸工具箱 r236 界面，点击上方左手边第一个"视频"按钮，出现视频框。视频框上半部分是单个视频压制区，下半部分为批量压制区。分别操作各部分按钮完成不同压制。注意：压制前要提前设置好各个参数。一般来说，非计算机专业人士使用时，"编码器"、"分离器"保持原有设定并勾选"保持原分辨率"。同时点选音频框，把编码器设置为 AAC 格式，不预先设置的话压制过程中也会出现对话框提示。"编码帧数"按钮，如果对整个文件进行压制，则不用管，按照原来的"0"即可。如果只是压制部分视频，则对编码帧数前后的数值进行设定。2Pass 是指压制两遍，此处可忽视。回到视频框，根据需要调整 CRF 指数。首先要了解 CRF 与码率、视频清晰度的关系。CRF 指数越低，码率越大，画质就越清晰，反之画面粗糙会有马赛克。但是码率是会影响视频的体积，即码率越大体积越大。所以上传视频的话要多方面考虑。传至哔哩哔哩（bilibili）网站按照电脑原有设置就好，上传至优酷则需要更改 CRF 来提高码率。CRF 的参数范围设置从 1.0 到 51.0，一般来说，21~25 就基本可以满足上传视频的需要了。"音频模式"处，如目的是压制则下拉菜单点选"压制音频"，"无音频流"是指没有声音，"复制音频流"是指直接复制声音，但是这样在以后的"封装"时可能会有麻烦。一般来说，非 AAC 编码的音频都需要压制音频，如图 6-46 所示。都设置完成后，导入视频和字幕（ASS 格式），压制，压制完成一般会自动以 MP4 格式输出到原视频字幕的同一路径下。压制过程中电脑会自动生成压制日志，可选保存或放弃。如图 6-47 所示。

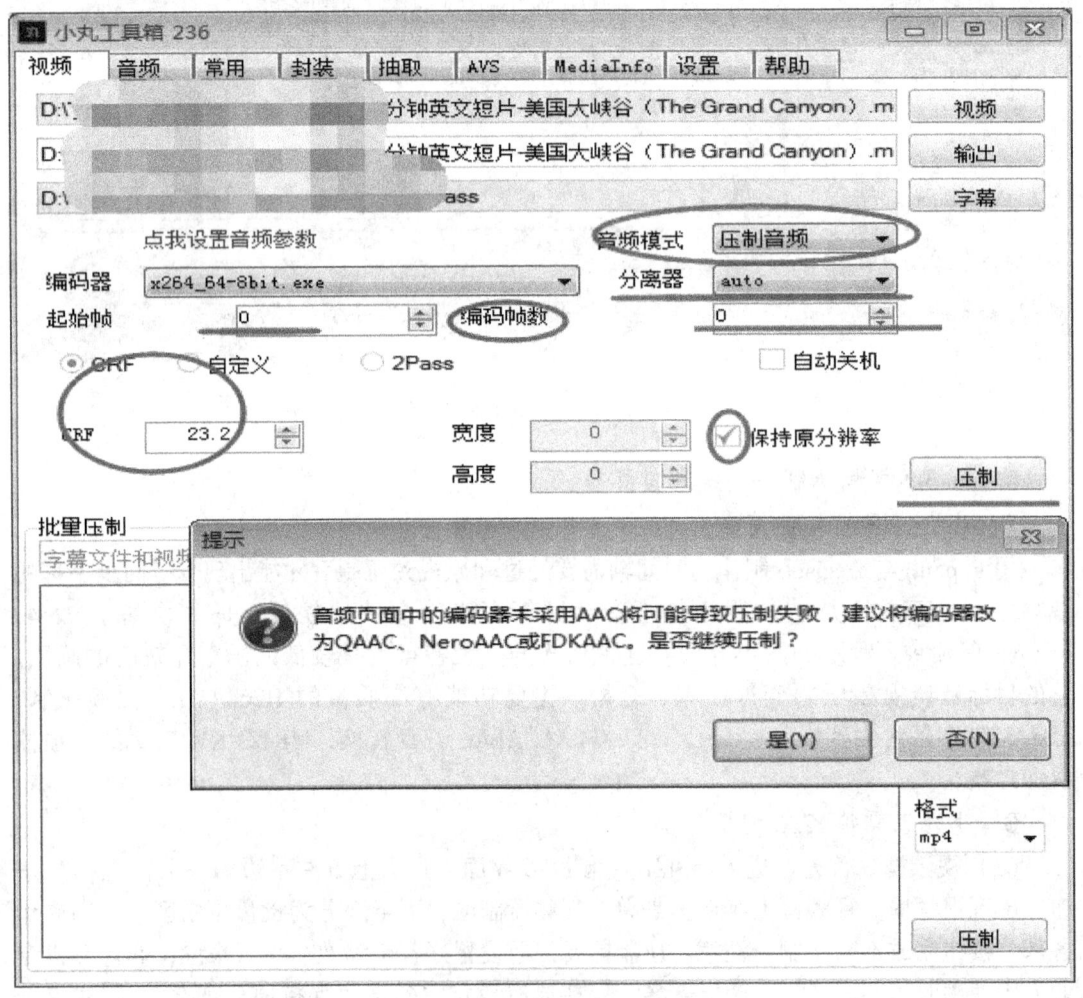

图 6-46 非 AAC 编码的音频都需要压制音频

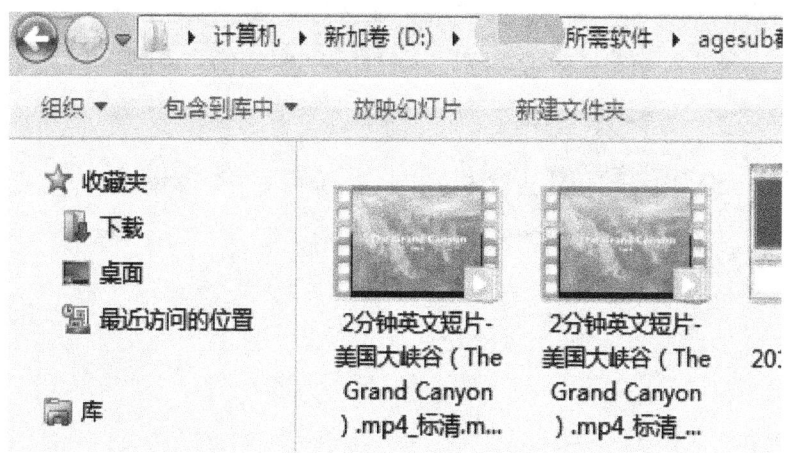

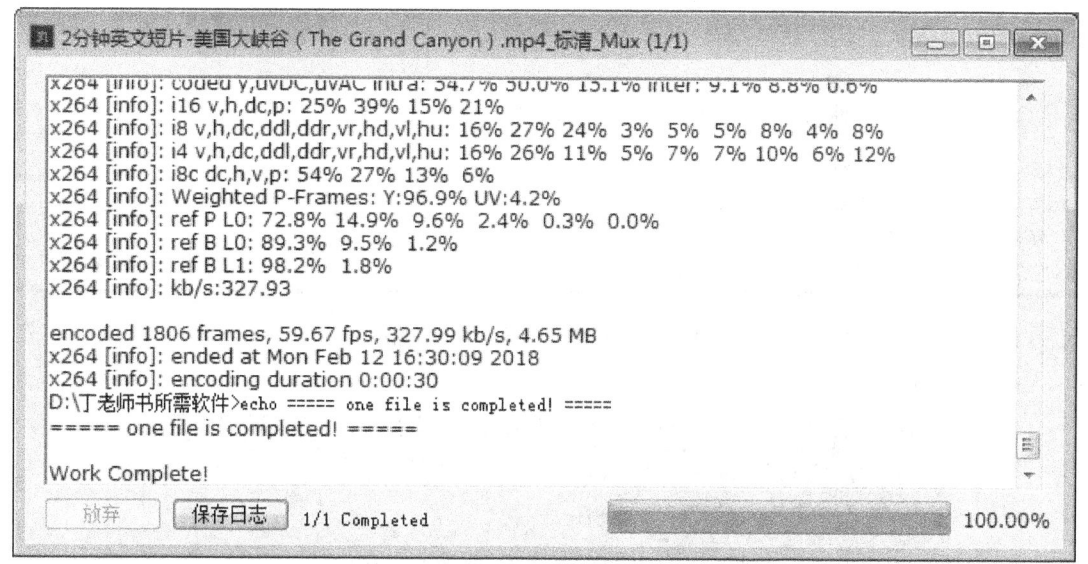

图 6-47　压制过程电脑自动生成压制日志

（2）音频框。音频框相对简单得多，也分为单音频压制和批量压制，但目前批量压制软件还不是很完善。为了以后封装考虑，音频一般要把编码器设置为 NeroAAC 或 QAAC。设置完成点"输入"选定文件，点"压制"，系统自动生成压制日志框，可忽视。压制完成文件自动以 AAC. mp4 格式存到和源文件同一目录下。如图 6-48 所示。

（3）常用框。常用框的"一图流"简言之就是把一张图片和一个音频压制在一起，整个音频播放过程只显示这一张图片。当然，把这个压制好的视频加上之前的字幕功能就可以压制一个最简单的音频字幕同步的文件了。保持原设置不变，分别点击"图片"和"音频"，选定后点"压制"进行压制，完成后自动以 SP. flv 格式保存到源文件相同目录下，其播放效果如图 6-49 所示。

常用框下方"其他"中的"截取"和"旋转"功能也很实用。点击"视频"选定，点击"截取"对起始时刻和结束时可进行设置。选定视频后点"旋转"，下拉 Transpose

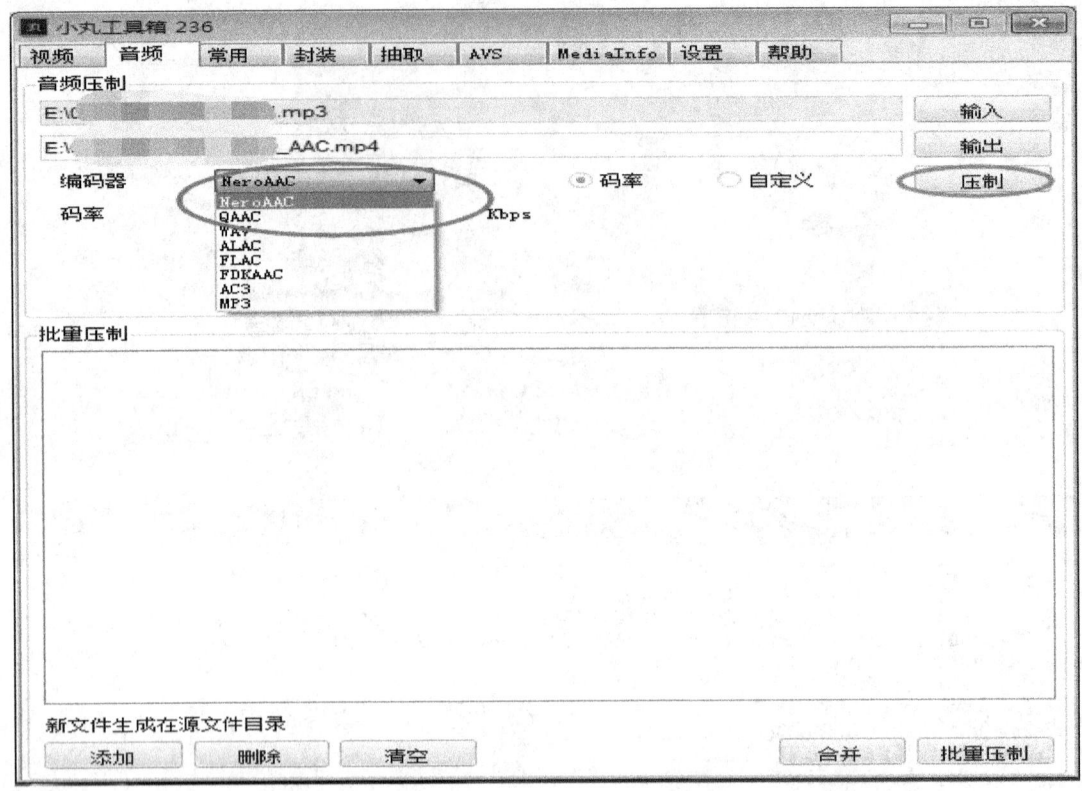

图 6-48　小丸工具箱 236 音频框

图 6-49　压制完成后自动生成的 FLV 文件播放效果

选择旋转方式，如图 6-50 所示。

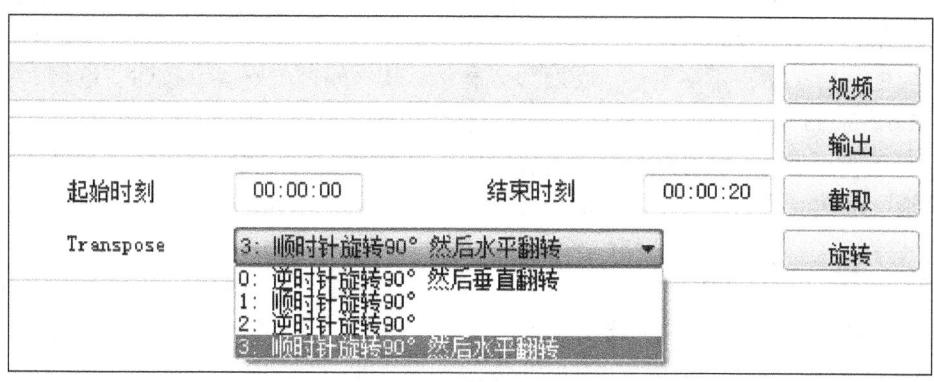

图 6-50　"旋转"对话框的 Transpose 下拉菜单

（4）封装。封装框分为 3 部分，即 MP4 封装、MKV 封装和批量分装/分装转换。同样自带参数保持原状。MP4 封装可以把单独的 H264 文件和 AAC 文件封装在一起或者把 MP4 里面的音频替换掉；批量分装/分装转换部分，其视频只要是 AVC/AAC 格式的，都可在这里批量封装成 MP4/MKV/FLV/AVI 等格式，音频不是 AAC 格式的都会被转成 AAC 格式。

（5）抽取。抽取也分为 3 个板块，即所有格式、FLV 格式和 MKV 格式。抽取功能是指把视频和音频分别从一个视频中抽取出来，某种程度上说类似于视频压制的反动作。也可以从一个视频分离出不同的两个音频。但是录屏软件合成的视频及 MP4 格式的视频已经把不同声音合成一体，不可能再分离出两个音频。点击"视频"选定文件，所选格式可改为"所有文件＊.＊"，点击"抽取音频 1"，音频就会以 AAC 格式自动保存于源文件同一目录下，如图 6-51 所示。

图 6-51　抽取音频以 AAC 格式保存

其中的 AVS 部分非专业人员尽量不要任意改动。

（6）Media Info。顾名思义就是视频信息，拖动视频进入对话框，视频详细信息就瞬间显示出来，如图 6-52 所示。

设置框一目了然，不多赘述。帮助框会显示对软件问题的解答、致谢、论坛、官方网址等。如图 6-53 所示。

相对来说，小丸工具箱是目前最方便实用、简单便捷的压制软件，尤其是速度方面更值得称道。当然，目前还有不完善的地方，相信随着技术进步此软件会日臻完善。

图 6-52　视频详细信息

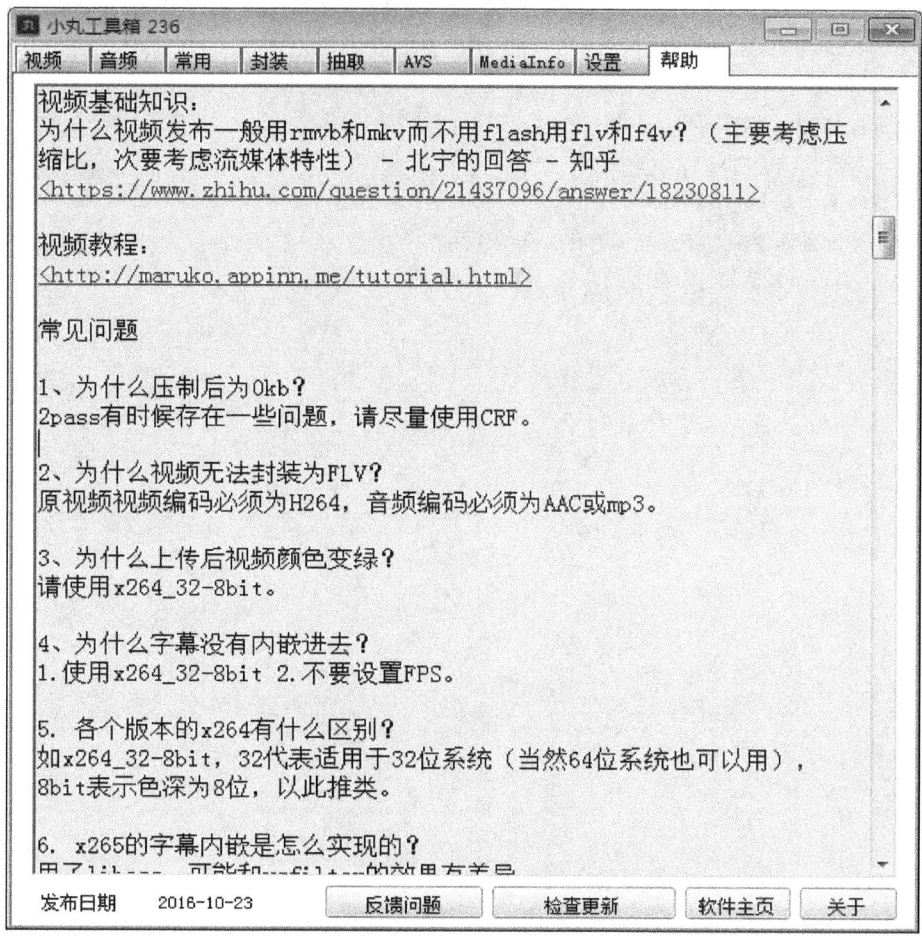

图 6-53 "帮助"对话框

6.5 总 结

影视娱乐是日趋流行的大众消费行为，也是文化交流的重要渠道。通过欣赏优秀的影视剧作品，不但能给人们的生活带来很多乐趣，也是人们学习外语和了解异域文化很好的途径。对于片源不断增加的外语片，字幕显得尤为重要。字幕翻译作为翻译的一种特殊形式，扮演了传递信息和文化传播的重要角色。字幕翻译不仅要准确表达源语，还要符合目标语的语言习惯，遵循一定的翻译原则和理论指导，最终达到语言、画面、声音等效果完美的统一。然而，考虑到字幕本身的特点，字幕翻译还具有诸多的局限性。

信息技术和翻译技术不断发展，在当今大数据时代，利用计算机辅助翻译技术对字幕进行翻译是大势所趋。计算机辅助翻译技术在字幕翻译领域的推广和应用，能够提高翻译效率，加快发布时间，对于文化交流和传播起着非常重要的作用。如何在短时间内翻译出优秀的字幕文件，让观众通过字幕既能轻松而准确的理解原声作品的故事情节，又能体会到丰富多彩的异域文化，是翻译人员和技术人员共同的课题。

思 考 题

6-1　字幕翻译的特点有哪些？

6-2　目前字幕翻译存在哪些局限性？

6-3　字幕翻译的主要方法有哪些？

6-4　计算机辅助翻译软件对字幕翻译有什么样的作用？

6-5　安装 Aegisub，熟悉其各功能项的作用，熟悉时间轴的制作。

7 memoQ 2015 操作使用

+++

【本章提要】本章主要介绍 memoQ 2015 的功能和操作，详细讲解如何创建项目和具体的翻译步骤以及如何添加术语、处理格式标签、合并和分割、导出等操作，另外还重点讲解了 memoQ 2015 的几个特色功能，最后介绍了语言资产的重要性，资源的一般类型以及资源控制台的主要功能。

+++

7.1 memoQ 简介

7.1.1 memoQ 发展简介和特色

memoQ 由 Kilgray 翻译技术有限公司出品，是一款界面友好、操作简便、功能强大的计算机辅助翻译软件。memoQ 于 2009 年面世，集合了众多翻译软件的特点和优势，目前已发展成为全球市场占有率第二的主流 CAT 软件，并且越来越受中国翻译者欢迎。memoQ 分为三个版本：4free、standard 和 translator pro。其中 translator pro 功能最全面，支持多个翻译记忆库和术语库，可以登录服务器等。4free 免费但是功能较少。memoQ 翻译系统具备强大的集成翻译环境，集成了编辑模块、资源管理功能、翻译记忆库模块、术语库模块、质量保证模块等，文档格式预览功能也很强大，译者可以很方便地在这些功能中切换，极大提高了计算机辅助翻译的效率。

memoQ 具有很多特色功能，包括语料库（LiveDocs）功能、视图（View）功能、X-Translate 功能、片段提示（Muses）功能、网络搜索（Web Search）功能、项目备份（Backup）功能、快照（Snapshot）功能、单语审校（Monolingual Review）功能、语言质量保证（LQA）功能、语言终端（Language Terminal）功能、Web Trans 功能等。译者对这些功能的熟练应用能够保证翻译工作的顺利高效完成。

目前已接入 memoQ 的云翻译记忆库插件有 My Memory、TAUS 和 Tmxmall。

7.1.2 memoQ 操作界面简介

为了更好地学习并熟练掌握 memoQ 的各种应用（其主界面见图 7-1 所示），译者可以选择设置中文界面。具体步骤为：

（1）点击主界面左上角的设置 图标。

（2）点击"Category"下第二项"Appearance"，出现图 7-2 界面。

（3）在"User interface language"中选择语言"Chinese"，然后从"Chinese font family"中选择"宋体"，点击"OK"。关闭软件后再重新打开，就成功地切换为中文界面

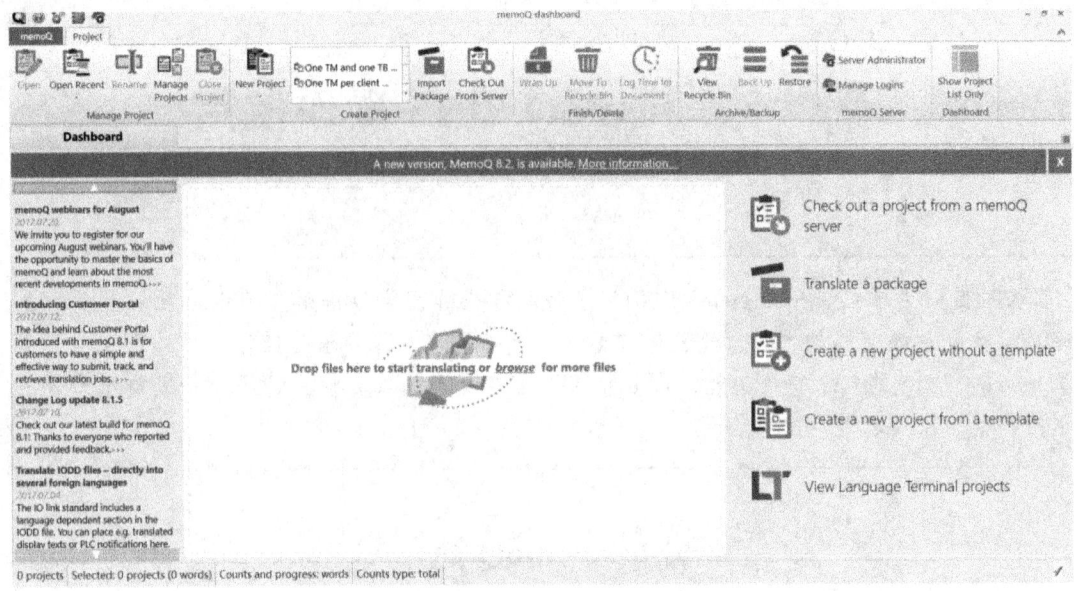

图 7-1 memoQ 主界面

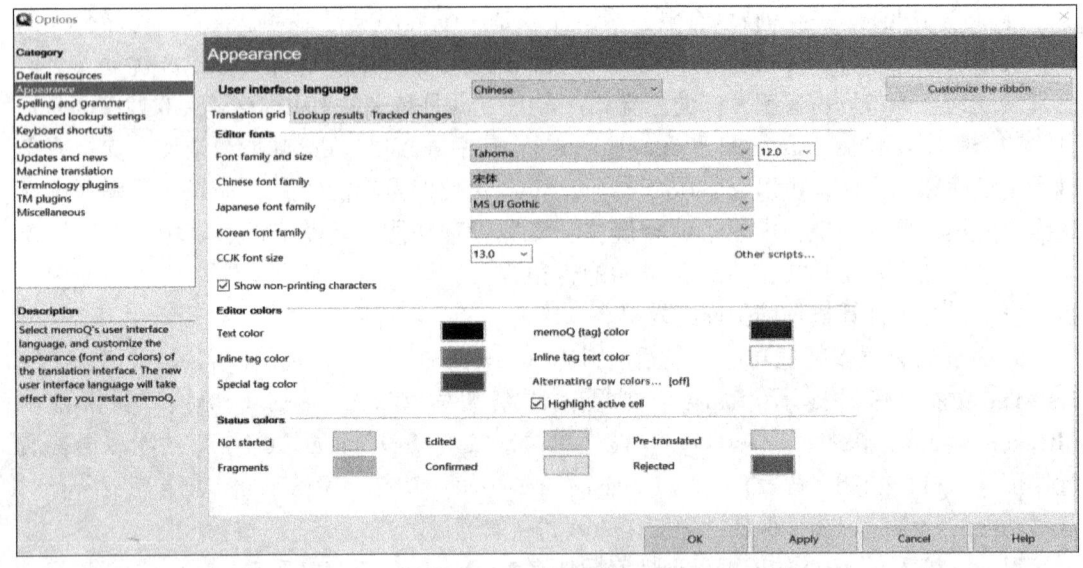

图 7-2 选择语言

了，如图 7-3 所示。

　　主界面左侧是控制面板，主要显示当前版本信息、最新动态和帮助。右侧是常用任务区，便于用户迅速启动常用任务。这些任务主要包括从 memoQ 服务器签出项目（Check out a project from a memoQ server）、导入包进行翻译（Translate a package）、新建项目（无模板）（Create a new project without a template）、新建项目（基于模板）（Create a new project from a template）、查看语言终端项目（View Language Terminal projects）。同时译者可以直接将待翻译的文档直接拖入中间的空白区域进行基于模板的翻译。

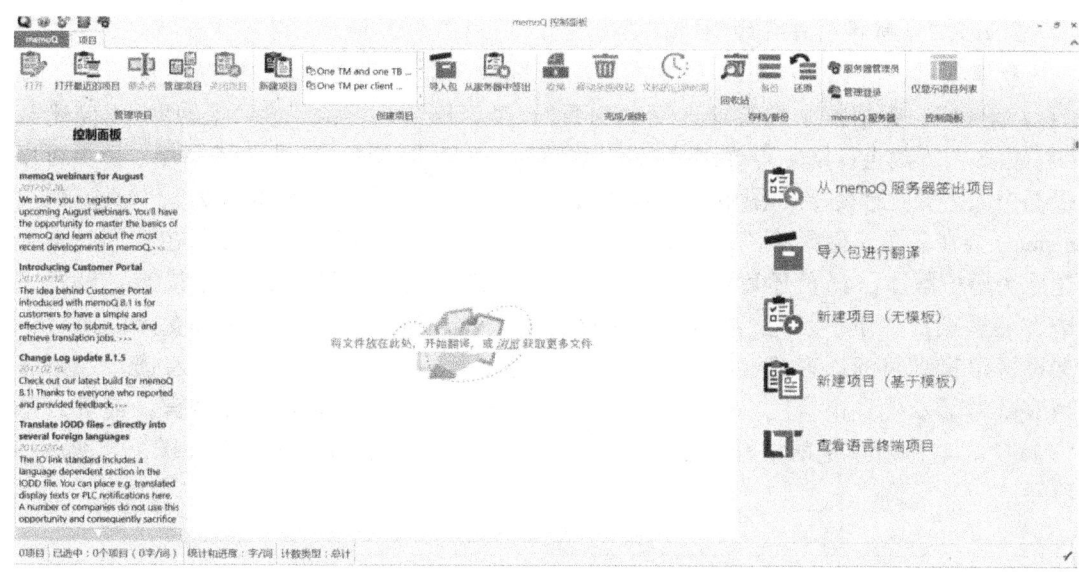

图 7-3　中文主界面

7.2　使用 memoQ 翻译的具体操作

7.2.1　创建项目

7.2.1.1　打开 memoQ

在主界面菜单栏"新建项目"的下拉框中选择"新建项目"或在界面右侧点击"新建项目（无模板）"，如图 7-4 所示。

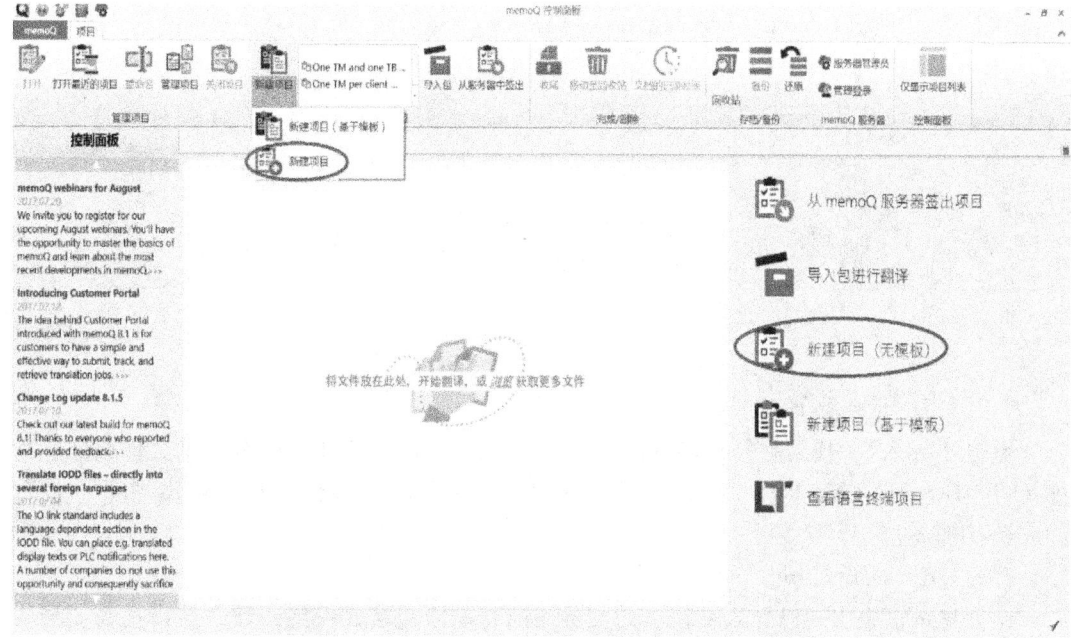

图 7-4　新建项目

7.2.1.2　新建项目页面

新建项目各信息设置如图 7-5 所示。分别输入项目"名称"，选择"源语言"和"目标语言"，并根据个人需求选填"项目"、"客户"、"领域"、"主题"、"描述"、"创建者"、"截止日期"等详细信息，以便分类和归档。项目目录默认保存，译员可以根据个人需要更改路径。图中下方还设置了"为翻译文档记录版本历史"，勾选该框，memoQ 会在译员对翻译单位进行修改后记录下历史版本，这样译员可以在校阅时选择还原为历史版本。译员还可以标注某个历史时刻的版本，显示其翻译状态。设置完毕，然后点击"下一步"。注意：为了简化每次创建新项目都要从所有支持的语言中选择源语言和目标语言的过程，可以打开"选项"中的"多种选项"，勾选"在语言列表顶端显示优先语言"，选择"最近使用的语言"或者选定某几种语言，最后点击"确定"。这样所指定的语言就会位于列表顶端，创建项目的时候便于选择，如图 7-6 所示。

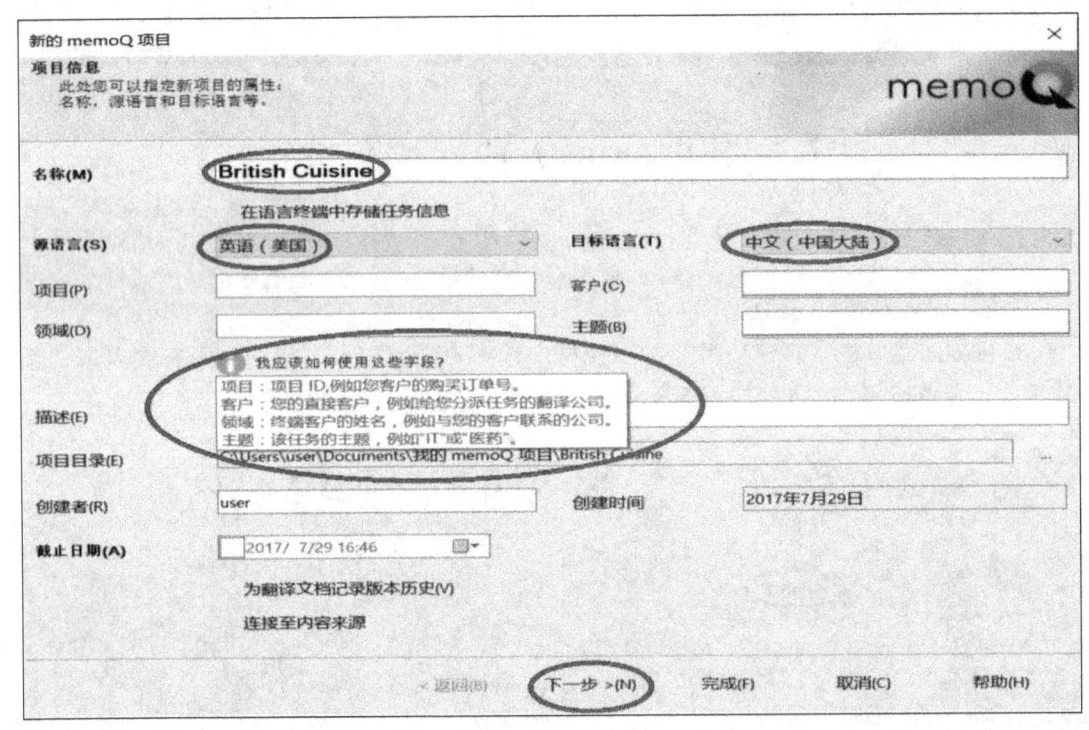

图 7-5　项目信息

7.2.1.3　进入翻译文档导入页面

点击"导入"，找到并打开待翻译的源文件。memoQ 支持几乎所有常见文件格式，例如 TXT、DOC/DOCX、PPT/PPTX、PDF、EXCEL、HTML 等文件，然后点击"下一步"，如图 7-7 所示。

7.2.1.4　选择文档

此处显示框中出现已导入文档，译文导出时将与原文格式保持一致。若译员需要导入其他类型的文件，如 TRADOS 预翻译未清理格式的双语对照 DOC、TXT 格式或者需要改

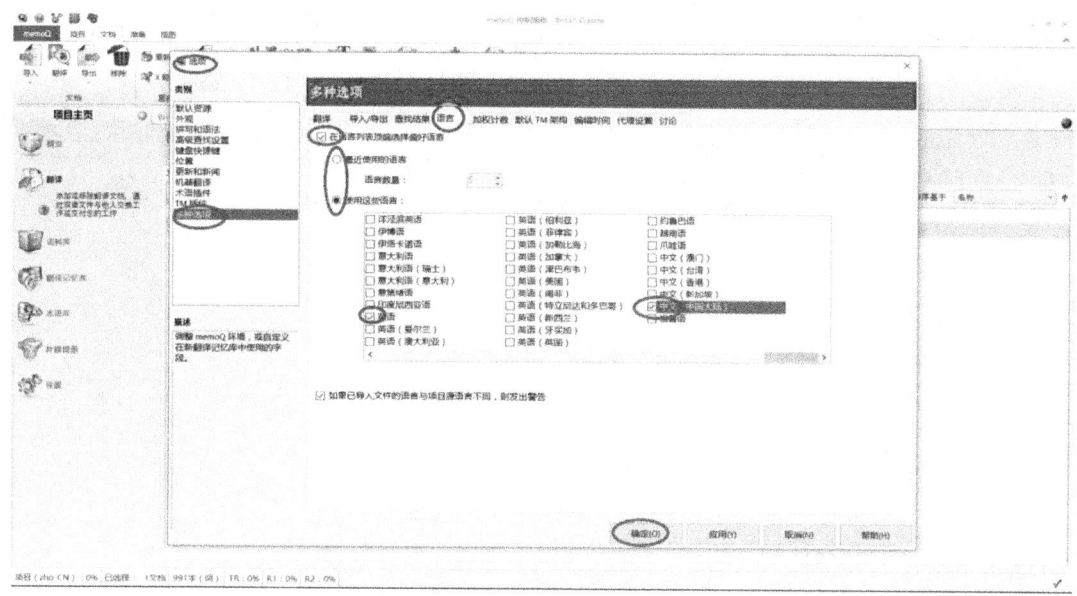

图 7-6   选择优先语言

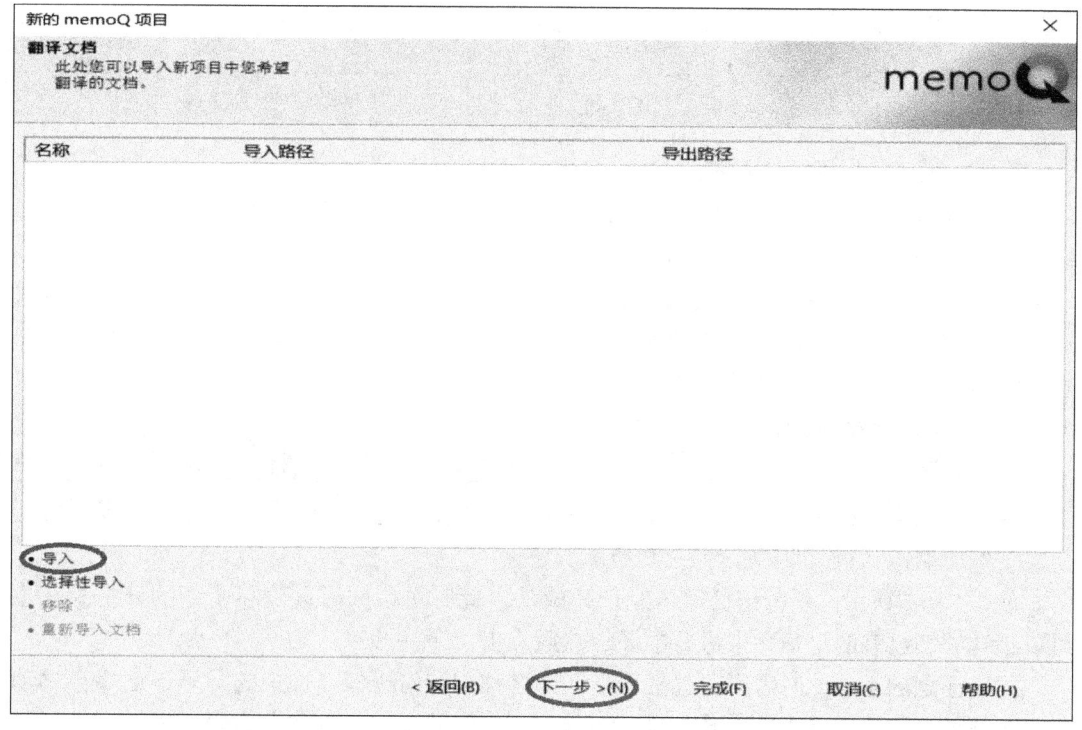

图 7-7   导入文档

变过滤器设置及其他导入设置，点击"选择性导入"。然后点击"下一步"，如图 7-8 所示。

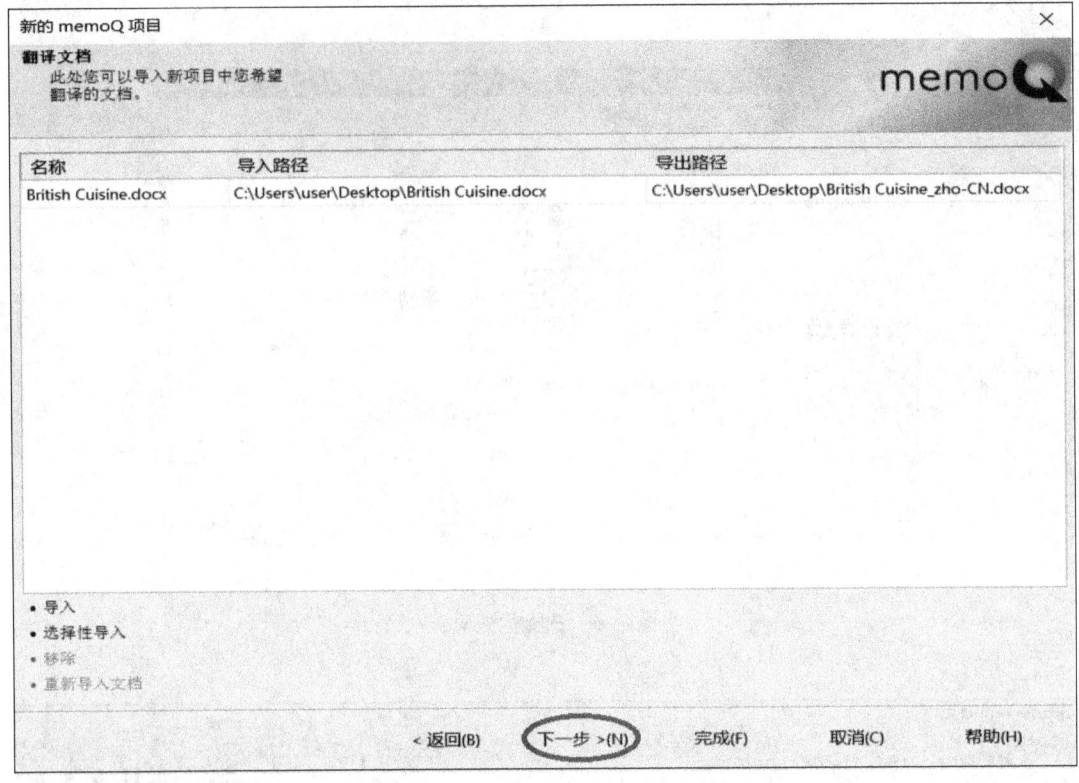

图 7-8 　已导入文档

7.2.1.5　导入翻译记忆库

计算机辅助翻译的技术核心是翻译记忆技术，但是翻译项目并不是都具备现成的翻译记忆库和术语库，有时需要手动创建。如已存在翻译记忆库（如图 7-9 显示框中的 My translation memory）并需要应用于新的翻译项目中，点击"在项目中使用"选定。还可以点击"从 TMX/CSV 中导入"来增加记忆库中的语料数据。如需新建记忆库，点击"新建/使用新的"，然后点击"下一步"。

7.2.1.6　创建新翻译记忆库

在新翻译记忆库中输入"名称"，选择"源语言"和"目标语言"，然后选择一个存放路径，可以设定记忆库的上下文模式，是否只读以及是否优化 TM，此外还可以添加元信息，然后点击"确定"，如图 7-10 所示。

如图 7-11 所示，新的记忆库已经创建成功。此时可以同时创建多个新的记忆库，也可以选择添加已有的记忆库来进行翻译。然后点击"下一步"。

需要注意的是，此时需要勾选翻译记忆库名称前的勾选框，选中的翻译记忆库会移动至列表顶部，类型显示为"工作"或"主要"。工作翻译记忆库和主要翻译记忆库是不同的概念。在翻译过程中，原文和译文的句对会自动存储到工作翻译记忆库中，这个过程没有经过审校，很有可能会存在错误，将来对其他文档进行翻译时如果调用此翻译记忆库就会带来隐患。所以在对此工作翻译记忆库进行审校、修订并通过审核后再批量存储至主要翻译记忆库中，这样就可以保证主要翻译记忆库的质量了。

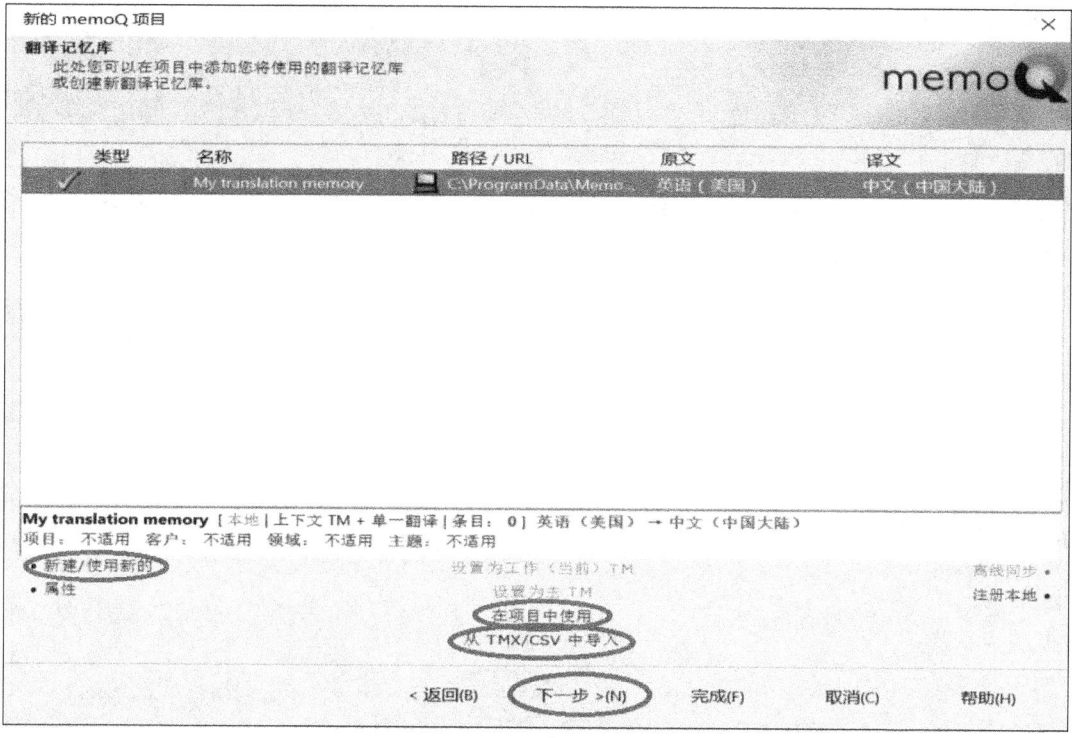

图 7-9 导入翻译记忆库

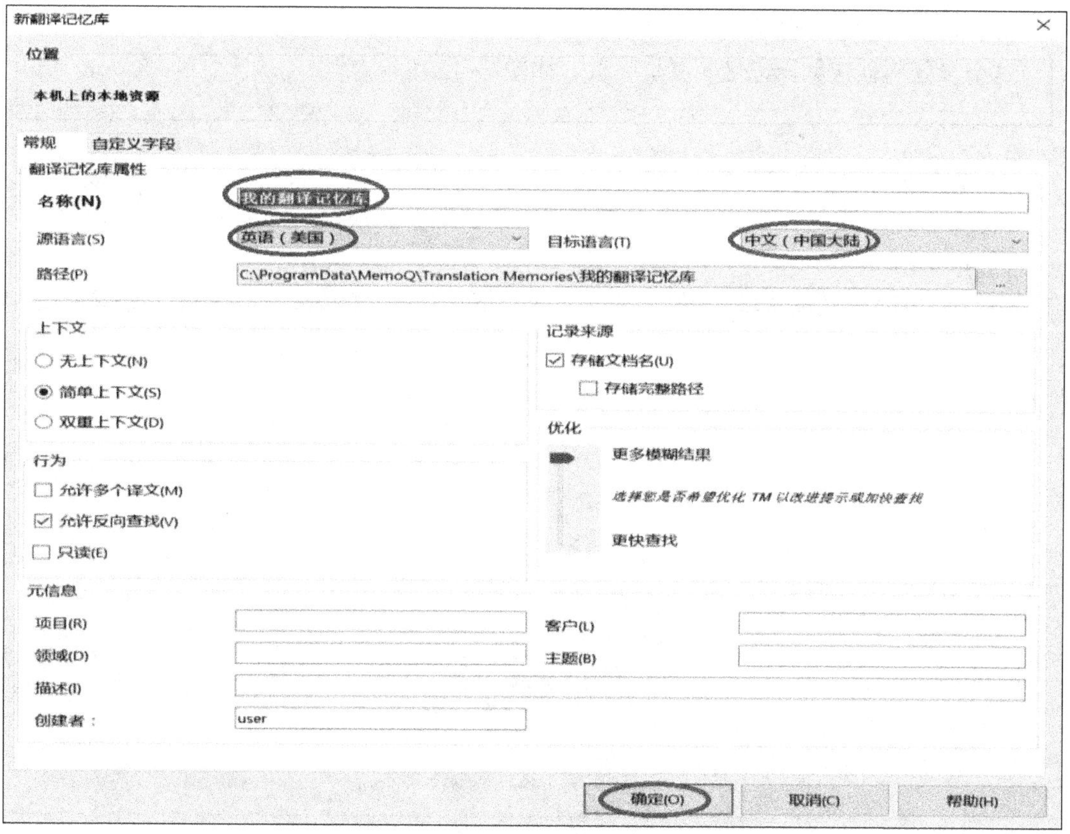

图 7-10 创建新翻译记忆库

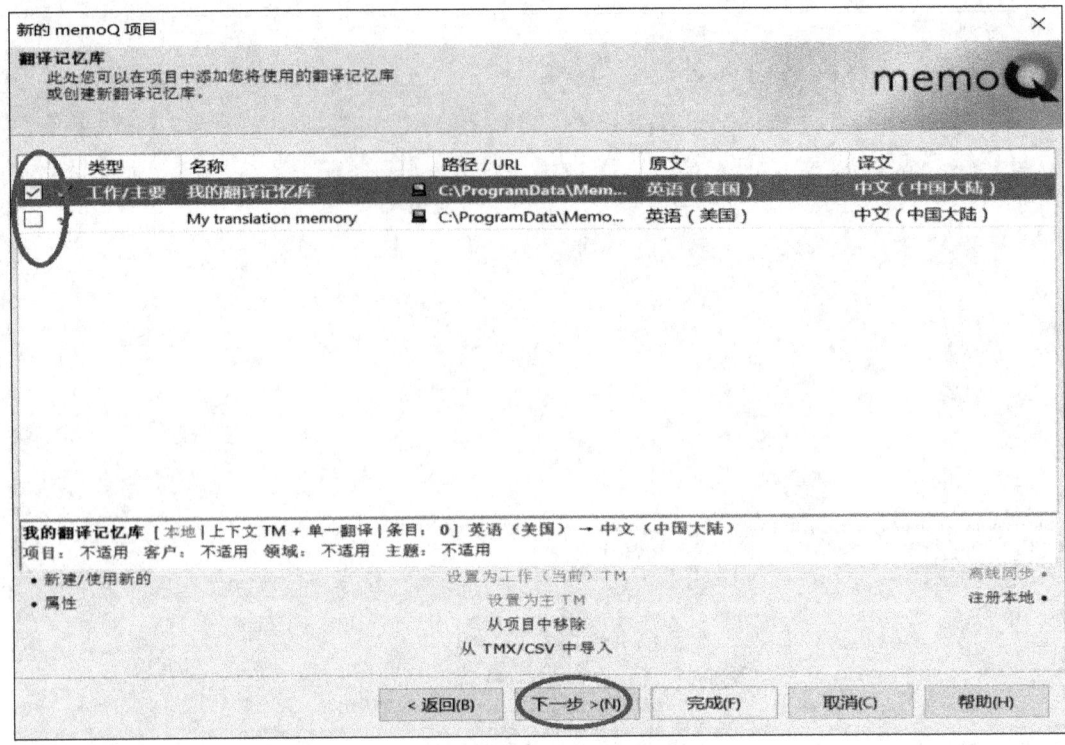

图 7-11　翻译记忆库创建完成

7.2.1.7　创建术语库

这个步骤与创建翻译记忆库基本一致，如图 7-12 所示。

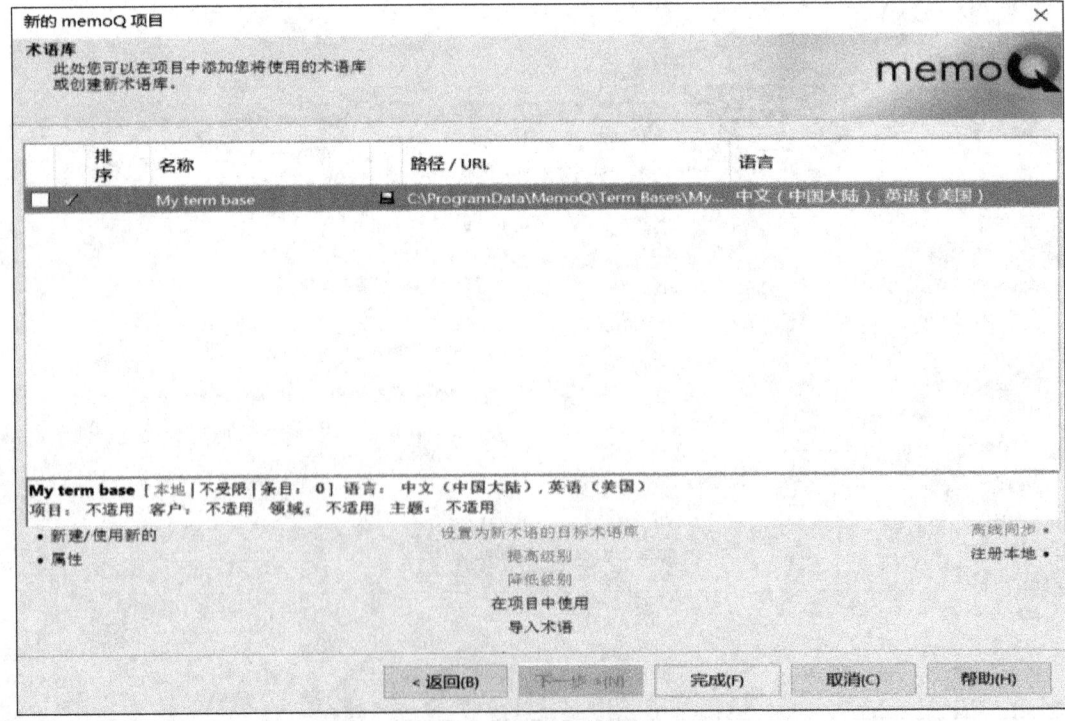

图 7-12　创建术语库

输入术语库名称，选择路径，或根据需要修改路径，并勾选语言，然后点击"确定"，如图 7-13 所示。

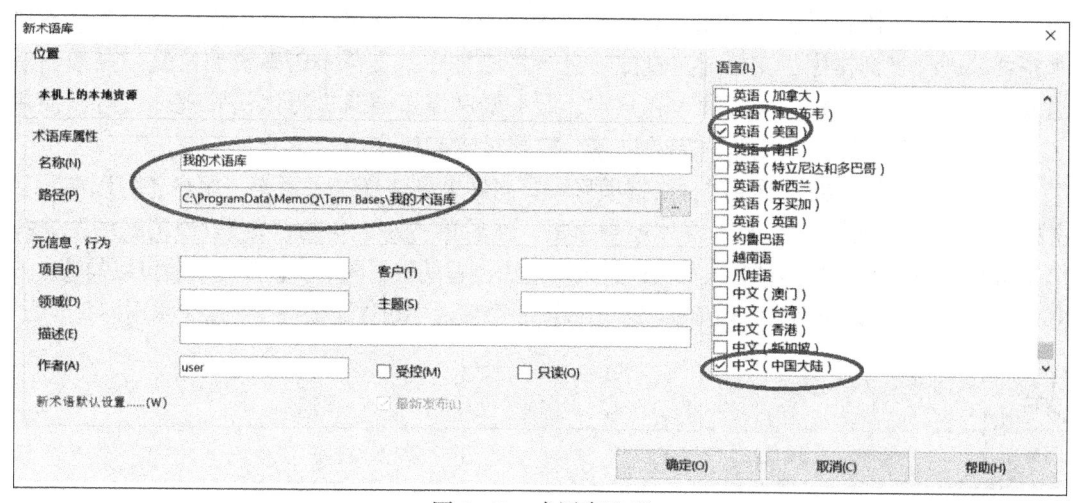

图 7-13　术语库选项

新的术语库创建完成，点击"完成"进入下一步，如图 7-14 所示。

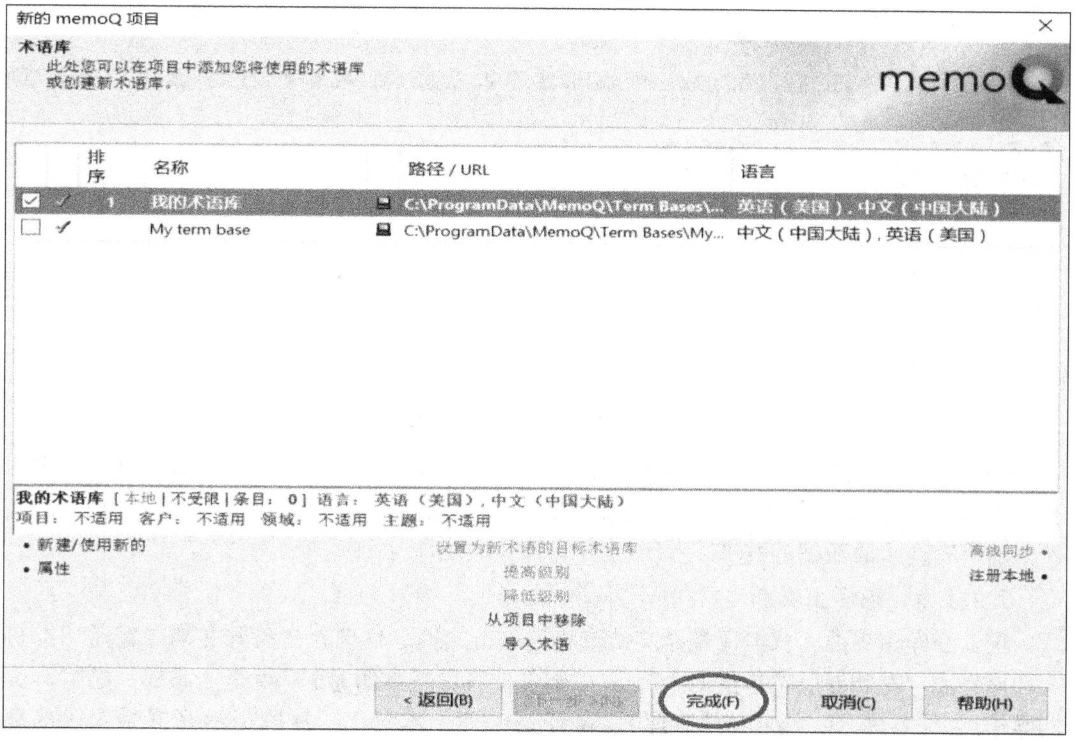

图 7-14　术语库创建完成

译员可以点击"排序"来改变术语库的顺序。在翻译过程中，排序最高的术语库会优先出现在术语翻译结果中。

memoQ 中嵌入的术语管理模块非常强大，操作也十分便捷。memoQ 中术语管理的功能主要有集中存储、许可配置、共享、控制、统一访问术语库等。用户既能够集中管理术语资源，也可以在翻译过程中随时调用术语资源。在项目主页、资源控制台以及"选项"中可以对术语进行集中设置和管理。memoQ 能够创建和编辑术语库，还能够选择和执行规则文件；具有术语数据转换功能，支持外部数据的导入和导出；支持项目中添加多个术语库并可以进行查询排序；支持通过过滤器进行术语排序；支持术语库资源修复。在最新版的术语管理模块中，用户可以通过客户端、服务器和浏览器来进行术语管理，还可以使用QTerm 在线管理术语，完成术语库的创建、权限设置等操作。

　　除了在创建新的翻译项目时，根据项目设置向导来创建新的术语库，用户还可以在项目主页，单击"术语库"，打开术语库控制面板，然后单击左上角的"创建/使用新的"来操作，如图7-15所示。这两种方式都可以进入术语库创建的设置向导，创建完成后可以勾选复选框，该术语库就可以作为该翻译项目的术语库。一个项目中可以添加一个或多个术语库。

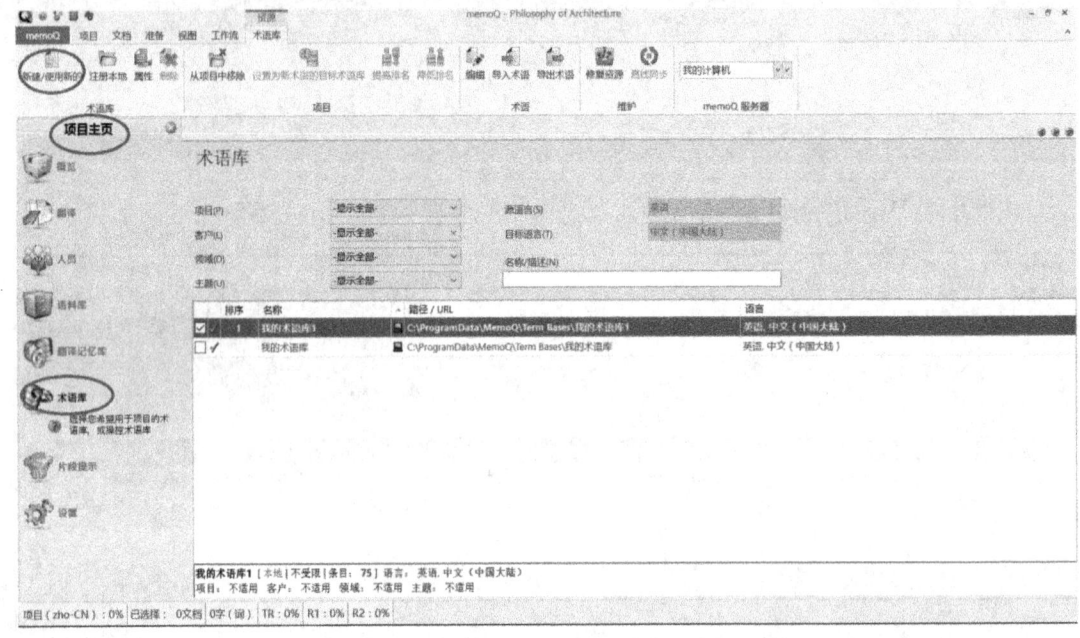

图 7-15　术语库控制面板

　　memoQ 术语模块支持导入多种文件格式，例如 CSV、TMX、TXT、XLS、XLSX、TBX和 SDL Multiterm 的 XML 格式的术语库文件，支持导出 TXT、XML、RTF、HTML 格式的文件，确保实现术语数据的共享。

7.2.1.8　翻译主界面

　　进入翻译主界面，双击待翻译文档或右键单击文档名称选择"打开文档以翻译"即进入翻译界面。左侧导航栏包括七个部分：概览（项目基本信息）、翻译（添加、删除等文档操作）、语料库（在线文档语料库）、翻译记忆库、术语库、片段提示（提供句段的翻译建议）、设置（更改项目基本信息、断句规则、质检规则等），在这里可以对翻译项目进行管理或修改相关设置。译员也可点击界面上方的菜单命令来查看统计信息，对项目进行添加、删除、编辑、导入、导出等操作。如果是团队工作，则由项目经理负责创建项目，译员以联机方式加入，也可以只导入部分文件和资源。

　　在"概览"标签下可以查看项目基本信息包括所有导入文档的列表、项目进度和翻译状态，并可以计算和查看项目相关的字数统计、重复率等统计信息，如图 7-16 所示。

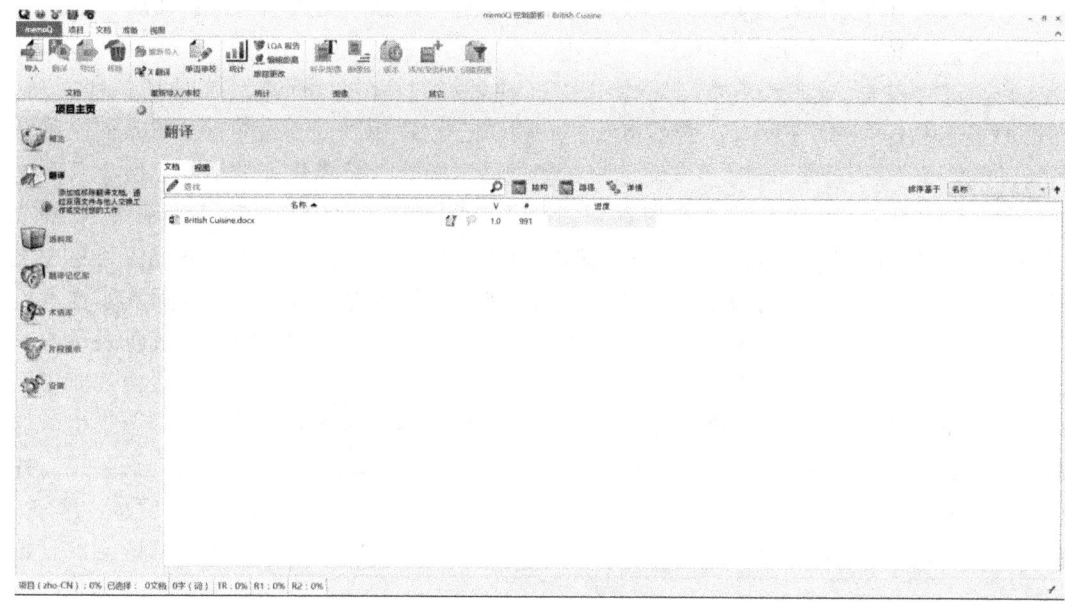

图 7-16　翻译主界面

7.2.2　翻译步骤

7.2.2.1　翻译编辑器

在项目主页双击文件名，就会出现翻译编辑器。在该项目主页中可以同时打开并编辑多个文件，每个文件都由自己单独的翻译网格，在编辑器上方的标签可以单独打开。翻译编辑器分为 3 部分，即翻译表格、翻译结果和视图面板，如图 7-17 所示。界面最上方是菜单栏，可对项目和文档进行编辑管理。

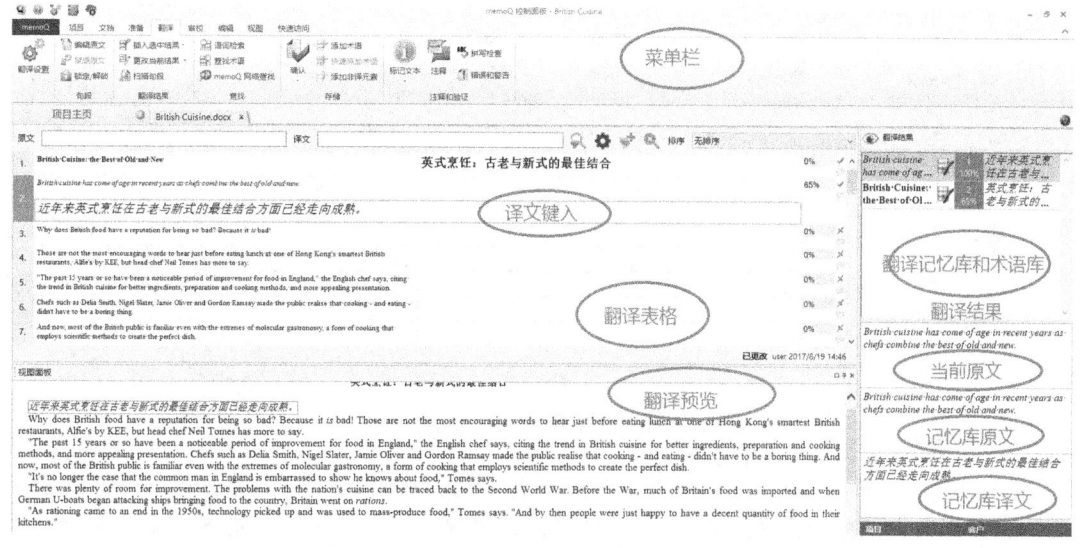

图 7-17　翻译编辑器

（1）翻译表格。这是做实际翻译的区域。memoQ 将文章切分为句子为单位（菜单栏中可对句段进行拆分和合并）。原文下方为译文键入区，翻译完后按"Ctrl+Enter"确认，这时右侧会出现匹配率和编辑状态（由不同颜色显示）。右侧的红色叉号变为绿色对勾，译文自动保存并写入创建好的记忆库中。　（在翻译过程中，译者无需时刻保存文档，memoQ 会自动保存每个操作。）若不将其加入翻译记忆库，则按"Ctrl+Shift+Enter"。确认后自动跳转至下一句段，同时会自动填充右侧翻译结果中匹配率最高的结果。数字百分比的显示表示当前句段中的源文本与搜索到的源文本之间的相似度。如果匹配率为100%或101%，表示当前源文本和格式与翻译记忆库中的完全相同；如果匹配率为95%到99%之间，表示文本相同，格式标签或数字略有不同；如果匹配率低于95%，则表示文本也有所不同。如图7-18所示，外观设置中显示对句段不同编辑状态的颜色编码，灰色表示未开始，淡粉色表示正在编辑，淡绿色表示预翻译完成但未确认，淡紫色表示句段由片段组合而成，翻译记忆库中只有部分片段的译文建议。若译者启用了 MT 插件，这个结果也可能来自于机器翻译。绿色表示已确认。红色表示该句段拒绝编辑。整个句段若为深灰色，并在右侧出现小锁的标志，则为锁定，如图7-19所示。点击上方菜单栏的"锁定/解锁"来锁定或解锁当前句段，此功能可以防止无意中覆盖已翻译好的结果，需要修改时，则选择解锁。

图7-18　句段不同状态的颜色显示

（2）翻译结果。界面右方为翻译结果区，最上方为翻译记忆库和术语库。如果其中包含与当前编辑句段相同或达到指定相似度的原文句段，该结果会出现在排序列表的首位，红色表示该句段收入了翻译记忆库和语料库，蓝色表示该字词收入了术语库，橙色表示通过检索提供对应词来查找相同或类似的字词，如图 7-20 所示。绿色为自动翻译结果，包括一些日期、计量单位等具有特殊规则的语言元素。每一条都有对应编号，按下"Ctrl+序号"即可将对应的翻译记忆库和术语库插入到译文框。或者双击带对勾的图标也可迅速插入，点击右键获取更多信息。右方下侧显示当前原文、记忆库原文和记忆库译文。同样点

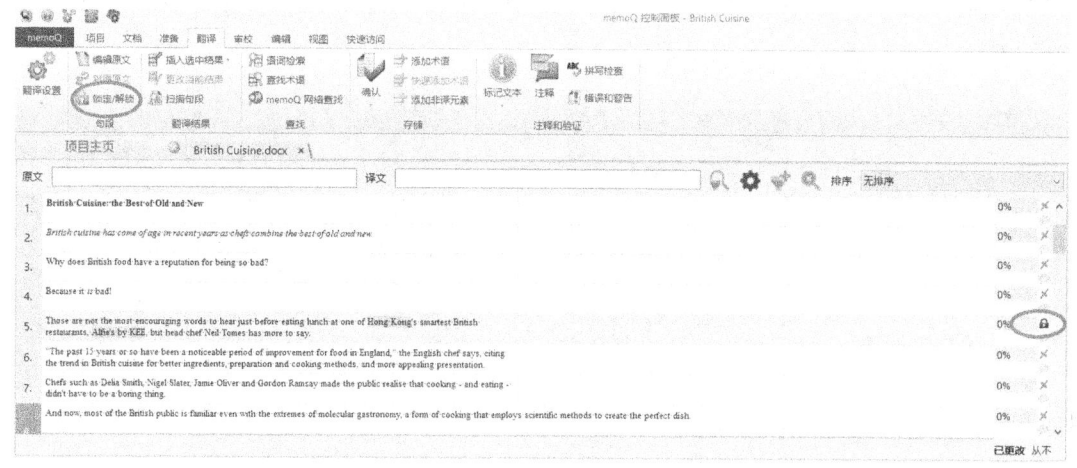

图 7-19 锁定/解锁

击右键可以自定义窗格的外观（如颜色、字体等）。还可以在插入术语后添加空格，启用翻译记忆库和语料库匹配覆盖目标段，这将删除正在编辑的文本，而用匹配的文本来替代。

（3）视图面板。源文件和翻译结果以相同的格式在此区域呈现。翻译前，预览区显示原文。翻译后，会出现红色框线，原文会自动变为译文。视图面板中除了能预览 HTML 格式外，还可以预览审校和查看活动注释。

7.2.2.2 添加和使用术语

创建项目时已经同时建立了术语库，术语库中可能已经累积了一些术语，也可能是空白。翻译过程中，在翻译编辑器页面的右侧，如果该句段包含术语库中的术语，其原文和译文将会以蓝色显示。在下方会显示其他的术语数据，包括术语候选列表、术语库名称、修改人和修改时间、图片信息等。如

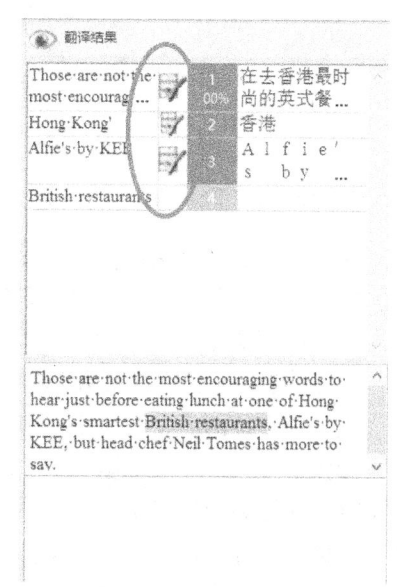

图 7-20 翻译结果

果匹配结果不止一个，则会以出现先后顺序排列，按"Ctrl+↑"和"Ctrl+↓"来浏览，双击该术语译文或按"Ctrl+序号"或"Ctrl+Space"就可将该术语译文快速插入译文框中。

如果某个字词重复出现并保持一致的翻译，译者就可以将其添加至术语库中。添加新的术语时，用鼠标分别选定原文和译文，然后点击菜单栏中"翻译"下的"添加术语"，

或直接点击右键选择"添加术语"或按"Ctrl+Q",术语条目将自动添加到术语库中,并实时显示在翻译结果窗口。单击"添加术语"或按"Ctrl+E"后出现创建术语的对话窗,如图 7-21 所示。在此对话框中可以对术语进行编辑,设置术语匹配值(模糊、50%前缀、精准匹配)、区分大小写、禁用术语、词性、单复数、阴阳性、术语定义等,并能添加静态和动态图片。最后单击"确认"成功添加。在翻译结果区可看到蓝色背景的新术语。

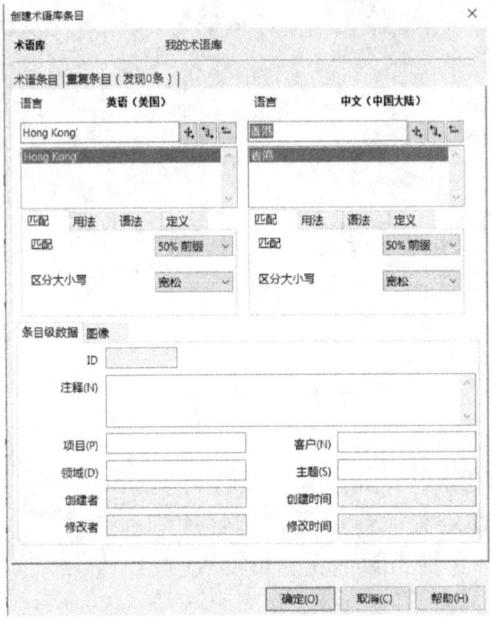

图 7-21　新术语添加

对于现有的术语条目,单击翻译结果右下角的铅笔图标,在弹出的术语编辑对话框中,可以对术语条目进行添加和编辑。也可以根据过滤器筛选查看术语条目,进行术语的导入和导出等操作。

7.2.2.3　正确处理格式标签

在编辑表格的原文句段中,有时会出现警告或错误标志,双击会出现警告或错误的描述,如图 7-22 所示。这是因为原文中除了文本,还会自动提取其他内容,它们在编辑表格中以格式标签的形式出现,分别代表不同的格式,例如超链接、脚注、尾注、页眉、页脚或表格、图片等信息。在最新版的 memoQ 中,粗体、斜体、下划线等格式在译文输入栏中已自动与原文匹配。这些格式标签非常重要,一旦丢失,会破坏文档格式,导致无法导出译文。因此,译者必须正确地将原文中所有的格式标签都插入到译文句段中,才能够保证翻译的正常进行。

正确的插入标签的方法是点击上方菜单栏的"插入标签",然后在译文输入栏中对应原文句段的位置点击鼠标左键即自动完成插入。或者将光标置于译文输入栏中与原文句段对应的位置,然后点击"复制下一个标签序列",也会自动完成标签的插入,如图 7-23 所示。

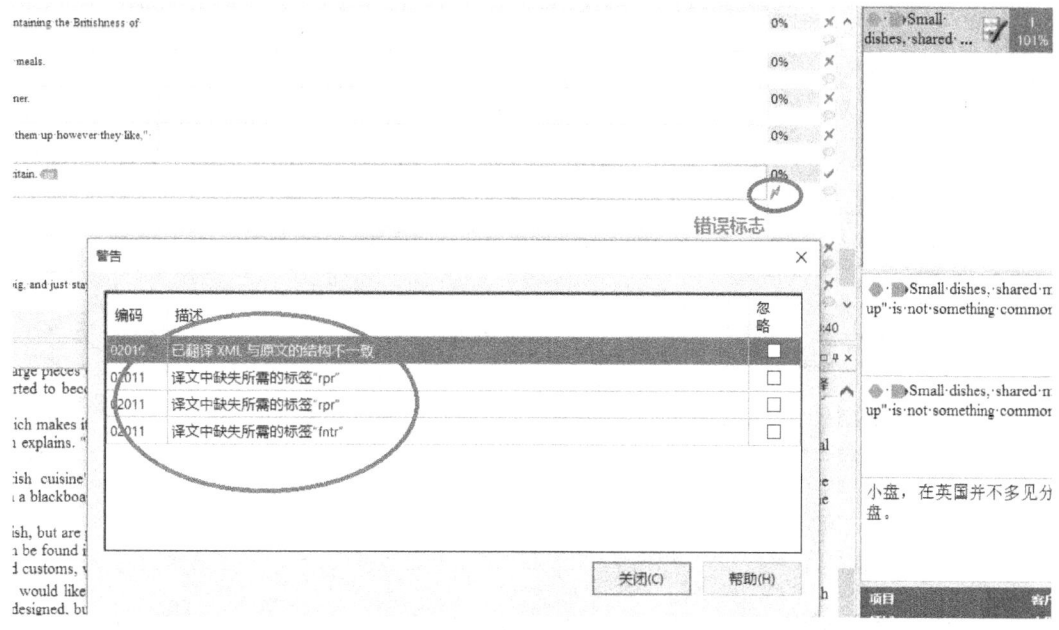

图 7-22　警告标志

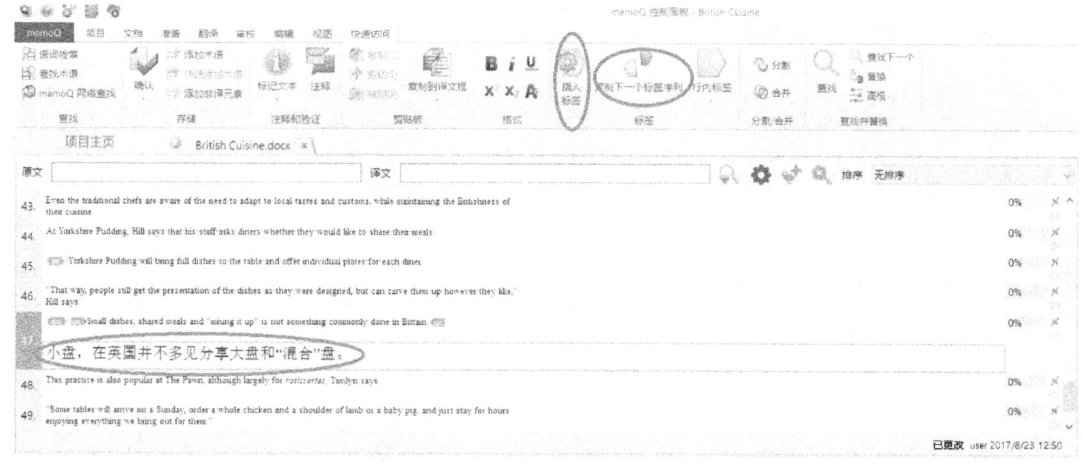

图 7-23　正确插入格式标签

插入完成后，按"Ctrl+Enter"确认，右侧的标志显示为绿色对号，警告或错误标志消失，则表示此包含有格式标签的句段翻译成功，如图 7-24 所示。

7.2.2.4　合并和分割句段

在翻译过程中，根据译者的不同需要会对句段进行合并或分割。如当前句段本身没有意义，而是和下一句段一起形成有意义的单元，则合并。如当前句段应该被分成两个段，

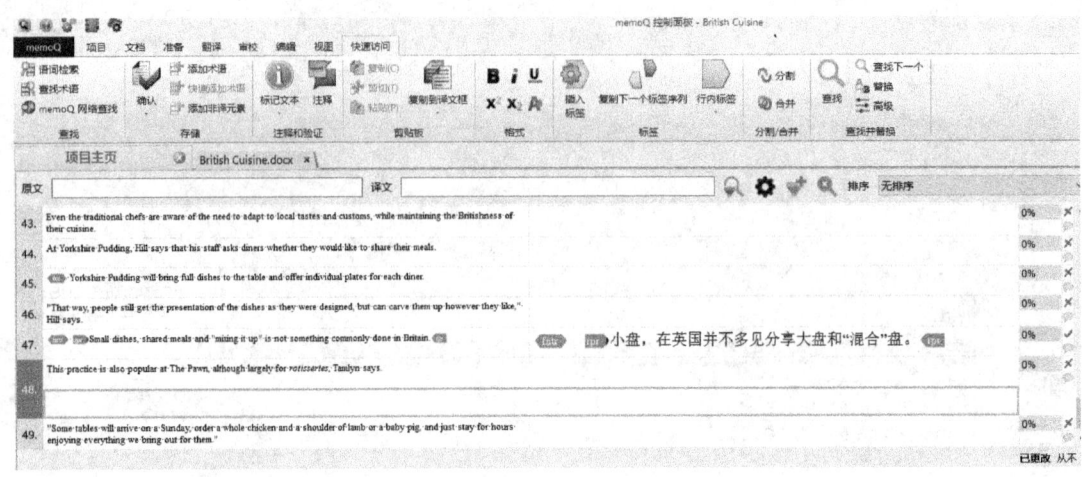

图 7-24　格式标签插入成功

则分割。选定需要合并或分割的句段，然后在上方菜单栏中点击"合并"或"分割"，也可以在选定句段点击鼠标右键，然后点击"合并"或"分割"，如图 7-25 所示。如果自动断句不理想，译者可以将光标放置需要断句的位置，点击右键，选择"分割"或"合并"。

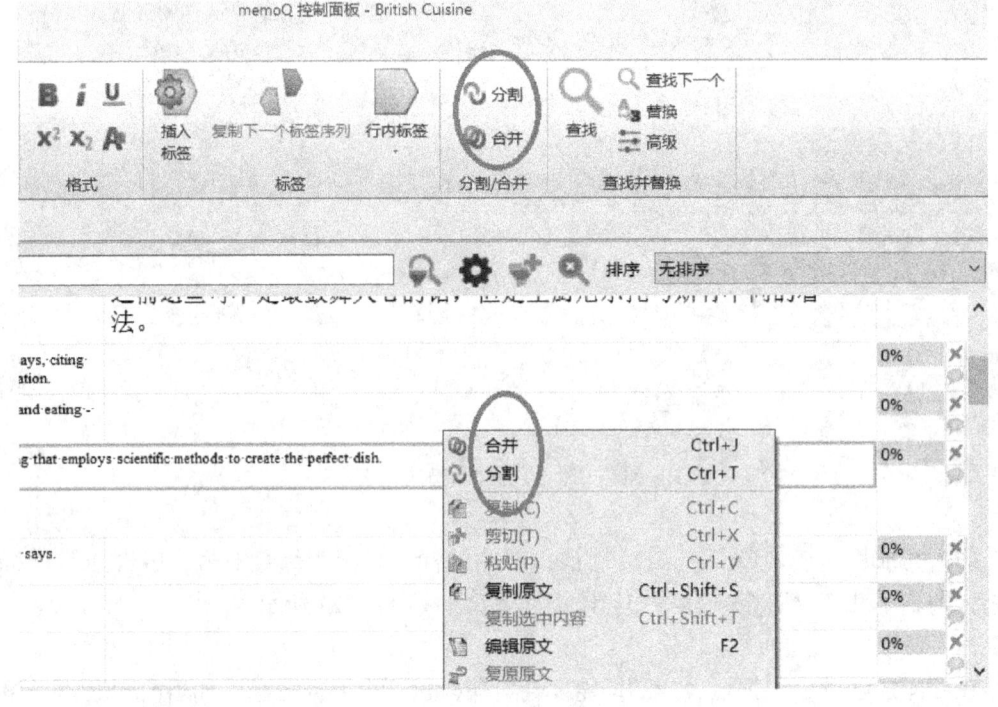

图 7-25　合并或分割句段

7.2.2.5 导出项目文件

全文翻译完成后要对文档进行导出，在导出前，需要先对译文质量进行检查。点击上方菜单栏的"审校"→"质量保证"→"运行 QA"，如图 7-26 所示。这一模块目的是发现并标识出翻译中的错误。运行 QA 后软件会自动对句段进行逐一检查并以警告的形式提供错误信息。

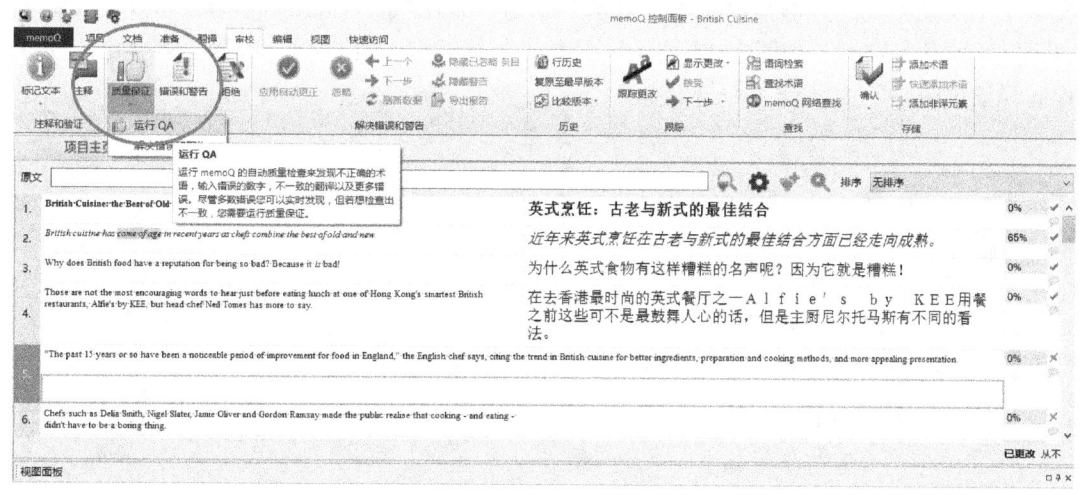

图 7-26　审校

运行后，会出现如下对话框，如图 7-27 所示。此时译者可以选择对文档和翻译记忆

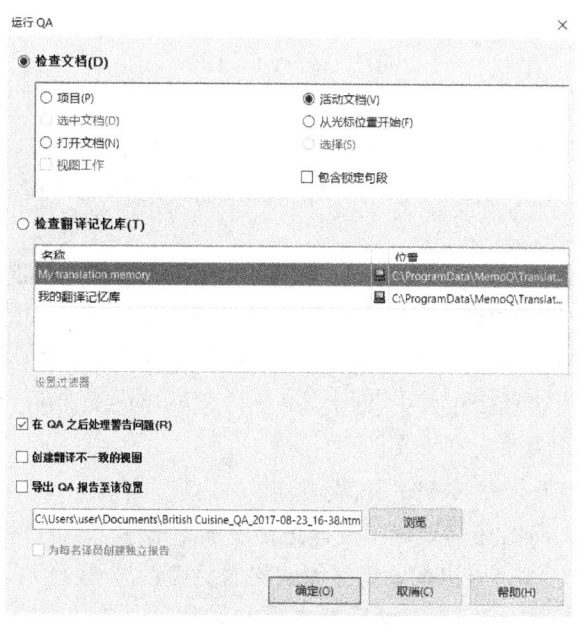

图 7-27　运行 QA 的对话框

库进行检查。对话框下方还可以勾选是否处理警告问题、是否创建不一样的视图以及选择导出 QA 报告的存储路径。点击"确定"后，进入错误信息列表，译者可以查看并重新编辑该错误句段，修改后点击菜单栏的"确认"并存入翻译记忆库。运行 QA 能够帮助译者发现文档译文中的漏译、错误的格式标签、标点和拼写错误、术语不一致等现象。但对于译文中的措辞和文体，则需要人工完成。

    检查完成后就可以导出译文了。译文导出后有两种格式，即纯文本译文和"原文—译文"双语对照格式。点击菜单栏中"文档"下的"导出"，会出现多种导出格式，译者可以根据需要进行选择，如图 7-28 所示。另外，将光标停留在选项上两秒，将会出现此操作的详细说明。

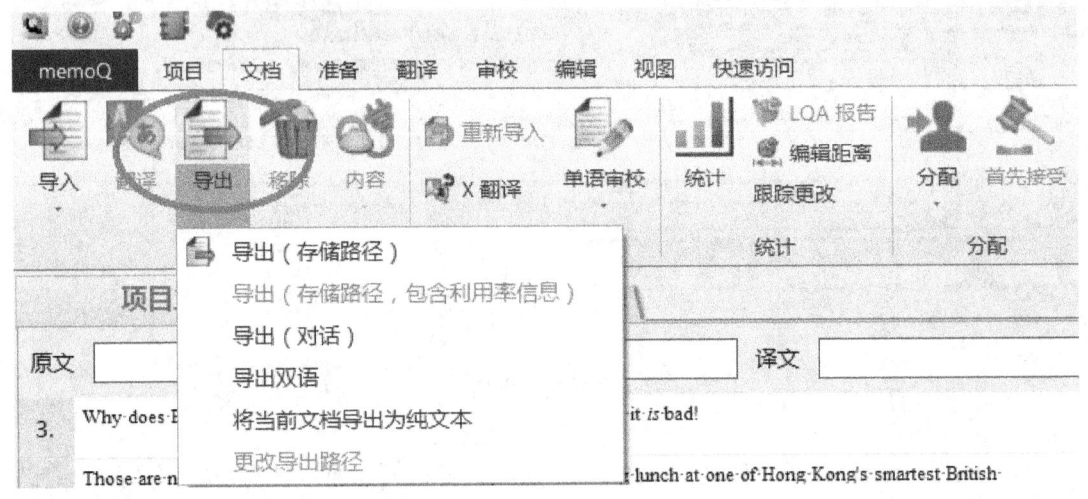

图 7-28   导出译文

    如果以原始格式交付译文，则直接选择"导出（存储路径）"。memoQ 会将文档导出到和导入时相同的路径中，自动新建文件夹，文档名称与原文档相同，导出后 memoQ 会生成报告。

    在导出为双语对照格式过程中，会出现 3 种导出选项，即 memoQ XLIFF、TRADOS 兼容的双语 DOC（T）、两栏 RTF（W），如图 7-29 所示。第 1 种 XLIFF 是一种 XML 本地化数据交换格式标准，有些客户特别要求将项目文件导出为这种格式。第 2 种导出后可以与 SDL TRADOS 兼容，能够直接在其中使用。第 3 种所导出的文档可以用 Microsoft Word 打开审阅，含有表格，分为原文和译文两栏。

7.2.2.6 导出翻译记忆库和术语库

导出项目文件后，有时还需要导出翻译记忆库和术语库。

    （1）导出翻译记忆库。导出翻译记忆库的格式为 TMX。在"项目主页"选择"翻译记忆库"，勾选需要导出的记忆库，然后点击上方菜单栏中的"导出至 TMX"，如图 7-30 所示。然后为该文件命名，指定存放路径并确认导出。

图 7-29　双语对照格式导出选项

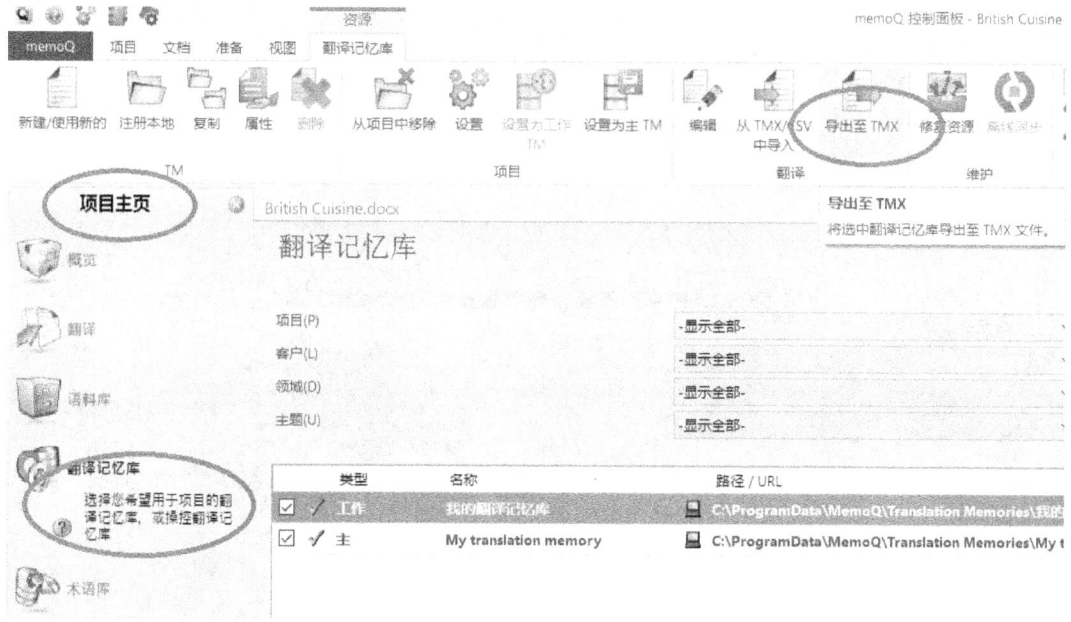

图 7-30　导出翻译记忆库

（2）导出术语库。在"项目主页"中选择"术语库"，勾选要导出的术语库，然后在上方菜单栏中点击"导出术语"，如图 7-31 所示。

点击后会出现设置对话框，如图 7-32 所示。除了选择存放路径之外，还有比导出翻译记忆库更多的选项。术语库的导出格式分为两种，即 CSV 和 Multiterm XML。CSV 格式可以用 Microsoft Word 打开，而 Multiterm XML 是专为兼容 SDL TRADOS 的格式。导出的字段只勾选"条目"即可。设置完成后点击"导出"。

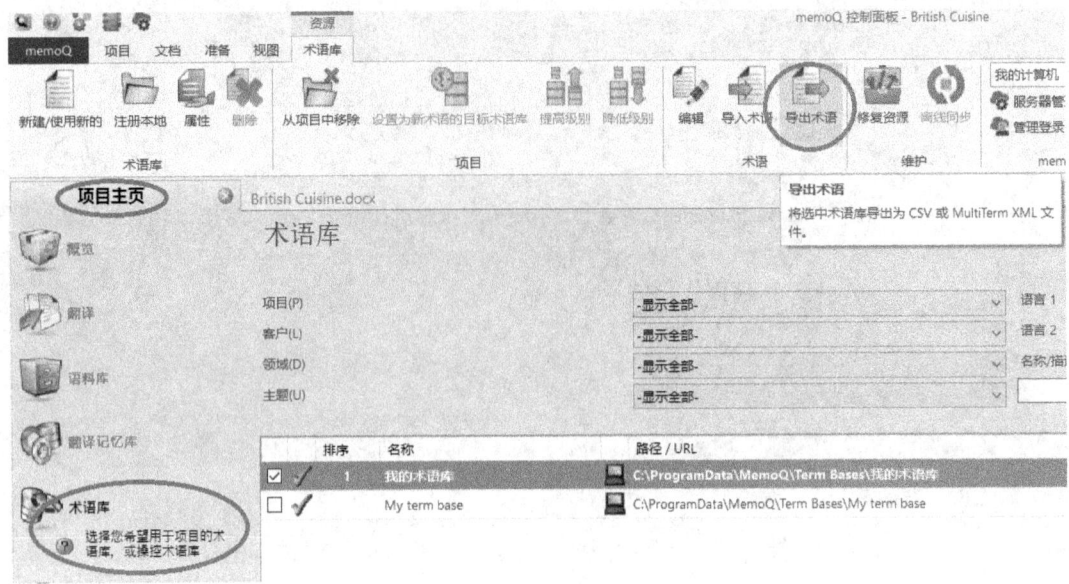

图 7-31　导出术语库

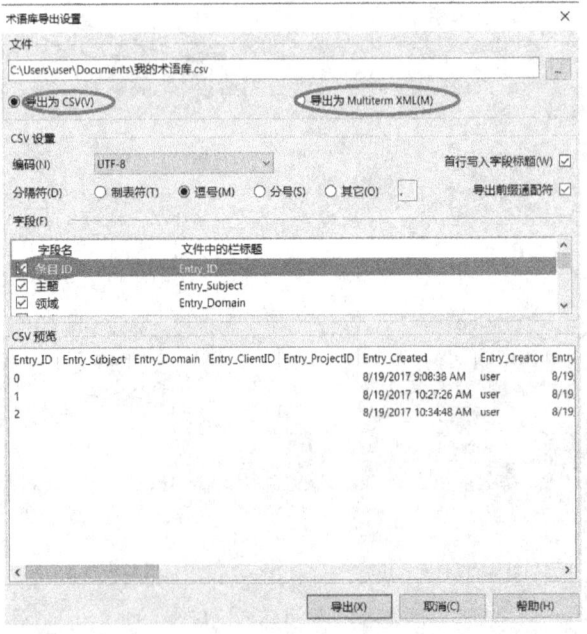

图 7-32　导出术语库设置对话框

7.2.3　项目总结

以上所示仅是最简单常见的项目类型，若原文格式是 Word 文档，可以直接导入进行翻译。翻译流程也相对简单，拖放或导入文件，选择项目模板，选择源语言和目标语言，填写项目信息，打开文档进行翻译，翻译完成之后也可以直接导出与原文格式完全相同的译文。在翻译过程中，翻译记忆库和术语库能够实时发挥作用，提高了翻译效率并能够保证译文的一致性，字体格式与标签的处理也相对简单。memoQ 作为计算机辅助翻译软件在操作上简单方便，对于常见的简单翻译任务能够很快熟练操作。当然，memoQ 的功能远不止这些，在一些相对复杂的翻译项目中更能体现其强大的功能。

在翻译较大的文件时，需要用到提取术语、预翻译、提取重复句段和高匹配句段、网络检索、添加非译元素、双语或单语审校等功能。如果是两个或两个以上译员进行协作翻译，则需要项目经理进行任务的分配、创建项目分发包、返回文件包和审校文件包。在企业级的翻译管理系统中，项目经理和译员还可以登录 memoQ 服务器软件来实现翻译流程的自动化并实时跟踪项目进度。这些 memoQ 强大的功能将在其他章节中陆续进行简要讲述。

7.3 memoQ 的特色功能

7.3.1 网络检索

在翻译实践中，译者都致力于翻译出质量高、更地道的译文，这除了对语言的熟练掌握外，更需要体现大量的背景知识、专业术语和本土的表达方式，这就无可避免地会用到电子词典和网页浏览。为了更快捷方便地对网络信息进行检索和查询，memoQ 提供了网络搜索功能，具体操作如下。

（1）点击主界面上方的"选项"标志，在"默认资源"中选定放大镜图标，即显示"网络搜索"。"源语言"选择"英语"，"目标语言"选择"中文"。然后点击界面下方的"新建"来创建新的检索目录，输入"名称"或"描述"，然后点击"确定"，如图 7-33 所示。

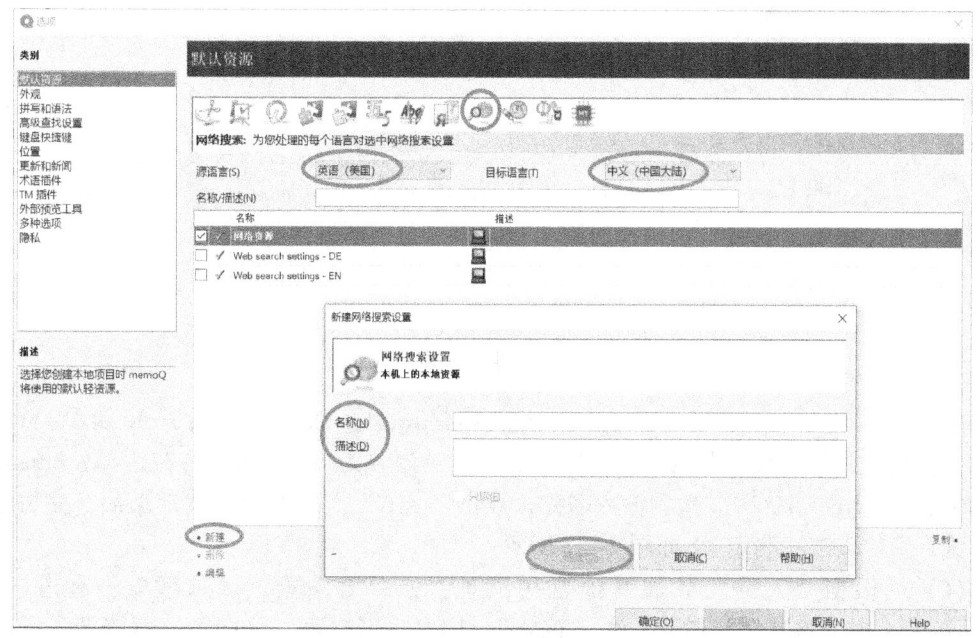

图 7-33　创建新的网络检索目录

（2）将新建的检索集勾选为默认资源，点击下方的"编辑"进入"配置 memoQ 网络搜索"，然后点击"新增"进入"编辑查找提供方"，在"查找 URL"栏中输入网站名称和网址，如图 7-34 所示。

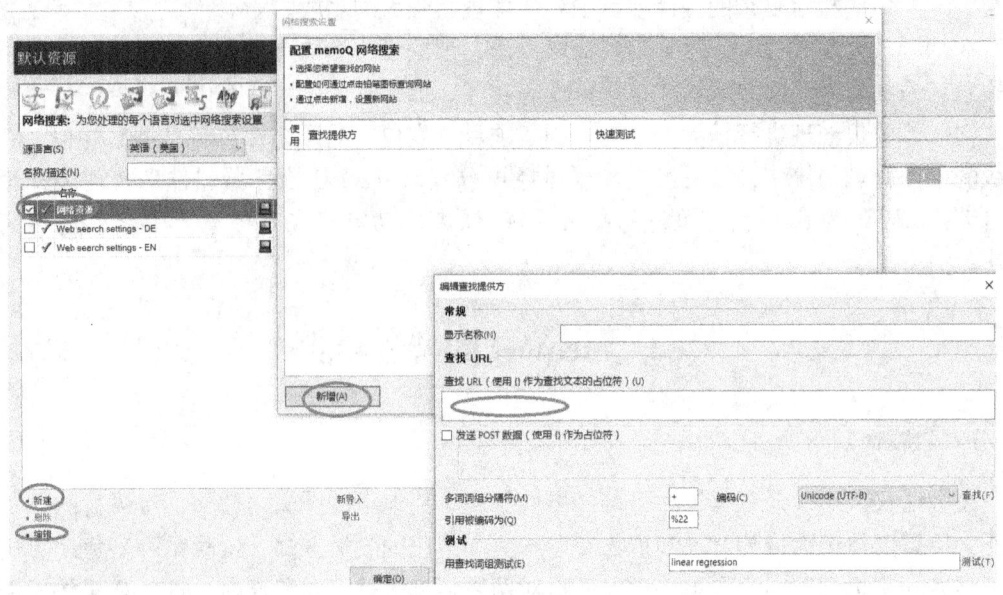

图 7-34　新增网址

（3）注意，不能直接输入搜索主页，而是需要对网址进行转换。以"维基百科"为例，首先进入网站主页：http：//en. wikipedia. org/wiki/Main_Page，然后在搜索框输入需要查询的词，如"British cuisine"，如图 7-35 所示。

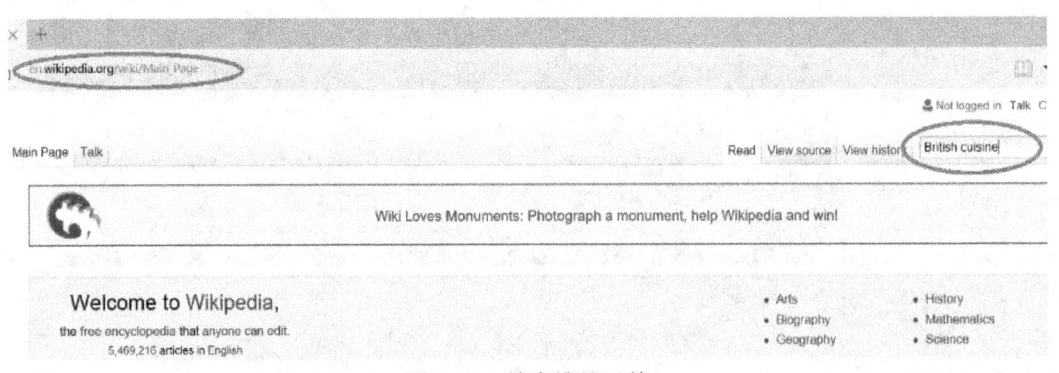

图 7-35　搜索维基百科

（4）复制网址 https：//en. wikipedia. org/wiki/British_cuisine，如图 7-36 所示。

（5）将复制的网址粘贴至网址栏里，需要将结尾改为 {}，用来占位，即：https：//en. wikepedia. org/wiki/{}。然后输入名称，点击"测试"，即可预览检索页面，完成后关闭预览，最后点击"确定"，如图 7-37 所示。

（6）可根据个人需要添加其他常用网址，如百度搜索、搜狗搜索、有道词典、Tmxmall 等，并勾选启用，最后点击"确定"。同时译者也可以将网页搜索资源进行导入和导出，来与其他译者分享。

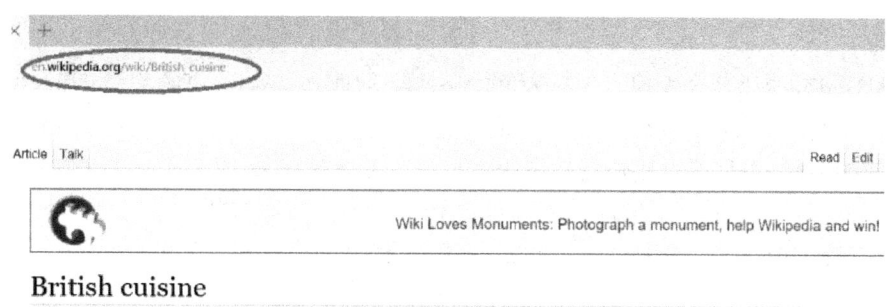

图 7-36　复制网址

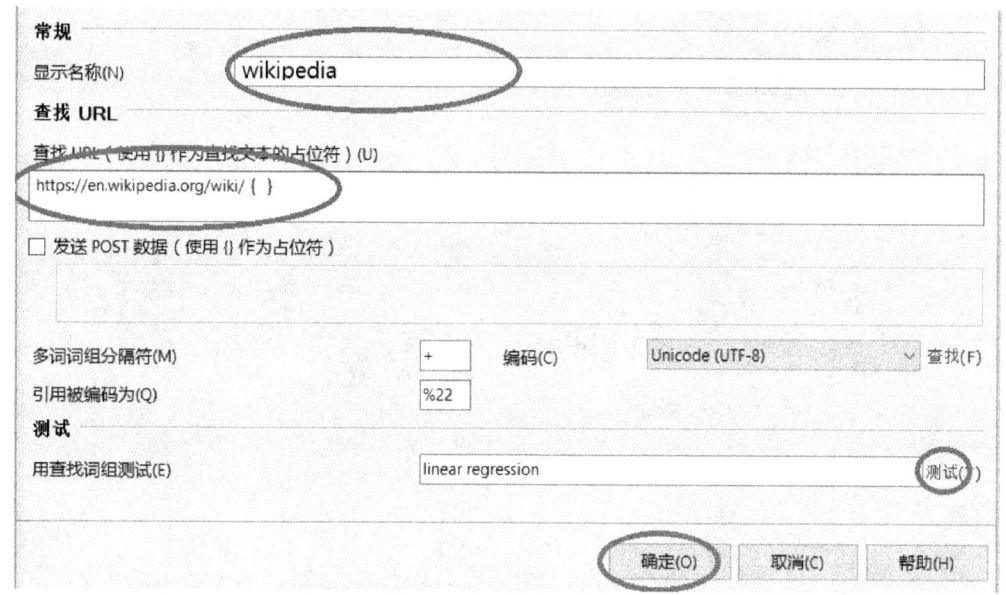

图 7-37　输入网址

（7）在翻译界面，点击上方菜单栏中的"memoQ 网络查找"，启动网页检索，在查找中输入需要查询的词，可以选择不同的搜索网页。或者鼠标选定文档中的字词，点击右键，选择"memoQ 网络查找"，如图 7-38 所示。

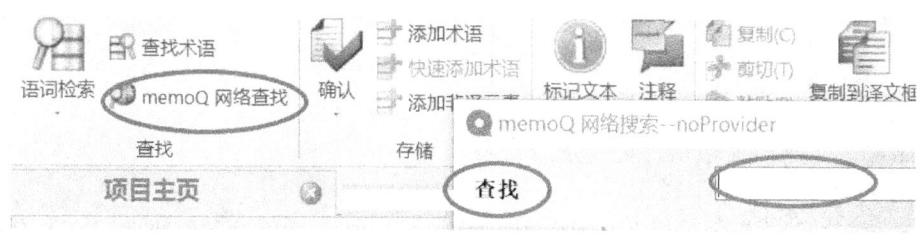

图 7-38　memoQ 网络查找

7.3.2　X-翻译

熟悉 Trados 的译者会发现，memoQ 的 X-翻译功能与 Trados 中的完美匹配功能类似。在翻译过程中，如果需要更新源文档，无需通过翻译记忆库，利用 X-翻译功能就可以做到，或者在翻译结束后，直接进行翻译版本更新。具体操作如下。

（1）在"项目主页"中选定待更新的文档，点击上方菜单栏中的"重新导入"或者直接点击右键，选择"重新导入"，如图 7-39 所示。

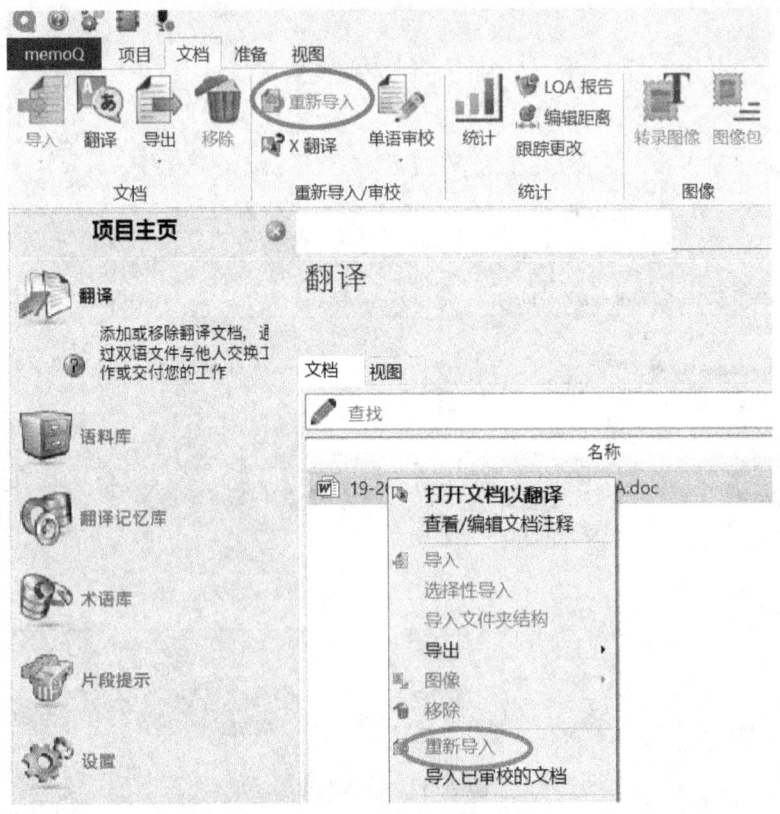

图 7-39　重新导入源文档

（2）可以导入同一文档，也可以导入文件名不同，位置也不同的新文档，然后点击"确定"，如图 7-40 所示。

（3）导入完成后，选定新文档，点击上方菜单栏中的"X-翻译"，根据需要进行更新即可，如图 7-41 所示。

7.3.3　翻译设置

memoQ 的翻译设置包括自动更正、自动填充、自动查找和插入、预测输入和自动选取，如图 7-42 所示。

自动更正功能在汉译外过程中作用比较大，可以把常用的短语、地址、机构等名称，以及很难输入的文字添加到自动更正列表中，这样在翻译的时候就能实现迅速输入，提高翻译效率。而在外译汉过程中则较少使用。

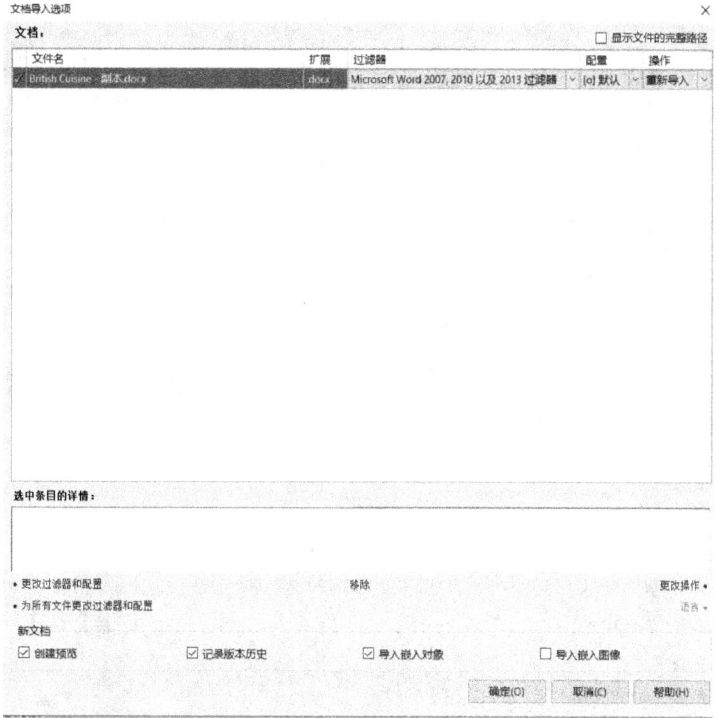

图 7-40 文档导入选项

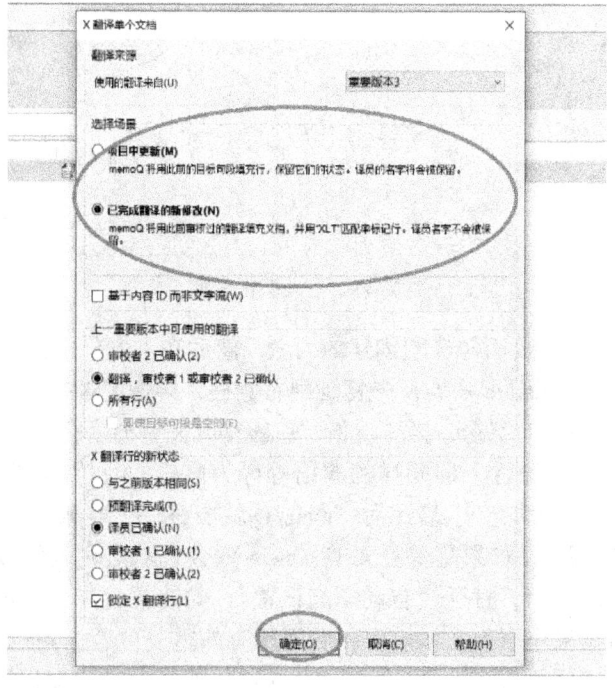

图 7-41 X-翻译

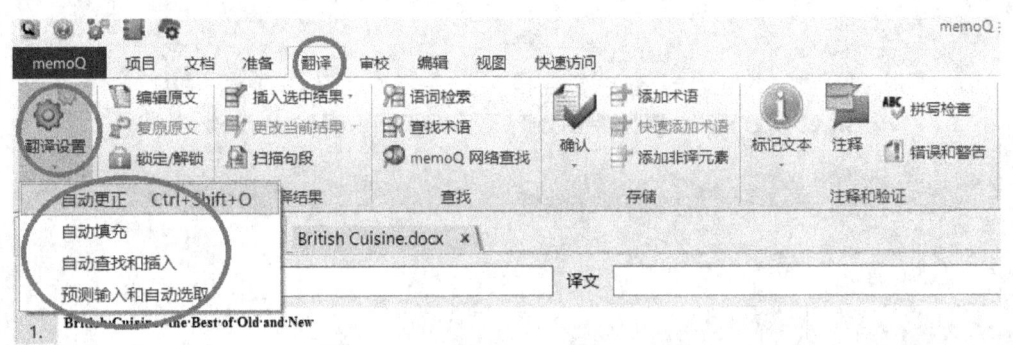

图 7-42　翻译设置

　　具体操作：打开"自动更正"设置，点击"新列表"，输入名称，然后点击"确定"，如图 7-43 所示。

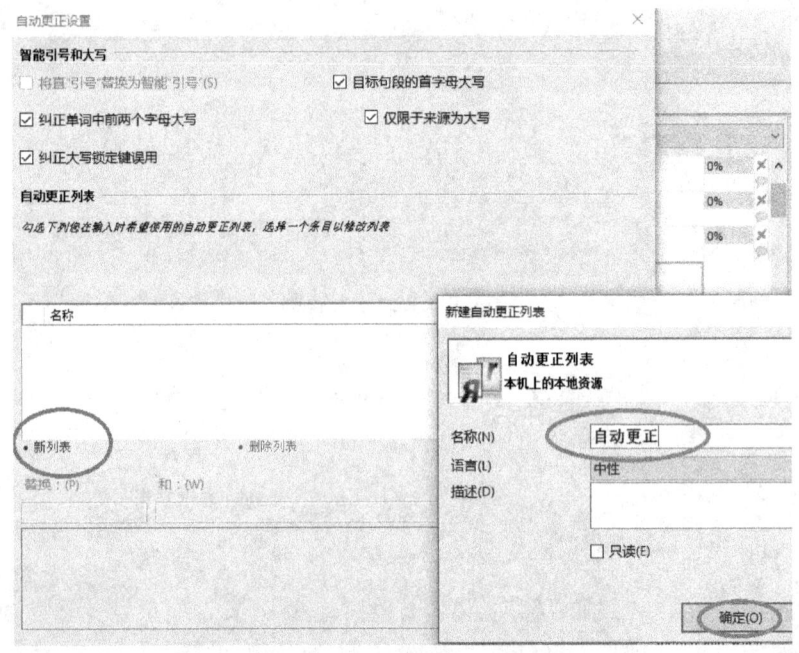

图 7-43　自动更正设置

　　在"自动更正设置"页面勾选刚创建的列表。然后在下方分别输入要替换的字符串和目标字符串。例如 bibliothèque 一词，先复制到右侧栏，再指定替换字符为 bboq，完成后，回到编辑页面，输入缩写的字符，再按空格，就能得到完整的字符串了，如图 7-44 所示。

　　翻译过程中应保持一致性，即同样的源语翻译为同样的目标语。在 memoQ 中启用这一功能，需要打开"自动填充"。启用后，memoQ 就能够持续监测正在翻译的文本是否在本项目的其他位置出现过，如果是重复文本，memoQ 会自动把确认后的翻译填充到其他相同的位置。如图 7-45 所示，打开"自动填充设置"，勾选"允许自动填充"，选择"向后和向前填充"，即将结果应用到文本前面和后面所有的重复位置。勾选"覆盖已确认的句段"，句段状态选择"译员或审校者已确认"，这样就能翻译时快速识别自动填充的结果，提高翻译效率。

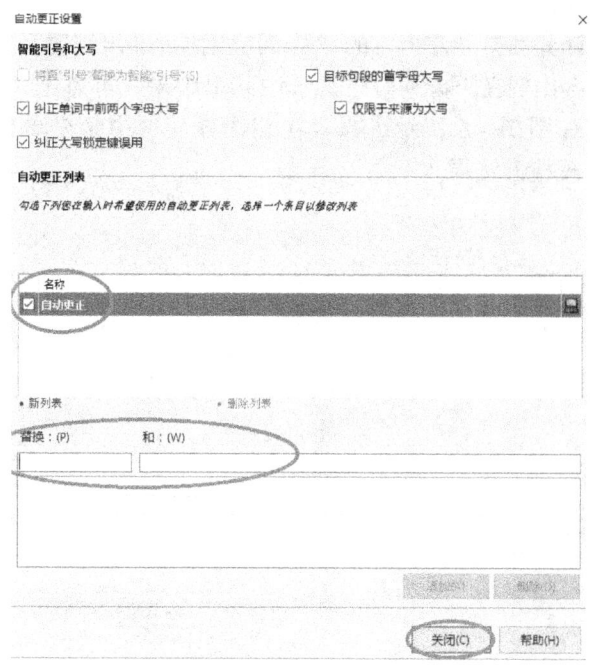

图 7-44　输入字符串

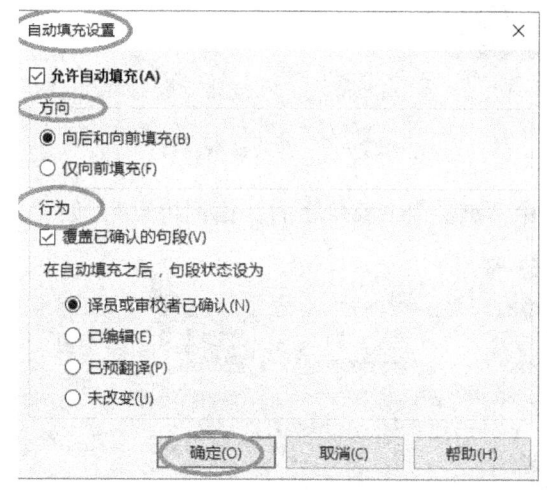

图 7-45　自动填充设置

　　如果要加快翻译进度,可以通过设置自动查找和输入来使 memoQ 自动插入最佳翻译结果,而不只是翻译结果窗格中的潜在匹配项。

7.3.4　语词检索

　　语词检索是指将某个词在语料库中的所有例句检索出来所产生的清单列表。翻译过程中,如果某个词多次出现,但是并没有加入到翻译记忆库和术语库中,此时译者可以启用词语检索功能来确认这个词的具体含义或者查询字词的翻译实例。保证重复表达的翻译一致性，甚至能提供可能的翻译。

　　具体操作：在翻译界面打开左上方的"语词检索"，即出现对话框，在文本栏输入要查询的字词，结果就会出现在下方列表中，选中某个结果，可点击"插入选中内容"，即可得到相应的翻译，如图 7-46 所示。或者在翻译界面选中某个单词，点击右键，选择"语词检索"，即可出现检索结果。

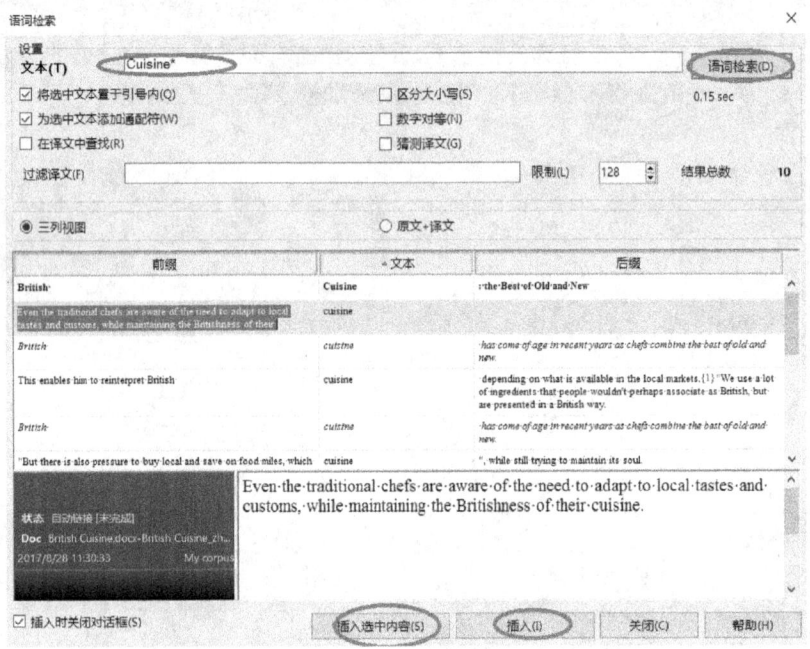

图 7-46　语词检索设置

　　也可以在翻译过程中，点击上方菜单栏的"语词检索"，如图 7-47 所示。

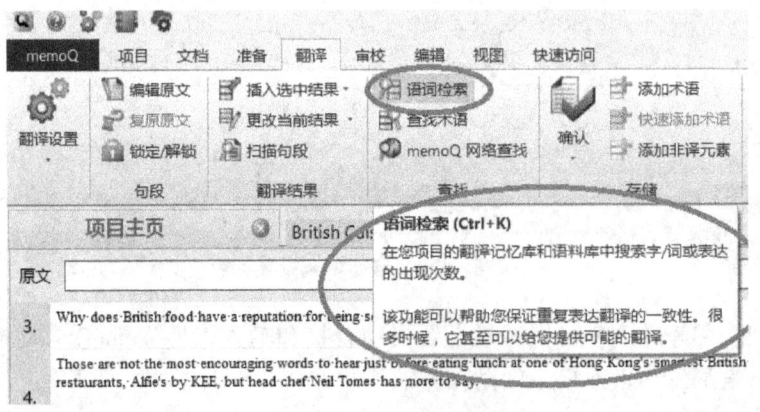

图 7-47　语料库语词检索

　　在"语词检索"对话框中，在"文本"栏中输入需要查找的句段，根据需要勾选不同选项，即可进行语料库查询，如图 7-48 所示，译者不必导出为翻译记忆库就可直接在项目中使用。

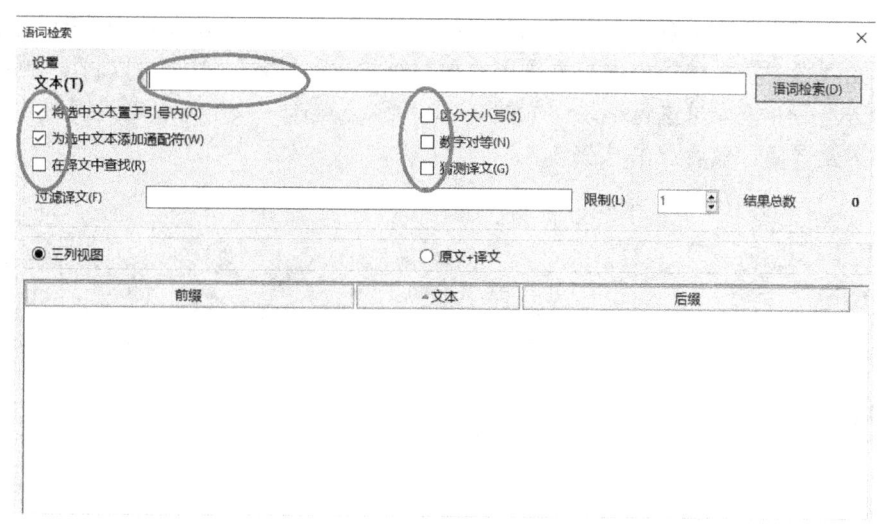

图 7-48 语料库语词检索设置

7.3.5 Muses（片段提示）

Muses 的作用就等于一本词典，包括从翻译记忆库和语料库提取的字词或短语，在翻译的时候能够实时提供建议和提示，以提高翻译效率，如图 7-49 所示。

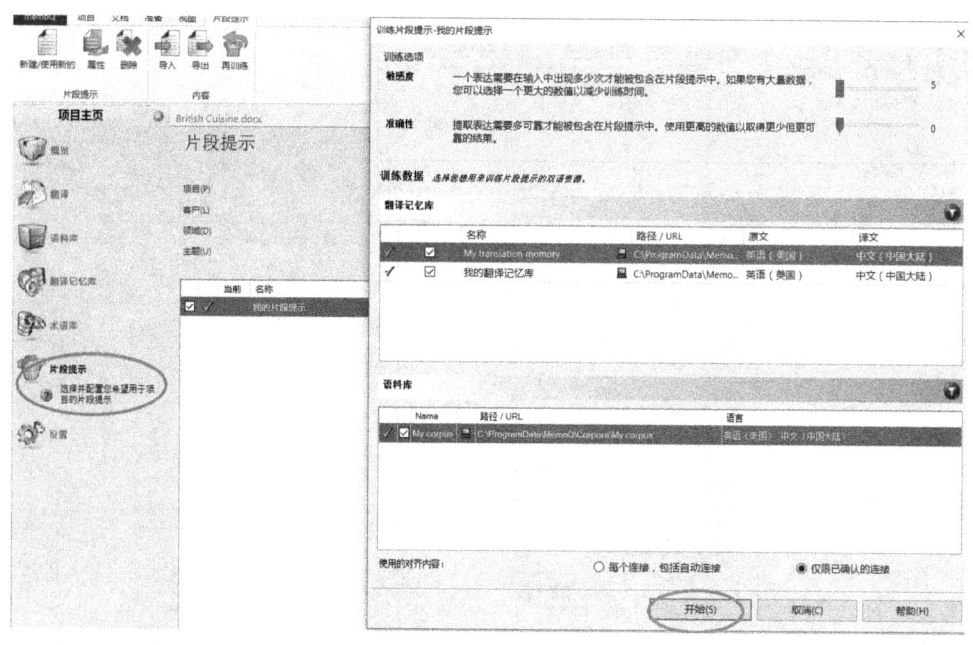

图 7-49 片段提示

7.3.6 创建视图（过滤和排序）

视图允许将多个小文档连接在一起，也可以分割大文档，从项目中提取重复内容或模糊匹配句段，或在一个位置收集相关句段。编辑视图时实际上是在文档中编辑句段，视图只是在不同列表中将文档呈现出来。视图也可以被导出和导入，因此可以将一个大文档的一部分发送给另一位译员进行翻译，如图 7-50 所示。点击"文档""创建视图"，输入名称，根据需要选择，最后点击"确定"。

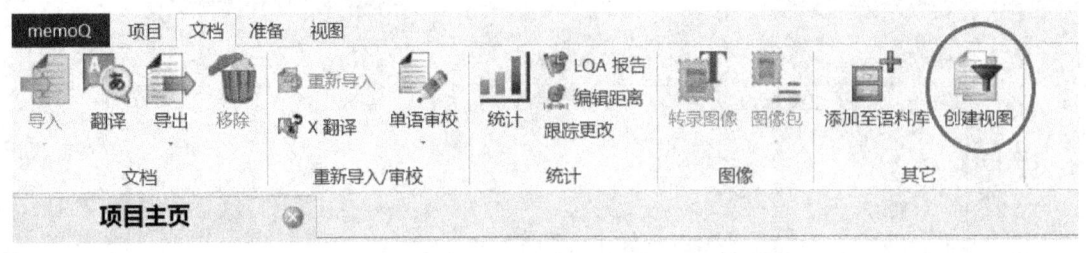

图 7-50　创建视图

点击左下方的"高级选项"，会出现如下对话框，如图 7-51 所示。在这里，译者可以设置过滤器和句段排序方式。输入"视图名称"，选择过滤方式和过滤条件，并能迅速查找特定标记或特定状态的翻译单位。过滤器多用在审阅环节。审阅者可以利用多种过滤条件，查找需要重点关注的翻译单位。

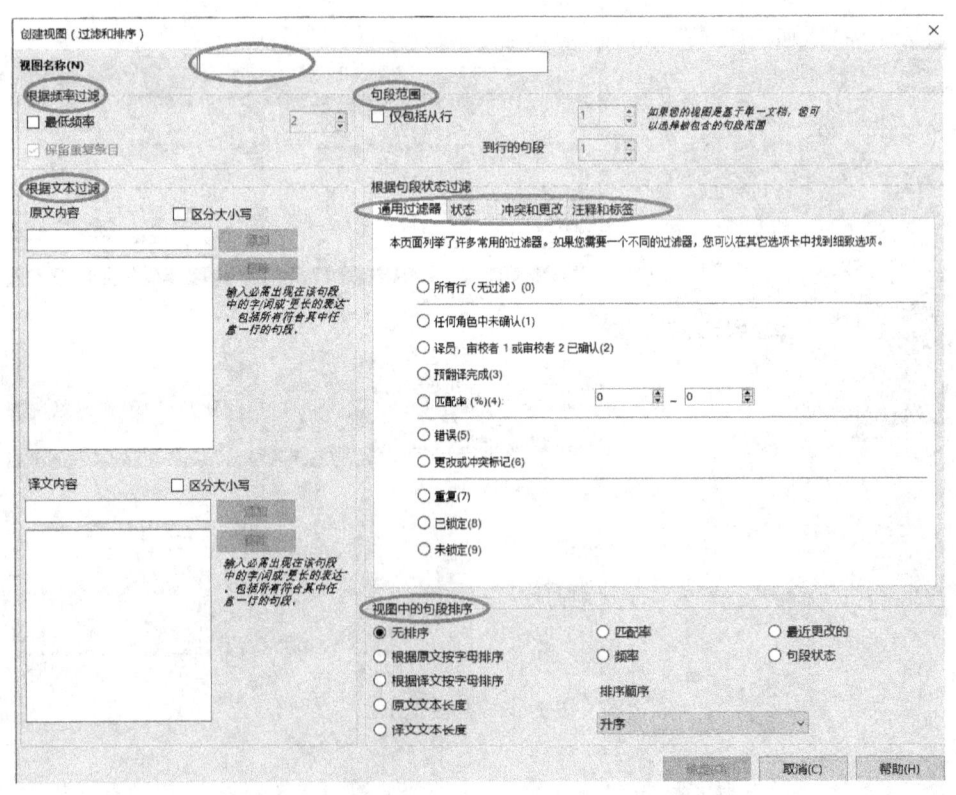

图 7-51　过滤和排序设置

7.3.7 单语审校

单语审校是指从已审校的目标文件更新，即将译文修订内容导回项目中对应的双语文件和翻译记忆库。也就是导入一个包含已编辑或更正的已翻译目标语言文档。在以正常方式导出已翻译文件并审校后，可以使用该功能将更改导回项目，如图 7-52 所示。

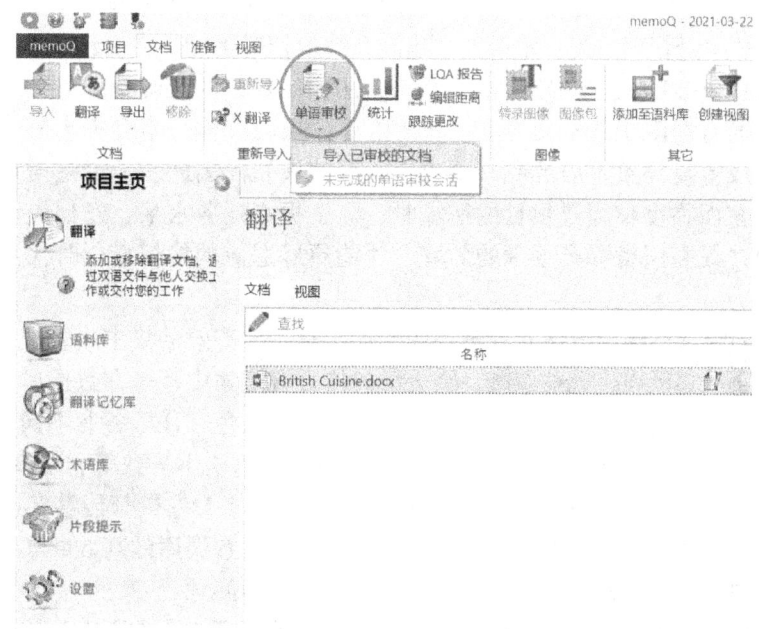

图 7-52 单语审校

7.4 资源控制台

7.4.1 语言资产概述

随着互联网和信息化技术的发展，语言项目的类型日趋增多，语言服务行业的需求也随之呈现空前的增长。海量的翻译数据在当今大数据和云计算环境中成为了价值不菲的资产，若对这些语言资产的管理不当可能会给企业造成不可估量的损失。因此，如何设计和研发技术并且有效的组织、利用和管理企业语言资产是企业要解决的热点问题。

语言资产属于企业的无形资产。从广义上来讲，语言资产是指语言服务中与语言相关的且能为企业或个体译员带来价值的资产。企业的语言资产资源是指企业在进行产品全球化生产过程中形成的由企业拥有或控制并能给企业带来经济利益的语言资源，是企业从事语言产品服务和生产经营活动的基础。从狭义上来讲，语言资产是指语言服务项目过程中形成的由企业或个人控制的语言资源，包括术语、词典、翻译记忆以及单语或双语文件等。近年来，语言资源的范围已经有所扩大，逐渐囊括了与语言相关的所有内容，包括风格指南（Style Guide）、词汇表（Glossary）、语言说明（Linguistic Instruction）、工具配置说明（Specification of Tool Configuration）、语言质量报告（Language Quality Report）、参考文件（References）和问询规定模板（Query Policy & Template）等。这些在翻译过程中频繁使用的信息或数据，能够极大地影响到翻译效率和翻译质量。

7.4.2 语言资产管理

相比过去落后的技术和工具，当今社会信息化程度迅猛发展，语言资产的重要性日渐突出。然而多数语言服务企业对语言资产管理还不够重视。例如对于术语的管理，企业通常不具备高效的术语管理系统，术语库的建设和维护相对落后。在实践中，企业经常将项目外包，没有提供准确的、一致的术语表，无法保证术语的准确性和一致性。另外，术语管理工具也通常局限于 Access 或 Excel 表格等，功能欠佳，不利于术语表的维护和更新。术语错误或重复导致术语混乱，造成了资源的浪费。因此，无论是语言服务企业还是个体译员，在面临多种翻译项目的需求时，除了提高业务水平，还都应该加强语言资产管理的意识，提高语言资产管理的效率，才能更好适应网络信息化时代对语言服务的要求。

语言资产的管理逐渐由分散式管理趋向于更科学、更高效的集中式管理。集中式管理的模式主要是通过翻译项目管理系统，将分散的语言资产集中存储在数据库中，以备优化配置。尤其是在大型翻译项目中，团队成员人数众多，角色和任务各有不同，容易出现协作质量问题，例如重复翻译，翻译内容、翻译风格以及术语不一致等，不仅浪费了时间，而且降低了翻译质量。通过部署中央语言数据库，所有相关人员都能够实时访问此数据库，有效提高了翻译记忆库和术语库的利用效率，实现了数据库的高效共享，从而最大限度保证了翻译的一致性，避免了重复翻译和诸多译文质量问题。

下面将从术语库管理、翻译记忆库管理和项目文档管理 3 个方面来具体讲述语言资产管理的内容和必要性。

7.4.2.1 术语库管理

术语库是由术语管理工具创建或由计算机辅助翻译软件生成的，例如 SDL MultiTerm 文件、Transit Term 文件和 Wordfast 文件等。术语库包含术语或词汇表文件，可以是单语或双语对照术语表，也可以是具有多种属性的词汇表文件。术语库一般是由语言服务提供方在项目过程中提取并整理，最后交付客户确认，然后成为可以重复使用的术语库。术语库主要包括以下内容：

（1）用来描述术语信息的数据，例如主条目术语、简称、全称、同义词、其他语种对应词和语法信息等；

（2）用来描述术语概念的数据，例如定义、语境、示例和图形等；

（3）用来描述术语概念体系的数据，例如分类或分类法、上位词、下位词和同位词等；

（4）用来管理术语的数据，例如语种、记录生成的日期、数据修改的日期、修改者代码、使用地域和项目限定等；

（5）表示文献的数据，例如文献类型（标准、词典、百科全书等）、文献信息（著作者、题目、出版日期、出版机构等）。

对术语库的管理有着非常重要的意义。通过收集、保存、加工和维护术语表，术语的准确性和一致性得到了切实保证。嵌入到计算机辅助翻译软件中的术语库能够有效提高翻译效率。遵循术语库交换标准（TBX，Term Base Exchange），不同的术语管理工具之间也实现了数据交换和共享。对语言服务企业来说，有效的管理术语也具有很大的意义。除了能节省企业研究、收集和整理术语的时间，提高工作效率，缩短项目周期之外，还可以提高企业内容的重复使用率和可恢复性，降低内容管理成本，提升企业语言资产的安全级别等。高效的术语管理策略结合现代化术语管理系统对于提升客户对质量的满意度，企业内外共享信息，加强企业的凝聚力，提升企业的竞争力也具有十分重要的意义。

目前，市面上常见的术语管理工具主要有 Acrolinx IQ Terminology Manager、Across crossTerm、SDL MultiTerm 等，国内许多技术公司例如雅信、雪人、传神、语智云帆等也研发了适合中国用户使用的术语管理工具和模块。

7.4.2.2 翻译记忆库管理

翻译记忆库是用来辅助人工翻译的数据库，源语言和目标语言以句对的形式存储在数据库中。这些语言对可以是单句、段落或文字区块。翻译记忆库本身具有索引机制，可以将所有句对属性和内容进行索引并生成索引文件，存放在指定文件夹中，以供译员随时搜索和使用。每个翻译项目可以包含一个或多个翻译记忆库，翻译记忆库的内容随着项目的增加而逐渐增多，因此对翻译记忆库的备份和管理十分重要。对翻译企业和个体译员都具有很大的意义，既能保证译文的一致性，也能在一定程度上减少工作量。

在翻译项目中，客户通常会给语言服务提供商发送翻译记忆库，以供后者在翻译过程中参考。如果没有现成的翻译记忆库，就需要译员在创建项目时同时创建新的翻译记忆库，在正式翻译之前提取文件中重复率较高的句段优先翻译成目标语，然后导入翻译记忆库以备随时调用，在正式翻译过程中也可以随时添加新的翻译单元，更新翻译记忆库。

翻译记忆库的管理需要遵循一定的规则和方法，具体如下：

（1）翻译记忆库应存放在指定的文件夹中，一般是在每个具体的项目的记忆库文件夹。如果是大型项目，则可能会需要创建多个翻译记忆库文件夹。

（2）翻译记忆库的命名规则应按照客户的要求或根据项目名称来命名，以便与其他记忆库区分开来。

（3）有些翻译项目的保密性较强。根据项目参与成员的角色，项目经理可能会设定使用权限，例如译员只有读取权限，没有写入权限；编辑和审校人员具有读取和写入权限。使用权限的设定能够确保客户和项目信息不被泄露，避免数据安全事故。

（4）项目完成后应及时备份和更新翻译记忆库。翻译记忆库数据需要转换为 TMX 格式才能进行数据交换，以便下次项目进行时的导入。

（5）翻译记忆库是翻译记忆软件的核心，因此必须以合格的质量作为基础和保证。如果翻译记忆库中存在错误或不一致的地方，应在备份前修正。这时就需要利用质量保证工具来查找和纠错，确保准确无误后才能成为重复使用的语言资源。翻译企业应高度重视翻译记忆库，制定相关的管理规范并严格执行。

7.4.2.3 项目文档管理

翻译项目格式日趋多样化，每个项目所产生的文档数量庞大，因此对项目文档的管理不可或缺。完美的文档质量能够使文件处理人员清楚的分清各种类型的文件，同时也能代表企业的水平和实力。翻译项目的文档一般包括项目说明性文档和项目附属文档。在翻译项目正式实施之前，客户会向语言服务提供商发送项目的说明性文件，包括项目文件清单、项目的时间和质量要求说明、项目处理流程、软件或联机帮助文件、技术指南、项目翻译操作规则、项目结果提交方式和内容说明、翻译风格指南和问询规则模板等。项目附属文档包括翻译过程所产生的单语或双语文档，例如项目客户信息、项目参考文件、问题及解决对策、客户反馈、项目进度报告、项目质量报告、项目总结报告等。在翻译过程中，这些文档都与项目最终的成品文档有着密切的关系，必须保存在特定的文件夹中，以供审核或参考。

翻译文档的管理需要注意以下几个问题：

（1）由于文档数量庞大，文件格式和类型多种多样，文件产生的过程和时间也各不相同，因此必须对不同的项目创建不同的文件夹，用以存放相同格式的文件或同一阶段的文件；但是要注意文档目录的层次不宜过多，否则会导致文件路径过长，给文件的使用和维护带来麻烦。

（2）文件的命名要遵循统一的规则，以便查找和管理。

（3）在每次更新文件后，都需要按照特定规则对文件版本进行编号，确保交付的所有文件都是准确的最新版本。在出现问题的时候，也能追溯以前的版本，做到有据可查，有助于核实并解决问题。

（4）与翻译记忆库相同，文件也可以设置使用权限。文档权限管理体系包括横向和纵向的权限组合，例如项目相关文档对应项目管理部门，财务相关文档对应财务部门，营销相关文档对应销售和市场部门。这能有效避免信息的交叉泄露。另外，项目经理对文档可以进行修改、增加、删除或转移操作，而译员则只具有访问指定文件的权限。

（5）由于文档数量庞大，文档检索的功能必不可少。通过命名规则、设置关键词和摘要等信息，用户可以快速的检索到所需文件。

语言服务企业在条件允许的情况下应该购买或定制文档管理系统（DMS，Document Management System）或内容管理系统（CMS，Content Management System），例如 TeamDoc、KASS、edoc2、HOLA 或易度等。这些系统可以将电子或纸质文档、音视频、账单、报表、网页、传真等各类数据信息进行集中整理和存储，实现了文档的高效管理，保证了文档的安全和访问，同时能提供有效的检索机制，使文档的利用率最大化，提高了企业的工作效率。

7.4.3 资源控制台

memoQ 处理的资源包括：翻译记忆库、术语库、语料库、片段提示、自动翻译规则、无需列表翻译、忽略列表、自动更正列表、非译元素列表、断句规则、过滤器配置、导出路径规则、质量保证设置、翻译记忆设置、语料库设置、停用词表、键盘快捷键、网络搜索设置、LQA 设置、字体替代、项目模板。其中，翻译记忆库、术语库和语料库属于重资源，其他则属于轻资源。

memoQ 的资源控制台能够帮助译员有效的管理翻译资源。在 memoQ 的资源控制台中，译者可以一站式创建、管理和编辑本地和远程资源；可以方便地编辑、导入、导出翻译记忆库和术语库；在语料文档管理中进行语料库的创建、导出或删除等管理工作；在服务器上分享资源，发布或取消，同时也可以修复已损坏的数据库。点击菜单栏最上方左数第 4

个图标"资源控制台",即可打开资源控制台。

左侧为资源类型列表,点击图标即可打开相对应的资源。

页面中间上方可以选择服务器,下面是资源过滤器,可以通过下拉选择来进行筛选。如果要更换用户 ID,则单击右侧的"管理登录"。

在下图中所选定的翻译记忆库显示区域,第一列的图标意为"移除但不删除",即取消此项与翻译记忆库的关联,当然也可以重新注册本地。第二列为状态,对勾表示可用,警告标志则不可用。第三列为是否发布,针对远程资源。后面依次为名称、资源位置、路径、语言,如图 7-53 所示。选定列表中的一项并单击右键,即可进行快速管理。

页面底部的命令链接也可以执行新建、删除、管理、导入、导出等各种操作。

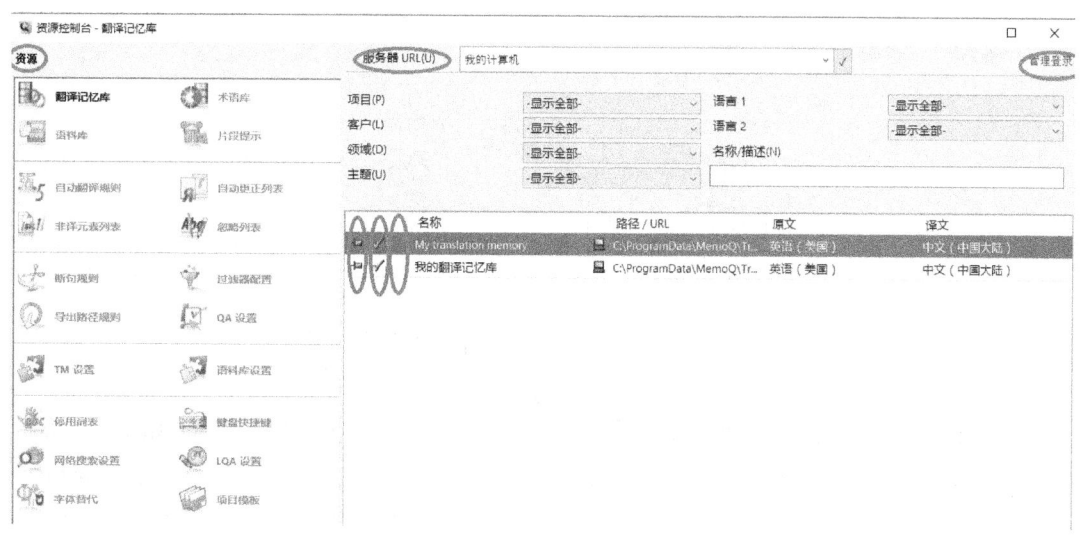

图 7-53 资源控制台一览

7.4.3.1 重资源(翻译记忆库、术语库、语料库)

A 翻译记忆库

如图 7-54 所示,译者可以在此界面下对翻译记忆库进行管理,可以独立于项目执行新建、复制、删除、编辑、查看属性等操作,另外还有从 TMX/CSV 中导入、导出至 TMX,注册本地和修复资源等。

翻译记忆库的设置项目包括系统字段、语言资源、匹配率、罚分和权限管理。其中系统字段从属于软件版本,随着软件版本的升级而得以提高,通常不需要修改,在导入或导出翻译记忆库时将自动保存。

语言资源的设置主要是指语言对设置,包括一对一或一对多的选项。

翻译记忆系统默认的匹配率为 70%,用户可以根据需要提高或增加数值。最高匹配率和最低匹配率的设置会影响到统计和分析结果。

罚分是指记忆库匹配率可靠性不足的数值。翻译过程中,文档的待译内容会自动与

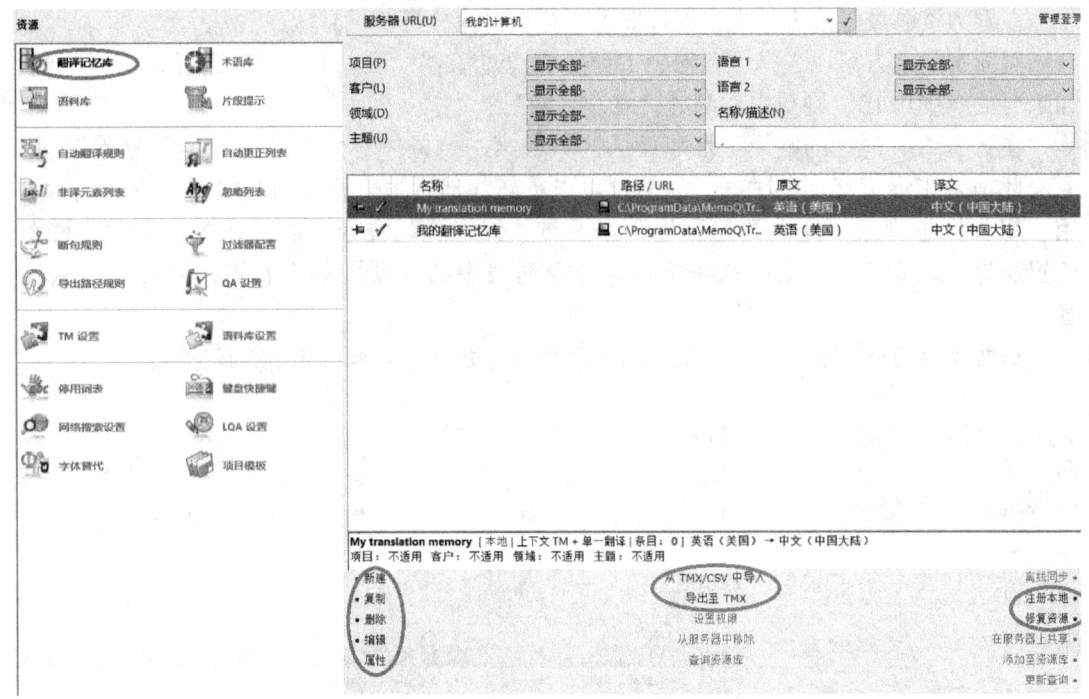

图 7-54   资源控制台翻译记忆库

记忆库中的翻译单元进行匹配，如果存在较大的差异，会对匹配率进行扣减调整。影响匹配率的因素主要包括文本字体、字号差异、属性信息及文本信息字段差异、格式标签差异等。对匹配率进行适当的罚分后，才能得到最终的匹配率。但是，通常情况下，罚分使用默认设置，更改罚分设置会影响到翻译单元匹配率，最终影响统计和分析结果。

翻译记忆库的权限设置包括打开及读写权限、添加、编辑、删除及批量维护权限等。

B   术语库

如图 7-55 所示，选择左侧面板中的"术语库"，可以对术语库进行管理，与翻译记忆库基本类似。

术语库管理主要包括术语创建、术语属性设置、术语添加、术语删除、术语更改、术语库编辑、术语库排序、术语库查询、术语质量检查、术语获取与导入、术语导出、术语提取。

C   语料库（Livedocs）

如图 7-56 所示，选择左侧面板中的"语料库"，可以对语料文档进行管理，可以独立于项目执行文档和目录结构导入、添加对齐句对、新建语料库、导出、删除、编辑、查看属性、设置语料库是否为只读等操作。

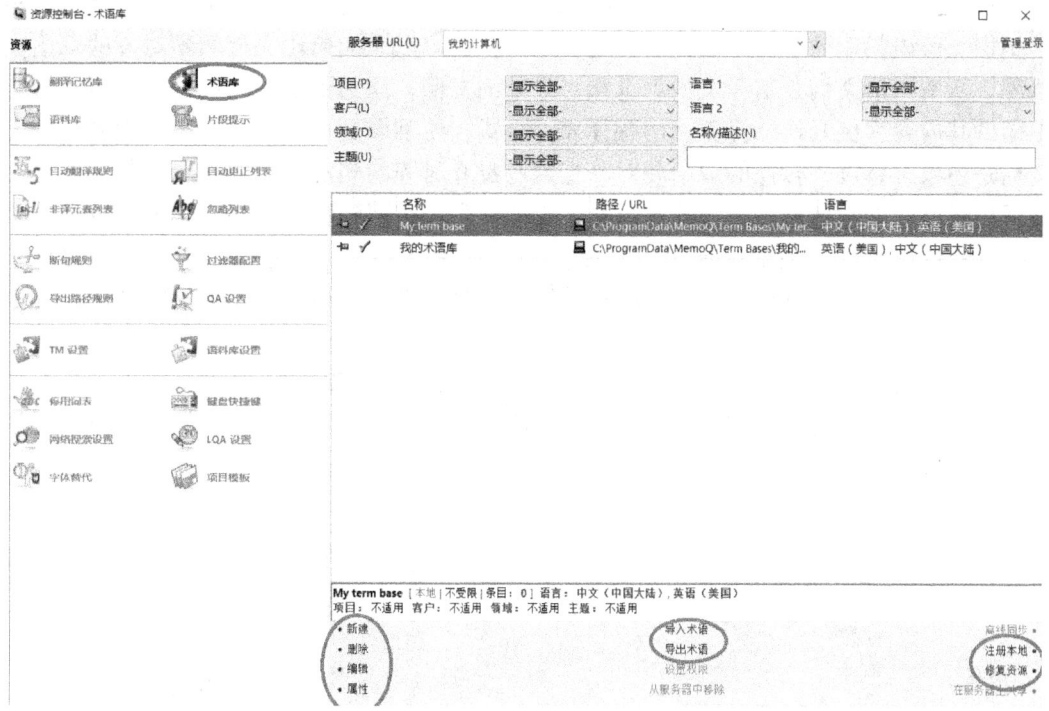

图 7-55　资源控制台术语库

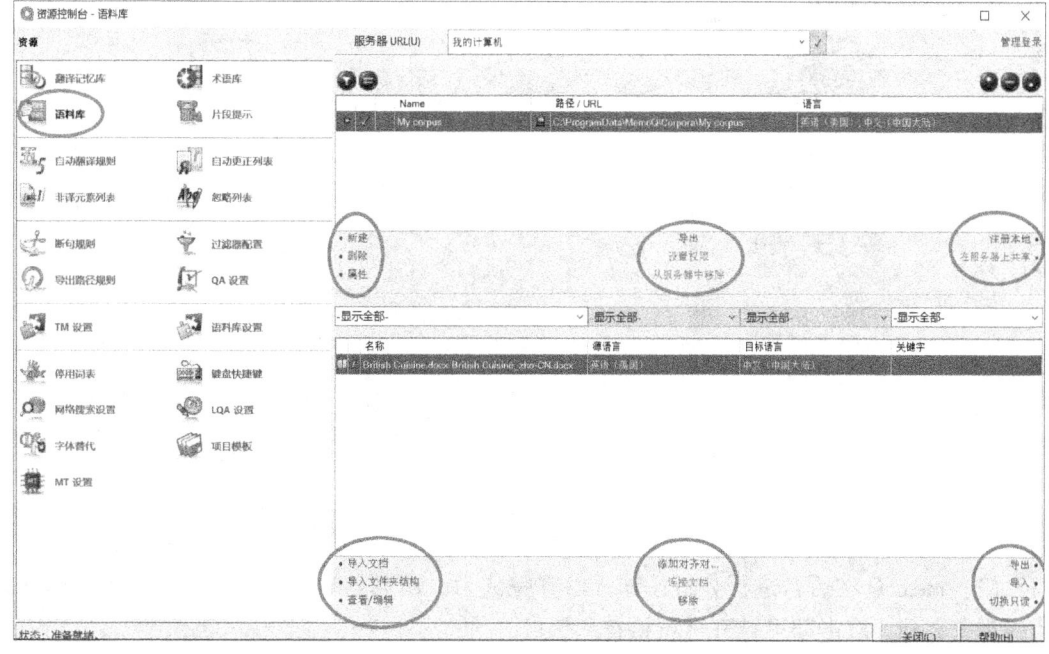

图 7-56　资源控制台语料库

　　语料库和翻译记忆库一样，通过创建语料库并添加文档为翻译进行参照。语料库通常包括对齐文档、双语文档、单语文档和非文字文档。对齐文档又包括源语文档和目标语文档。但语料库除了可以添加对齐的文档外，还可以添加单语文档和不对齐的双语文档等。所谓单语文档是与译文内容有相似之处的文档，添加到语料库后可以在语词检索中借助其内容来更好地选择正确的翻译表达方式，使翻译更通畅更地道。不对齐的双语文档是还没进行对齐转换的双语句对，把这些没有对齐的句对单独存放至语料库而不是翻译记忆库，能保证翻译记忆库的质量，也能在翻译时起到参考作用。译者可以把已有的各种双语和单语文档都添加到语料库，memoQ 会自动对齐这些文档，并通过运算来匹配源语句段和目标语句段。对齐完成后，文档就被添加到了语料库。对齐的具体步骤：

　　（1）点击"添加对齐对"，如图 7-57 所示，在弹出的新窗口中分别选择"源语"、"目标语"，然后点击"添加源文文档"和"添加目标文档"，选择"自动对齐文档"，最后点击"确定"。

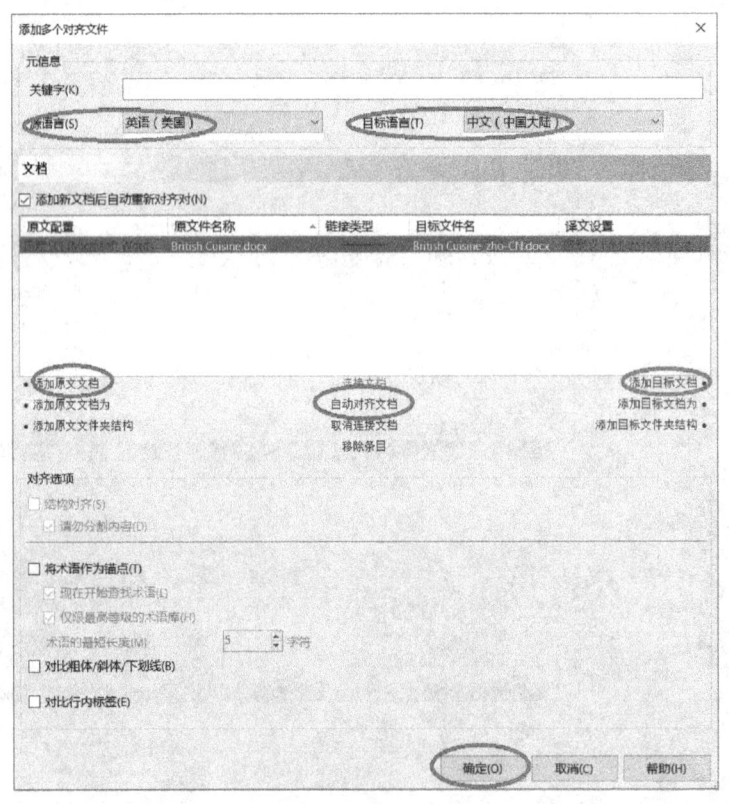

图 7-57　添加对齐对

　　（2）memoQ 在后台进行分析运算，对齐完成后，回到语料库主界面，显示已创建成功的对齐文档。双击即可打开进行检查和编辑。

　　在"项目主页"中，点击左侧"语料库"，在上方菜单栏中也可以进行新建、注册、查看属性、导入、导出等操作，如图 7-58 所示。

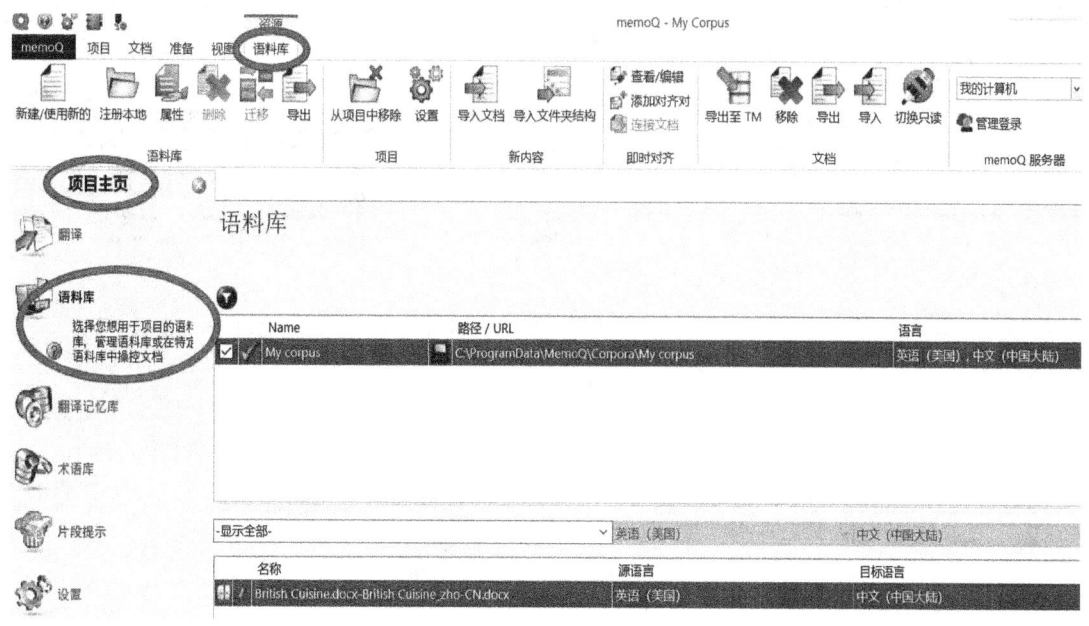

图 7-58　项目中语料库的管理

7.4.3.2　轻资源

除了以上介绍的 memoQ 资源控制台对翻译记忆库和术语库管理功能以外，资源控制台还有很多其他功能，例如："片段提示"、"自动翻译规则"、"自动更正列表"、"非译元素列表"、"忽略列表"、"断句规则"、"过滤器配置"、"导出路径规则"、"QA 设置"、"TM 设置"、"语料库设置"、"停用词表"、"键盘快捷键"、"网络搜索设置"、"LQA 设置"、"字体替代"、"项目模板"也就是前面介绍过的轻资源。

自动翻译规则是用来转换特定的专有名词、数字、测量值、日期等，单击图标可看到自动翻译规则列表。点击"新建"，输入"名称"并单击"确认"，如图 7-59 所示。

创建完成后，双击该规则集或点击"编辑"，输入内容，再点击"Add"进行添加，然后确认，如图 7-60 所示。翻译过程中，添加的自动翻译字词会出现在翻译结果区域中并呈现绿色，双击即可直接插入到翻译栏中。

另外，在项目主页中也可以点击"设置"，其中包括了常规设置、断句规则、QA 设置、TM 设置、语料库设置、自动翻译规则、非译元素列表设置、导出路径规则设置、LQA 模型设置、字体替代设置。在这些设置中，同样可以进行查看、新建、编辑等操作，同时还可以勾选所创建的列表，应用到当前项目中。

断句规则是指如何将文本分割，选择默认即可，在翻译过程中可根据需要进行合并和分割。

非译元素列表中包含了无需翻译的某些字词或短语。单击图标，新建列表并添加，操作步骤与添加自动翻译列表类似。

忽略列表中包含了经过 memoQ 的拼写检查后被视作正确的字词或短语句子。单击此图标可以查看语料库列表。新建列表，输入名称，选择语言，在新创建的列表中输入要忽

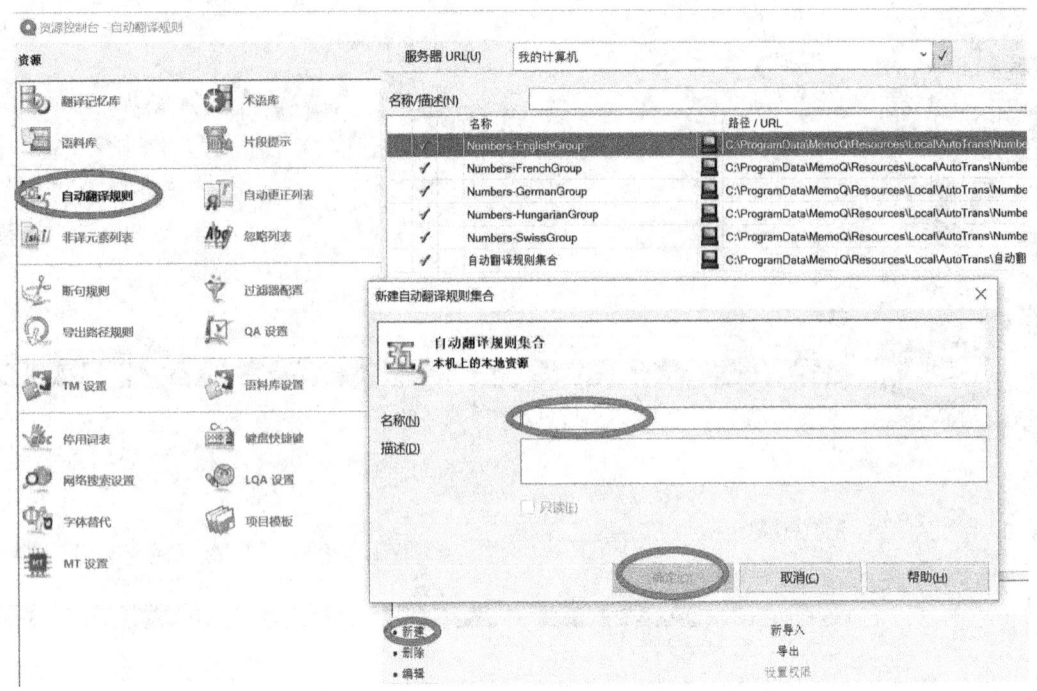

图 7-59 创建自动翻译规则

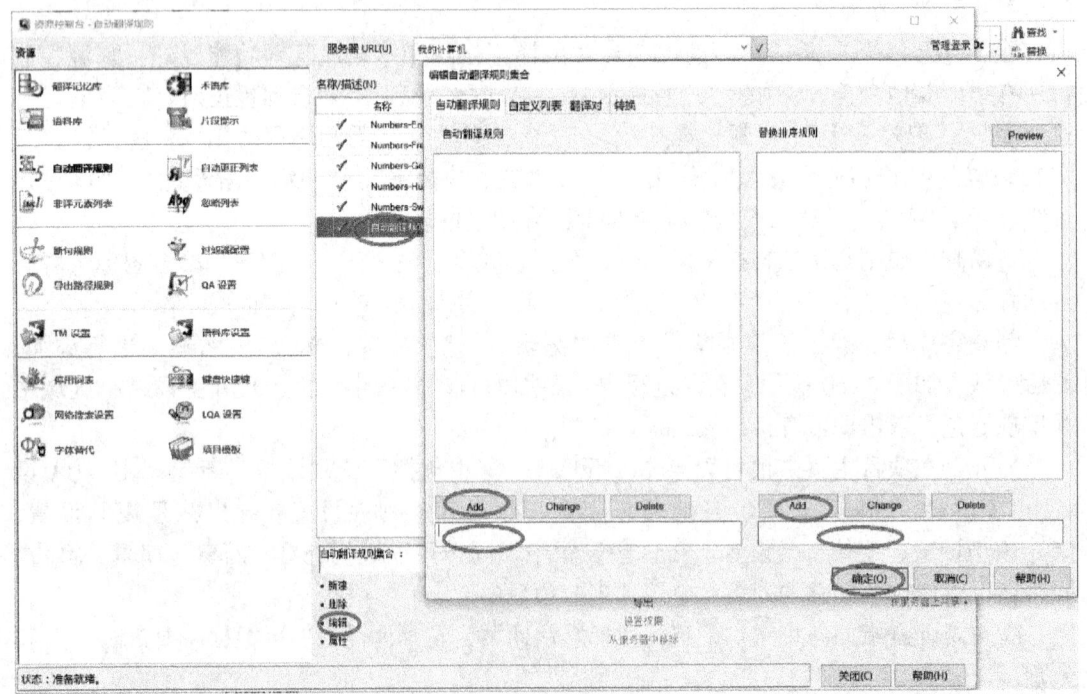

图 7-60 添加自动翻译

略的字词并添加即可。在翻译界面下，也可以点击菜单栏"翻译"下的"拼写检查"来
进行查看、新建和编辑。

自动更正列表中包含了翻译输入时自动应用其他文本替换的缩写或拼写错误的字词。单击此图标可以查看、新建并编辑此列表。在翻译界面，也可以点击"翻译设置"来进行多项操作。

过滤器配置可以控制 memoQ 如何导入某一特定类型的文件。单击此图标可以进行查看、新建、导入等操作。

导出路径规则规定了 memoQ 导出文件的位置和到处的路径规则名称。单击此图标可以进行查看、新建、编辑、导入和导出等操作。

键盘快捷键设置定义了 memoQ 各种操作的快捷键。

QA 设置规定了 memoQ 如何检查翻译的一致性和是否合乎翻译规则。单击可进行查看、新建、编辑、导入和导出等操作。

TM 设置定义了匹配率和罚分规则，以此来决定翻译记忆库的表现。

语料库设置用来配置语料库中模糊查找的配置和罚分。

7.4.3.3 个性设置

除了管理重资源和轻资源，用户还可以进行个性设置，不同的角色例如项目经理、译员或审校人员都可以根据各自的需要来进行选择。单击主界面的"选项"，如图左上角的标志，在弹出的"选项"对话框中就可以进行个性设置，如图 7-61 所示。

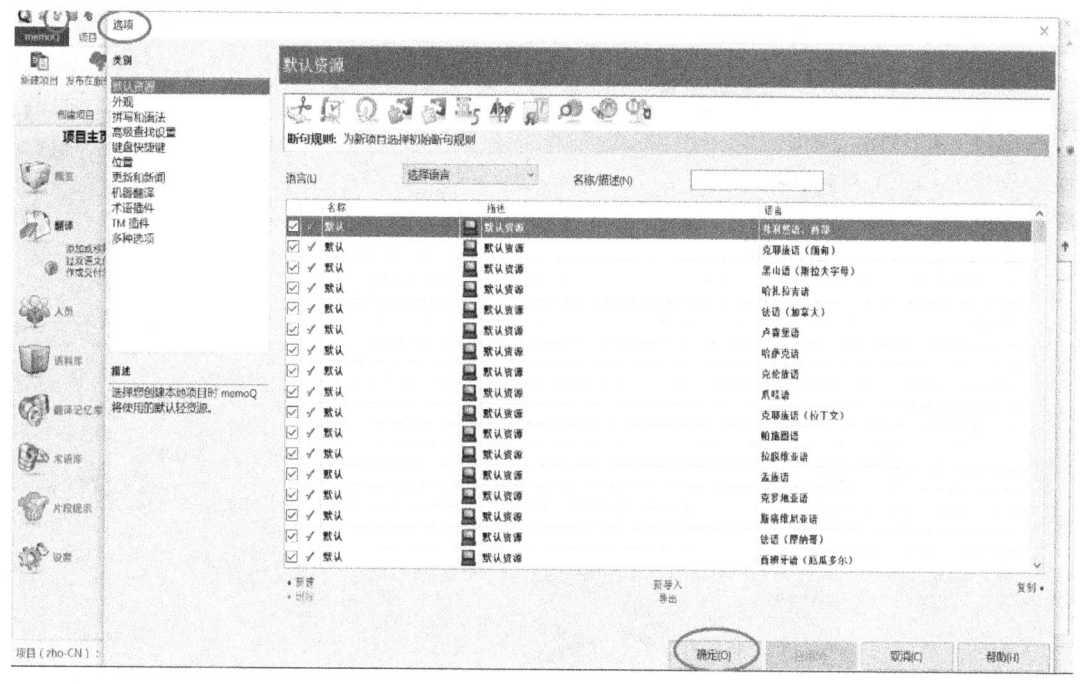

图 7-61 选项设置

这些设置包括默认资源、外观、拼写和语法、高级查找设置、键盘快捷键、位置、更新和新闻、机器翻译、术语插件、TM 插件和多种选项。

7.5 对 memoQ 的总结和评价

通过操作使用 memoQ，译者会发现 memoQ 具有很多特色技术，近年来不断吸引着越来越多的用户。例如，实时预览，减少了格式标签，很多格式标签已经可以自动与原文保持一致，从而降低了复杂性。另外，LiveDocs 能够提供平行语料查询，memoQ 支持翻译记忆标准文档格式，也支持复杂排版文档等也体现了 memoQ 的特色技术。

memoQ 的翻译界面原文与译文是一一对应的格式，具有方便快速的优点，也更加直观。另外系统本身具有保存功能，不用担心数据丢失。译文导入和导出格式多样，方便用户根据具体需要进行选择。在翻译界面译文区，译者可以宏观把握整篇译文，注重译文的连贯性。同时译者也可以对译文添加批注，进行多次审阅并加以修改，以此来提高译文质量。

memoQ 是当下使用范围较广并且评价很高的翻译软件，能够对翻译人员和研究者提供快速高效的帮助，因此深受广大用户的喜爱。本章简要介绍了 memoQ 的主要特色和操作框架，其他细小且有用的功能和操作步骤还有待读者在翻译过程中慢慢摸索，逐渐熟练掌握。

思 考 题

7-1　如何正确处理格式标签？

7-2　怎样在 memoQ 中检索网络资源？

7-3　导出文档前需要做的步骤是什么？如何操作？

7-4　分别简述重资源和轻资源的类型和具体意义。

7-5　简要介绍如何利用 memoQ 进行翻译的一般步骤。

8 计算机辅助翻译的质量保证

【本章提要】 译文质量是整个翻译工作的生命。因此，翻译质量保证起着至关重要的作用。翻译质量的保证不仅依赖翻译和审校人员的专业知识，而且需要通过一个有效的流程加以监控，以确保译文准确无误和流畅通顺，并能符合目标语的语言文化习惯，准确传达文字深层的信息。所有的计算机辅助翻译软件（CAT）中都有质量保证（Quality Assurance）这一重要功能模块。QA 的主要作用是在译中和译后对译文进行查错和改错，以此来保证译文的质量。例如 ApSIC Xbench 等软件就是专门对译文进行检查的质量保证软件。本章主要讲述翻译质量的相关概念和影响翻译质量的多重因素，最后重点介绍了 memoQ 质量保证模块的使用操作。

8.1 概念基础

8.1.1 质量与翻译质量的定义

质量具有十分重要的意义，尤其是在当代社会市场经济形式下，质量更是所有产品的核心问题。P. B. Crosby 认为，质量就是符合要求。凡有不符合要求的地方，就表明质量有欠缺。质量是满足客户或用户的需求和期望，不同的观点将导致不同的质量定义和质量评估结果。1994 年，在美国质量管理学会上，著名质量管理专家朱兰（J. M. Juran）提出，20 世纪将会以"生产率的世纪"载入史册，即将来临的 21 世纪则将会是"质量的世纪"。在语言服务行业，质量同样具有极大的重要性。当下及未来，社会对于语言服务的需求势必不断增长，计算机辅助翻译技术将持续迅速发展，因此，如何提高和保证利用机器作为辅助翻译的质量是人们要解决的重要问题，翻译质量和影响翻译质量的相关因素必须得到明确的定义。

人类的翻译活动虽然由来已久，但翻译研究却起步较晚，翻译质量的定义和评估也有所不同。在语言服务行业中，翻译的质量是至关重要的。正确的翻译应该是没有错误或者错误的数量在客户的期望翻译质量标准之内。翻译质量的高低决定了翻译任务和翻译项目的成功与否。高质量的翻译能节约翻译成本和时间，低质量的翻译则正好相反，无法达到客户的要求和期望。因此，从功能语言学角度来讲，翻译质量以客户为导向来衡量，从客户利益出发，满足客户的各种需求和期望。

Julia Makoushina 认为翻译质量包括语言和格式两个方面。语言质量是传统上的意义，指译文的内容是否精确、完整、一致，是否漏译等，包括译文的语法、拼写、标点等是否正确，译文是否通顺流畅，是否符合目标语的用语习惯，译文应令客户感觉不到是由其他语言翻译而来。格式质量则要求不破坏源语文本的格式，并符合目标语的格式要求以及客户其他任务要求等，包括是否正确使用标记符、标点、符号、数字、空格、字体、格式等。

8.1.2　中外翻译的标准和规范

翻译标准是翻译理论研究的中心问题之一。中外翻译界对翻译标准的定义说法不一，各有侧重。方梦之这样定义翻译标准：翻译标准是翻译活动必须遵循的准绳，是衡量译文质量的尺度，是翻译工作者不断努力以期达到的目标。另外比较具有代表性的是严复的"信达雅"和泰特勒（Tytler）的"翻译三原则"（即译文应完全复写出原作思想；译文风格、笔调与原文性质相同；译文原文同样流畅）。还有鲁迅曾提出的"信顺"、傅雷提出的"神似"和钱钟书提出的"化"等翻译标准，国外还有美国翻译家奈达（Eugene A. Nida）提出的"等效论"（即翻译的核心标准是译文读者的反应，以及译文读者对译文的反应和原文读者对原文的反应有何不同）、德国翻译理论家诺德（Nord）等倡导的"功能目的论"等。

然而，以上提到的众多翻译标准只是针对语言层面，以传统的翻译理论进行的研究，主要侧重文学文本的语义和字词的正确与否。而且这些标准也未对翻译错误进行具体的量化分级，更没有从市场角度和服务业的角度，以客户为中心对除文学文本之外的其他科学技术文本的翻译标准进行研究。这样的翻译标准无论是从理论上还是现实的需求上都无法满足当今语言服务行业的需要。随着市场经济的发展和语言服务行业的兴起，这些围绕文学文本层面的翻译标准已经不能完全覆盖翻译领域。翻译标准和翻译服务应该随着时代的发展和翻译对象的变化而得到修正和补充。

近半个世纪以来，计算机科技迅速发展，全球信息大爆炸，当今社会已经步入了大数据和云计算的时代。对文字等各种数据的处理早已不再局限于传统的纸质字词典、纸张和笔头等，而是利用电脑软件和技术来进行处理和存储，极大提高了工作效率。翻译行业势必也要跟上时代的步伐，早在20世纪30~40年代，初级的语言翻译机器就被发明了出来。近一个世纪的发展，计算机辅助翻译软件和技术已经得到了长足的发展。具体到翻译标准，除了针对文学，应扩大翻译对象的范围，涉及各个专业领域；除了针对语言的内容，还要涉及格式规范、翻译正确和译文的行文表述，例如文档生成的标准格式和交换标准等，另外更要注重翻译记忆库和术语库的管理；翻译的质量评估除了围绕文本，还应考虑到翻译服务中服务方和客户方的要求，在基础设施、人力资源、技术支持、服务质量、项目流程、服务步骤等多方面进行行业规范，逐渐形成完整的服务体系。

语言服务行业如其他行业一样，应设立本行业通用的行为规范和准则，把复杂的管理工作系统化、规范化、简单化。《中国语言服务业发展报告2012》中指出，当前语言服务业还很不成熟，面临诸多制约其发展的问题，行之有效的解决办法便是发挥行业协会作用，制定行业标准和规范，加强行业自身建设。因此，翻译行业的标准化势在必行。

2006年，欧洲标准化委员会（CEN，European Committee for Standardization）正式发布了翻译服务标准EN 15038：2006。该标准提供了翻译服务提供商服务质量的规范准则和可靠的评估方法，目前已在欧洲大多数国家广泛应用。这也是世界首部国际性的准则，用来规范翻译服务提供商的服务质量。该标准主要分为三部分：基本规范，主要包括人力资源管理、从业人员资质、质量管理和项目管理等；客户和翻译服务提供商的关系，主要包括前期接洽、报价、协议、客户相关信息处理和结项等；翻译服务过程，主要包括翻译项目管理、译前准备、翻译流程等。该标准还对译员的翻译资质做了具体规定：译员需具有高等教育翻译专业学位；或其他同等资格，外加至少两年有记录的翻译经历；至少5年有记录的职业翻译经历。该标准为翻译服务提供商和客户完整描述了翻译服务的整个流程，同时也提供了一系列满足市场需要的标准和规范，可以作为对翻译服务提供商进行服务认证的基础。目前欧洲大多数国家都已根据此标准进行认证工作。但是需要指出的是，该标准只适用于笔译服务，并不适用于口译服务。

美国材料与试验协会（ASTM, American Society for Testing and Materials）也发布了ASTM F2575—2006《笔译质量标准指南》（Standard Guide for Quality Assurance in Translation）和 ASTM F2089—2001《口译服务标准指南》（Standard Guide for Language Interpretation Services）。这两部指南分别从笔译和口译服务两方面对服务流程和成果进行了定义并提供了质量保证的框架结构。ASTM 标准的核心是 6 大国际标准要求，分别为标准规范（Standard Specification）、测试方法（Test Method）、标准惯例（Standard Practice）、标准指南（Standard Guide）、标准分类（Standard Classification）和术语标准（Terminology Standard）。《笔译质量标准指南》用于指导笔译服务，对不同的翻译方法做出了详细的描述和规定。首先，该标准指出了翻译项目各个阶段中影响翻译服务质量的重要因素，然后对翻译项目的定制阶段（Specifications Phase）、生产阶段（Production Phase）和译后评估阶段（Post-project Review Phase）做出了详细规定。另外，该指南还对各个阶段涉及的各个环节以及各个环节中的工作内容以及质量因素做出了全面具体的定义和描述，涵盖面广。参与项目的所有利益方，无论是否具备翻译管理能力，都能从中获得准确信息和知识。该指南比较注重翻译流程中翻译项目开始前的准备工作，为译者专门列出了具体的注意事项。然而，该标准只规定了确保翻译质量所应遵循的工作流程，并没有对具体的质量要求做出规定。《口译服务标准指南》则对口译服务的最低标准做出了规定。从口译形式、口译方向和口译任务等多个角度对口译服务做出了划分。另外，针对不同的工作场景，该指南分别进行了讨论，为口译服务的选择提供了有效的建议。为了保证口译质量，该指南指出需要特别重视以下几个方面，即译员资质、需求分析、口译场景、技术要求、行业道德规范、项目提供方责任和客户责任以及其他相关事宜。对译员的资质从语言水平、口译技能和专业知识等方面进行了具体的分析和评价。该指南信息面广泛而且相对完整，为口译项目的管理提供了有价值的指导，同时对口译项目的评估提供了全面的参考依据。

加拿大标准总署（CGSB, Canadian General Standards Board）于 2008 年 9 月发布实施了 CANCGSB-131.10—2008 标准。该标准是在欧洲翻译服务标准 EN15038 的基础上结合加拿大的具体情况修订而成，规定了翻译服务提供商在提供翻译服务的过程中应遵循的规范，适用于笔译服务，不适用于口译和术语领域。该标准的主要内容大体与欧洲翻译服务标准相同，包括基本规范（翻译服务协议、第三方参与）、人力资源（译者、改稿人、定稿人）、技术资源、质量管理体系、客户和翻译服务提供商的关系、翻译服务流程（翻译项目管理、译前准备）和翻译流程（翻译、核稿、改稿、定稿、校对、最后确认）等章节。另外该标准还列举了一些附加值服务和几个有价值的附录（项目登记、译前技术处理、原文分析、体例、附加服务及相关出版物）。以此标准为基础，加拿大语言行业协会发起了翻译服务标准的认证项目，对翻译服务提供商进行规范认证，从而保障了客户的利益，同时也为翻译服务提供商搭建了一个公平竞争的平台。

2003 年以来，中国国家质量监督检验检疫总局也陆续出台了一系列针对翻译服务的标准：《翻译服务规范第 1 部分：笔译》（GB/T 19363.1—2008）、《翻译服务译文质量要求》（GB/T 19682—2005）、《翻译服务规范第 2 部分：口译》（GB/T 19363.2—2006）等。《翻译服务规范第 1 部分：笔译》是我国首次制定的翻译行业国家标准，是翻译服务行业推荐性国标，对翻译服务提供商的业务接洽、业务标识、业务流程、保质期限、资料保存、顾客意见反馈、质量跟踪等方面提供了明确的标准。《翻译服务规范第 2 部分：口译》明确规定了口译种类、口译特有设备要求、口译服务方和译员的资质、口译服务过程控制和计费方法。《翻译服务译文质量要求》从 3 个方面规范了译文的质量：基本要求，即译文应忠实原文，术语一致，行文通顺，强调"信达雅"的基本衡量标准；特殊要求，即翻译过程中最常见的数字表达、专用名词、计量单位、符号、缩写、译文编排等方面的处理要求；其他要求，提出以译文使用目的作为译文质量评定基本依据，对译文质量要求和译文质量检验方法制定了规范性标准。上述中国翻译质量标准全面地规定了笔译、口译及译文的质量规范，对中文的特殊性也做出了相关翻译规范说明。这些质量标准的发布实施不仅填补了我国翻译服务行业的法规空白，也对我国翻译服务市场起到了规范和指导作用。改革开放以来，我国翻译服务逐渐覆盖社会各个领域，内容包罗万象，例如中外合作协议、大型项目文献、技术文件等，翻译服务对客户的业务能够产生重要的影响，因此应大力提高翻译服务质量，为客户提供满意的服务。

2013 年，翻译自动化用户协会（TAUS，Translation Automaton User Society）正式发布实施了动态翻译质量框架（DQF，Dynamic Quality Framework），其中囊括了丰富的翻译质量评估知识库和多重标准的质量评估工具。用户可以根据具体的翻译项目的质量要求，选择最合适的翻译质量评估模型和参数，并获得标准的质量评估报告。基于功用（utility）、时间（time）和观感（sentiment）这三种参数，动态翻译质量框架能够帮助用户从错误类型、流畅度、充分性、对比、排名和译后生产率六大方面评估翻译质量。TAUS 认为，翻译质量评估不应是一成不变的或个性化的标准，而应该是具有普遍意义的、动态的标准，由此方可衍生出行业的最佳实践。为此，TAUS 致力于打造一个动态的质量框架，帮助确立可衡量的和可复制的翻译质量，实现对翻译质量的客观衡量。相比传统静态的质量评估模式，TAUS 的动态质量评估框架提供了更灵活、适应性更强的方法，能够根据评估者的需要，构建质量评估参数和体系。另外，动态翻译质量框架也可用于机器翻译的文本质量评估，在翻译质量的基础上，将人工翻译和机器翻译进行对比。

以上仅是代表性比较强的中外翻译标准和规范，各国还有许多相关的标准和规范值得学习和研究。

8.1.3　翻译错误和翻译质量评估

对于翻译错误的划分同样也属于翻译标准的研究范畴。我国翻译学者许建忠是这样定义翻译错误的："翻译错误，一般来说，就是在翻译关系中翻译的客观规律或状况不相符合的认识和行为；从外延上说，翻译错误是翻译认识错误和翻译实践错误的集合。"在德国翻译理论家诺德（Nord）看来，翻译错误包括语言翻译错误、文化翻译错误、语用翻译错误和语篇翻译错误。语言翻译错误（linguistic translation errors）是由于译者的源语或目标语语言能力不够高，对语言结构处理不当；文化翻译错误（cultural translation errors）是指译者无法做到较好地传达或调整某种文化中特有的规范；语用翻译错误（pragmatic translation errors）是指译者在解决具体的翻译问题时不能使用较好的翻译策略；语篇翻译错误（text-specific translation errors）指不能很好地解决与具体的语篇类型有关的问题。综上所述，常见的翻译错误主要包括词汇和语法不正确、术语不准确、表达不一致、未能传递原文意义、语体不合适、目标语言读者接受程度低等。而这些错误都是针对语言文本层面，通常是在意义上与原文相左或在表达上不符合语法规范，从而影响了有效的交际。

随着市场经济的发展，翻译服务的兴起和本地化需求的提高，翻译服务行业作为一种特殊的多样化、多层次的专业服务，已经成为产业生态链中不可或缺的环节。因此翻译错误的划分不能紧紧围绕语言文本层面，还需要考虑到语言服务产品的各种要素如生产规格、生产过程以及结果等各方面。

本地化行业标准协会 LISA 制定了一系列翻译质量评估标准。在此基础上，LISA 质量保证模型被研发出来。该质量保证模型协助全球化产品发布的本地化开发、生产和质量控制，由 LISA 成员、本地化服务提供商、软硬件开发商和终端用户合作开发的本地化质量和本地化过程度量的一套应用程序，质量保证的范围包括本地化产品的功能、文档和语言等方面。大约 80% 与本地化产品生产和测试相关的企业都采用 LISA 质量保证模型，这是当今本地化行业应用最广的质量保证度量方法。

LISA 质量保证模型的基本思想包括可重复性和可创造性。可重复性是指一个人做两遍同样的工作应该达到同样的结果。可创造性是指两个人做同样的工作应该达到同样的结果。另外，该模式还将质量保证（QA，quality assurance）和质量控制（QC，quality control）区分开来。质量保证 QA 是指在抽样中检查；质量控制 QC 是指完整的校对。因此，在 LISA 质量保证模型中要做两次质量保证，即第一次提交译文时和产品最终完成时（如在质量控制时和实施修改时）。根据这个模式，系统会给出一个"及格与否"的列表。在客户和服务提供商达成一致的基础上，表中列出了所有的错误点。翻译错误大致被分为七类，即准确性（accuracy）、术语一致性（terminology）、语言质量（language quality）、风格指南（style guide）、目标语言国家/地区规范（country standards）、格式质量（formatting quality）、客户特定的规范（client specific）。错误的严重性分为 3 个等级（严重错误、大错误、小错误）。根据这个错误类型划分，翻译质量评估基本上可以从以下几个方面进行。

（1）准确性（accuracy）。准确性是质量保证的首要标准。钱多秀指出，科技或学术翻译的准确性有以下几个方面要求。

1）信息的完整传达。所有内容都需要正确翻译，无错译（对原义表达错误）、漏译（遗漏了原文必要的内容或忘记翻译原文）、过译（夸大或过度曲解原文），忠实的反映原文的内容。

2）不随意增加或删减原文中的信息（指原文内容和意义上的增加或删减，不包括语言文字润色方面的增加或删减）。如果有增加或删减的必要，需得到客户的认可。

3）语言编码的规范性。这主要体现在 3 个层面，即语音和语法、语篇（体现在术语表达的一致性上）以及书写。语音层面上，尽可能的不使用音译；词语层面上，选择和使用词语要符合规范，无词语方面的错误，避免容易引起歧义的表达；句子层面上，要符合目的语的句法规范，无句法错误；语义层面上，源语信息尽可能得到表达和传递，无增加、删减或变动；语篇层面上，术语的使用要保持一致；书写层面上，无拼写错误。翻译完成后，应删除原文，不得有残留的原文字词或标点符号。

4）文档中的相互参考，如章节号、页码等，均须准确无误。章节的标题、产品名称、公司名称、脚注、图表、表格等应正确，不得出现错译、错字或拼写错误，并保持前后一致。

（2）术语一致性（terminology）。术语一致性是翻译质量保证的另一个重要标准。文档中出现的术语应与项目专用术语表、一般术语表以及 TM 中 100% 匹配部分一致，另外还需要注意在选用术语时应参考上下文。相同的词汇、句子或段落应保持相同或相似的译法。术语一致性主要体现在以下几个方面。

1）应以客户提供的术语表和产品词汇表为准，不得自创新词语，如有必要，应在客户确认后方可创造并使用新词语。

2）译前从原文提取的术语和译中出现的新术语都应经客户核准后添加至词汇表或术语表中。

3）用户界面用语和计算机软件通用词汇参照微软（中国）公司编写的《英汉对照微软标准软件术语》一书。

4）必须注意产品的专业特点；所有的技术性名词都应以术语表为准；产品特有的术语应以客户提供的产品术语表为准；要根据产品的类型选用适当的词语。

（3）语言质量（language quality）。在语言质量方面，应遵循以下基本规则。

1）译文应使用规范的目标语书面表达方式，尽量避免口语化的语句。

2）译文的文法和表达方式应符合目标语的习惯，避免词语不搭配的情况；正确表达原文的含义，避免生硬和含糊不清。

3）在不影响准确性的前提下，译文应尽量简练，减少可有可无的字词。

4）在科技文的翻译中，应避免使用长难句，例如英文中的长难句应按中文的习惯采用多个简短的句子进行表达；译文应力求精炼，通顺流畅，易于理解。

5）译文的句法上应多用主动语态，少用被动语态，并能准确体现原文中的时态；尽量少用双重否定；有时还需要在译文中增加适当的连词，保证上下文的逻辑性和连续性。

6）译文应遵循业界普遍沿用的规范要求，即第 2 小节讲到的翻译标准和准则。在语言风格方面，译文应符合原文风格并保持一致；语言不应陈旧过时，避免使用错误的俚语和口语；另外，译文应遵循客户的特殊规范要求。例如，原文中客户要求不翻译的部分应保持原样。

7）应避免任何政治、社会观念等方面的敏感词汇或有歧视含义的词汇，例如性别、年龄、种族、职业、婚姻状况、宗教政治信仰、政党、国籍、贫富、地名以及身体残障等。香港应翻译为中国香港或中国香港特别行政区，澳门应翻译为中国澳门或中国澳门特别行政区，民国××年应翻译为公元××××年，国家应翻译为国家和地区，首都应翻译为首都或主要城市，南朝鲜应翻译为韩国，北朝鲜应翻译为朝鲜。

（4）格式质量（formatting quality）。在格式质量方面，应遵循以下基本规则。

1）中文字体一般为简体宋体；不翻译的英文及数字、符号等的字体应与原文保持一致；原则上要将英文名词的复数形式还原为单数形式。

2）汉字与半角字符（外文字母、数字、半角标点符号等）间应加一个半角空格；全角标点符号（包括中文括号）与前后任何字符之间不加空格；斜体字符与后面紧邻的字符（不包括标点符号）之间要加一个空格。

3）英文应使用半角字符；一个完整的英文单词不得分行输入；文件名、邮箱地址、网址、URL、产品名、公司名、商标及注册商标均不应分行输入，URL 自然分行除外。

4）标点符号的使用应符合汉语规范；句号、问号、感叹号、逗号、顿号、分号、冒号不得出现在行首；引号、括号、书名号的前一半不得出现在行末，后一半不得出现在行首。

5）特殊符号及数字、度量衡单位及其他符号等也应与原文保持一致。

各个公司还可能有自己专用的准则，例如微软的简体中文风格指南中对软件、联机帮助、手册规范等内容进行了特殊说明，目的就是提供统一的本地化规范以便从事微软产品本地化工作的人员参考。

除以上翻译准则，译员还应对全文进行润色修饰，以避免语言粗糙和可读性差的问题，使整篇译文的语言水平更高。尤其是对语言水平要求很高的重要人物讲话、新闻稿以及广告营销材料等，这类材料对格式关注不多，焦点在于语言的精炼和内涵，因此在处理上应更多注重语言本身。

8.1.4 翻译标准和翻译质量保证的区别

翻译标准和翻译质量保证都是关于讨论翻译质量的中心问题。翻译标准是学术界对于翻译质量的传统讨论话题，主要针对语言文本层面。翻译质量保证则是随着现代科技和市场经济的发展而产生的新课题，与计算机科技有着密不可分的关系，在当代语言服务行业中更是发挥着至关重要的作用。因此，两者之间存在着诸多区别。

（1）翻译标准和翻译质量保证的理论基础不同。传统的关于翻译标准的讨论主要关注的是翻译的类型，即哪种类型的翻译最恰当、最理想，这是以理论完备性为导向的。例如第二小节所讲述到的国内外古今的语言学家或翻译学家所提出的各种翻译理论和翻译标准，最有代表性的就是"信达雅"和"翻译三原则"。而翻译质量保证则是随着语言服务行业的兴起衍生出的新事物。翻译质量保证以质量为理论基础，把翻译项目看做是市场经济下的一种产品，而这种特殊产品的质量决定着翻译项目的成功与否。质量高的翻译应该是没有错误，或者错误的数量在客户的期望翻译质量标准之内。为了保证翻译质量，各个国家和组织也先后制定推出了一系列有关翻译项目和产品的标准和规范，这在第二小节也进行了介绍。

（2）翻译标准和翻译质量保证的目标不同。传统的翻译理论和翻译标准主要针对的是语言文本，翻译的目标就是得到最为理想的译文，侧重的是语言方面的质量。翻译质量保证则是主要以明确目标和满足需求为导向。完成任务和达到客户的需求及期望值是翻译工作的主要目的。这个目标也应该包含最理想的译文，但同时又包含了对翻译工作明确提出的其他要求。在当代语言服务行业中，对翻译质量的要求大体可分为 4 种类型，即宣传型（dissemination）、接受型（assimilation）、交互型（interchange）和数据获取型（database access）。翻译质量保证的最终目标是以客户为导向的，即客户对翻译结果的质量要求和其他需求及期望，而不仅仅是在某一种翻译理论指导下的某一种理想的翻译标准。

（3）翻译标准和翻译质量保证实施过程有很大不同。翻译标准的实施主体是译员。译员运用多种翻译理论和翻译技巧及手段（例如直译、意译、归化、异化等）使源语文本转化为理想的符合理论和标准的目标语文本。而翻译质量保证属于翻译项目管理体系，实施主体主要是项目管理人员。项目管理人员需要从全局出发，纵览整个翻译项目过程，在项目各个阶段综合运用各种专业技术手段和管理手段（主要涉及计算机科学软件）进行规划、监控和管理，建立一套科学、严密、高效的质量保证体系，以此来控制能影响到翻译质量的因素，最终保证翻译产品的质量。

综上所述，翻译质量是在市场经济发展和语言服务行业需求的推动下，在传统翻译理论和翻译标准的基础上，语言服务提供商利用集合专业技术、管理技术和数理统计技术，在翻译质量管理体系中对翻译质量进行的量化分析、权重设置、质量评估等的复杂过程。

8.1.5 计算机辅助翻译质量保证的主要标准

随着市场经济的全球化，语言服务的需求激增，翻译的标准化有利于保证专业领域的术语一致和风格统一，从而减少跨文化交流的障碍。当代计算机科学和信息技术迅速发展，翻译技术已经不再局限于传统的 Word 环境下的翻译模式，而逐渐形成了基于翻译记忆库和术语库的协作翻译模式。在这种模式中，翻译数据的交换和共享显得尤为重要，传统的纯文本形式的数据交换难以满足时代的发展需要，因此，促进翻译技术的标准化势在必行。

计算机辅助翻译软件的主要标准涉及翻译记忆库、术语库、断句规则、本地化等领域以及同一领域下不同的服务商之间的各子库、子集的交换标准，常见的有翻译记忆交换标准（TMX，Translation Memory Exchange）、术语库交换标准（TBX，Term Base Exchange）、断句规则交换标准（SRX，Segmentation Rule Exchange）、本地化交换文档格式标准（XLIFF，XML Location Interchange File Format）、全球信息管理度量交换标准（GMS，Global Information Management Metrics Exchange）、达尔文信息类型化体系结构标准（DITA，Darwin Information Typing Architecture）等。

8.1.5.1 TMX

TMX 由本地化行业标准协会（LISA，Localization Industry Standards Association）所属的 OSCAR 组织于 1998 年发布，是一种独立于各厂商的开放式 XML 标准。翻译记忆交换标准具体规定了翻译记忆库的数据格式、兼容性和存储方式等，使翻译记忆库能够重复利用和相互交换。该标准用于存储和交换使用计算机辅助翻译软件和本地化工具创建的翻译记忆数据，目的在于实现各 CAT 和本地化工具之间的翻译数据交换。全球大多数翻译和本地化企业都遵守 TMX 标准，以此实现数据的便捷交换。TMX 认证已经成为产品或技术的领先标志，拥有此认证能够获得更大的市场和更多的用户，而且 TMX 能够帮助译员、翻译公司和本地化公司在一定程度上独立于工具厂商，因此，本地化开发商争相推出了 TMX 认证工具。根据 OSCAR 组织的行业调查所示，翻译记忆资源已经成为本地化或全球化服务机构的战略性资产，在大量的国际事务中发挥着巨大的作用。TMX 标准不受某种计算机辅助翻译软件的束缚，使企业的语言资产得以保值，避免了因市场和技术的更新而造成的损失。

8.1.5.2 TBX

使用 TMX 管理术语表数据存在"存储片段过大"的缺陷，因此，2002 年 OSCAR 组织推出了基于 ISO 术语数据表示的 XML 标准 TBX。TBX 能够使用户方便地在不同格式的术语库之间交换术语库数据，极大促进了术语管理全周期内公司内外的数据处理，而且普通用户也可以方便快捷的访问大型公司公开的术语库数据。在翻译过程中，术语库能够节省译员重复输入的时间，更重要的是能够保证文档中术语的一致性，操作和使用简单便捷。ISO 设立了多项相关的国际标准来统一术语库，如 GB/T 18895—2002、GB/T 15237.1—2000、GB/T 16786—1997、GB/T 17532—1998 等。这些标准规定了建立术语库的一般原则与方法，适用于术语库的研究、开发、维护、管理以及其他涉及术语数据处理的工作。

8.1.5.3 SRX

2004 年 OSCAR 组织又推出了基于 XML 的 SRX 标准。2011 年 7 月得到中国工业标准化协会的认可。该标准旨在解决本地化工具判别最小独立单元（"断句"）规则不一致的问题，确保源语与目标语的语言正确和唯一，并在不同 CAT 工具间进行交换和重复使用。在处理文本内容时，翻译记忆工具等多种本地化语言工具都是按照一定的规则，把要处理的内容分成一个个可以单独处理的最小独立单元，例如把包含多个自然段的文档分解成一个个单词或句子片段，也可以是一个自然段。每个独立单元经过本地化过程后成为包含源语和目标语的"语言对"。本地化语言工具判别最小独立单元的规则，就被称为"断句规则"。如果不同的本地化语言工具"断句规则"不同的话，本地化后的"语言对"内容就一定不同。这就会影响用户对译文的重复利用，也会影响不同工具之间的数据交换和兼容。

8.1.5.4 XLIFF

2002 年结构化信息标准促进组织（OASIS, Organization for the Advancement of Structured Information Standards）正式发布了 XML 本地化交换文件格式标准 XLIFF。该标准是在原有松散的"数据定义组（data definition group）"的基础上起草的。XLIFF 标准从繁杂的文件格式中分离出待本地化的文本，同一源文件可以使用不同的工具进行本地化处理，而且该过程中可以添加注释文字，存储有助于本地化处理的数据信息，实现了本地化数据的交换格式从定制向统一的转变。

8.1.5.5 GMX

OSCAR 组织正在制定 GMX 标准，旨在统一本地化业务的度量规则。本地化项目日趋复杂化、多元化，文件的格式类型也日渐增多。同时本地化的业务范围除了语言文本翻译外，还增加了桌面排版和功能测试。这些发展变化都在一定程度上加大了项目的难度，尤其是在项目规划阶段，各个公司对本地化项目的分析方法各有不同，包括按时间统计和页面统计，因此，客户和服务提供商之间关于项目的成本预算、报价、资源安排等的分歧较大。字数统计作为传统的度量本地化和翻译工作的方式只适用于语言文本，也已经不适用于排版和测试。这些缺陷可以归咎为本地化处理不透明和统一业务度量规则的缺乏。GMX是一个家族标准，包括工作量（volume）、复杂度（complexity）和质量（quality）3 个子标准，即 GMX-V、GMX-C 和 GMX-Q。GMX-V 标准更精确的定义了本地化翻译需要的工作量和报价。GMX-C 标准能够做到量化翻译工作的复杂度。GMX-Q 标准制定了翻译工作的质量需求,而目前这两个子标准还没有定义具体的格式。GMX 标准有助于增加本地化工作处理的透明度,规范本地化和翻译市场,有利于客户指定本地化预算,选择和考核本地化公司,而本地化公司也可以精确报价,合理安排本地化资源。

8.1.5.6　DITA

DITA 标准针对结构化数字出版内容的拆分与重组设计而制定。该标准能够有效减少数字出版过程中的信息冗余,为内容深加工和多渠道发布提供了崭新的模式。DITA 标准能够帮助合并重复内容,减少冗余的信息,把不同文档中不一致的内容统一起来,最终生成高质量的出版物,满足不同目标读者和终端展现需求。另外,DITA 提出了数字内容结构化写作与发布的新思路,有助于特定领域和范围内数字内容的创作和发布,其工作流程有以下四步:进行基于 XML 的结构化写作;按照不同主题将文档分类;进行 DITA 映射,用样式模板和 XSLT 转换将文档转换为排版后的 PDF、CHM 和 HTML 等格式;交付成品。DITA 是一种面向主题的文档类型结构,用于定义、编写和交付内容信息规则,并渲染出版内容形成最终的交付出版物。在翻译过程中,为了使译文满足客户的高标准本地化要求,翻译公司可以使用 DITA 工作流程来组织、管理和发布译文,整个本地化过程包括内容信息的组织、编写、生成和交付。

8.2　影响翻译质量的因素

随着信息化和互联网的发展,语言服务的需求也随之增长,语言服务行业的蓬勃发展离不开翻译质量的保证。在语言服务过程中,翻译质量的评估对翻译项目的成败起着至关重要的作用。翻译质量贯穿于整个翻译流程中,包括翻译前的准备工作、翻译过程中和翻译后的处理、监控等。同时,翻译对象逐渐复杂化和多样化,不仅包含语言文本本身,还涉及网站、软件、游戏和手机应用等需要本地化的翻译对象,翻译后的产品呈现复杂化和多样化,整个翻译项目的过程也涉及多个因素,传统的语言质量评估模式过于单纯,已经跟不上时代和技术发展的步伐。翻译作为一种服务行业,最终交付给客户的是某种服务或产品。因此评估翻译质量不能仅考虑语言文本的质量,也趋向于服务过程和结果等多维度。在翻译项目运行过程中,翻译服务提供商要考虑的问题一般包括翻译原文、确定项目时间、确定项目成本和预算、译员团队的水平、确定翻译流程和翻译技术、满足客户要求等。因此,影响翻译质量的因素要从以下多个方面来考虑。

8.2.1　源语文本和语言资源

翻译要以原稿为基础,以忠实于原稿为基本原则。源语文本的质量和难易程度都会影响目标语的质量。源语文本如果词不达意、错误百出,不仅影响译员对原文的理解,还会严重影响到翻译进度。如果源语文本十分晦涩难懂,例如涉及高深或冷门的专业领域知识或大量背景知识以及文化知识,势必也会影响译员的理解,从而无法做到真正的语义转换。另外,源语文本中的格式如字体、数据是否准确、标签、空格、时间、图片是否清晰以及其他参考资料等辅助资料的质量也会影响到目标语的质量。在翻译项目中,客户应尽可能的说明待译文本的具体背景和用途,让译员尽可能理解语言和文化背景。总而言之,如果译员不能从客户方获得高质量的源语言文本，翻译的源头不可控，翻译质量就无法得到可靠的保证。

除原稿外，围绕原稿还有很多的辅助翻译资料，通常包括翻译记忆库、术语库、项目案例库、语言知识库、翻译风格指南、技术写作规范等。这些语言资源质量的高低同样是影响翻译质量和项目质量的直接因素，因此必须确保语言资源的正确性才能保证翻译质量和项目质量。

8.2.2　时间和预算成本

根据客户的要求，提交翻译产品需要在一定的时间期限内。翻译时间直接影响到翻译质量。如果翻译时间较短，翻译任务艰巨，难度大，这样就很难保证翻译质量。例如在商业翻译中，大多数翻译内容都具有很强的时效性，例如电子产品的本地化、工程的竞标书和网站新闻等，都必须在规定的时间内完成。如果无法在客户要求的时间期限内交付，就无法使翻译产品正常发挥其作用，满足不了客户的需求和期望，也就不能保证翻译质量。其他涉及很多部门的协作翻译项目更是如此，工作量大，但时间却相对较短，例如微软产品或手机产品的系统本地化项目，涉及多种语言和多个部门，需要分工协作和密切配合，因此时间的长短势必会影响到翻译的质量甚至整个翻译项目的成功。

客户决定了翻译项目的预算成本。项目预算越高，翻译服务提供商就会提供更高的翻译技术和资深的翻译人员，并能做到实时监控项目的流程，保证翻译质量。相反，如果预算不足，却要求高质量的翻译，就会很难找到优质的翻译服务提供商。客户为了降低成本，往往会选择一般的翻译服务提供商，翻译人员的水平参差不齐，工作积极性不高，因此最终的翻译质量难以得到保证。

8.2.3　翻译人员和技术

作为翻译的主体，翻译人员在众多翻译过程的参与者中对翻译质量的影响最大。译员的教育背景、生活经历和文化水平都和翻译质量密切相关。首先，译员的专业知识直接影响到翻译质量。例如在工程翻译中，如果译员不具备足够的工程专业知识就不会顺利完成翻译工作。其次，只有具备较高的文化水平，例如文化底蕴、求知欲、涉猎领域、对时政的了解等，译员才能准确把握源语和目标语，翻译出令读者感受真实和深刻的译文。最后，译员工作是否专注和勤奋等专业素养和职业素质也会影响到翻译质量。其他翻译项目的参与者，例如项目经理的管理能力和审校、排版工作人员的能力等也会在很大程度上影响翻译项目的质量。项目经理需要对项目进行规划，对翻译工作进行全面的质量控制。例如，在翻译过程中，项目经理应该能够尽早发现翻译错误并及时采取措施进行纠正，有利于控制项目成本和提高翻译质量。在翻译项目中，除了译员和项目经理，还要有编辑审校人员、排版人员、质量保证人员、语言资产管理人员以及技术支持人员等。因此，仅从译员个体的能力来研究对翻译项目的影响是不全面的，已经不适用于现代化的、复杂的翻译项目，还需要从翻译团队的角度来研究。翻译团队的人员构成、规模、技术能力、管理能力、交付能力以及职业素养等都会影响翻译质量。整个翻译项目的成功与否需要整个翻译团队的紧密协作和操作无误，才能保证项目质量。

翻译对象的多元化导致了翻译项目中大量的、复杂的格式，对于这些格式的处理需要翻译技术和计算机科学技术的支持，因此技术起着举足轻重的作用。翻译团队必须熟练操作多种计算机技术和翻译工具。目前 CAT 工具大多界面友好，功能全面，操作简便。例如 SDL Trados、memoQ 等软件中都具有自动检查拼写和语法功能的检查工具，能有效地杜绝一些拼写、格式、语法上的低级错误。这些技术手段不仅保证了术语的一致性，而且最大程度保留了原文格式，减少了后期整理和排版的工作量，缩短了工作时间，从而降低翻译成本。另外，翻译服务提供商根据客户的需要新建的翻译记忆库、术语库和语料库也为译员提供了大量的翻译资源，还有配套的翻译项目管理系统也能对整个项目进行有效的管理。如果翻译团队对众多翻译软件和技术不能很好地掌握和使用，就无法保证翻译质量。因此，翻译软件的成熟与否以及译员对软件操作的熟练程度都会在一定程度上影响翻译质量。另外，双语排版、程序编译、语言测试和功能测试等技术因素也会影响到翻译质量。

8.2.4　项目流程

对项目流程的监控是控制项目质量的重要手段，完善有效的项目流程能够保证项目质量。不同的企业根据需要制定翻译质量相关的标准，来衡量项目管理过程中资源的有效性与高效性，建立相应的信息系统和质量管理数据库，从而确保质量管理真正融入企业的全面生产中。与翻译团队的不可控性不同，翻译流程与规章制度类似，贯穿于整个翻译过程中，具有很高的可控性。翻译项目的实施过程主要包括译前准备、项目跟踪、译后审定、项目交付和项目总结 5 个步骤。

译前准备主要包括确定需求、资源准备、稿件分析、语料准备、项目派发、项目培训等。这其中的核心步骤则主要包括译前术语提取和术语确认、预翻译、重复句子处理、翻译记忆库的准备、翻译风格的确定和关于项目产品技术的培训。项目跟踪包括进度控制、成本控制和质量控制。具体到翻译流程主要是指利用软件尤其是翻译记忆技术和术语管理工具进行翻译、检查、编辑和审校，其中术语的一致性检查尤为重要。译后审定包括专家审校、排版、质检和功能测试四个步骤。项目交付包括进展状态提交和项目文件提交。项目总结主要是收尾，包括成本及费用核算、回收项目语料、反馈客户意见 3 个部分。

这些项目流程都是不可或缺的重要环节，缺少了任何一环都会造成项目质量的失控。另外，翻译质量还受到客户需求等方面的影响。在现代语言服务行业中，客户对翻译项目的需求要尽量放在所有衡量标准的首要位置。由于客户的需求通常是多样化、多层次的，例如，译文可能只是供内部参考，或网络讨论，抑或是在全球市场上发行，所以，翻译服务提供商首要要明确客户的具体需求和翻译的具体目的。为了给客户提供满意的服务，在翻译过程中还要确认翻译的特殊准则、特殊要求等。例如，在译中阶段，如果客户对原文或部分译文做出了改变或更新，就有可能造成术语不一致、漏译等问题。因此，从某种意义上，在语言服务行业中，质量的评估和衡量很大程度上取决于客户的需求。除以上所述，影响翻译质量的因素还有很多，如潜在风险、沟通管理、企业发展战略和文化等。

综上所述，影响翻译项目质量的因素大体可分为 3 层：（1）最上层是组织层，是指翻译公司的经营理念、部门架构、政策和公司理念及文化对项目质量的影响；（2）中间层为语言资产层，是指翻译记忆库、术语库、翻译风格、质量模型和标准等对项目质量的影响；（3）底层为实施层，是指项目流程、团队人员、技术工具对项目质量的影响。翻译质量决定翻译工作的成败。翻译过程中，多种影响翻译质量的因素必须最大程度的被纳入监控中才能最大限度保证翻译质量。

8.3　翻译质量保证工具

质量是一组固有特性满足要求的程度（GB/T 19000—2008/ISO 9000：2005）。项目质量控制是在项目实施过程中，对项目质量的实际情况进行监督，判断其是否符合相关的质量标准，并分析产生质量问题的原因，制定出相应的措施来消除导致不符合质量标准的因素，确保项目质量得以持续不断的改进。翻译项目的质量保证也是如此。翻译质量控制是通过监视翻译质量的形成过程，消除质量环上所有阶段引起不合格或不满意效果的因素，以达到翻译质量的要求。

计算机科学中，"缺陷的出现不可避免地带有人为的因素，你需要做的就是找出令人生气的代码并进行修改，但是想要高效而毫不费力的找出缺陷，就需要建立一个调试过程，即一段步骤和规则组成的定义良好的正规例程。调试过程的目标就是识别并解析软件产品中的故障。"这个理论对于翻译项目同样适用。在翻译项目的实施过程中必然会出现各种各样的问题和故障、缺陷，要想把这些问题和故障、缺陷毫不费力的找出来并进行修改、纠正，也必须要建立一个"调试过程"。这个"调试过程"就是指质量保证的过程，需要依托一定的测试技术和工具，也就是翻译质量保证的技术和工具，以期识别和解析翻译错误，确保翻译的质量符合一定的标准和要求。

语言服务提供商都会在翻译的不同阶段使用质量保证工具来提高效率，杜绝低级错误，以此保证翻译质量。质量保证（QA，quality assurance）工具大体可分为独立式和集成式。独立式的工具是指翻译技术开发商专门用于保证翻译质量的工具，例如L10Checker、TMX Validator、ErrorSpy、Html QA、QADistiller 等。多数计算机辅助翻译软件都集成了 QA 模块，这是计算机辅助翻译软件中必不可少的功能模块。例如 SDL QA Checker 集成在 SDL Trados 软件中。在译中和译后，QA 模块能够通过查错、纠正等方式来保证译文的质量。具体来说，QA 模块会自动执行一组动态的标准和程序，以此确保译文没有错误或查出存在的错误。有些计算机辅助翻译软件中的 QA 功能还可以改正查出的错误。另外，还有一些通用的校对工具也能够用来保证翻译质量，例如 Style Writer、Triivi、Bullfighter、Grammar Anywhere、Whitesomke、Intellicomplete、Microsoft Word 校对模块、黑马校对等。这些工具可以用来辅助写作、拼写和语言的检查，对基本的语法、单词用法、拼写、标点符号、搭配等翻译问题能够自动识别和校对。

计算机辅助翻译的质量保证有广义和狭义之分。广义的计算机辅助翻译质量保证涵盖了译前、译中、译后的每个阶段。译前包括术语提取与确认、重复句段提取与翻译、翻译风格确认等；译中包括质量保证的实时检查、审校等；译后包括一致性检查，尤其是协作翻译的译文一致性检查、格式检查、功能测试等。狭义的计算机辅助翻译质量保证主要是利用计算机辅助翻译软件的质量保证模块在译中、译后对译文进行检查，包括标点、符号、数字、空格、标记符、术语、禁用词、一致性等方面。

另外，为了更好的保证翻译质量，翻译项目管理系统（TMS，Translation Management System）的作用也举足轻重。TMS 能够辅助项目经理管理和控制项目质量，这主要体现在对项目工作流程的控制上。

下面主要介绍如何利用 CAT 工具 memoQ 软件来对译文实现质量保证。

8.3.1　memoQ 翻译质量保证实例

本小节主要介绍如何利用计算机辅助翻译软件 memoQ 来对译文实现质量保证。该工具的特点是全面、快速，查找错误的范围广泛，能够有效的节省审校时间。在译中启动拼写检查能够帮助译者改正拼写错误。执行译文检查可以进行质量评估，能够标记出错误类型并生成错误报告。表 8-1 具体列出了 memoQ 的 QA 模块能够检查出的错误类型。

表 8-1　memoQ 的 QA 模块检查出的错误类型

检查点	memoQ
误译	漏译
	未译
	未全译
	译文不一致
	原文不一致
准确度	数字
	数字格式
术语	术语一致
	禁用词
	缩略语全局大小写
语言	拼写检查
	中文拼写检查
	语法检查
	中文语法检查
	句末标点符号
	成对标点符号
	多余空格
	重复单词
本地化	Tag 检查

8.3.1.1　译前准备阶段

译前准备阶段有如下几个方面的工作。

（1）首先要准备好项目所需的文件夹，然后按照操作步骤分别新建翻译项目、导入翻译文档、新建翻译记忆库和术语库，然后进行初步的统计分析，目的在于统计并分析原文的句段数、字词数、标签等多种数据，然后导出 HTML 或 CSV 格式的统计报告，如图 8-1

所示。统计和分析的数据报告对项目翻译进度的规划和设置有很大的帮助。

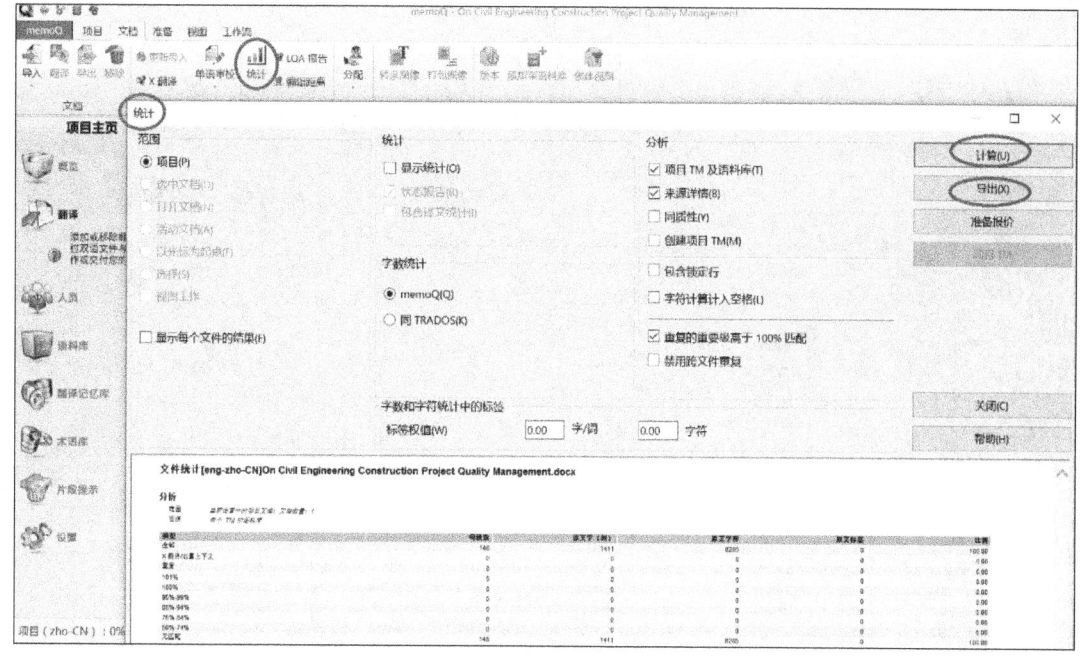

图 8-1 统计

（2）接下来非常重要的一步是翻译资源的准备。翻译资源包括翻译记忆库、术语库、语料库、片段提示库四种重资源，其中包含了大量的单语和双语文本、句段对、术语词条以及其他大量统计数据；另外还有断句规则、自动翻译规则、自动更正列表、非译元素列表、忽略列表、过滤器配置、导出路径规则、质量保证设置、停用词表、键盘快捷键、网络搜索设置、字体替代、项目模板等轻资源。这些翻译资源的充分准备能够极大的提高翻译效率。由于术语一致性对翻译质量保证有着举足轻重的作用，下面就详细介绍译前术语提取的具体步骤。

术语库的建立最简单的方法就是将现成的相关术语库文件导入到当前项目的术语库中，但是在缺乏现有术语库的情况下，从原文提取术语的方法就显得尤为重要了。首先，单击"准备"选项卡中的"提取术语"，如图 8-2 所示。

在"提取候选"对话框中的"停用词表"下拉菜单中选择"停用词表［本地］Kilgray-EN［5.0.15］"，其他保留默认设置，然后单击"确定"。如图 8-3 所示。

术语提取完成后，单击"关闭"退出。如图 8-4 所示，术语提取的结果一目了然。在提取出的术语条目中，可以进行"接受为术语（Ctrl+Enter）"、"舍弃术语"、"添加为停用词"等操作，单击"现在重新排序"则可以将接受为术语的条目进行集中优先排列。

对术语条目处理完成后，点击"导出至术语库"，选择要导出的术语库，然后单击"OK"。如图 8-5 所示。

操作进度完成后，单击"关闭"退出。在"术语库"视图下，右键单击"我的术语库"，选择"编辑"，就可以在"术语库编辑器"中查看并编辑新导入的术语列表，如图 8-6 和图 8-7 所示。

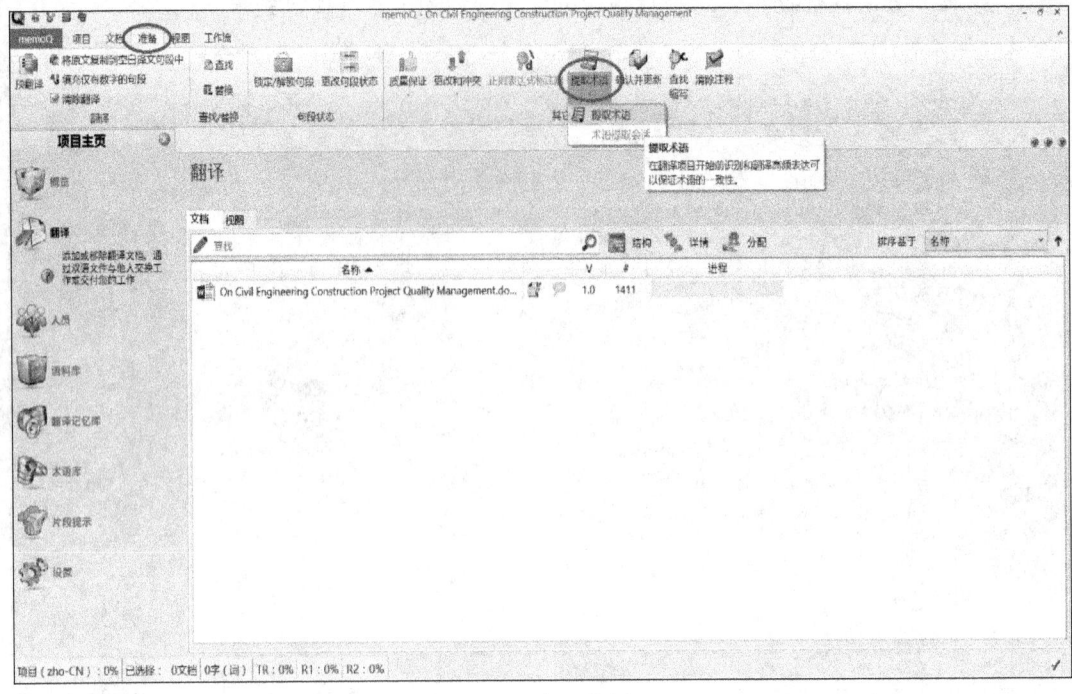

图 8-2 提取术语

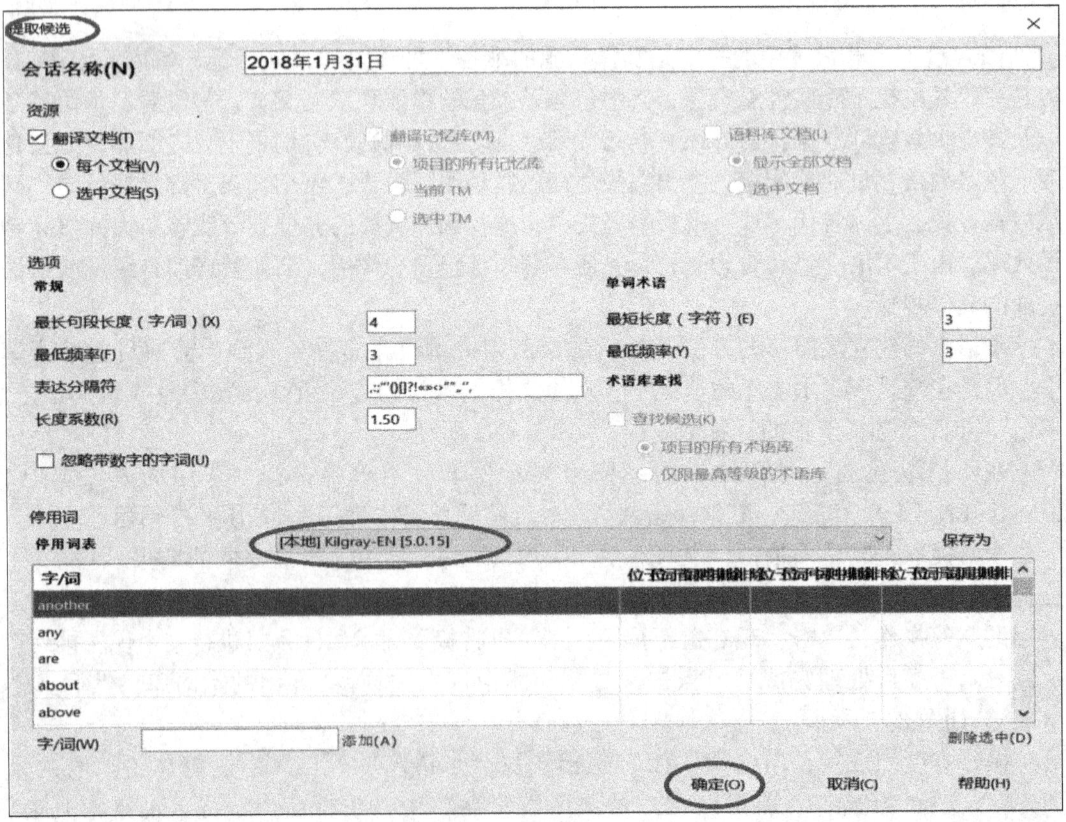

图 8-3 提取候选

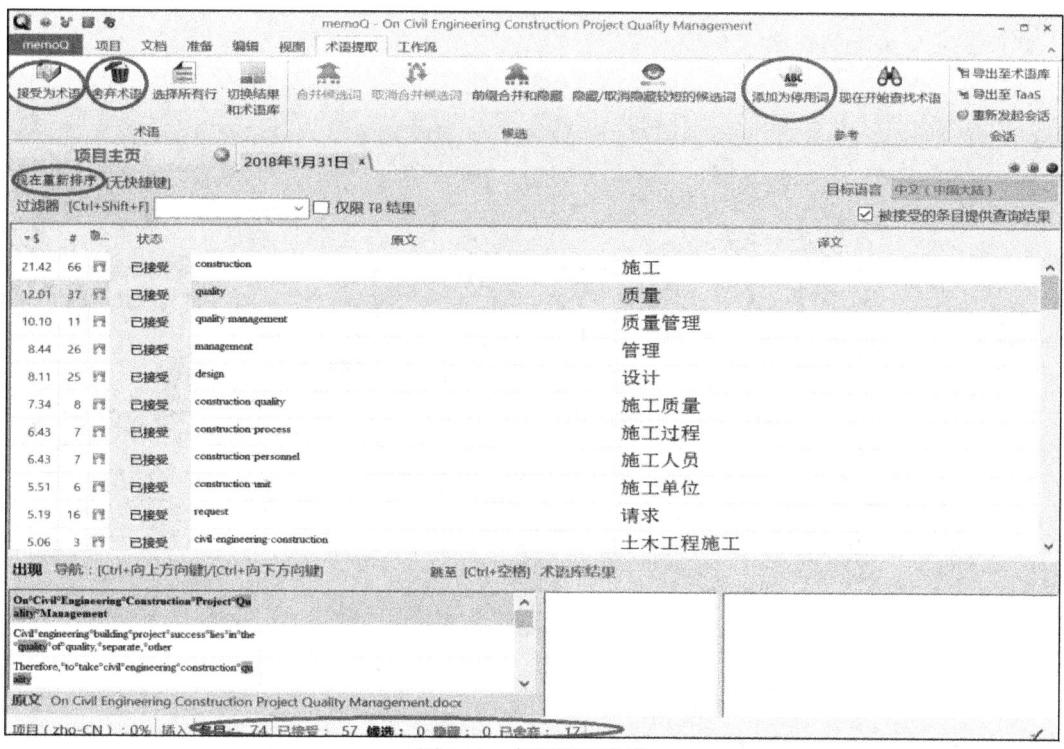

图 8-4　术语提取结果

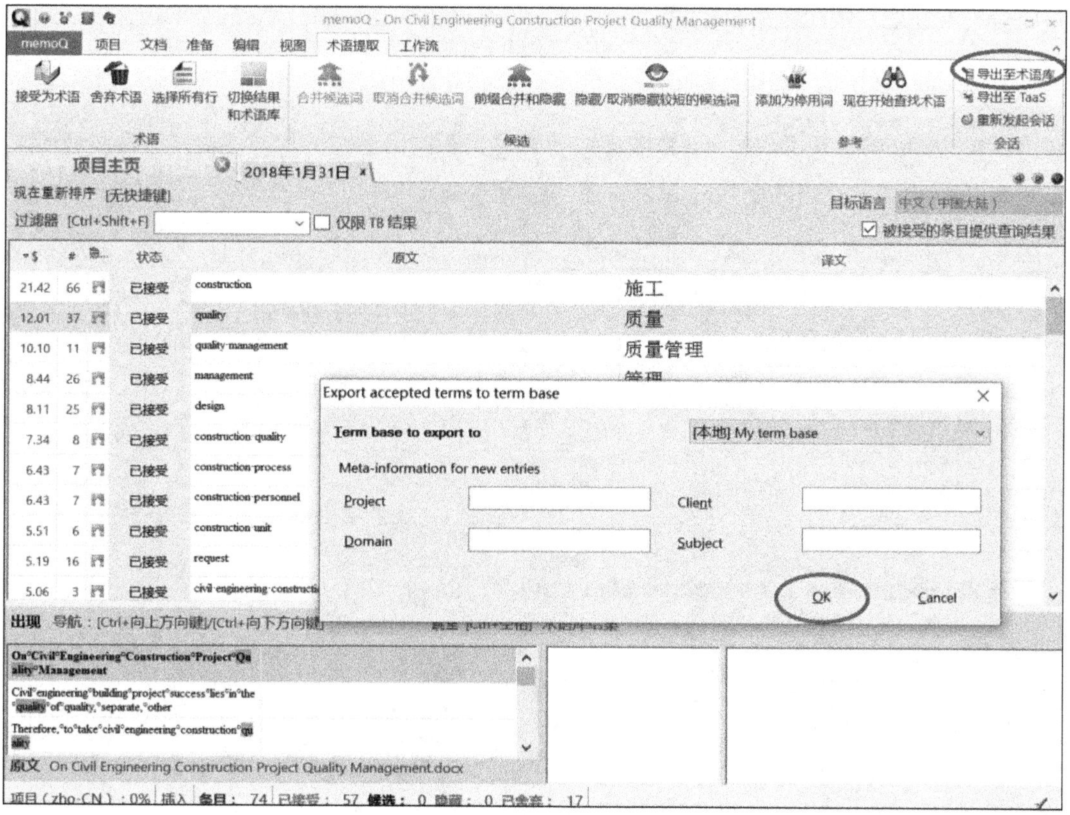

图 8-5　导出至术语库

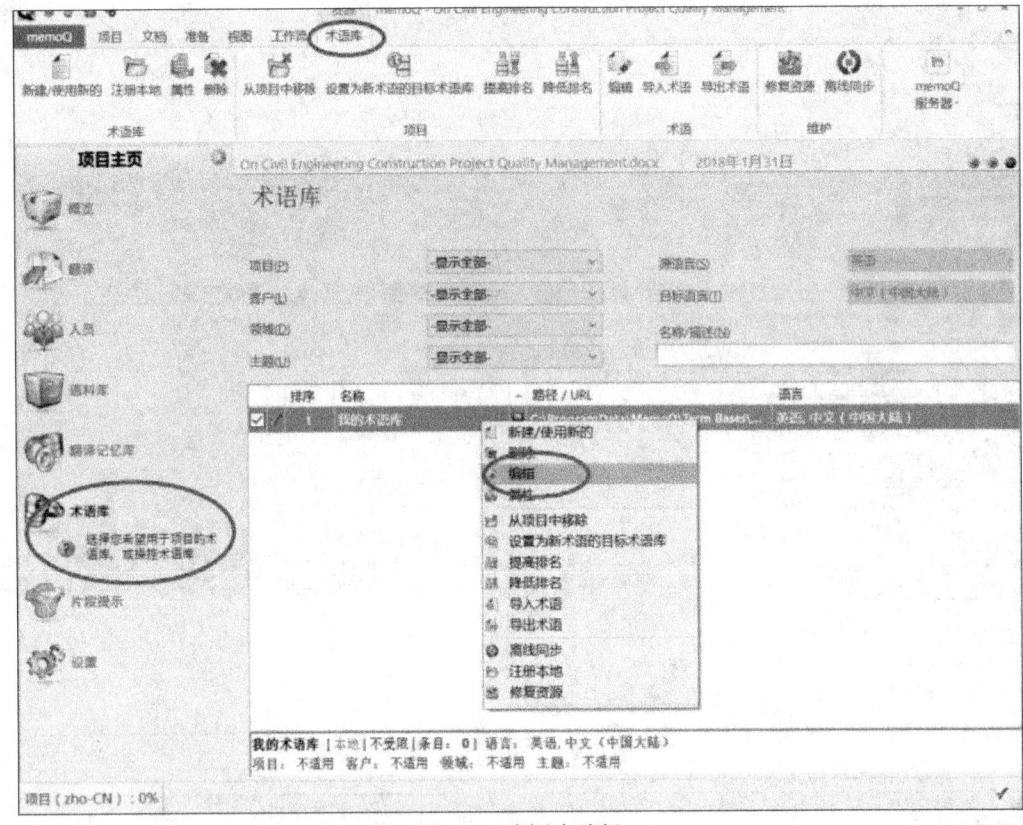

图 8-6　术语库编辑

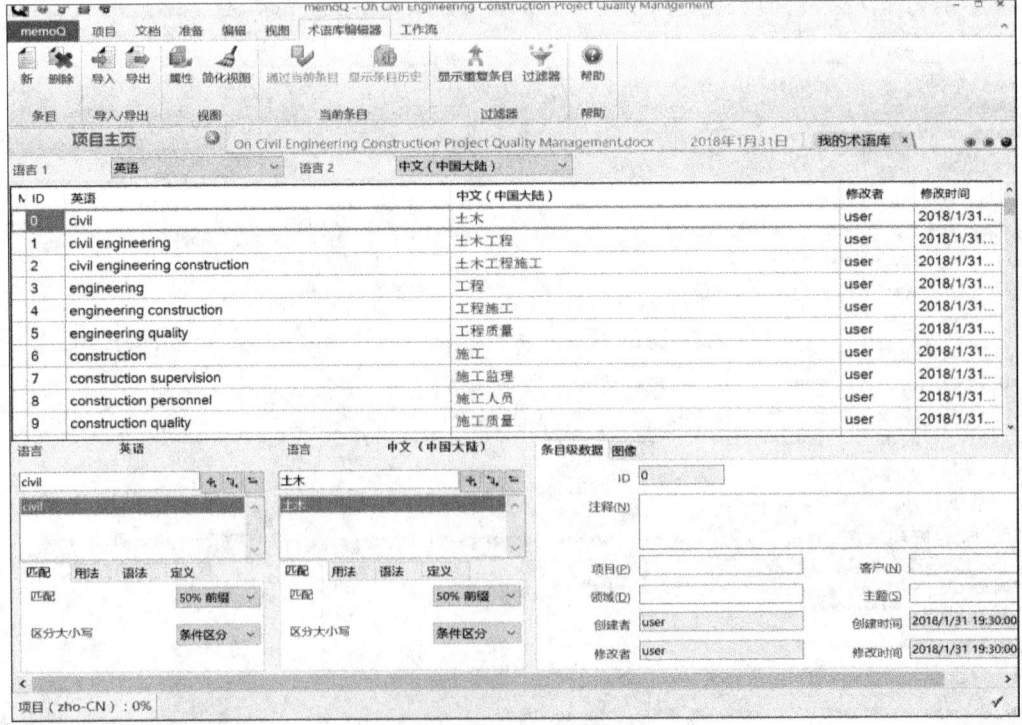

图 8-7　术语库编辑器

提取术语的过程会涉及源语文件、TBX 文件、文档格式、字段长度、抽取范围、词频和停用词表等关键要素，这些要素在一定程度上决定了所抽取的术语的质量。对这些要素的设置要准确把握，如果参数设置偏离较大，例如词频设置过高，就会需要人工筛选，从而造成人力的浪费，降低了工作效率。反之，如果参数设置合理，就会只需要简单的排除和处理，最大限度的提取出丰富的术语。因此，提取术语并做出处理是翻译开始前必须要做的工作，能够在翻译过程中节省大量的时间和人力，更重要的是能保证术语的一致性。

（3）基于翻译记忆库和语料库的预翻译以及项目的统计分析数据报告有利于整个翻译过程的进度安排和质量控制。单击"准备"功能区中的"预翻译"，在弹出的"预翻译和统计"对话框中，"范围"选择"选中文档"，"查找"选择"良好匹配"，不勾选"使用机器翻译"，其他保留默认设置，然后单击"确定"，如图 8-8 所示。

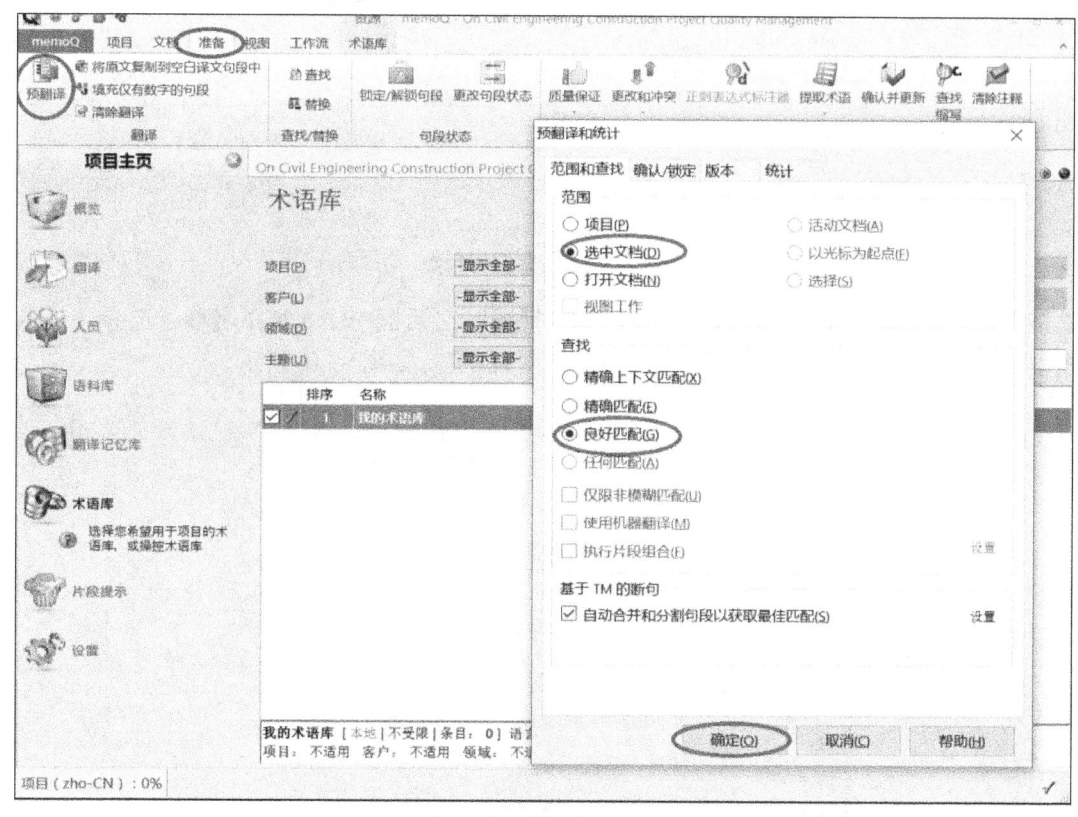

图 8-8　预翻译和统计

单击"文档"功能区中的"统计"，对原文档进行正式的统计和分析。在"统计"对话框中，根据实际需要进行勾选，然后单击"计算"生成"统计"和"分析"结果，如图 8-9 所示。

如果在"统计"对话框中勾选了"来源详情"，就可以单独查看基于翻译记忆库和语料库的分析结果。在统计和分析数据表中，可以清楚详细的看到文件的句段数、字词数，其中包括重复句段，匹配和无匹配句段。根据这些数据就能够对整个文档做出工作计划或任务分配。最后，单击"导出"，数据将会以 HTML 或 CSV 格式保存到文件夹中。

（4）优先翻译提取出的重复句段和高匹配句段也有利于提高翻译效率。单击"文件"

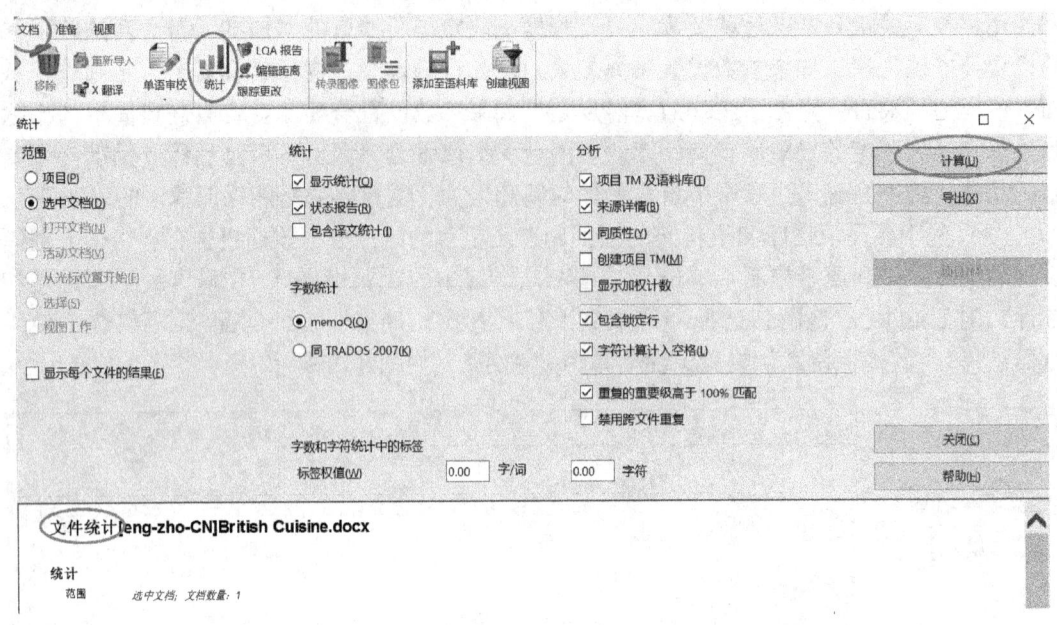

图 8-9   统计和分析结果

功能区中的"创建视图",在弹出来的"创建视图"对话框中输入视图名称,选择"提取重复内容"和"每个仅出现一次",然后单击"确定",如图 8-10 所示。

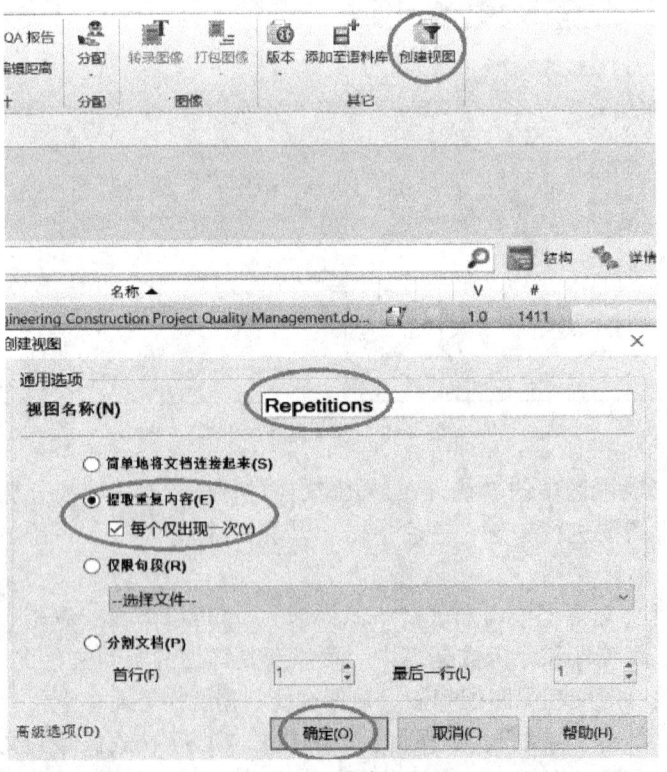

图 8-10   创建视图

在"项目主页"的"视图"标签下，可以看到新创建的视图，如图 8-11 所示。

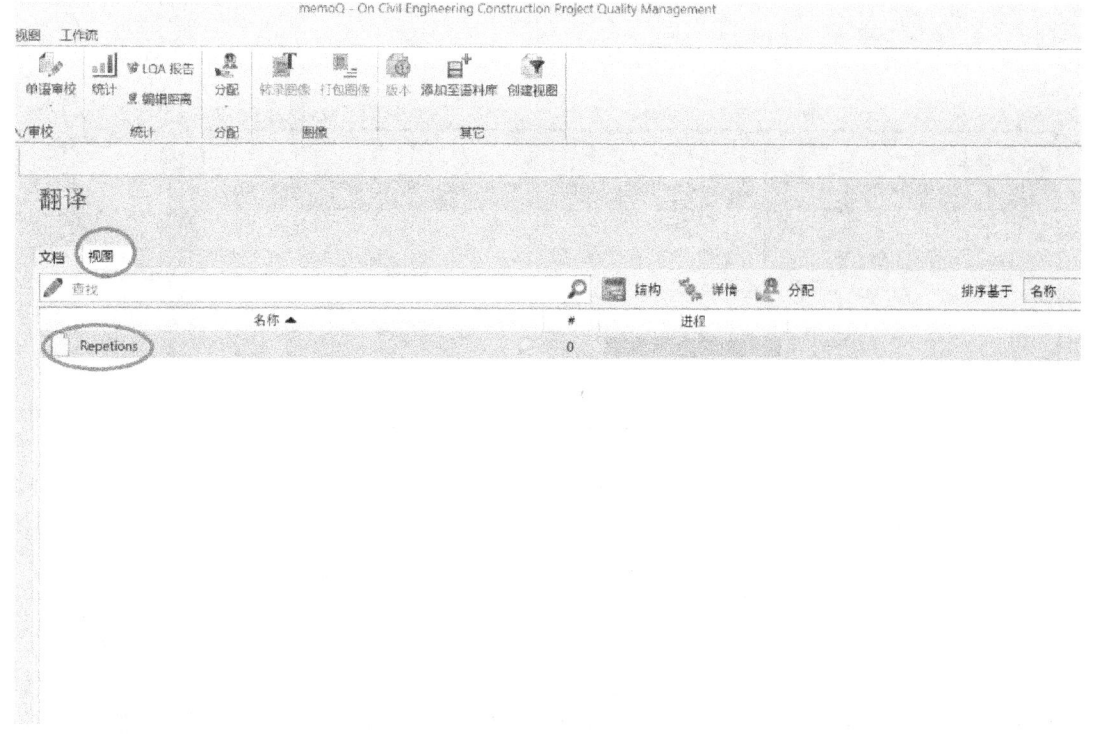

图 8-11　重复句段视图

以上仅讲述了译前准备阶段中的核心步骤：译前术语提取和术语确认、预翻译、重复句子处理、翻译记忆库和术语库的准备。此外，准备工作还包括翻译风格的确定和关于项目产品技术的培训等。一切就绪之后，就可以开始进行翻译了。

8.3.1.2　译中翻译阶段

译中翻译阶段是指利用所有在译前准备好的翻译资源完成翻译的过程。下面主要介绍能够起到翻译质量保证作用的 memoQ 实时质检模块的具体操作。

在确认某些句段的翻译后，可能会在"翻译结果"状态栏中出现一个红色叹号的图标，这说明当前句段存在错误。双击叹号图标，在弹出的对话框中将会显示具体的错误信息。根据这些提示对错误进行改正，然后重新确认翻译。如图 8-12 所示。

"翻译结果"状态栏中还可能会出现一个闪电的图标，这是警告当前句段存在问题的标志。双击闪电图标，在弹出的对话框中也会显示具体的警告信息。根据提示对这些错误进行改正，然后重新确认翻译。如图 8-13 所示。

另外，在翻译过程中还可以在翻译结果窗口看到术语、重复句段、高匹配句段的详细信息以及翻译句段和原文句段在标点、符号、字体、标记等方面的差异，还有机器翻译、相关网络搜索翻译的译文，方便译员及时做出修改。译员还可以通过及时添加非译元素和添加新术语来丰富和完善翻译记忆库和术语库，从而有效的保证翻译质量和提高翻译效率。

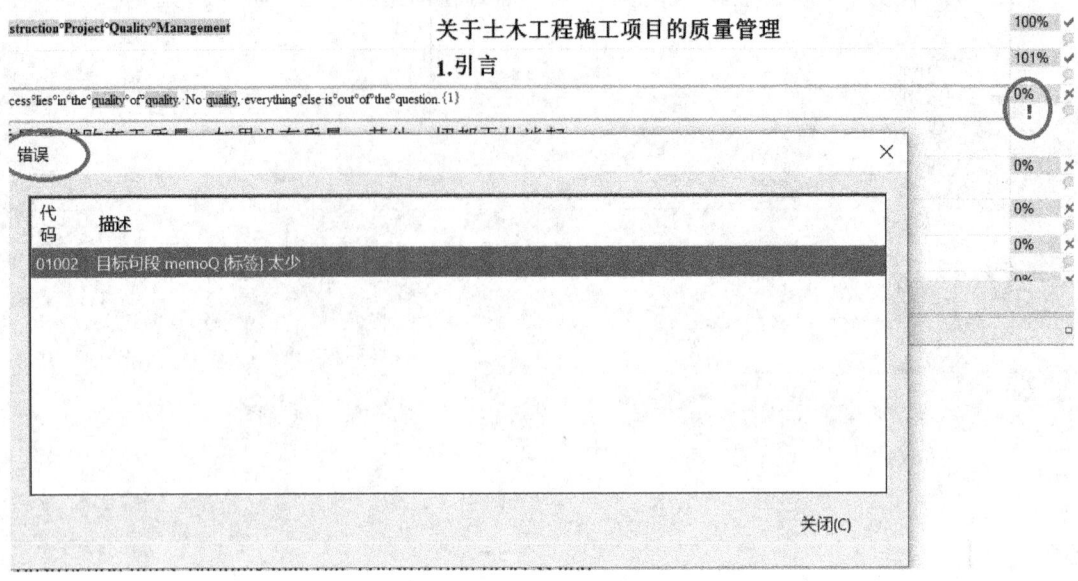

图 8-12　处理错误信息

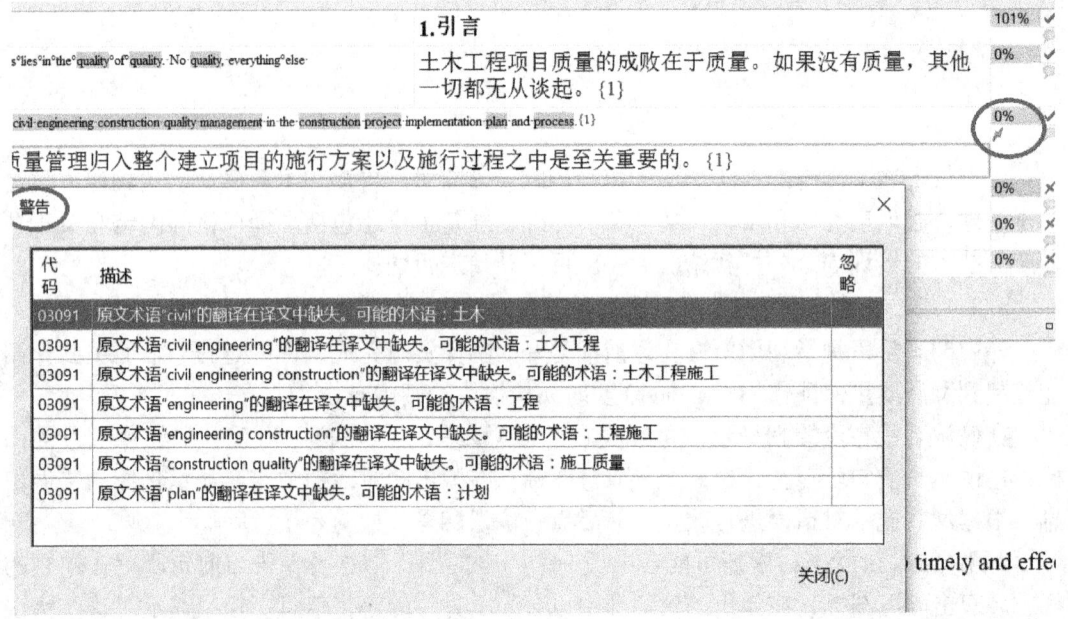

图 8-13　处理警告信息

8.3.1.3　译后审校阶段

译后审校阶段是保证翻译质量的重要阶段，主要分为 memoQ 质量保证模块的自动检查和人工审校两个方面。

A　质量保证 QA

所有计算机辅助翻译软件都嵌入了 QA 这项功能。在翻译准备阶段需要设置好 QA 的各个检查项，在翻译过程中就可以实时发挥质量保证的作用。译文翻译完成后，仍然有必要运行 QA 来发现可能还没被查找出来的错误和修改这些错误，从而进一步提高翻译质量。

QA 的具体操作步骤如下：在"资源控制台"或者"项目主页"下方的"设置"中选择"QA 设置"，根据需要在"编辑 QA 设置"对话框中进行相关设置，设置完成后，单击"确定"，如图 8-14 所示。memoQ 中很多默认的资源无法直接编辑，需要先复制再编辑复制的资源，QA 设置也是如此。

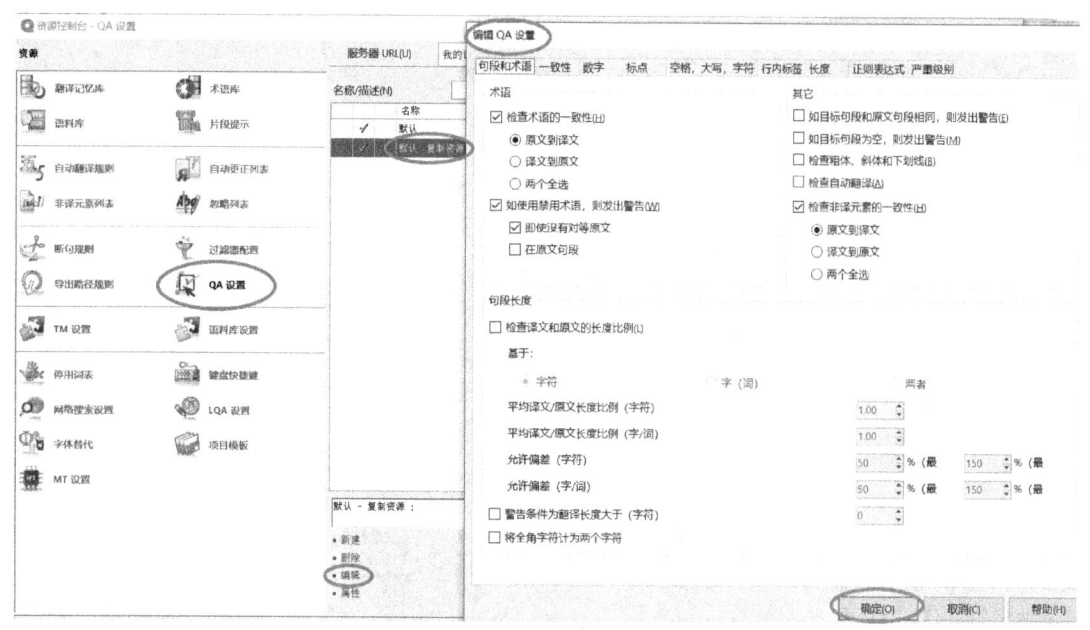

图 8-14　QA 设置

单击"查看"（最新的 memoQ 版本中更新为"审校"）功能区的"质量保证"，选择"运行 QA"。在弹出的"运行 QA"对话框中，选择需要检查的文档并勾选"在 QA 之后处理警告问题"、"创建翻译不一致的视图"、"导出 QA 报告至该位置"，然后单击"确定"，如图 8-15 所示。

运行 QA 之后在原文档旁边的"解决错误和警告"窗口中可以看到出现问题的行、编码和描述，在这里可以逐一进行修改，或选择忽略、刷新数据并导出数据报告等操作，如图 8-16 所示。

B　人工审校

人工审校又可以分为译员审校和他人审校。译员自己审校时，在"翻译"功能区下选择"确认"，然后选择"审校者 1"，如有二审则改为"审校者 2"，这样可以根据句段状态的不同而进行有效的角色区分和审校阶段区分，如图 8-17 所示。

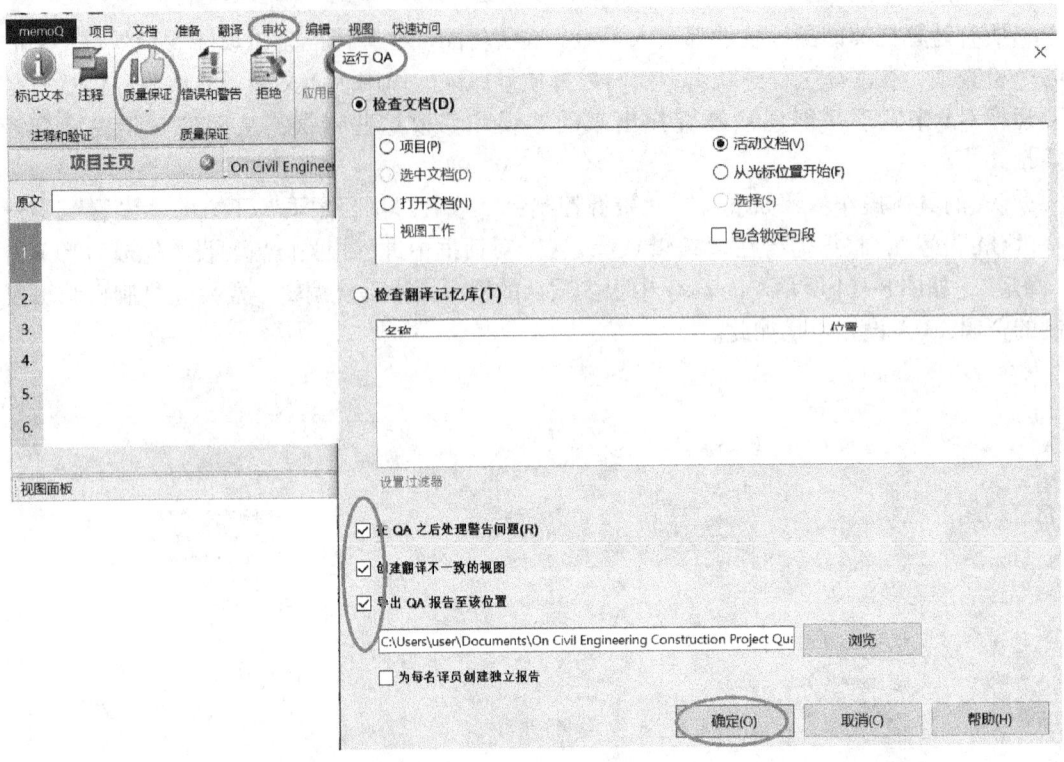

图 8-15 运行 QA

图 8-16 解决错误和警告

他人审校可以通过"导出双语"和"单语审校"来实现。双语审校主要针对原文的理解和表达，而单语审校更注重译文的文体风格，所以只是对译文的微调。

单击"文档"功能区的"导出"，选择"导出双语"，如图 8-18 所示。

导出双语文件的格式有 3 种：适用于其他工具的纯 XLIFF 的 memoQ XLIFF（X）、

图 8-17　更改审校确认角色

图 8-18　导出双语

TRADOS 兼容的双语 DOC（T）以及两栏 RTF（W）。其中最后一种使用最方便也最普遍，如图 8-19 所示。在 Word 中进行双语审校时，可以启用"修订"功能，就能够清楚看到所有的编辑和修改。

在 Word 中审校完成后，再将审校后的双语文件导入。导入完成后，可以看到"文档导入/更新报告"对话框，能够看到更新的句段数，如图 8-20 所示。

单击"审校"（或"查看"）功能区的"行历史"，可以看到编辑和修改的内容。点击"拒绝"可以恢复修改内容。在"审校"（或"查看"）功能区，点击"跟踪更改"中"比较版本"中的"对比最近收到的版本"，就可以看到审校的更改信息。另外，更改过的句段后会出现一个绿色粗体向下的箭头，鼠标停留在箭头上面将显示"条目已被另一用户更改"，如图 8-21 所示。

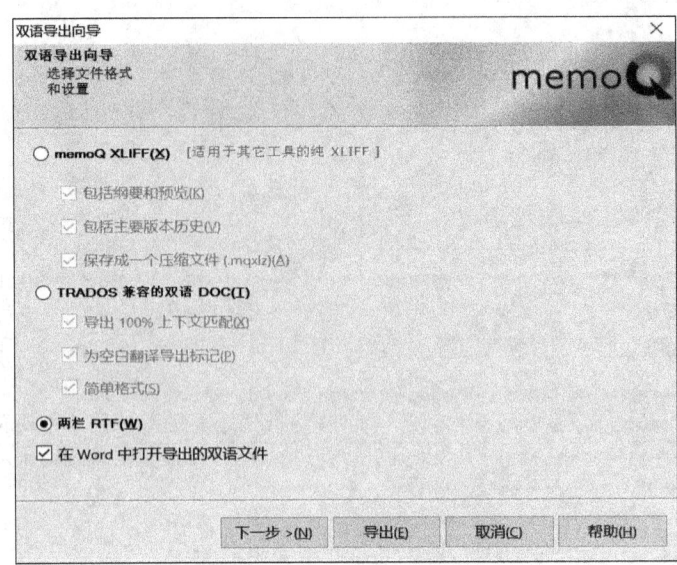

图 8-19　双语导出向导

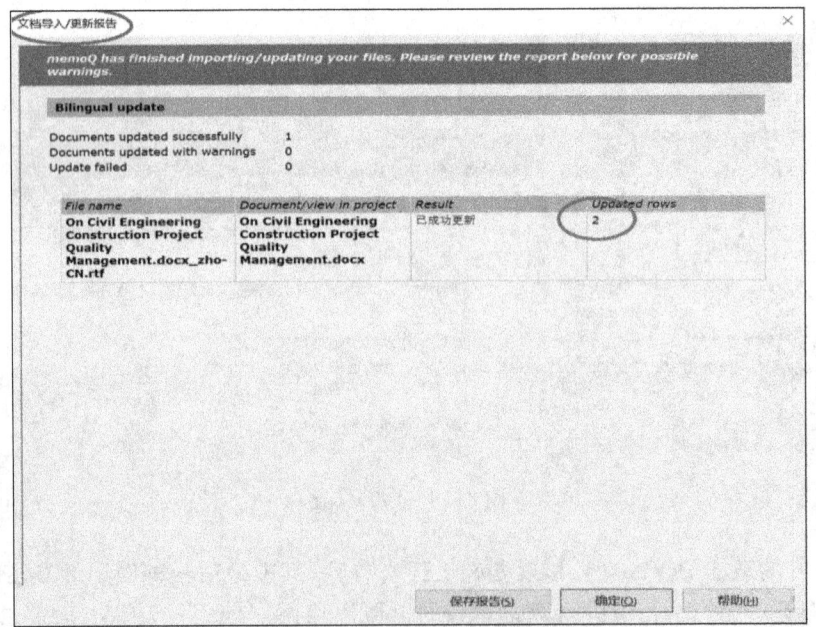

图 8-20　文档导入/更新报告

　　单语审校的操作步骤如下：点击"文档"功能区的"导出"，选择"导出（存储路径）"，将翻译完成的译文导出，然后打开译文进行审校，如图 8-22 所示。

　　导出单语文档审校完成后，点击"文档"中的"单语审校"，选择"导入已审校的文档"，如图 8-23 所示。

　　文档导入成功后点击"对齐"，可以通过"运行对齐器"对译文进行微调，然后点击"应用审校并关闭"，如图 8-24 所示。

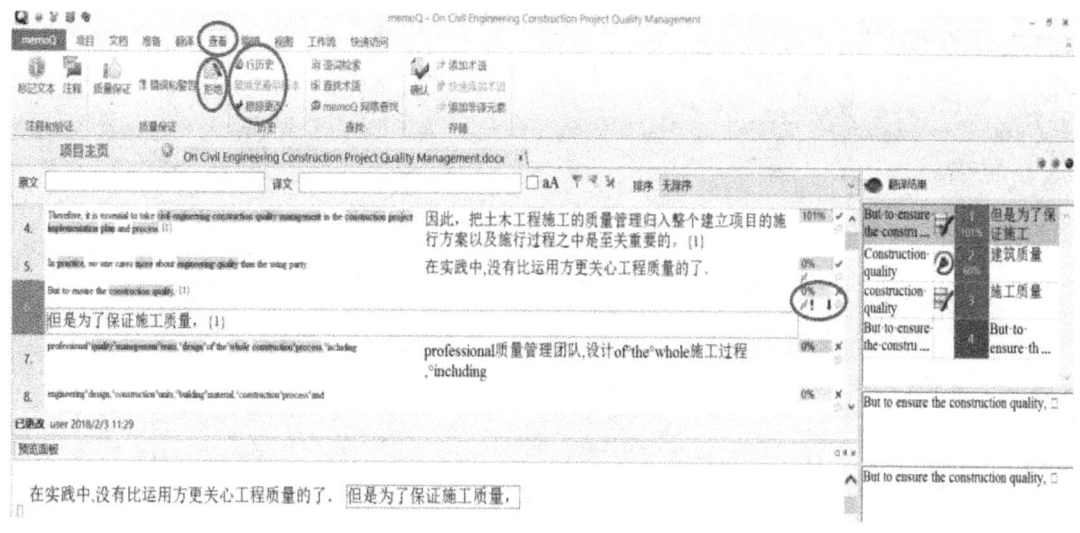

图 8-21 翻译编辑器效果

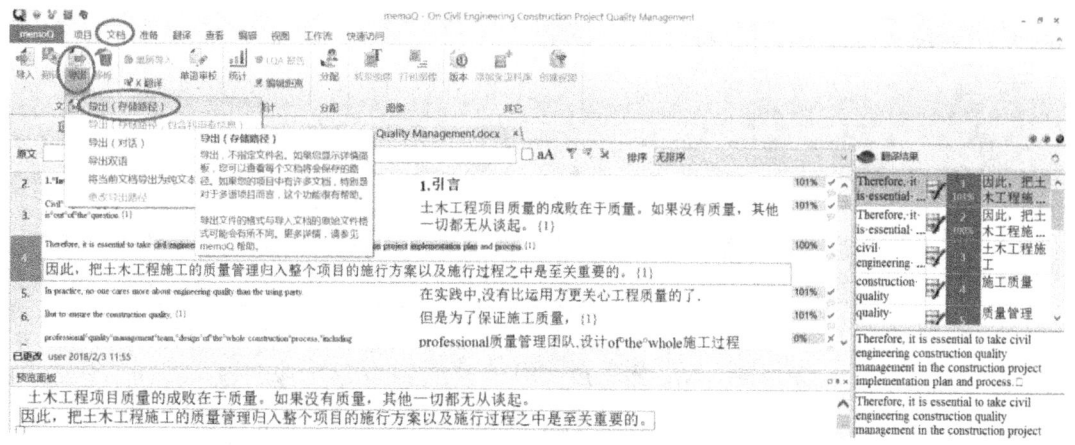

图 8-22 译文导出

关闭"对齐"后，在"句段更新报告"对话框中能够看到更新的句段数和保持不变的句段数等信息，如图 8-25 所示。

单击"比较版本"中的"关闭"将关闭跟踪更改，直接显示更新后的结果。

以上分别在译前、译中、译后各个阶段简要讲述了如何利用 memoQ 对译文内容进行监控和修改的具体操作步骤。译员对这些操作的重视和熟练掌握能够有效地保证翻译质量。

8.3.2 翻译质量保证工具评价

翻译质量保证工具既具有优势又有一定的局限性。翻译质量保证工具的优势主要体现在时间和成本的节省，以及翻译工作效率的提高。计算机辅助翻译软件都嵌入了翻译记忆库和术语库模块，这极大保证了译文的准确性和一致性。软件中的质量保证工具可以检查广泛的错误类型，包括句段错误、术语不一致、标点符号、数字、格式标签等错误，查找

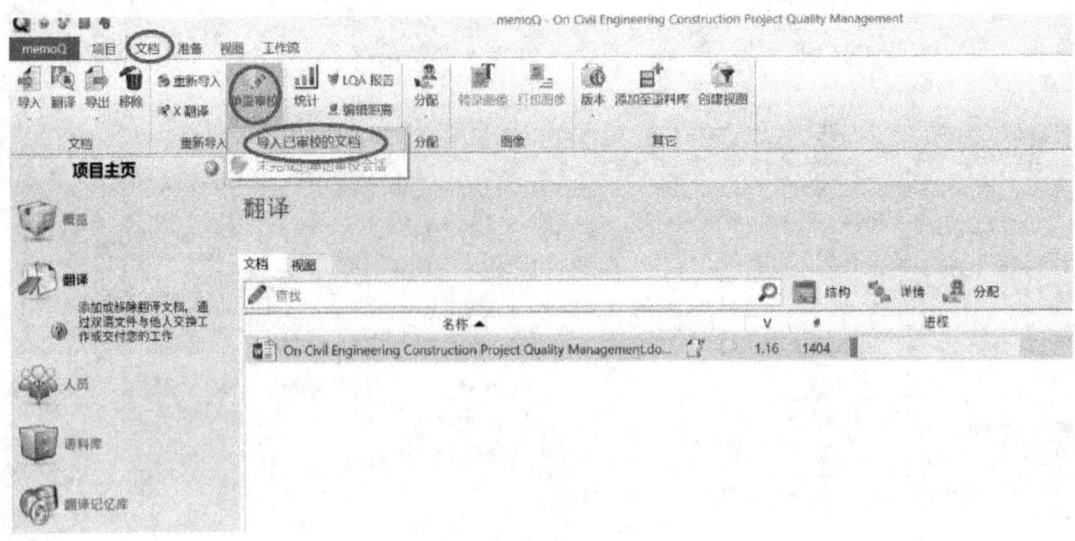

图 8-23   导入已审的单语文档

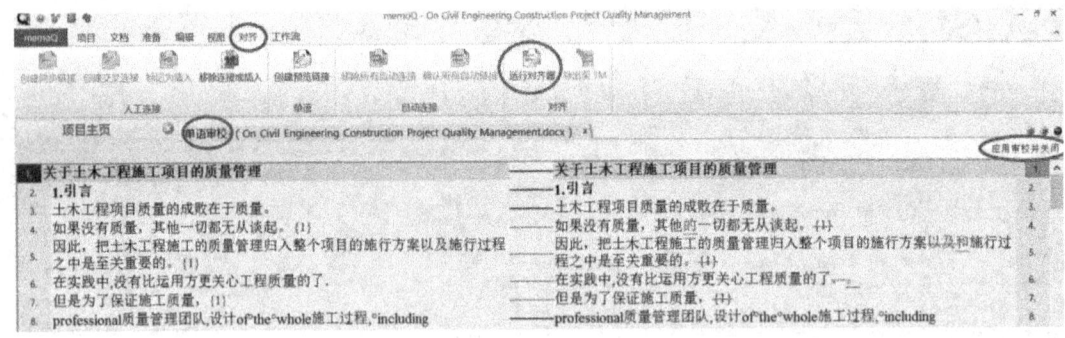

图 8-24   运行对齐器

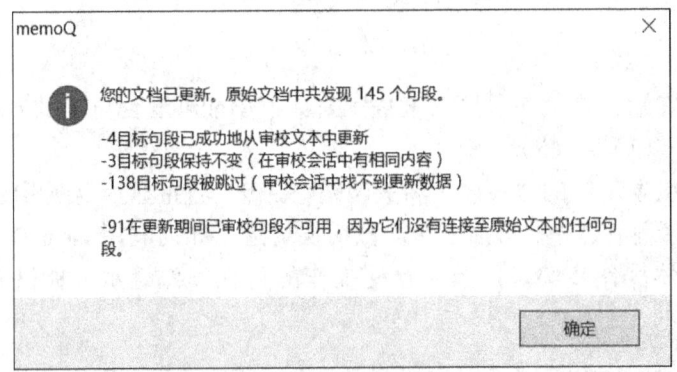

图 8-25   单语审校文档更新报告

全面、快速而且定位准确。这些错误的自动检查和定位及修改能够极大减轻译员的工作量，使译员能够将主要精力放在翻译上而不是检查错误上，从而提高了工作效率，做到了节省成本，最终保证了翻译质量。

质量保证工具检查的结果通常以量化的形式来表示，并及时反馈给承担项目的所有相关人员。根据反馈信息所体现出的质量高低，项目经理会给出不同的处理方法，例如修改和重新翻译等。另外项目经理还可以据此得到翻译人员的工作表现情况，并对项目中出现的意外和问题进行补救和纠正并总结经验教训，为将来的工作提供人员方面的选择参考，做到工作流程的改善。

另一方面，翻译质量保证工具的功能虽然全面而且强大，但却是基于计算机程序的写入，而非人工思考判断的结果，很容易出现误判。同时由于语言资源库和文件格式的限制等因素，质量保证工具的执行效果可能会受到影响。例如计算机质量保证工具无法检测出语义理解错误、语气错误或翻译风格的不恰当，一词多义的情况也容易误判，文件格式的转化过程可能会造成质量保证工具的识别不成功，因此也加大工作量，术语一致性的检查也会受到术语库的限制。质量保证工具所需的成本大多比较高，这会在一定程度上给翻译公司带来更大的经济压力。

综上所述，无论是独立的质量保证工具还是嵌入计算机辅助翻译软件中的质量保证模块都能够节省译员的时间和精力，从而提高翻译工作效率，保证翻译质量。但由于多种局限性，并不能完全取代人工，译员和审校人员仍然需要对译文质量负主要责任，译文的质量还是需要倚靠译员和审校人员的语言水平、专业知识、计算机应用技能来得到保证。因此，翻译工作应采取"译员自查+审校+质量保证工具"的模式，这种模式应覆盖译前、译中和译后各阶段，才能最大程度的保证翻译质量。另外，考虑市场竞争和经济压力等因素，翻译公司往往把项目进度和项目成本置于项目质量之上，因此质量保证的关键就需要翻译公司如何正确地处理进度、质量和成本之间的关系。

作为一种辅助工具，计算机翻译软件无法取代人工翻译，同样，质量保证工具也只能作为辅助的检查工具，具有与机器翻译相同的缺陷。而语言的任意性和语言的意外又是不可避免的，因此，这些翻译工作中的机器辅助工具本质上并不能做到提高人员的翻译水平，更不可能完全替代人工。只有译员和管理人员提高自身专业水平，严格控制翻译各环节，科学管理项目各个流程，才能从根本上保证翻译质量。

思 考 题

8-1 简述国内外翻译质量评估标准和服务质量标准。

8-2 影响翻译质量的相关因素有哪些？

8-3 计算机辅助翻译的质量标准有哪些？

8-4 熟练运用 memoQ 中的质量保证工具。

8-5 简述计算机辅助翻译的质量保证工具的优势和局限性。

9 本地化与翻译

- -

【**本章提要**】本地化是集语言技术、信息技术、项目管理技术于一体的新兴服务，不仅是现代语言服务行业的重要组成部分，也代表着现代语言服务行业的技术发展方向。翻译是本地化的核心环节，整个本地化过程围绕产品或服务的翻译转换任务展开。本章由本地化的基本概念切入，论述了本地化以及本地化翻译的特征，介绍了本地化的工作内容和技术操作，并以网站、游戏和课件的本地化翻译为例，详细演示了本地化技术的具体应用。

- -

9.1 本地化概述

9.1.1 本地化的基本概念

LISA（本地化行业标准协会）将本地化定义为："Localization is the process of modifying products or services to account for differences in distinct markets"（本地化是对产品或服务进行加工以满足不同市场需求的过程）。中国翻译协会（2011）将本地化定义为："将一个产品按特定国家/地区或语言市场的需要进行加工，使之满足特定市场上的用户对语言和文化的特殊要求的生产活动"。

本地化的对象不仅是传统翻译中的"文本"，也包括数字化的"产品"或"服务"。通过"加工"或"整合"，使产品或服务满足特定市场的用户对语言、文化、法律、政治等特殊要求。例如，微软的 Windows10 操作系统以英语版本为基准，实现了 111 种语言的本地化版本，使得 Windows 成为了拥有全球市场的计算机操作系统。本地化的主要对象包括软件、在线帮助文档、网站、多媒体、电子游戏、移动应用等多元化的内容或与之相关的服务。

本地化可以分解成一系列的工程技术活动。本地化技术是指在本地化过程中应用的各项技术的统称，如编码分析、格式转换、标记处理、翻译、编译、测试、排版、管理等技术，通过这些技术，最终实现产品或服务的"本地化"。本地化工程是本地化服务的专有名词，是将语言技术与软件技术相结合的系列工作。具体来讲，本地化工程使用软件工程技术和翻译技术，针对产品的开发环境和信息内容进行分析、内容抽取、格式转换，然后将已翻译的内容再次配置到产品开发环境中，从而需要完成本地化产品的一系列技术工作。

9.1.2 本地化行业的源起与发展

本地化行业始于 20 世纪 80 年代，在美国本土大获成功的计算机软件开发商为了打开西欧和日本市场，开始将软件按照当地市场的语言和规范进行改版，这种改版绝非简单的文字翻译工作，而是涉及软件功能重构和再编译、界面的帮助翻译、软件测试等技术和管理工作，业界称之为软件本地化。本地化工作最初由软件开发公司的本地化部门承担，后来随着市场规模的不断扩大将本地化业务外包给语言技术服务商。在服务商们大力发展本地化和语言翻译技术的过程中逐渐形成了规范的管理流程，本地化行业形成规模。1990年，本地化行业标准协会（LISA）在瑞士成立，标志着本地化行业的正式形成。

此后，随着经济全球化的不断发展，本地化行业快速发展壮大，其管理流程日趋科学，技术水平不断提高，业务范围不断扩大，服务质量不断加强。崔启亮在《中国本地化行业二十年1993-2012》一文中指出，"本地化致力于推动企业和产品全球化，适应本地用户的功能要求，消除语言和文化障碍，以提供高质量的商品和服务，而为世界各地的消费者提供更多的选择和更好的质量。本地化不仅使大企业和发达国家获益，还让使用非通用语的人们享用到了国际市场领先的产品和资源。"

我国本地化行业在20世纪90年代初期萌芽，与全球本地化行业几乎同步发展。经过二十多年的市场锤炼，由早期的国际公司入驻，到现今的本土公司稳扎稳打，我国的本地化事业呈现出一片欣欣向荣的繁盛景象。随着科学技术和经济全球化的深入发展，我国的本地化企业更要抓住利好契机，积极挖掘国际和国内两个市场的本地化新需求，通过技术创新、管理创新、服务创新和商业模式服务创新，向更精深的专业化和国际化稳步前进。

9.1.3　本地化的业务主体

本地化的业务主体是随着科学技术和经济全球化的发展不断发展变化的，其早期的业务主体是计算机软件公司的软件本地化，随着经济全球化进一步发展，其他各类行业诸如能源、医疗、教育、金融、娱乐、媒体等也需要或软件或硬件或文档的本地化，加之互联网的迅猛发展，多语种网站的建立也成为必然。当前，本地化的主体业务包含软件本地化、文档本地化、网站全球化、游戏本地化以及课件本地化等，如图9-1所示。

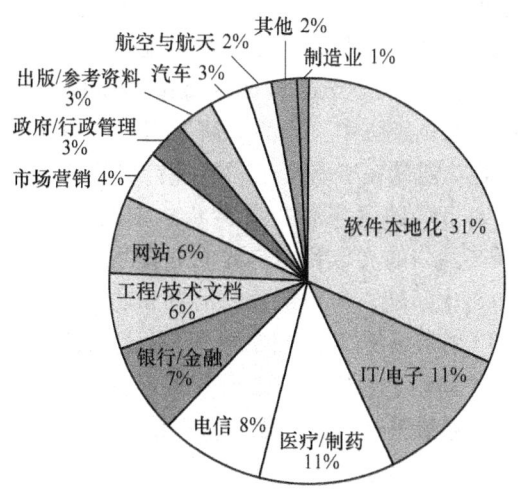

图9-1　本地化行业的业务来源示意图（LISA：2003）

9.2   本地化的运转流程与工作内容

9.2.1   GILT 关系分析

根据服务流程和工作内容，本地化行业又被国际学术界和业界称作 GILT 行业，即全球化（globalization）、国际化（internalization）、本地化（localization）和翻译（translation）。

全球化在业界缩略为 G11N。从广义上讲，全球化指跨国公司在全球范围内的经营、生产和营销活动；从狭义上讲，指的是全球化的产品开发过程。这个产品可能是一个社会性项目、一项市场策略、一个网站建站或者一个软件。LISA（2003）对 G11N 的解读是：全球化解决的是与产品走向全球市场相关的问题。在高新产品全球化的过程中，全球化包括产品的国际化设计以及相关公司为产品适应目标市场做出的一系列本地化努力，即：全球化=国际化+本地化。也就是说一个经过全球化的产品指的是在技术水平上可以本地化的产品，全球化的过程就是一个把产品推向全球某一个或多个目标区域市场的过程。

国际化缩略为 I18N，也称为助本地化（localization-enablement），指的是在对产品设计的过程中使产品具有国际市场的普遍适应性。最初，以某种语言和文化为基础的高新产品研发出来之后，直接交给本地化部门进行本地化技术处理，在处理过程中很可能会出现软件源程序代码改变而导致产品出现某些功能障碍的问题。于是，国际化概念应运而生，即在产品的设计阶段就考虑到今后会进行的本地化操作。换句话说国际化是一种在产品或软件设计开发过程中，使得其功能和代码设计能处理多种语言和文化，以确保创建不同语言版本时不再需要重新设计源程序代码的软件工程方法。典型的国际化过程包括：在产品的设计和开发中扫除本地化的障碍，确保使用统一的字符编码标准，恰当处理传统的字符编码和字符串连接；在文档类型描述中添加标记以支持双向文本或识别语言；根据当地的语言文化偏好灵活调整编码，如日期与时间格式、数值系统等；将需要本地化翻译的文字串与源代码分离等。国际化过程需要完成两个目标：（1）确保产品在国际市场功能正常，被消费者接受；（2）确保产品可以被目标区域市场本地化。

本地化缩略为 L10N，是一个通过解决目标区域市场在具体的语言和文化方面的障碍来促进全球化的过程。在全球化经济中，产品的研发销售方和消费方可能具有不同的语言与文化背景，本地化的主要功能就在于将产品或软件针对特定语言和文化包括政治进行再加工，使产品适应目标区域市场的语言和文化传统。本地化工作需要处理 3 个方面的问题：（1）语言问题。翻译产品内的文本和用户界面的文字内容，也可能涉及产品底层语言功能的调试；（2）内容和文化问题。产品包含的信息和功能可能需要针对区域市场的用户进行改换。产品需要符合区域市场的规范，同时，图片、颜色、信息等可能的文化敏感内容也要进行处理；（3）技术问题。支持区域市场的语言和内容需要一系列的技术支持，包括可能需要重新设计产品或重新进行软件工程工作，语言转换过程中的技术支持以及后期测试技术等。

翻译缩略为 T9N，特指本地化过程中的语言转换过程，是产品设计开发中不可或缺的一个环节。本地化翻译的专业性和准确性对本地化质量起着至关重要的作用。本地化翻译除了传统的翻译功能之外，还涉及本地化翻译技术与计算机辅助翻译工具的选择与使用、翻译策略实施、语言项目管理等内容。在翻译过程中，严格遵循本地化翻译流程；注重文化细节；译文准确、可读；符合原文文体特征；字体、排版等遵照行业惯例或客户提供的要求。本地化工程中的翻译活动与软件工程、市场营销、企业管理等诸多方面融为一体，具有提高效率、保证质量、降低成本的天然属性。

GILT 构成了全球化产品开发的整个过程。产品首先经过国际化开发与设计，进入本地化调整与测试，其中翻译是本地化中的重要环节，最终展开产品全球化的推广与销售，如图 9-2 所示。

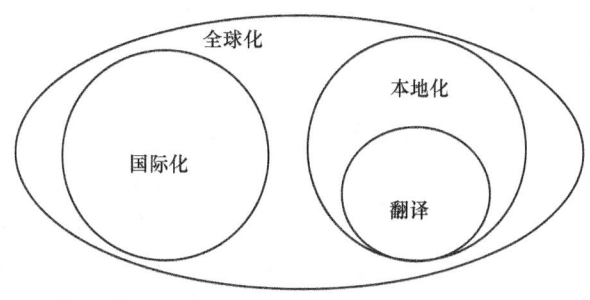

图 9-2　GILT 要素关系图

9.2.2　本地化项目实施过程

本地化项目的对象多种多样，不同的本地化项目面临不同的问题，选择不同的策略，实施不同的操作流程，但其整个过程有一定的共性。按照现代项目管理的理念，本地化流程可以分为启动阶段、计划阶段、执行阶段、监控阶段和收尾阶段，每个阶段又分为不同的环节和若干任务。

9.2.2.1　启动阶段

启动阶段包括项目需求和项目分析。由项目经理整理客户和项目信息，识别需求，建立目标、进行可行性研究，确定项目利益相关者，评定风险等级，制定项目策略，确定项目小组，估计所需资源等。

9.2.2.2　计划阶段

计划阶段工作包括：

（1）由本地化工程人员分析项目文档文件类型和数量，由项目管理人员对分析后的文件进行字数统计，制定项目计划，评估项目风险，估计工作量，与客户确定项目报价。

（2）根据项目计划和团队情况，确定更为具体详细的项目执行计划和任务时间表，同时创建基准预算。

9.2.2.3　执行阶段

执行阶段工作包括：

（1）前期设置（译前准备）：对软件和文档进行预处理，对翻译过程的具体翻译进度、项目环境进行设置，对项目工具加以规定，为进入项目实施阶段做好准备。

（2）翻译、编辑和校对：翻译生产阶段，产生经过准确翻译和审阅的译文。由翻译人员根据翻译标准和客户要求，利用翻译工具对已经经过预处理的待译文件进行翻译；之后，由编辑评估和校改翻译的文字信息，发现并消除译文中的错误和问题，并对译文加以必要的润饰加工，给译文增值；校对人员对译文进行文件格式审阅、风格审阅、行家审阅、软件引用检查等。

9.2.2.4 监控阶段

监控阶段工作包括：

（1）抽样语言测试。对译文进行抽查，重在检查语言质量，根据出现错误数量来评定等级，及时决定应采取何种措施控制质量，确保翻译质量。

（2）语言复查。翻译编辑校对阶段结束后，对译文语言进行复查。

9.2.2.5 收尾阶段

收尾阶段工作包括：

（1）桌面排版。桌面排版是指由桌面排版人员对原始文档，根据一种或多种目标语文字方面的特殊规定，重新排版，比如：文字顺序、图形链接等。

（2）功能测试和最终语言质量保证（QA）。对编译好的本地化软件或者联机帮助文档进行测试，发现程序错误和缺陷，并对这些缺陷加以修改，创建软件错误报告数据库。测试过程中，包括对语言进行最终语言检查，确认最终本地化版本。

9.3 本地化翻译

翻译是本地化的核心环节，整个本地化过程围绕产品或服务的翻译转换任务展开。本地化翻译是全球化背景下翻译实践的一种新形态，是翻译与先进的信息技术、先进的生产组织方式结合最紧密的翻译实践形态，代表了最先进的翻译生产力水平。翻译的文字内容大致包括软件用户界面（对话框、菜单栏、字符串）、手册、说明书、联机帮助等；翻译的文档格式包括 RFT、DOC、TXT、Html、XML、PPT 等。翻译过程中需要借助一系列翻译技术和工具进行译前处理、文字信息提取、术语管理、翻译记忆管理等工作。翻译后也需要一系列技术支撑进行本地化版本的测试、调整，最终完成本地化翻译。

9.3.1 本地化操作中的翻译过程

杨颖波等人将本地化翻译过程大致分为 3 个步骤，这 3 个步骤与整个本地化项目流程融为一体，以翻译技术为主，辅以其他本地化操作技术。

9.3.1.1 译前处理

"译前处理"又称为"本地化预处理"，是翻译工作的准备阶段。在这一阶段，所做的工作包括分析软件与文档，完成翻译文件提取和格式转换，进行预翻译，提供术语库、翻译记忆库、风格指导、测试脚本、制定时间任务表等。运行 Alchemy Catalyst 软件，创建项目文件，将源文件和双语术语添加到项目文件中。

9.3.1.2 翻译

"翻译阶段"也称为"译中阶段"，翻译人员根据项目要求和翻译说明使用 Alchemy

Catalyst 12.0 软件提供的翻译功能，借助的翻译记忆系统和术语管理系统进行语言转换；编辑、审校人员更正翻译错误，进行术语和规范的一致性、功能性检查，润饰译文，查询与反馈翻译过程中提出的问题，审阅文件格式、风格等内容。

9.3.1.3 译后处理

"译后处理"又称为"后处理阶段"，这一阶段的工作包括根据源语言文件的排版特征（包括文件类型，字体名称，图像类型等）将翻译后的文件进行排版与校对（套用模版，检查格式与交叉引用，检查目录、索引）、输出与提交；测试及修正：通过测试、报告、确认、修正、验证等流程，发现和修正本地化成品的缺陷。

9.3.2 本地化翻译的文本特点

本地化翻译的文字以软件的用户界面、菜单栏、说明文字以及产品说明书、用户帮助文档等实用性文本为主。Pym 在《移动的文本：本地化、翻译与发布》中指出：本地化翻译不再是整个语篇或整句的翻译，而是被可扩展标识语言 XML（Extensible Markup Language）分割为条、块的翻译。现以软件本地化为例，具体分析本地化翻译的文本特征。

9.3.2.1 单一源文本

单一源文本包括单一源语言文件与单一源文件格式。单一源语言文件指的是经过国际化开发的软件（通常以英语为基准），再进行软件本地化翻译，从而满足不同国家和地区的市场需求。单一源语言文件降低了内容变更的维护成本，确定了软件本地化的基准文件。单一源文件格式指的是软件的源文件格式保持一种基准格式类型，在本地化翻译过程中，以此基准格式为基础生成不同格式的目标文件，满足不同终端的发布需求。例如将 XML 类型的产品手册文件转换成 CHM、PDF、MOBI 等格式。单一源文件格式可以实现一次写作，多终端发布的目标，提高了文档的实用效率。

9.3.2.2 动态更新与匿名性

本地化项目是一系列工作人员通力合作完成的项目，本地化翻译也需要通过预翻译、翻译、编辑、审核、修改、测试等环节完成，始终处于一种不断调整更新的状态直到任务完成。同时，面对科技不断发展、需求不断变化的全球市场，本地化团队尤其是翻译团队更加讲求时效，很多产品都是多语种本地化版本与源语言版本同步更新，实现全球同步发行。例如，Windows 7 英文版需要翻译 1100 万单词，需要以英文 Windows 7 为基础，翻译成 95 种语言的本地化软件，并且与英文版 Windows 软件同一天在全球同步发布。这些庞大的翻译量再加上因市场需求的变化或者软件自身有待完善而造成的软件频繁更新变化，需要大量的翻译人员，甚至可能超过数千人。然而这些翻译人员的名字不会出现在最终的本地化成品中，这些人员都是在"匿名"状态下通过通力协作完成本地化翻译工作的。

9.3.2.3 标记性与混合性

软件本地化翻译的源文本中带有很多控制输出格式的标签（tag）符号如图 9-3 所示，这是使用 SDL Trados 翻译 MHF 文件的文本显示方式，其中含 3 对交叉引用的标签符号，这些标签的作用是控制特定文字的显示方式和功能的。这些标签符号属于非译元素，在进行软件本地化翻译时不能翻译并且需要完整保留，以确保目标文件的格式及功能与源文本相同。与标签符号相同，在本地化翻译中超链接控制符号也必须保留，并保证目标文件中超链接的可用性。这种标记化（tagged）的文本是本地化翻译文本有别于纯文本的特征之一。而待译元素与非译元素同时出现在软件本地化文本中，又赋予了软件本地化翻译混合性的文本特征。本地化翻译人员必须将待翻译内容与非译元素进行区分，识别并保留不需要翻译的元素，而只对需要翻译的元素进行操作。

图 9-3　SDL Trados 打开的 MIF 文件

9.3.2.4　碎片化

由于软件本地化翻译的内容以软件的用户界面文件为主，界面文件多以菜单栏、对话框、帮助文档、字符串表等实用性文本为主，它们大多是短小独立的指令性句子、省略句甚至是短语，这种"碎片化"（Fragmentary）的文本特征明显区别于传统纯文本包含有多种句式与表达方式的特点。如图 9-4 所示，这些字符串表保存了一系列由指令代码和指令文本组成的结构。

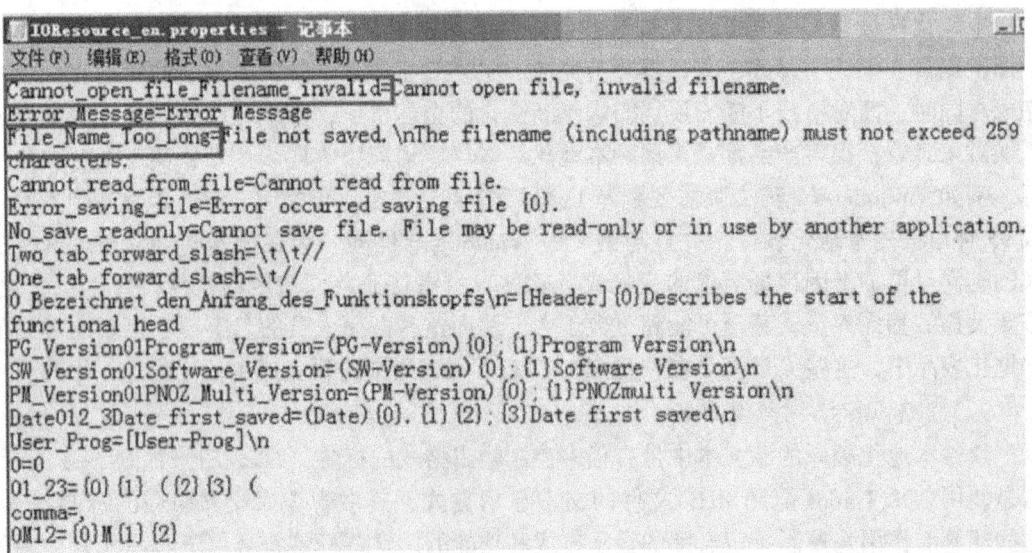

图 9-4　软件本地化文本中的字符串

此外，碎片化特征还表现在翻译人员在使用计算机辅助翻译工具对本地化文件进行翻译的过程中，为了提高重复内容译文的利用率，会根据标点符号对文本段落进行断句。这样出现在翻译人员的编辑界面里的不是成篇或者成段落的文本，而是某一段文本的被分解开的多个独立的句子。翻译人员逐句完成翻译内容。

9.3.2.5 中立性和受控性

为避免某一国家或地区的用户对软件文本内容因文化差异或政治因素产生歧义，在软件设计和源文档写作过程中，技术人员采用中立化的词语及句式，对颜色、宗教或性别的信息也采取中性处理，所以本地化翻译的源文本中自然呈现的都是中立性语言。本地化软件文本除了中立性的特点之外，还多使用受控语言以规范文本的用词、句式以及结构，避免长难句和复杂句的使用，保持内容逻辑清晰、步骤详尽、术语统一、增强文本的可读性和易理解性。

9.3.2.6 结构化

本地化项目中的软件文档以模块化和标准化的方式进行编写和组织，呈现出"结构化"（structuralization）的外在特征。达尔文信息类型体系结构 DITA（Darwin Information Typing Architecture）是一个基于 XML 的体系结构，本地化文档写作人员经常借助 DITA 进行信息内容编写。DITA 支持创建和管理按信息类型分类的主题或模块，这些主题或模块能够通过 DITA 映射相互联系并整合发布。以软件说明书文档为例，按不同功能可以将说明书文档分为功能介绍、软件使用、软件更新以及常见问题等主题，每一个主题对应一个或几个 XML 文件，分别对这些 XML 文件进行编辑，最后将这些 XML 文件按照主题或者既定结构进行组合，形成最终的目标文档。文档写作人员和翻译人员可以借助这种结构化的特点，分别完成文档的编写和翻译内容，再将所有的 XML 文件进行整合，形成结构相同、格式统一的目标文件，有助于提高文档写作和本地化翻译的工作效率。

9.3.3 本地化翻译的特点

根据本地化翻译文本的特点来看，本地化翻译是一种实用翻译。它是信息时代的产物，与传统翻译相比明显带有自身的特点。

9.3.3.1 经济属性明显

本地化翻译的目的是为了实现产品对全球用户的可用性，它最初问世就是帮助微软公司打开全球市场、实现利益最大化，可谓是"含着金钥匙出生"。本地化翻译是某个企业全球化产品开发诸多环节中的一环，其翻译周期、成本支出、质量标准等均受企业的整体经济目标制约，因此带有明显的经济属性。

9.3.3.2 需要技术支持

技术至上是本地化的显著特征。本地化翻译项目的源文本是软件、网页、用户手册、联机帮助、电子学习课件等电子文件，再加上翻译任务量大，时间紧迫，所以需要借助专业的计算机辅助翻译技术以及信息技术等，通过人机互动的方式完成语言转换任务，否则翻译人员面对复杂的文件格式和诸多软件工程问题却无从下手。

9.4 本地化工程中的技术应用

本地化团队内部分工高度专业化，流程中的每一道程序都需要专业的技术支持，团队中设有项目经理、翻译人员、编辑人员、校对人员、排版人员、工程人员以及测试人员，他们各自掌握专门的技术协同合作，共同完成本地化项目。

9.4.1 本地化翻译技术

翻译是本地化项目中的核心工作，由于本地化业务是全球化服务，其显著特点是业务量巨大，需要快速交付甚至多语种版本同时发布。为了提高效率、保证术语和翻译风格的一致性，翻译技术不可或缺。崔启亮将翻译技术定义为翻译实践、翻译研究和翻译教学中应用的软件、工具、设施、环境、技巧等的集合。本地化翻译技术一般包括可视化翻译技术、翻译记忆技术、机器翻译技术、翻译中的术语管理技术、字符和语音识别技术、文件解析技术、质量保证技术等。

可视化翻译技术是指用户在翻译过程中可以在翻译软件的用户界面（UI）实时看到原文和译文在软件运行时显示的内容、格式及布局，同时在翻译过程中最大限度地过滤非译元素，尽可能保证待翻译文本的清洁，避免各类标签符号影响翻译的效率。当前的本地化团队所选用的软件本地化翻译工具都具有可视化翻译功能，包括：Alchemy Catalyst、SDL Passolo、Microsoft LocStudio 等，其中 Alchemy Catalyst 可视化翻译界面如图9-5所示。

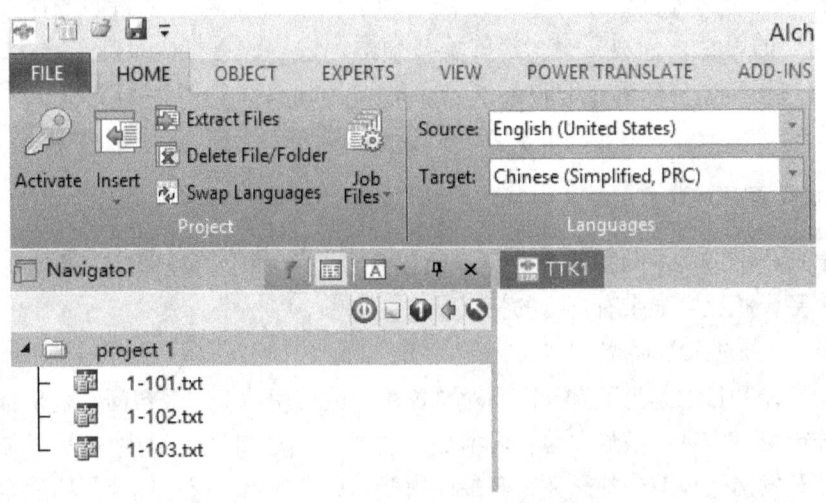

图 9-5 Alchemy Catalyst 11.0 可视化翻译对话框

伪翻译技术包含在翻译技术之中，在正式翻译之前对待翻译文件进行模拟验证，以检验翻译执行情况，结合文本比较工具来验证是否所有待翻译的文字已被全部提取出来，确保后续的翻译流程能够顺利、无误地执行下去，如图 9-6 所示。

翻译记忆技术也是计算机辅助翻译的核心技术，可以帮助译者重复利用之前翻译的内容，完成术语的匹配和自动搜索，提示高度相似内容的记忆和复现。随着翻译工作的不断继续，翻译记忆库在后台不断更新、学习和自动储备新的翻译数据，翻译的可重复使用率进一步提高，同时提高了译者的翻译效率和准确性，以及内容、风格和术语的一致性。现在市面上广泛使用的本地化翻译工具都带有翻译记忆工具包，如图9-7所示。

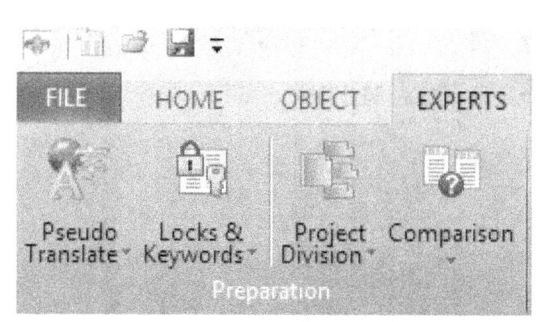

图9-6 Alchemy Catalyst 11.0 伪翻译功能

图9-7 Alchemy Catalyst 11.0 的翻译记忆工具包

机器翻译技术可以快速获取译文，提高翻译效率，但其使用必须配合译后编辑以确保翻译的准确性。机器翻译工具可以分为独立式和嵌入式两种，独立式机器翻译是独立运行的系统，比如 Google 发布的 NMT 系统。而嵌入式机器翻译则是通过开放应用程序接口（API），通过在计算机辅助翻译工具中调出机器翻译系统的译文做进一步处理，如图9-8所示。

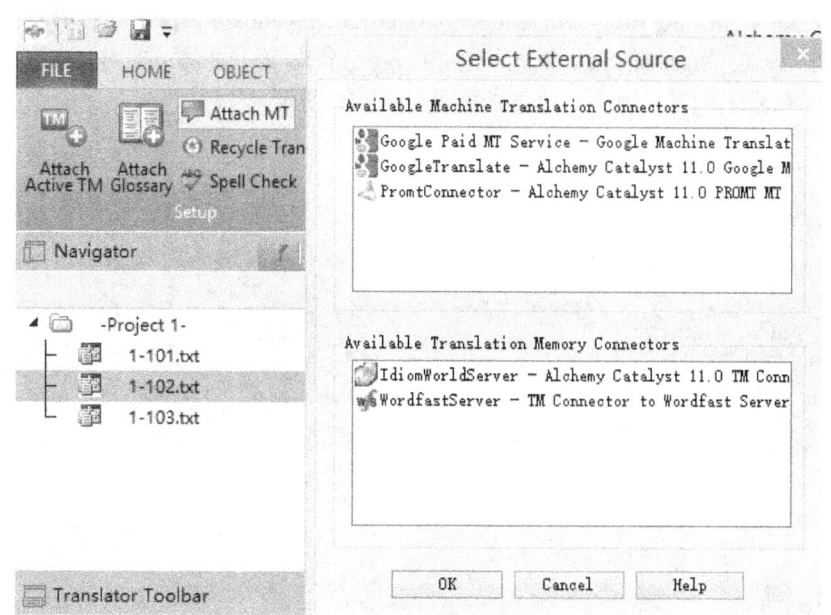

图9-8 Alchemy Catalyst 11.0 添加 MT 功能

翻译术语管理技术对术语管理工作很有帮助，从而可以实现术语提取、术语预翻译、术语存储和检索以及自动化术语识别等工作。在翻译的过程中，译者可以在句段（segment）级别借助术语管理工具动态获得当前句段的术语及译文，并且可将其方便插入到当前译文中，在翻译过程中可以随时将新术语和译文添加到术语数据库中，进行动态更新。本地化翻译中术语管理工具可分为独立式和集成式两种。独立式是单独安装和运行的术语管理工具，包括 Acrolinx IQ Terminology Manager、Across crossTerm、Anylexic、Logi-Term、qTerm、SDL MultiTerm、STAR TermStar、TermFactory、T-Manager、TBX checker 等。集成式术语管理工具指的是将术语管理的功能与翻译记忆功能合二为一，成为计算机辅助翻译工具的功能之一，如图 9-9 所示。

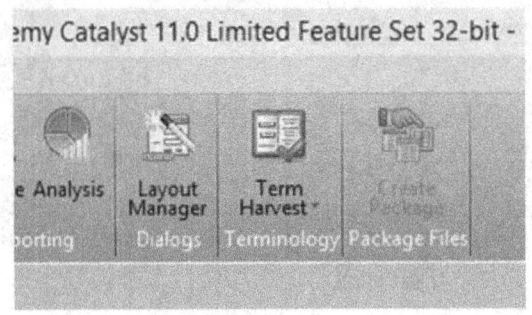

图 9-9　Alchemy Catalyst 11.0 的术语管理库

　　本地化质量保证（QA）技术贯穿整个本地化流程实施的各个阶段，包括翻译、排版、测试等环节。在本地化质量保证过程中，利用 QA 工具，对翻译后的信息（如软件操作界面、说明书、帮助文档等）进行检查，全面保证本地化项目的质量，同时节省了时间和经济成本。本地化流程中的 QA 工具主要有两类，一类是 CAT 自带的 QA 插件或模块，如 SDL QA Checker、MemoQ Run QA、Alchemy Catalyst 的 Validate expert 等；另一类是独立的 QA 工具，如 ApSIC Xbench、ErrorSpy、L10nWorks QA Tools、Okapi CheckMate、QA Distiller 等。Alchemy Catalyst 11.0 的拼写检查功能如图 9-10 所示。

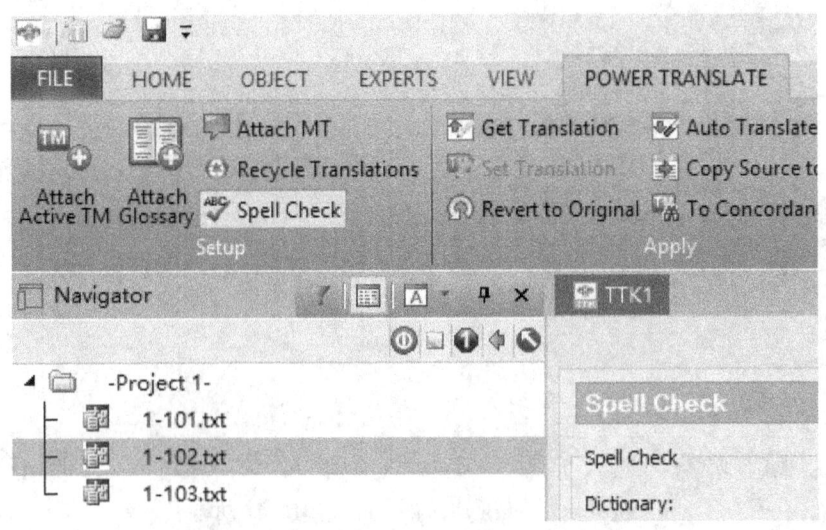

图 9-10　Alchemy Catalyst 11.0 的 Spell Check 功能

　　在本地化翻译过程中，还需要整理、维护翻译记忆库、术语库、双语或多语文档等语言资产、这些还涉及翻译记忆索引优化、术语库转换、文档版本控制以及数据备份和恢复等技术。

9.4.2　本地化预处理技术

本地化预处理工作就是进行翻译前的准备工作，为本地化翻译提供适合操作的文件或文件集合。预处理的文件对象包括软件的用户界面资源文件、软件联机帮助、用户手册、市场材料等。预处理的工作内容包括：文件格式转换、文本提取、文本标注、译文文本的重复使用等。

本地化预处理技术包括文本提取（etract）技术、文本标注（markup）技术和翻译记忆技术。

文本提取技术主要包括：（1）将视频或音频文件中的语音文件提取出来并转换为文本文件，可以借助语音识别工具将视频或音频中的语音转换为文本；（2）将图像中的文字提取出来并转换为文本格式，可以借助光学字符识别技术将图像中的文字转换为文本格式，供文字处理软件进行下一步编辑加工；（3）将包含重复句段的句子从一批文件中提取出来，可以借助 CAT 工具进行该项操作；（4）将文件中的术语文本提取出来，可以借助 SDL MultiTerm Extract 进行该项操作。

文本标注技术主要包括：（1）使用软件将文件中不需要翻译的文本进行格式转换，例如可以利用 SDL Trados 将不需要翻译的标签内容（如 HTML、XML 等文件中的标签）变成隐藏格式；（2）将需要翻译的文件的术语译文插入到文件中；（3）将翻译过程中需要特别处理的文本添加注释文字，可以借助 Alchemy Catalyst 等工具。

本地化预处理技术中也涉及翻译记忆技术，是译文重复使用的最主要技术。本地化翻译进行之前，将以前已经翻译的与之相关或近似的内容预先导入需要翻译的文件中，借助翻译记忆技术可将以前翻译过的译文从翻译记忆库中自动提取出来并插入到当前的译文中。翻译记忆技术可有效保持译文的一致性、准确性，减少翻译的工作量，降低成本，缩短翻译时间。

9.4.3　本地化工程技术

本地化工程技术贯穿整个本地化流程。广义的本地化工程技术包括软件工程技术、翻译技术以及质量保证技术。王华树等人将本地化工程技术解释为：使用软件工程技术和翻译技术，针对产品的开发环境和信息内容，进行分析、内容抽取、格式转换，然后再将已翻译的内容再次配置到产品开发环境中，从而生成本地化产品的一系列技术工作。

该过程使用的核心技术之一是针对各种文档格式的解析技术。本地化工程人员分析需要本地化的文档类型，针对不同的文档类型，编写相应的解析器（或脚本、宏、小程序等），解析文档格式并提取需要翻译的文字，不需要翻译的格式信息，以内部代码形式保护或隐藏起来。

本地化工程技术还包括编译技术，针对不同的本地化对象，采用不同的编译方式。例如：软件本地化编译可以采取两种方式。一种是直接在开发环境上（如 Microsoft Visual Studio、Microsoft Visual Studio.Net）将 ASCII 本地化翻译资源文件（如 rc 文件）编译成二进制的本地化资源文件（如 dll 文件），然后使用软件安装制作工具（如 InstallShield、WISE Installer system）创建本地化后的软件安装程序。另一种是以源语言软件版本为基础，将二进制的本地化资源文件替换源语言软件版本中对应的文件，从而得到本地化的软件版本。用于联机帮助文档编译的工具如 Html Help Workshop、RoboHelp、WebWorks ePublisher 等，用于软件本地化的编译工具如 Alchemy Catalyst、Lingobit Localizer、RC. WinTrans、ResxEditor、SDL Passolo、Visual Localizer 等。

本地化工程技术还包括校正和调整用户界面控件的大小和位置，定制和维护文档编译环境，修复软件本地化测试过程中发现的缺陷等。

9.4.4　本地化测试技术

本地化测试是对本地化之后的版本进行测试，找出本地化中的缺陷，并对其进行修正，以确保语言质量、互操作性以及功能等符合既定要求。本地化测试是控制和提高软件本地化质量的重要手段和关键措施。全面的本地化测试解决方案，可以确保软件发布进度、降低支持和维护成本，并保证上乘的产品质量。按测试对象分类，本地化测试可分为软件程序测试、联机帮助测试以及文档测试；按测试阶段分类，可分为软件版本验收测试、软件常规测试以及软件最终验收测试；按测试特征分类，可分为安装/卸载测试、本地化语言测试、软件外观测试、软件工程测试；按测试方法分类，可分为手工测试和自动测试两种。

本地化测试流程可以划分为测试准备阶段、测试执行阶段以及测试后期阶段。测试准备阶段的工作包括准备测试项目使用的缺陷报告数据库，评估测试需要的时间，评审测试计划文档，明确测试范围、测试优先级和测试风险，准备详细测试文档，准备测试用例，配置测试硬件和软件环境，以及组建和培训测试团队这些必要环节。测试执行阶段的具体工作包括确认产品测试检查单，执行版本验收测试，执行常规测试，内部测试软件缺陷的质量保证，软件缺陷跟踪，测试度量，测试报告和结束测试等一系列步骤。测试后期阶段的具体工作包括针对项目完成情况进行分析，整理项目测试阶段的结果，召开项目完成后的总结会议以及对项目进行存档等程序。

测试工作通常包括安装/卸载测试（Install/Un-install Testing），主要检测本地化软件能否正确地安装和卸载；本地化外观测试（Cosmetic Testing），主要检测本地化的对话框、菜单和工具栏等界面是否完整、协调；功能性测试（Functionality Testing），主要检测本地化的产品是否正常工作，是否与源语言软件保持一致；本地化语言测试（Linguistic Testing），主要检查本地化翻译的文字表达是否准确，是否符合目标用户的表达习惯，确保语言质量符合相应的语言要求。从翻译的角度来看，本地化语言测试是对翻译整体质量的再次把关。

本地化测试工具的应用可以提高测试的质量和效率。Alchemy Catalyst 是专业的软件本地化工具，在软件本地化测试中，可以借助 Alchemy Catalyst 检查本地化资源文件中的用户界面的本地化常规缺陷，例如丢失了热键或控制字符，以及按钮等控件中显示不完整的本地化字符。其他常用的本地化测试工具，手动的测试工具有 SDL Passolo，自动化的测试工具有 LoadRunner、Quality Center、QuickTest Pro、Rational Robot、SilkTest 等。

9.4.5　本地化桌面排版技术

本地化桌面排版与一般意义上的文字排版有着显著区别。本地化排版是在某一源语言文件（如操作手册、产品样品、宣传单页等）的基础上，排版人员根据不同语言的特点、专业排版的规则以及项目指南等进行的排版工作，从而形成不同的语言版本。在本地化行业中，桌面排版工作主要是在 Windows 操作系统上完成的，少数基于 Macintosh（苹果系统）。本地化排版要求排版人员具备专业的字符编码和排版知识（如字符集、字体、变量、对齐、跳转、索引等），并熟练使用主流的排版工具。本地化桌面排版的基本原则是保持与原文件在版式、设计风格等方面的一致性。特别需要注意的是，由于不同语言有各自的特点（如阿拉伯语、希伯来语、乌尔都语等是双向语言，既存在从右向左书写，也存在从左向右书写的方式；越南语排版须特别注意音调符号；日语排版不允许促音、拗音在行首以及常见本地化语言的文本扩展比例等），所以在一致性的基础上要充分考虑符合不同语言的排版规范和专业要求。

本地化桌面排版是一项涉猎广泛的工作，在实际操作中得灵活掌握并熟练运用各种工具，可以有效解决工作中出现的问题并提高工作效率。

字体是本地化桌面排版中的重要因素，因为不同语言的文字采用不同的编码（比如 GB 18030—2005，是汉字编码标准，目前 Windows7/Vista/XP 均可支持 GB 18030 编码标准；Shift-JIS/EUC-JP，是常用的日文编码标准；Unified Hangul Code/EUC-KR，是常用的韩文编码），而特定编码的文本内容需要相应编码的字体才可以正确显示（比如 GB 码的文字内容需要采用 GB 码的字体才可以正确显示，换为其他编码的字体，则会显示为乱码）。本地化排版通常涉及字体管理工具，如：Extensis Suitcase。它可以为不同的客户或不同的用途创建相应的字体集，在字体集中加入需要用到的字体，需用时将字体集激活，不需用时将其关闭，这样就避免了大量字体全部放入系统从而导致系统性能减弱的现象。

页面排版是本地化桌面排版中的重要工作，最常用的软件包括：FrameMaker 和 InDesign。FrameMaker 具有丰富的格式设置选项，可方便地生成表格及各种复杂版面，灵活地加入脚注、尾注，快速添加交叉引用、索引、变量、条件文本、链接等内容。它最突出的特点就是能够将任何排版文件转换为文本类型的 MIF 格式，可配合 Trados 等翻译工具完成翻译工作，再转回到 FrameMaker 自身的格式。转换完成的文件基本保持了原始文件的格式，在此基础上，只需按照目标语言的要求进行字体映射或重新定义排式中有关字体的部分，依照目标语言的习惯进行必要的排版处理即可完成本地化排版工作。InDesign 除了具有强大的页面排版功能、灵活方便地表格功能、丰富的图形图像处理能力以外，对多语言的支持也十分出色，它支持双字节编码，支持 Unicode，也支持 OpenType 字体，可以在一个文档之内完成多种语言的排版工作。同时 InDesign 还可用简单的导出命令生成符合各种要求的 PDF 文件，并可以用简单的命令将文档中的文字转为边框，有效避免了不同语言环境及字体造成文件的改变。

本地化排版项目中涉及大量的、各种格式的图表、示意图、插图等，一个方便地看图工具可以给桌面排版工作带来很大的便利，常用的看图工具包括 ACDSee、XnView 等。如果其中涉及文字替换，则需要对图形图像进行处理。对于有明确后缀的图像文件，可以选择相应的软件进行编辑，常用的图形图像处理软件包括：Illustrator、Photoshop 等。Photoshop 在本地化桌面排版中主要用来将图像中的源语言文字处理为目标语言文字。具体操作为：利用 Photoshop 打开带文字层（.psd）的图像，将文字替换为相应的目标文字；对于不带有文字层的原始图像，可利用 Photoshop 的自带功能来修补背景，擦去原有文字，再添加新的文字。

对于需要进行格式转换的图像，可采用图像格式转换工具，如 Konvertor、XnConvert 等。

抓屏工具 PC 平台有 HyperSnap-DX、SnagIt 等，Mac OS 有 SnapZ 等。

本地化排版还会涉及定制化开发的工具，如针对 FrameMaker 的 FrameScript、CudSpan 等，针对 Indesign 的 InDesign SDK 和 Indesign Script 开发插件等，用户可以通过编写脚本，突破软件本身功能的限制，实现多种排版任务的自动或半自动化处理，提高工作效率。

本地化桌面排版的工作流程一般可分为 4 个步骤。

（1）源文件分析。源文件分析包括详细了解项目说明，检查项目要求的软件及版本，检查源文件中的字体、图形图像、链接等，并根据项目要求建立文件目录。

（2）创建模板及复合字体。模板创建是在源文件的基础上进行的，根据源文件的字体创建复合字体，在源文件的段落样式和字符样式中套用复合字体，并测试模式设置的正确性。

（3）排版。排版过程中要逐一检查各个环节，包括主页应用是否正确、字体显示是否正确、图形图像链接是否正确等，及时修正，确保质量。

（4）输出、检查及提交。排版工作完成后，一般需要生成 PDF 文件进一步检查、完善，最终按照客户的要求完成提交。

本地化桌面排版涉及众多应用软件，处理的内容细致入微，再加上客户的多种要求，这就需要本地化工作人员熟练掌握各种软件的操作，强化质量监控，不断优化工作流程。

9.4.6 本地化项目管理技术

在本地化项目实施过程中，会涉及客户管理、团队管理、供应商管理、进度管理、文档管理等多种管理工作。项目管理者必须考虑在不超出预算的情况下，确保资源的合理配置，最终按时保质保量地完成翻译项目。

根据美国项目管理协 PMI（Project Management Institute）的分类和定义，项目管理工作主要分为五个阶段，涉及十个知识领域。五个阶段包括：项目启动阶段、项目计划阶段、项目执行阶段、项目监控阶段以及项目收尾阶段。除了项目管理的质量、时间成本三个知识领域以外，还包括：项目范围管理、项目人力资源管理、项目沟通管理、项目风险管理、项目采购管理、项目干系人管理及项目整合管理。以本地化翻译项目管理为例，具体分析管理体系在本地化翻译项目中的体现。本地化翻译项目属于翻译管理中的一部分，是指在一个确定的时间范围内，通过特殊形式的临时性组织运行机制来充分利用有限资源，以完成既定的翻译目标。本地化翻译项目周期较短且更新较为频繁，可能翻译项目管理的工作不会明确体现在每一个管理过程中，如表 9-1 所示。

表 9-1 项目管理体系在本地化翻译项目中的具体应用

项目	启动阶段	计划阶段	执行阶段和监控阶段	收尾阶段
整合管理		撰写项目实施计划；正式核检关键文档[1]；内部/外部启动会议[1]	记录偏差原因；更新项目计划；发布更新后的项目计划[1]；通知干系人项目变动情况[1]	

项目	启动阶段	计划阶段	执行阶段和监控阶段	收尾阶段
范围管理	记录客户/项目概述；明确定义提交物[①]；明确定义成功准则；撰写差距分析报告	分析项目历史状况[①]；定义提交物；定义验收标准；分解任务；准备发包文件	管理范围变更；得到客户对项目范围变更的书面确认	总结未尽事宜；交付未提供的文档和资料；复检衡量成功准则[①]；与客户确认项目正式结束；整理保存项目数据
成本管理	开具报价单；制定预算；确定财务相关事项；内部批准毛利润	更新预算；制定收款时间；获取客户采购单	修订预算；更新报价	确保供应商账款已付[①]；向客户提交发票；项目最终财务核算
时间管理		制订生产计划	管理时间表的变化	分析进度偏差[①]
质量管理		制定质量管理流程	管理出现的质量问题[①]；ACE（态度/沟通/措施）[①]	了解客户反馈
风险管理	评估宏观项目风险	制定风险预案	处理应对危机	
沟通管理	高级别信息沟通；搜集整理客户概况	明确并制定职责分配表；制定沟通计划；规定升级途径；整理干系人联系方式；确定答疑沟通流程；项目预告；创建生产指南	按计划沟通[①]；管理客户方问题[①]；更新财务数据[①]	通知干系人项目结束并收集意见反馈；组织项目总结会议；撰写项目总结报告；记录项目教训和改进计划
人力资源管理		组建核心团队[①]；组织资源[①]；分析辨识团队只能弱项[①]	内部培训[①]；团队建设[①]；管理冲突	庆祝项目结束[①]
采购管理	获取缺失的法务文档；索取缺失的合作文档[①]	订购所缺的软硬件；创建采购单	管理干系人参与[①]；控制干系人参与	与供应商沟通项目表现；确认项目及合同已终止
干系人管理	识别干系人	规划干系人管理	管理干系人参与[①]/控制干系人参与	

[①]该任务必须有行动，其余任务必须有输出的文档。

　　市场需求的激增催生了多种翻译和本地化项目管理系统，这些系统通常包括语言处理、业务评估、流程管理、项目监督、人员管理、沟通管理等功能。诸如 Adobe、Eachnet、HP、SAP、Symantec 等企业都在使用本地化项目管理系统。目前常见的一些商用系统包括 Across Language Server、AIT Projetex、Beetext Flow，GlobalLink GMS、Lionbridge Workspace，Multi-Trans Prism、Plunet Business Manager、project-open、SDL TMS、SDL WorldServer、thebigword TMS、Worx、XTRF 等。大型机构会根据其业务特点和需求研发适用的管理系统（如 Elanex EON、LingoNET、LanguageDirector、Sajan GC-MS 等），并将这些系统与本地化平台整合在一起，提供一站式解决方案。

在整个本地化技术体系中，翻译技术是核心技术；预处理技术帮助本地化工作顺利展开；桌面排版技术和测试技术确保本地化之后的版本能够与源版本风格一致并能正常使用；本地化项目管理技术、质量保证技术以及本地化工程技术则贯穿整个本地化流程，确保整个流程顺利进行。各技术人员相互合作，共同完成某一本地化项目。

9.5 常见本地化类型及处理[❶]

常见的本地化类型有文档本地化、软件本地化、网站本地化、多媒体本地化、游戏本地化、课件本地化以及移动应用 APP 本地化等。

9.5.1 网站本地化

网站本地化（web localization）是指将一个网站的指定部分或全部改编成分别适用于各地市场的多语言网站。在互联网广泛应用的今天，很多公司、企业等都建有自己的网站以便宣传其理念、服务和产品。随着经济全球化的不断发展，很多国际化大公司通常都需要以十几种语言显示与全球的目标客户建立起联系，从而便捷地传递信息。

网站本地化是一项复杂的工程，不同于简单的网站翻译，包含搜索引擎优化、网页设计、网页制作以及网站维护等流程；不仅要译文精确，还要兼顾目标客户的文化背景与风俗习惯，如图 9-11 所示。

9.5.1.1 案例背景

项目：某工程类全球网站针对东地区的内容。

语言：源语为英语，目标语为汉语、日语、韩语、蒙古语。

基本情况：该网站基于 Adobe Experience Manager（AEM）制作和维护，使用 SDL WorldServer 管理翻译，其机器引擎和库可应用于常见的 12 种语言。

要求：实现持续本地化。

9.5.1.2 项目分析

针对客户需求与项目要求，制定项目具体内容。比如，项目需要实现持续本地化，且该网站基于 Adobe Experience Manager（AEM）制作和维护，并使用 SDL WorldServer 管理翻译。针对此需求，项目就需要开发 AEM 连接器，使网站制作和维护工具 AEM 能对接翻译工具 SDL WorldServer。这样，开发人员所撰写的网站内容，会被自动提取到 WorldServer 中进行翻译。翻译完成后，通过 WorldServer，经由 AEM 连接器直接导入 AEM，并在网站后台以可视化方式实时显示。

在进行项目分析之后，制定该项目的本地化流程，确定每一环节的工作。网站本地化是一项复杂的工作，需要网站开发团队、本地化供应商以及网页制作供应商三方通力合作完成。因为本项目需求是持续本地化更新，所以网站的开发团队会每天将在 AEM 上撰写和更新的网页内容通过 AEM 连接器导入到 WorldServer 进行翻译。本地化翻译人员接受待翻译内容之后，参考网站开发团队提供的每个组件的英文 SEO 词汇，定义目标语 SEO 关键词，展开翻译工作。翻译工作完成后，再经由 AEM 连接器，导回到 AEM Global Site 下

---

❶ 本节参考了王华树（2017）所著的相关文献，致以感谢。

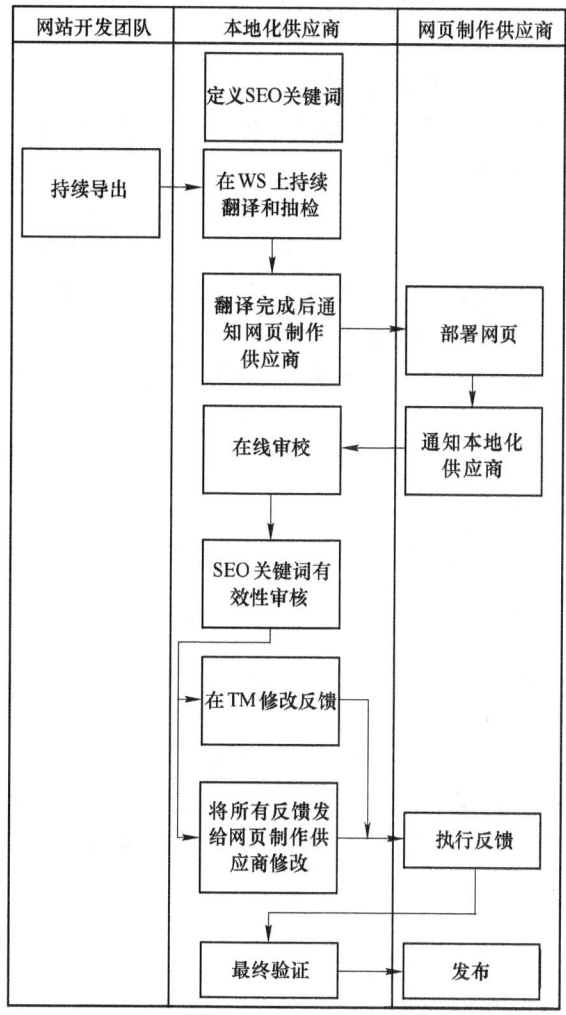

图 9-11　网站本地化流程

的各语言子站点，网页制作供应商进行网页部署。翻译人员查看布局好的网站，根据上下文检验翻译效果，并可以在 WorldServer 进行修改。在 WorldServer 上对翻译的任何更改，都可以实时反映在 AEM Global Site 中。等某个组件的内容全部翻译完成后，网页制作供应商将 Global Site 上的内容导入 Country Site，再经由翻译人员进行在线审校，经最终验证之后，进行发布。Country Site 上的翻译除沿用 Global Site 上的翻译之外，网页制作商还会根据各个国家市场人员提供的建议和以往的经验，分别对各个语言进行一些更改，以便使其更适合本地市场。

9.5.1.3　项目实施

A　搜索引擎优化

搜索引擎优化缩写为 SEO（Search Engine Optimization），是一种利用搜索引擎的搜索规则来提高目前网站在有关搜索引擎内的自然排名的方式。借此，网站可在行业用户内排名占据领先地位，从而提高网站访问量，最终提升网站的销售或宣传影响，达到品牌收益的效果。在项目中，客户的 SEO 团队会在每个组件开始翻译之前提供英文的 SEO 词汇。

SEO 在本地化行业的应用共分为 5 个阶段。

（1）了解本地市场的 SEO 策略：项目启动后，项目经理会就某一产品和组件的内容联系各国家的市场人员，旨在了解其本地市场的用户群体、搜索习惯以及本地市场策略的信息。

（2）定义本地关键词：此阶段有两个主要任务：1）根据本地市场策略、用户群体以及相应英文网站上的内容，建议与英文关键词对应的 5~10 个本地关键词；2）根据搜索引擎中的数据选择最能够提高网站排名的关键词。

（3）应用关键词：在翻译的过程中，将定义好的关键词应用到翻译文本中，用于导入本地网站。

（4）SEO 关键词有效性审核：对比网站内容与本地关键词，检查两者是否匹配并表达一致，是否符合搜索引擎规则及算法。

（5）实时监控和报告：实时监测该网站在所搜引擎中的排名，及时对无效的关键词进行报告和优化。

B　翻译过程

网站开发团队人员每天会将更新内容通过 AEM 连接器推送到 WorldServer。同时触发邮件通知相应的翻译人员和项目经理。点击邮件中的链接，可以打开 WorldServer，找到相应的翻译文件，将其导出到本机用 Idiom Workbench 进行翻译。

某个组件的翻译完成后，项目经理通过 Tracker 通知网页制作供应商。网页制作供应商将翻译部署到本地网站之后，翻译人员收到 Tracker 的通知，同时收到部署后的本地网站供在线审校。

C　在线审校

在线审校是翻译人员在本地网站审校翻译好的网站内容，通过检查最终输出确保本地网页完全适合发布到客户官方网站（见表9-2）。

表9-2　在线审校价差表

检查点	描　述
语言	在上下文中进行可读性检查
	网页上没有漏译
	使用正确的术语
	翻译遵从客户提供的翻译风格规范，适合本地市场和文化
	动态显示内容的正确性
	显示的文本都已翻译，没有重叠或截断
	检查本地页面中的动态效果是否与源页面中的效果一致
	通过在图像、图标、文字或链接上移动鼠标或展开来检查自适应设计文本
	检查 "&ProdName;" 是否在输出文件中正确显示为翻译文件中的产品名称
	价格信息验证页面中没有价格
	版权/商标标记应正确显示和英语的位置相同，确保没有丢失

检查点	描 述
布局—文本和图片	文本、格式（字体、大小、缩进）、图像等对应于英文站点和本地风格
	文本、条目数对应于英文站点，检车是否有缺少的段落或章节，或者未翻译的段落/章节
	没有字符破坏或文字/字符压缩
	检查明显的不对齐
	屏幕截图看起来在上下文中和谐，没有图片/文字重叠或截断
	没有丢失或截断的图片或截图
	图片没有文本被截断或重叠
布局—间距	检查字/句之间是否有重叠和不必要的空格
	检查标点符号之前是否有额外的空格
	检查标题和下一句之间的适当间距
	对于中文，在英语单词和数字之前和之后应该有一个空白字符，不适用于新闻稿
链接和导航的正确性	链接文本有效和明确地描述目标页面
	网址是否链接到不同语言的页面或有明显错误或不能访问
	链接文本正确遵循制定的样式指南
	当链接导航到英语网站时，本地语言在链接后面需添加"英文"
Alt 标签	Alt 标签和标题文本的翻译正确
	检查本地化的 Alt 标题与当前页面相关并正确显示

9.5.2 游戏本地化

游戏本地化是本地化领域中的一个重要分支，一般是游戏软件本地化，在业务上属于软件本地化范畴，包括 PC（personal computer）端、移动端和手机游戏本地化。

当前，游戏行业的发展及其用户群主要呈现以下几个特点：

（1）跨平台、多语言、生命周期短，游戏全球化的范围与程度不断加深。游戏不分国界，一款游戏很可能拥有来自世界各地的爱好者。游戏开发商为了能吸引更多的玩家，使利益最大化，同一款游戏会推出不同语言、不同平台的版本，在全球范围内推广发行；一款游戏的市场寿命往往不会很长，为了持续吸引玩家的乐趣，游戏开发商不得不提高更新换代的频次。

（2）消费群体逐年扩大，呈现年轻化、潮流化和个性化的趋势。逼真、刺激的游戏吸引了越来越多的玩家，其中大多数都是站在潮流前端、极富个性的年轻人。

（3）除了国际知名游戏开发商推出风靡全球的游戏产品外，中国自主品牌的游戏产品也日益增多，游戏开发企业更不遗余力地开拓海外游戏市场。近些年，国内游戏行业日渐成熟，推出的高品质游戏不仅在国内拥有数量众多的玩家，在国外也有一众追随者，而且开发企业致力于将研发的游戏逐步推向国际市场。

正因为游戏业及其用户群有以上特点，导致游戏本地化业务也随之呈现出一些不同于一般本地化项目的特点：

（1）翻译语言要求有别于其他常规本地化项目。因为每一款游戏的语言都独具特色，设计上不仅通俗易懂，还能吸引玩家；加上玩家大多是处于潮流前端的年轻人。因此，游戏本地化翻译语言在忠实于原文的前提下，可采用更简明、地道、更接地气的游戏语言风格和表达方式，以使游戏语言更具吸引力。这也对译员的能力提出了更高的要求。从事游戏本地化翻译的译员，不仅日常学习能力和接受新事物的能力强，相关项目的处理经验也需丰富。针对有些游戏涉及不同国家的文化元素的情况，还需聘请专家团队帮助进行本地化翻译审校。

（2）游戏本地化业务需求不尽相同。实力雄厚、技术成熟、部门完善的大型游戏开发企业，企业内部往往设立自己的本地化业务部门，本地化环节中大多数非语言类任务均由其内部人员完成，仅向本地化公司外包目标语的翻译业务。而对于新兴的中小型游戏开发企业，企业内部往往没有同步建立起相对完善的本地化部门，在其拓展国际业务时，自然选择外包全套的游戏本地化业务。只有技术全面、专业的本地化公司才能胜任，于是游戏本地化公司应运而生，且不断发展壮大。

9.5.2.1 案例背景

项目：某角色扮演游戏（RPG，Role-Playing Game）；

语言：源语为中文，目标语为英语；

基本情况：基于 Android 平台运行，客户提供源语言文件程序包以及编译后的中文 Beta 版游戏 apk 文件，未提供产品术语表；

要求：提供翻译交付后的资源文件、项目术语表、项目翻译记忆库等语言资产，并对经编译生成的游戏本地化版本进行界面布局和语言质量测试。

9.5.2.2 项目分析

针对客户需求与项目要求，制定项目具体内容。比如：因为客户未提供产品术语表，需提前摘录和抽取项目中涉及的重要术语，创建项目术语表，先行翻译后供客户方确认。之后在本地化翻译过程中，建立翻译记忆库，更新术语库，以备后期的语言资产存储。由于项目游戏内容涉及众多中国文化元素，在翻译审校阶段可引进精通中西文化的专业团队提供语言支持，最大程度确保本地化版本的游戏语言原汁原味。

项目分析之后，制定该项目的本地化流程，包括工程处理前阶段、翻译阶段以及工程后处理阶段，如表 9-3 所示。

表 9-3　游戏本地化项目流程

流　程	具体项目操作	涉及主要工具
工程前处理阶段	1. 项目文件夹结构分析与源文件识别	
	2. 可翻译文件准备与可翻译文字提取	SDL Trados Studio，Microsoft Word
	3. 项目术语的提取与创建	SDL MultiTerm
	4. 工作量分析与文件拆分	SDL XLIFF Split/Merge
	5. 项目语言团队组建与构成	
翻译阶段	导入文件，进行本地化翻译	SDL Trados Studio
工程后处理阶段	1. 翻译问题的提交、跟踪及处理	JIRA（问题/缺陷管理系统）
	2. 译文质量检查	SDL Trados Studio，ApSIC Xbench
	3. 程序编译、测试及问题修复	
	4. 项目的交付、存档与总结	

9.5.2.3 项目实施

A 工程前处理阶段

（1）项目文件夹结构分析与资源文件识别。该游戏基于 Android 平台，其源文件程序包含有 res、src、gen 等多个文件夹，res 文件夹用于存放应用程序中的所有资源文件，包含了所有待本地化的源语言文件。通常，游戏本地化需要翻译\res \values 路径下的 strings. xml 文件，以及 drawable 文件夹中图片素材和 raw 文件夹中音/视频素材中需要本地化的内容。

（2）可翻译文件准备与可翻译文字提取。图片和音/视频文件中需要本地化的内容可经先行听写并摘录为可编辑文本，便于译员翻译。对于 strings. xml 文件，可由 SDL Trados Studio 完成翻译文字的提取工作，并使用其自带的伪翻译功能，对待翻译文件进行模拟验证，确保后续的翻译流程能够顺利、无误地执行下去。

（3）项目术语的提取与创建。由于客户没有提供该游戏的术语表，在翻译启动之前需要对待翻译文件进行先行摘录和提取众多专有词汇，形成多个项目术语表，包括人物名称表、地点名称表、技能名称表、装备名称表、角色名称表以及高频词汇表等。这些关键词汇（术语）译文的一致性，关乎游戏玩家的游戏体验黏着度。所以，针对这些关键词汇，安排游戏语言专家进行先行翻译，并将翻译后的术语发给客户方确认，等对方审核之后，再采用 SDL MultiTerm 工具创建项目术语数据库，以确保在翻译审校过程中各译员之间保持高度的一致性。

（4）工作量分析与文件拆分。在本项目中，翻译的内容主要集中在 strings. xml 资源文件中，而图片文字和音频脚本被分别摘录到 Excel 与 Word 文件中。可以借助 SDL Trados Studio 的 Analyze Files 功能对各个文件的工作量予以统计。之后，借助 SDL XLIFF Split/Merge 工具将待翻译文件分别拆分为多个子文件，进而分配给项目语言团队成员。团队各成员分工协作，实时沟通，确保按时保质保量完成任务。

（5）项目语言团队组建与构成。前面提高，由于游戏项目的翻译和语言风格有别于其他常规本地化项目，所以在项目语言团队组建的时候要充分考虑到翻译人员的业务能力以及从业经验。

B 翻译阶段

将处理好的待翻译文件以及新建的术语库导入 SDL Trados Studio，展开翻译工作。

C 工程后处理阶段

（1）翻译问题的提交、跟踪及处理。为了确保最终译文质量以及在将来处理产品后续版本时对以往问题的留档、查询和检索工作顺利进行，本项目采用了 Atlassian 公司的 JIRA 问题（缺陷）管理系统来实时提交、处理和跟踪项目中的各种问题，使得问题得以尽快解决并能够形成问题历史记录，可供随时的跟踪与查阅。

（2）译文质量 QA 检查。译文质量检查通常分为人工质量抽检和工具质量检查两个流程。人工质量抽检工作通常由本地化项目经验丰富、语言技能高的 QA 团队译员来完成，旨在评估项目质量和发现全局性的潜在质量问题。工作完成后，形成质量抽检报告提交给语言团队进行问题修改和质量改进。工具质量检查则由 QA 工具自动完成，对于生成的问题报告，由人工进行逐条确认并做相应修正。主要检查项包括：一致性问题、数字误匹配、Tag 误匹配、漏译问题、术语遵从性问题等。

（3）程序编译、测试及问题修复。项目经理回收并生成翻译后的 strings. xml 文件以及经本地化桌面处理后的目标语图片和配音文件，覆盖资源文件夹下的对应文件，而后由游戏开发人员编辑生成用于 Android 系统的 apk 安装程序文件。测试人员将英文版游戏的 apk 程序安装在测试虚拟机、平板电脑或手机中，按客户要求在多个品牌、型号的设备上，在不同分辨率条件下分别进行界面布局和语言质量测试。对于测试过程中发现的问题，将图片、问题重新操作路径、问题现象描述、造成问题的可能原因等信息填写到测试问题报告中。经多途径修复，最终确保所有问题得以解决。

（4）项目的交付、存档与总结。以上项目流程完成后，项目经理如期提交翻译后的资源文件、编译后的英文版 apk 文件、. tmx 格式的翻译记忆库以及术语表，并将这些交付内容与整个项目执行过程中的所有相关文件上传公司档案服务器归档，以备日后项目检索和客户版本更新时使用。最后，客户与本地化公司项目代表进行项目总结，总结中的重要内容纳入客户档案，以供后续合作或执行类似项目时借鉴。

9.5.3 课件本地化

课件本地化是伴随着 e-learning（electronic learning）学习模式的推广而产生的。e-learning 强调用技术来对教育的实施过程发挥引导作用。经由 e-learning 实现的学习过程可以是主动的、多元的，并且是能够不断反馈的，是当前教学形式的一个极大补充。特别是在企业培训市场中，e-learning 的应用尤为广泛，因而对课件本地化的需求也随之应运而生。

由于课件制作的目的是为了让用户更容易、更直观地掌握知识，因此课件的操作必须要简单易懂、方便上手，但形式上又必须富于变化、引人入胜。看似简单的课件往往是多种新技术的集合，这使得课件本地化带有与一般本地化业务不同的特点：

（1）课件多为学习某个工具软件而设计，本地化团队在对内容进行本地化时，对其中任何涉及引用该工具的部分，均应到实际环境中进行核实，以确保翻译出来的内容与实际情形一致。

（2）课件内容多为指导用户逐步学习软件工具操作的，本地化团队在进行翻译时，在不影响意思表达的前提下，要求尽可能语序保持与源语言一致。尤其对有关逐步指导的描述，有时候可能是在描述一个系列的操作，同时配有图画、动作和声音。如果对译文语序调整不当，会给后期的编译与整合造成极大的困扰。

9.5.3.1 案例背景

项目：某公司内部培训课件本地化；

语言：源语为英语，目标语为汉语；

基本情况：PPT 文件格式，包含音频、视频以及图片，提供了术语表。

9.5.3.2 项目分析

针对项目需求与客户的要求，制定具体项目内容。因为客户提供的课件除文字信息以外，包括音频、视频以及图片。此课件本地化项目就可以分为课件内容本地化、课件图形本地化、课件声音本地化以及课件多媒体本地化四个部分。

9.5.3.3 项目实施

A 甄别需要本地化的内容

需要进行课件本地化的内容往往散落在各个构成要素之中，需要项目管理人先行甄别并将其提取出来。需要本地化的文字内容包括：界面文字和说明内容；实例内容；图像文字以及声音文字。文字提取出来之后，与术语库一起录入 SDL Trados Studio 进行本地化翻译，更新术语库内容。

B 课件图形本地化

课件图形本地化工作一般包括两个部分：（1）抓图（通常为截图）；（2）作图（通常为修图）。抓图工作最重要的是务必确保抓取的本地化图片与源语言图片"完全一致"（即除了源语言被置换成目标语言之外，其他方面应无任何改动）。作图的方法往往是用来处理与学习对象无关的图片，原则上说客户会提供这些图片的原始格式。一旦图片上相关文字的翻译准备就绪，作图工作即可开始。

C 课件声音的本地化

课件中包含大量的音频，在本地化时需要进行两个环节：（1）脚本的准备与检查；（2）声音的录制与处理。进行脚本准备时，首先将脚本内容与其他翻译内容分离出来，对照源语言检查句子顺序，保证一致；进行声音的录制与处理时，要将声音文件保存为高质量的格式，确保在某些特殊情况下声音的失真率最小化。

D 课件多媒体的本地化

课件多媒体本地化指的是课件中的演示或者动画部分的本地化，包含对文字、图片还有声音的综合处理，主要包含以下几个步骤：

（1）更新文字、图片和声音。对于演示文件中的文字，如果是外部调用，只需用本地化之后的文件替换掉源语言的文件就可以了；如果是在演示文件之中，则通常采取手工粘贴的方法。对于图片和声音文件，定位源语言中对应的图片和声音文件，将本地化之后的文件直接予以更新即可。

（2）同步动画。这是演示文件本地化中最为关键的一环，需要根据声音文件去重新调整文件中每一帧里的相关动作，以确保所听即所见。因为每种语言都存在其特殊的语法规则，从而不可避免地导致语序的差异、声波的长短、语速的变化以及语调的不同等，这些因素都会导致动作和声音出现不同步的现象。

E 课件本地化质量检查

课件本地化检查除了利用 SDL Trados Studio 进行一般本地化质量检查之外，还需要对整体课件、声音文件以及演示文件进行逐一检查（见表9-4）。

表9-4 课件质量保证具体步骤

整体课件的检查	版本检查	框架是否用的是最新版本
	内容检查	是否所有的内容都被本地化
	界面检查	界面在本地化之后是否还能适应中文内容（界面对话框大小，中文是否完全显示等）
	功能检查	课程整体的功能在做完本地化后是否还能正常实现（如搜索、索引等）
	调用的组件检查	框架内部调用的各个组件是否需要做调整

声音文件的检查	脚本检查	录音是否有相对脚本文件读错的地方
	用户界面词汇检查	录音中提到的界面上的词汇，是否朗读正确
	操作功能检查	在界面词汇检查的过程中，如果发现因为本地化之后的学习对象功能有差异，录音是否做了相应的调整
	声音效果检查	录音文件是否有前句和后句的生效明显不一致的情形
	时间控制检查	录音文件时间长度是否跟源语言的有很大的出入
演示文件的检查	同步问题检查	声音和画面中突出显示的部分（红色框等）要同步，声音和操作需要同步
	功能问题检查	演示中涉及的操作步骤，请注意演示的步骤是否正确，是否能再学习对象中具体实现
	界面问题检查	声音描述的内容应该跟界面对应，特别是涉及界面部分时。当发现不一致的情况时应对照源语言的文件检查
	图像检查	当一段描述涉及一系列图时，是否出现图片抖动或者闪烁
	细节元素检查	当图中有示例按钮动作时，按钮是否有相应变化，鼠标位置是否摆放正确

F   将本地化后的项目提交用户

在将本地化的项目提交给用户的同时提供术语表及翻译记忆库等语言资源。

思 考 题

9-1   什么是本地化，本地化与全球化、国际化之间有什么关系？

9-2   本地化翻译有什么特点？

9-3   本地化翻译技术具体包括哪些内容？

10 翻译项目管理

【本章提要】随着信息技术实现了全球化，语言服务行业也迅速蓬勃发展起来。翻译项目呈现多语种、多格式的特点，其时效性强，质量要求高，因此，项目管理的重要性不言而喻。项目管理是一门特殊的科学理论，优秀的项目管理人员必须熟练掌握相关理论和技术，然后将其充分应用到管理实践中去。要实现对项目的全面管理，翻译管理系统是必不可少的。管理人员必须利用翻译管理系统来加强项目管理，监控实施流程，同时使用计算机辅助翻译软件来进行翻译和质量保证，通过项目所有参与方的及时沟通和交流，最终为客户交付满意的、高质量的产品或服务。本章概述了翻译项目和翻译项目管理系统的相关理论，在此基础上主要介绍计算机辅助翻译软件 memoQ 在翻译项目中的具体应用。

10.1 翻译项目管理概述

10.1.1 项目和项目管理

项目适用于所有行业。美国项目管理协会（PMI，Project Management Institute）给出了项目的定义：为创造独特的产品、服务或成果而进行的临时性工作。具体来说，项目是指一系列独特的、复杂的并相互关联的活动，这些活动有着一个明确的目标或目的，必须在特定的时间、预算、资源限定内，依据一定的规范完成。

要完成项目这个复杂的活动，在项目开始运行后，就必须要对项目进行监控和管理。项目管理协会（PMI）是这样定义项目管理的：在项目活动中运用专门的知识、技能、工具和方法来策划、组织、指导和控制资源，使项目能够在有限资源的限定条件下，实现或超过客户所设定的需求和期望。项目管理同样也适用于所有行业的项目。从这个定义中可以看出，项目管理首先要明确项目的需求，建立一个清晰的目标。然后制定项目计划，接下来按照计划去实施和执行，最终按计划实现项目的目标。项目管理包括 3 大要素：项目范围、项目进度和项目成本，这是整个项目管理中最重要的内容。三者之间紧密联系，又相互制约。而项目管理的终极目标则是满足所有干系人的期望，包括客户、公司或组织、团队、合作伙伴等。项目开始运行后，项目管理将贯穿整个流程，对项目的进度和成本进行监控，来保证项目的所有活动按计划进行。项目控制的关键在于评估实际状况，并与计划目标定期进行比较，在发生偏差的时候及时采取措施来补救和纠正。

20 世纪 90 年代项目管理逐渐发展成为现代管理学的重要分支，并日趋受到全球范围的重视。科学的运用项目管理方面的知识和方法，能够极大的提高管理人员的工作效率，保证项目的质量和成功。对于优化配置资源、提高管理水平、加快企业的结构转型和提质增效，乃至推动经济的发展都有着极为重要的意义。

美国项目管理协会（PMI）成立于1969年，该协会是项目管理专业中最大的国际性专业学术组织，致力于向全球推行项目管理。其组成人员包括研究人员、学者、顾问和经理等。由该协会组织编写的《项目管理知识体系指南》（PMBOK，A Guide to the Project Management Body of Knowledge）是项目管理领域最权威的教科书，也是项目管理研究机构进行项目管理资格认证的基础。1984年该协会的资格认证制度"项目管理人员"（PMP）认证开始推行。1965年国际项目管理协会（IPMA）在瑞士注册。该协会是一个非营利组织，由各个国家和地区的项目管理协会组成，其职能是推动和促进项目管理的国际化。1967年该协会在维也纳召开了第一次国际会议，自此项目管理这门学科快速发展起来。

根据项目管理协会提供的知识体系，项目管理包括10大领域。

（1）项目整合管理。整合管理的工作主要包括制定项目章程、制定项目管理计划、指导与管理项目工作、监控项目工作、实施整体变更控制、结束项目或阶段。整合管理的目的在于确保各种项目要素协调运作，对冲突目标进行权衡折中，以最大限度满足项目参与者的利益诉求和期望。

（2）项目范围管理。范围管理涉及界定和控制项目所包括的内容，主要工作包括规划项目范围、收集需求、定义范围、创建工作分解结构（WBS，Work Breakdown Structure）、确认和控制范围。范围管理的目的在于确保满足该项目所覆盖的整体工作要求和单项工作要求，保证项目成功完成。

（3）项目时间管理。时间管理的主要工作包括规划进度管理、定义活动、排列活动顺序、估算活动资源和活动持续时间、制定进度计划并控制进度。时间管理的目的在于确保项目在既定时间期限内成功完成。

（4）项目成本管理。成本管理的主要工作包括规划成本管理、估算成本、制定预算并控制成本。成本管理的目的在于确保项目能够再既定成本预算内成功完成。

（5）项目人力资源管理。人力资源管理的主要工作包括规划人力资源管理，组建、建设和管理项目团队。具体来说这些工作包括辨识、记录和分配项目的角色和职责并汇报关系，将人力资源合理分配到项目各个阶段，同时进行团队建设，提升项目成员的个人能力和协同合作能力，从而提高项目组的整体能力。人力资源管理的目的在于确保有效使用项目的人力资源顺利完成项目的所有活动。

（6）项目质量管理。质量管理的主要工作包括规划质量管理、实施质量保证和控制质量。质量管理的目的在于确保项目能够满足项目的各种需求。这些需求包括质量体系中能够决定质量工作的策略、目标和责任等活动，并通过质量计划、质量保证和质量提高等手段来满足这些需求。

（7）项目采购管理。采购管理的主要工作包括规划采购管理、实施采购管理、控制采购管理和结束采购管理。采购管理的目的在于要从执行组织之外获取资源和服务。

（8）项目沟通管理。沟通管理的主要工作包括规划沟通管理、管理和控制沟通。沟通管理的目的在于确保项目信息能够得以及时适当的产生、收集、传播、保存和最终处理。在项目成功必需的因素——人、想法和信息之间，项目的沟通管理能够提供一个关键链接。

（9）项目风险管理。风险管理的主要工作包括规划风险管理、识别风险、实施定性和定量风险分析、规划风险应对、控制风险。风险管理的目的在于把积极因素所产生的影响最大化，把消极因素所产生的影响最小化。

（10）项目干系人管理。项目干系人是指项目的相关利益者，具体来说就是积极参与项目的、利益受到项目执行或完成情况影响的个人或组织，如客户、发起人、项目组成员、管理机构、供应商，甚至普通公众。干系人管理的主要工作包括识别干系人（包括识别影响项目或受项目影响的全部人员、群体和组织）、规划干系人管理、分析干系人对项目的期望和影响、制定合适的策略来管理和控制干系人参与。管理干系人的目的在于有效调动干系人，提高干系人参与项目决策和执行的积极性。干系人管理还涉及与干系人保持持续的沟通，以便了解他们的需要和期望。在项目进行过程中，管理干系人之间的利益冲突，解决意外发生的问题，也是这个领域的作用和意义。

10.1.2 翻译项目和翻译项目管理

具体到翻译工作中，项目是翻译工作的核心，是翻译工作运行的基本单位。翻译项目就是为提供独特的翻译服务而进行的临时性工作。这个简单的定义可以进一步扩展为：一个团队在特定的时间、预算、语言资源限定内，为了完成源语向目标语的转换，运用翻译知识、技能和相关的翻译工具及方法手段，而进行的一系列复杂的活动即被称为翻译项目。

广义的翻译管理是指一个翻译组织或系统在实施翻译管理的过程中，针对一个或多个翻译管理目标而采取相应的管理措施，并使这一目标或组合目标得以实现，进而最终达成翻译租住或系统的总目标。狭义的翻译管理是指针对具体的翻译项目去实现所设定的多个翻译管理目标。

翻译项目管理是指在翻译项目过程中，根据翻译项目的特征和要求，所有的团队人员综合地运用知识、技能、工具和技术，经过策划、组织、指导和控制翻译所需要的各种资源，灵活有效地进行项目管理，使翻译项目在有限资源的限定条件下实现项目设定的需求，最终达到翻译质量最优、交稿时间最短、客户满意度最高的过程。翻译项目的管理能力是语言服务提供商的核心竞争力之一，直接关系到翻译生产的成本、质量、进度、客户满意度和利润，决定着翻译项目的成败。

翻译项目的发展已经不仅仅限于围绕语言文本的模式，而是涵盖了工程、排版还有测试等附加服务的复杂模式。相应的翻译项目管理如资源管理和质量管理等的复杂程度也成倍的增长。语言服务企业应着重建立全方位、多角度的管理体系，运用最尖端的技术，打造最优的管理系统，才能从整体上提高翻译项目的管理能力，从而保证翻译项目的成功完成。

翻译项目管理最核心的要素有以下 3 个方面：

（1）资源的准备，即如何构建一个完整的资源管理体系，为项目持续提供优质的资源。这包括语言资源和人力资源两个方面。在涉及多种语言的本地化项目中，应选择优秀的语言服务提供商，尽可能实现对语言质量的精细掌控，最终获得高质量的交付结果；人力资源方面，项目负责人根据项目特点和技术要素，搜索并选择符合条件的人才来负责项目工作。组建相对固定的优秀团队是每个企业必须做到的工作，这对项目的成功和企业的发展都起着至关重要的作用。

（2）项目的生产与管理，即如何构建一个强大的翻译管理体系，保证项目团队之间的协作和项目最终高质量的完成。翻译管理系统（TMS，Translation Management System）是所有大型翻译项目的标准配备。

（3）对项目的跟踪与项目成员间的沟通，即如何构建跟踪体系，及时了解项目的进度，并做出必要的调整，确保项目的顺利进行。

这3大要素相对独立，但又相互联系，共同构成了翻译项目管理的全过程。

10.1.3　语言服务行业的兴起和面临的挑战

近年来，随着经济的飞速发展，市场环境和商业环境也正在发生日新月异的变化。企业为了生存和壮大，必须与时俱进，重构商业模式，才能够在激烈的竞争中获得机会和占据优势。现代管理学之父彼得·德鲁克（Peter F. Drucker）认为，现代企业的竞争，不是产品的竞争，而是商业模式的竞争。因此，商业模式的重要性越来越显著。好的商业模式是一个结构化的整体，是多个组成部分紧密联系、协同运作的。越来越多的学者和企业管理者更倾向于用系统化的观点来研究商业模式，同时随着科学技术的发展，也更注重系统与技术的结合。

近十年来，语言服务行业也迅速兴起和发展。语言服务业是指提供跨语言、跨文化信息转换服务和产品，以及相关技术研发、工具应用、知识管理、教育培训等专业化服务的现代服务业随着经济的全球化，世界各地之间的交流逐渐频繁，这种交流起到了传播知识、共享信息的重要作用。国家之间、各行各业之间的交流能够极大的促进本专业领域的发展，例如科技、医学、工业等领域。而在商业领域中，不同语言间的交流能够促成国际商务合作，从而促进全球经济的共同发展。因此，语言服务市场不断扩大，业务类型日趋多样化，除了传统的口译、笔译、字幕和配音服务，还有与信息技术结合发展起来的本地化服务（软件本地化和网站本地化）、语言技术与工具研发（机器辅助翻译和语言服务管理系统等）、语言资产管理（术语库和语料库等）服务，另外还涉及依托多语优势发展起来的全球化与本地化咨询服务以及相关的教育培训和研究等。因此，语言服务提供商面临的挑战也越来越大。这些挑战主要表现在以下几个方面：

（1）技术的进步必将推进业务的变革，翻译企业的业务模式还不够成熟，数字化营销逐渐占据主要地位，利用机器作为辅助翻译模式是大势所趋。

（2）语言服务不仅仅是传统意义上的文本翻译，还涉及到产品、流程、服务和结果等多个方面，已经升级为"语言+"服务。

（3）翻译项目类型多样化，任务重且时效性强，交付周期缩短。

（4）翻译队伍日渐壮大，包括专业翻译和兼职翻译，专业水平和职业素养参差不齐，同时人工成本持续上升。

（5）多语言服务需求增长，中译外的需求也不断增加。

（6）客户的关注点也有所转移，从价格和质量逐渐趋向整体服务和体验。

（7）业务的自动化成为客户和服务提供商共同的努力方向。

（8）由于互联网的发展，相比离线翻译，在线翻译已经成为更具有优势的翻译模式。通过在线平台，项目成员能够更加紧密协作，更好完成各自的任务。

语言服务提供商需要提供集成式的服务，语言服务行业的管理需要在高度自动化的平台上实现，这个平台就是软件即服务平台（SaaS，Software-as-a-Service）。所有涉及商业翻译价值链的流程包括项目管理、翻译资源管理、质量管理、计算机辅助翻译、信用评价、翻译需求配对、前后处理、翻译和测试等都需要在这个管理平台上实现。

技术的迅速发展和企业的发展都已经成为现代社会的根本趋势，语言服务行业也不例外。翻译企业需要应对客户的多种需求，面对各种各样的挑战，例如翻译任务的加重和翻译周期的缩短，因此，翻译企业对业务的管理也要与时俱进，不断适应经济和社会的发展。

10.1.4　翻译项目的特点

为适应翻译市场的扩大和要求，翻译项目也在发生着日新月异的变化。

（1）翻译项目日趋规模化和专业化。翻译对象包罗万象，涵盖经济、政治、社会、军事等各个方面。翻译题材日趋多元化和专业化。翻译文件类型也多种多样。除了文本，还包括声音、图形、视频、程序、数据库等。翻译项目越来越大型化，参与项目的人员也越来越多，团队协作必不可少。例如智能手机操作系统的本地化项目，语言涉及上百种，需要多部门和上千团队成员的紧密协作才能顺利完成。每个项目的内容可能不同，译员和管理人员不同，服务对象也不同，因此项目还具有独特性。

（2）翻译项目要经过一定的流程。翻译工作是全球性产品本地化的一个重要环节。翻译流程基本包括启动、计划、实施和监控、收尾四个阶段。每个阶段都涉及多部门和团队协作。项目管理者需要通过定制特定的工作流程，跟从管理系统的自动引导，从而顺利完成项目。因此，项目是一个持续的过程，所有的活动都是逐渐明确、逐渐详细并不断调整变更的。

（3）翻译项目的运营要遵循翻译行业的特定标准。翻译服务的标准不仅针对语言和格式层面，还要考虑到语言服务产品的各个要素、产品规格、生产过程及结果等。自2003年以来，我国陆续出台了《翻译服务规范第1部分：笔译》、《翻译服务规范第2部分：口译》、《翻译服务译文质量要求》等国家标准，中国译协本地化服务委员会发布了《本地化业务基本术语》、《本地化服务报价规范》和《本地化供应商选择规范》等行业标准。

（4）翻译项目必须应用翻译技术和工具。随着计算机科学的发展，翻译技术也从传统的手工模式转换为利用先进的专业工具来翻译的模式。计算机辅助翻译技术在翻译项目管理过程中发挥着重要的作用。翻译前涉及文件格式转换工具、查找和替换、文件分析工具等；翻译中涉及项目管理工具、辅助翻译工具、术语提取和识别工具、平行语料库、网络搜索等功能；翻译后涉及质量检查、排版测试和发布等工具。

翻译项目的复杂性决定了项目管理的必要性。必须根据翻译项目的特征和要求，运用翻译工具和各种方法手段，对整个翻译项目进行有效及时的管理和控制，才能确保翻译项目的顺利完成。另外，翻译项目还具有临时性和渐进明细性的特点。每个项目都有具体的启动时间和结束时间；项目的所有工作和活动都是逐渐明确和详细并不断调整变更的。翻译项目管理人员应该不断从实践中总结不同项目的不同特点，以便进行更专业高效的管理。

10.1.5 翻译项目的流程

翻译项目涉及客户和翻译服务提供商，双方需要紧密合作才能顺利完成翻译项目。项目团队是整个项目的主体。对于客户来说，选择合适的翻译公司是至关重要，而对于翻译公司来说，根据每个项目的特点和需求，选择优秀的团队成员也在一定程度上决定了项目的成败。由于翻译项目通常涵盖了各个行业和多个知识领域，因此需要选择合适的翻译人员，以确保译文的专业性。根据客户的要求和项目所属的专业领域，需选择相同背景、具有相同专业知识的翻译人员。同样，审校人员的选择也要遵循此原则。项目管理方面也要选择经验丰富、管理能力强的人员来担当此工作。

项目由多个阶段组成，翻译项目也不例外。而翻译项目的特殊之处在于项目涵盖了多种语言的本地化工作，一个项目往往包括多个子项目，需要在多种语言之间多个部门协作进行，这也就在一定程度上增加了翻译项目管理的难度。

翻译项目的实施流程分为翻译项目准备阶段、翻译项目实施阶段和翻译项目收尾阶段。

10.1.5.1 翻译项目准备阶段

翻译项目准备阶段包括项目启动和项目计划。

A 项目启动

项目启动的任务是确定一个目标或一个阶段可以开始并要求着手施行。项目启动的主要工作包括：收集数据、识别需求、建立目标、进行可行性研究、确定利益相关者、评价风险等级、制定策略、确定项目小组、估计所需资源、进行成本预算和报价等。此阶段在整个项目中占据的时间比重虽然不大，但是重要性却不言而喻。

具体到翻译项目，客户为了实现项目的本地化，明确表示出购买语言服务的意图。接下来项目团队会对客户提供的信息进行项目分析，充分了解客户的需求和期望。项目分析最核心的部分是工作量的估算和成本的预算。根据项目分析的结果，翻译公司可以初步确定了项目报价和提案，经客户认可后，双方签订协议，项目即进入计划阶段。在启动阶段，项目管理工作的主要目的是创建一个标准的流程，制定团队成员都必须遵循的标准，最终通过合理的预算报价，顺利获得项目。

工作量主要是指待翻译文件的字数，这将直接作为报价及制定时间表的重要依据。在字数的基础上，项目经理需要根据客户需求，结合项目的具体工作内容，制定详尽的标准流程步骤，对工作量进行详细的分析和统计。通常情况下，本地化流程越复杂，工作量也就越大。

成本预算是对项目所需费用的估算，是启动项目的必做工作。常见的预算方法主要有经验预算法和因素估算法。经验预算法是由具有丰富经验的专业人士来提出一个近似可靠的数字，这种方法并不能做出详细的预算，只能提供一个大概的数字。因素估算法相比经验预算法更为科学，在经验的基础上，利用数学知识计算出一个相对可靠的数字。

另外，由于术语管理在翻译项目中的重要意义，项目经理还需要明确客户是否愿意付费进行专门的术语管理。术语管理的成本是流程中每个环节所需的成本之和。这些环节包括术语提取、整理、描述、翻译、审校、更新、维护、项目管理和采购软件等。在启动阶段，项目经理需向客户确定术语提取范围；确认新提取的术语是否需要添加至客户所提供的术语库中；确认新的术语库是否需要后期的维护和更新等，以此来准确评估术语管理的成本。结合对术语管理可能出现风险评估，例如术语库丢失、数据泄露等，项目经理通过与客户进行多种方式的真诚沟通，最终与客户达成一致。

B 项目计划

项目计划的任务是制订计划并编制可操作的进度安排，确保实现项目既定目标。项目计划的主要工作包括：任命关键人员、制定项目计划（包括质量标准、资源、现金流、进度表、工作分解结构等）、评估项目风险。

具体到翻译项目，在进入项目计划阶段后，根据项目分析结果，需要对项目进行一个框架性的安排，此时需要做更多大量细致的准备工作。

（1）翻译公司与客户签订服务协议后，将指派项目经理负责此项目。项目经理的管理工作包括注册项目，安排项目相关人员并分派任务，分发项目包，同时与所有成员商讨制定详细的时间进度表。

（2）项目经理的技术工作主要包括准备技术资源和预处理。技术资源涉及语言资产和本地化工具。首先，项目经理需要创建和维护项目数据（文件、信息等所有项目相关资料），并将项目数据完整的提供给相关成员，在后期的翻译过程中对这些数据及时进行更新和维护。另外，在语言方面，项目经理还需要根据项目需要和客户期望来确定翻译风格、了解译文的最终用途、确定术语库的更新和管理方式。

在术语管理方面，首先，项目经理需要根据客户的要求编写术语管理指南，这能对术语管理的全局起到指导性作用。接下来，项目经理需要制定术语管理进度计划表。对于有关术语的所有工作，都要有术语专员来具体负责。例如术语提取、术语处理、术语确定、术语更新、术语翻译和术语审校、术语后期维护等，每项工作的起始日期和截止日期都需要明确规定。

根据项目的特点和需要以及客户的需求和期望，项目经理应从翻译公司自身的优势和资源出发，确定完成项目所使用的本地化工具，主要涉及计算机辅助翻译软件和翻译项目管理系统。目前市面上有多种功能强大的计算机辅助翻译软件和项目管理系统，如何选择最有利于顺利完成项目的工具也是项目经理所做的工作之一。

为了提高翻译效率和方便对翻译记忆库的管理维护，项目经理通常会使用翻译记忆库对文件进行预处理。处理后的文件打开后会显示不同程度的匹配字段。每个句子或字符串都由隐藏文字的源语文本和非隐藏的目标语文本两部分组成。两部分之间按照 TM 预处理的结果显示出 100%、90%、70%、0、等数字来表示不同的匹配率。100% 表示完全匹配，但是由于 TM 经常存在一词多译的现象，所以对 100% 完全匹配的部分进行审阅也是有必要的。匹配率为 0 的目标语文本仍然显示为源语文本，0~100% 之间匹配率的目标语文本则部分显示为目标语文本。另外，模糊匹配部分的相同字段都要与 100% 匹配部分的字段翻译保持一致。在处理模糊匹配部分时，译员要注意对比源语文本与目标语文本之间的异同，根据源语文本来对目标语文本进行翻译和编辑。除了文本部分的异同，还需要注意文中的标点、符号或链接等是否一致，这些常见的不同之处往往容易被忽略。而在 TM 预处理的窗口中，可以清楚地看到源语文本、目标语文本以上下对齐的方式显示，两者之间的差异会以不同的颜色标记出来，方便译员进行全面的修改。

（3）翻译人员接到翻译任务后，将获得待翻译的文件。译员需要从以下 3 个方面进行检查：1）所得材料是否完整可用；2）字数是否与项目经理提供的一致；3）时间表是否合理，能否按期完成任务。客户和项目经理提供的翻译说明材料一般包括项目的特殊说明、相关参考材料（例如专门词汇表、风格指南、参考网站等），有时客户还会提供源格式文件例如 HTML 或 PDF。如果项目曾经做过相关的本地化，客户还会提供经过处理的 TM 文件，这能够大大提高翻译效率。客户还有可能指定专门的软件，提供相应的设置或安装方法。另外，客户也可能会规定特殊的风格指南，项目中的一切活动都要以客户指南为基础。

10.1.5.2 翻译项目实施阶段

A 翻译和编辑阶段

在正式的翻译工作开始之前，翻译人员需要具备与专业相关的知识，例如接受相关培训，熟悉项目相关资料。在所有准备工作完成后，译员首先要对项目文件进行预翻译。预翻译主要涉及格式转换、字数统计、内容重复率分析、准备相关文档、参考资料和翻译包、创建项目翻译记忆库和项目术语库等。预翻译能在一定程度上保证翻译的一致性，减少后期处理的工作量。如果预翻译的过程中发现了问题，应及时修正。

翻译和编辑均要符合翻译标准和翻译项目的要求，译文要符合目标语的语法规则和语言习惯，格式上也要遵守翻译风格指南。

B 审校和检查阶段

审校阶段是对翻译内容进行语言可读性和格式正确性检查的过程，包括检查错误、检查翻译一致性和功能性错误。这是由项目团队的所有成员协作完成的检查、修正的过程，贯穿于整个项目的每个环节。这个过程并不是单个人独立的工作，而需要不断地沟通和不断更新状态，需要各方协作给出令人满意的解决方案。

在文件的翻译工作完成后，针对语言文本方面，首先译员要进行自我审校，然后由编辑人员和项目经理进行统一审校。检查点主要包括翻译的准确性和一致性、术语翻译的正确性和一致性，译文是否符合一般规范、风格指南，是否遵循国家地区标准和客户项目的特殊规范。另外还包括涉及政治、宗教等方面的敏感词汇的检查。针对格式和功能性方面，需要工程人员对项目的工程部分进行检查。一般的检查点主要包括字体和版面等格式错误，常规错误例如重复字符、空格增减和标点符号等，还包括隐藏文字误改误删，Tag 是否被破坏，数字、变量、特殊字符、链接是否有错误等。

在这些常规审校之外，在有些翻译项目中，校对审阅也是必不可少的。

校对审阅注重的是文件格式、风格和专业性方面，主要包括两个方面：转换格式审阅（CFR，Converted Format Review）和附加审阅。

转换格式审阅是指在完成常规审阅后，需要把译文从翻译时的格式转换为原文格式，然后再进行审阅，以便发现在中间格式中容易隐藏或不易发现的错误。转换格式审阅关注的只是因格式转换而导致的中间格式的问题，例如无法显示原文本的版面格式、特殊字符丢失或转换为乱码等。这些问题可能会影响译员对原文的理解，因此 CFR 只适用于必须经过格式转换的项目文件。

附加审阅也是在客户要求或项目需要时才进行的带有侧重性的审阅。附加审阅主要包括行家审阅、风格审阅和软件引用检查三种形式。行家审阅（subject matter expert review）是请该专业领域的专家对译文的专业术语和专业内容进行检查。风格审阅（stylistic review）是指在译文的风格方面对译文进行附加修改和纠正，以提高译文的流畅性和可读性，达到项目需要和满足客户期望的目的。软件引用检查（software reference check）是指在软件本地化项目中，软件部分和联机帮助部分有一些特殊的检查点，例如对用户帮助文件和非界面组件的译文进行检查，以保证其功能、操作步骤以及界面词汇等与本地化后的软件保持一致。这项检查一般在帮助文件翻译后和文件格式转换之前进行。

　　C　排版和语言签收阶段

　　根据客户的要求，可能会需要专业排版人员对文件进行排版工作。这项工作应在完成格式转换的文件上进行。排版最重要的标准是源语文件，排版人员需要熟悉标准化指导文件或从项目经理和客户那里得到指导，一切遵循源语文件的标准。

　　通常情况下，排版只需要遵循基本规范，参考字符表、字符排序标准和标点规范等来调整字体和版式。正式排版之前需要选择处理软件、配置环境、设置字体。正式排版的内容主要包括：段落样式、字符样式；正确的字体、字体的大小、行距；乱码、特殊字符；图像大小、位置、图文对应、本地化图像链接；合理分页；表格排版；更新、创建目录和索引；标点符号、空格、折行、单元跳转等。

　　排版完成后需要进行语言签收（LSO, Language Sign-Off）。语言签收是翻译完成后的文件最终提交前的审阅。这项工作一般是在排版完成后进行，检查文件和排版均无问题后方可提交项目。

　　在软件本地化项目中，还需要进行本地化软件测试，即运行软件以发现错误，主要是针对由于本地化过程而造成的软件错误。

　　D　项目经理的任务

　　项目实施阶段项目经理的任务主要包括协调人力资源及其他资源、执行计划内容、报告项目进度、进行信息沟通、激励项目成员以及采购等。在项目实施阶段，也要进行项目监控。项目监控的任务是通过对项目范围、项目进度、项目成本以及项目质量进行有效的监控和检测，使之达到最佳平衡，并可能发现一些问题和错误，以便及时采取补救和纠正措施，确保项目按计划顺利完成。

　　具体到翻译项目中，在翻译项目实施阶段翻译团队要遵守协议，严格按照流程进行，做好项目管理工作。翻译实施阶段，项目经理的主要工作包括以下几个方面。

　　（1）更新和维护项目数据，主要包括语言资产，例如翻译记忆库和术语库等。在翻译实施阶段，术语专员利用术语提取工具或计算机辅助翻译软件中的术语管理模块来进行术语提取。术语提取的方式主要包括人工提取、翻译记忆工具提取、索引提取和基于统计自动提取等。术语翻译则需要译员具有丰富的专业知识储备，查阅大量的相关资料，利用字典、互联网、术语书籍等来进行翻译，确保术语的准确性。对项目成员提出的问题及时解答或向客户提起查询。在翻译过程中，如果遇到问题译员可以向项目经理提出查询，例如难点、专业术语、源文本的错误或上下文不一致等。项目经理把这些问题发给客户或外聘专家，然后客户或外聘专家就这些问题给出答复，随后项目经理将这些答复再发给译员，译员在编辑或审校过程中把这些问题一一纠正。而对于未答复的问题，译员和审校人员应及时提供反馈，以便陆续改进。

　　（2）规划项目资源，确保资源合理分配和及时到位。

　　（3）跟踪项目进度和流程，及时采取措施对不符合计划进度的情况进行调整和纠正。

如果无法内部解决，应与客户及时进行沟通，对原定的时间进度表做出调整。

（4）跟踪项目预算，及时采取措施对成本和预算的失控进行调整或与客户沟通协调，追加资金。

（5）项目组的沟通、进度管理在实施阶段也是十分重要的。项目经理应及时组织进行项目成员之间的沟通和交流，例如定期召开内部会议，讨论项目进展状况，并向客户提交项目进展状态报告。沟通流程的目的在于有效规范沟通行为，确保项目成员更好的协作。主要的沟通方式包括电子邮件、电话和即时消息等。

10.1.5.3 翻译项目收尾阶段

项目收尾阶段的任务是取得项目或阶段的正式认可并且有序的结束该项目或阶段，包括交付项目产品、评价项目表现、项目文件归档及总结项目经验教训等。

具体到翻译项目中，翻译项目收尾阶段主要是译员和审校人员处理客户的反馈，对译文进行相应的修改并再次提交，最后完成项目归档，确保项目最终按照客户的要求如期完成，最后关闭项目。

项目交付须满足以下条件：

（1）完成源语文件翻译和编辑。

（2）完成文件的质量检查。

（3）译文的文件类型与源语文件的类型应相同。

（4）满足客户的其他特殊要求。

在翻译收尾阶段，项目经理的主要工作包括以下几个方面：

（1）对项目结果进行抽样检查和考核；分析进度偏差和预算偏差等问题并进行分析总结。

（2）对较大规模的项目可以考虑启动客户满意度调查。

（3）更新项目的财务数据，向客户开具发票。

（4）召开总结会议，对项目文档进行存档。

另外，翻译记忆库和术语库的维护也是必不可少的一个环节。翻译记忆库和术语库由客户或项目经理在翻译前提供给译员，但是如果没有现成的翻译记忆库和术语库，就需要译员在翻译过程中逐渐积累和维护新的翻译记忆库和术语库。译文中出现的新术语和相对应的正确译文，应由译员记录下来并添加至术语库，经客户审阅并核准之后，在之后的翻译和审校过程中应严格遵循这个新的术语库。这不仅能提高翻译效率，节省翻译时间，保证翻译项目质量，更能为以后相关的翻译项目提供数量丰富的翻译记忆库和术语库。

项目总结也是改进现有和将来项目的重要手段。通过经验教训的总结和对项目团队的评估，翻译企业能够积累各项考核数据，有助于项目质量的提高。另外，对客户满意度的调查也能够有效的扩大市场，获得更多的潜在业务。项目总结一般包括优点和不足，应从项目资源、项目管理、项目流程、人员安排等多个方面来进行总结。常见的问题主要包括：时间紧、周期短，在各阶段中项目资源的配置和时间的分配不合理；某个环节或多个环节质量不高；意外不断，新需求过于零散；项目部分成员水平有欠缺或经验不足；管理压力大，沟通不及时。

针对这些项目中常见的问题，翻译企业应及时找到应对和解决方案。

在项目资源方面，应提早准备好项目所需的所有资源，包括客户提供的相关文档、图片、音视频、软件和特殊说明等材料，也包括企业自身拥有的语言资产、技术基础、监管措施等。对这些资源要做到加密、权限设定等安保措施，保证资源的安全读取、调用和修改。同时要确保资源合理的分配和快速更新，尽量做到循环可用，避免重复处理和资源浪费。

在项目管理方面，应优化资源配置，合理安排工作量，提高团队成员之间的沟通效率。这需要项目管理人员具有较强的管理组织和协调能力，在出现问题的时候能快速做出反应。管理层负责调配资源、内外沟通并对项目进度进行跟踪，执行层负责处理文件、整理信息和提供反馈，并控制各自的进度和质量，两者各司其职并及时沟通。

在项目流程方面，严格按照项目计划一个环节一个环节的进行，并保证每个环节的质量过关后再进行下一个环节，总的来说应先处理语言文本，再进行排版和测试等工程处理。

在人员安排方面，应尽量选择优秀的人才，根据项目的专业特点来对团队成员进行技术培训。项目团队的所有成员应精诚协作，具有良好的团队合作精神，共同分析和解决问题，实现信息和知识的实时共享，做到互相帮助和提醒。

翻译项目管理随着项目的启动而开始，也随着项目的结束而终止。不同的翻译企业有着不同的组织结构，因此同一职位的具体职责划分也存在一定的差异。另外，由于客户类型和客户需求的多样化，项目的管理流程也可能存在一定的变化。表10-1具体展现了项目管理体系在翻译项目中的应用。

表10-1 项目管理体系在翻译项目中的具体应用

项目	启动阶段	计划阶段	实施阶段	收尾阶段
整合管理		1. 撰写项目实施计划； 2. 正式核验关键文档； 3. 启动会议	1. 记录偏差原因； 2. 更新项目计划； 3. 发布更新后的项目计划； 4. 通知干系人项目变动情况	
范围管理	1. 记录客户/项目概述； 2. 明确定义提交物； 3. 明确定义成功准则； 4. 撰写差距分析报告	1. 分析项目历史状况； 2. 定义提交物； 3. 定义验收标准； 4. 分解任务； 5. 准备发包文件	1. 管理范围变更； 2. 客户书面确认项目范围的变更	1. 总结未尽事宜； 2. 交付未提交的文档和资料； 3. 复检衡量成功准则； 4. 与客户确认项目正式结束； 5. 整理保存项目数据
成本管理	1. 开具报价单； 2. 制定预算； 3. 确定财务相关事项； 4. 内部批准毛利润	1. 更新预算； 2. 制定收款时间表； 3. 获取客户采购单	1. 修订预算； 2. 更新报价	1. 确保供应商账款已付； 2. 向客户提交发票； 3. 项目最终财务核算
时间管理		制定生产计划	管理时间表的变化	分析进度偏差

项目	启动阶段	计划阶段	实施阶段	收尾阶段
质量管理		制订质量管理流程	1. 管理出现的质量问题； 2. ACE（态度/沟通/措施）	了解客户反馈
风险管理	评估宏观项目风险	制定风险预案	处理应对危机	
沟通管理	1. 高级别信息沟通； 2. 搜集整理客户概括	1. 明确并制定职责分配表； 2. 制定沟通计划； 3. 规定升级途径； 4. 整理干系人联系方式； 5. 确定答疑沟通流程； 6. 项目预告； 7. 创建生产指南	1. 按计划沟通； 2. 管理客户方问题； 3. 更新财务数据	1. 通知干系人项目结束并收集意见反馈； 2. 组织项目总结会议； 3. 撰写项目总结报告； 4. 记录项目经验和改进计划
人力资源管理		1. 组建核心团队； 2. 组织资源； 3. 分析辨识团队技能弱项	1. 内部培训； 2. 团队建设； 3. 管理冲突	庆祝项目结束
采购管理	获取缺失的法务文档和合作文档	1. 订购所缺的软硬件； 2. 创建采购单	月底财务清算	1. 与供应商沟通项目表现； 2. 确认项目及合同已终止
干系人管理	识别干系人	规划干系人的管理	1. 管理干系人参与； 2. 控制干系人参与	

10.2　翻译管理系统简介

10.2.1　翻译管理系统的定义和类型

翻译管理系统是涉及项目管理层面的翻译管理技术。翻译管理系统（TMS，Translation Management System）是指将企业职能部门、项目任务、工作流程和语言技术整合为一体，以支持大规模的翻译活动，可有效协调价值链上各参与方（组织内外部、组织之间）活动的平台。TMS 以信息技术为基础，结合了先进的管理理念，是一个系统化的、为企业和语言服务提供商构建的翻译生产、管理和服务平台。随着翻译项目的规模越来越大，管理工作越来越复杂，通常涉及客户管理、议员管理、进度管理、文档管理等多种管理工作，需要多个部门的协同合作。因此，利用计算机信息技术建立翻译管理系统来对项目进行加强管理势在必行。翻译管理系统能够实现翻译过程的自动化，集中管理语言资产，实现整个翻译过程之间的协作，从而能够有效提高企业的竞争力，因此，翻译管理系统的应用越来越广泛。

翻译管理系统旨在对翻译项目各个环节进行科学化、规范化和流程化的管理。典型的TMS 结构是底层与企业的内部系统集成，基于术语管理和翻译记忆库管理的传统翻译流程管理；TMS 功能主要通过整合定制流程并提高自动化，为不同职能和级别的用户提供便捷易用的工作界面，以此使项目的运行和管理更加自动化和智能化。开发、定制和购买翻译管理系统应从以下几个方面来进行考量：翻译成本能否降低，翻译流程能否加速，翻译质量能否提高，资源和数据能否被全面的掌控和分析，系统能否具有兼容性和扩展性。

TMS 主要有 3 种类型：（1）语言导向型，即注重语言能力的处理，与 CAT 和 MT 兼容；（2）业务导向型，独立于语言处理过程，即注重工作流程、销售管理、财务管理、供应商管理、进度管理等；（3）复合型，即结合语言导向型和业务导向型，更适用于生产管理。其中复合型的 TMS 覆盖了客户管理、项目规划、生产流程、人事财务、采购供应等多方面工作范围，能够有效地达到资源的优化配置，实现资源效益的最大化，因此应用最为广泛。目前市面上存在的 TMS 涵盖的领域差异较大，并没有完全适用于所有企业的系统，企业或语言服务提供商应根据业务和项目的特点来选择最适合的系统。有些 TMS 还具有可定制性和可扩展性，并能与其他管理系统和 CAT 工具很好的兼容，从而适应业务和项目的发展变化，在市场竞争中处于优势地位。

10.2.2 翻译管理系统的作用

语言服务提供商应建立统一的、集中的生产管理平台，使不同的项目团队通过该平台实现密切高效的协作，并在平台中设计保证机制来达成综合控制的目标。翻译管理系统正是这个平台。具体来说，翻译管理系统主要具有以下几个方面的作用。

（1）准备处理好的文档和语言资源。TMS 能够根据项目要求和语言规则对语言资源进行提取和重复使用。语言处理功能包括对源语文档的格式处理和编辑、翻译、术语管理、审校以及质量保证等。例如用户可以利用 SDL WorldServer 将各种语言资源提取并进行统计，然后发给翻译公司，这样能够使之持有丰富的参考资源，有效地缩短语言服务提供商的文档处理时间，从而节省费用。

（2）管理财务和分配时间。项目经理可以利用 TMS 对翻译任务进行整体分析，然后进行成本的预算和时间的分配。在项目进行过程中，项目经理也可以利用 TMS 自带的财务管理功能对财务状况进行监控，严格控制成本和进度，明确利润，处理收付款和发票等事务，最后对整个项目进行总结以积累经验。

（3）管控项目和流程。项目经理可以利用 TMS 提供的各种报表和数据分析报告直观地查看项目进度、问题解决跟踪、人力和时间的分配、项目收益等信息，从而实现对项目中的各个环节和流程的有效监控和科学化、自动化管理。

第四，管理人员和及时沟通。TMS 可以设置角色从而实现对人员的分类和管理，查询客户信息和客户评价等。另外通过 TMS 中的即时提醒和交流功能，客户、翻译人员和项目经理之间可以进行实时对话和文件传输。系统还能够自动通过 Email、系统消息或手机短信等方式给具体负责人发送通知，从而节省了沟通时间。

10.2.3 常用的几种翻译管理系统

根据客户的需求和翻译企业的业务特点，翻译企业需要购买或者定制开发不同类型和功能的翻译管理系统。目前市面上常用的商用翻译管理系统主要包括 SDL WorldServer、Lionbridge Freeway、传神翻译管理系统 TPM、GlobalSight 和 Projetex。

10.2.3.1   SDL WorldServer

SDL WorldServer 是一款为企业级用户设计的本地化业务协同平台系统。该系统能够为企业提供全球信息管理所需的协作、控制、集成和自动化等功能。这款翻译管理系统主要具有以下特点：

（1）语言资产集中化管理，包括对翻译记忆和术语的管理以及上下文预览。

（2）兼容多种系统和格式，允许自身的翻译记忆库和术语库等语言资产以开放标准与其他管理系统进行内容交换。

（3）支持项目包的主流格式导出和导入，从而实现了与全球供应链中的各种桌面工具相兼容，例如 SDLX、SDL Trados Studio 等所有支持 XLIFF 标准的第三方工具。

（4）业务流程自动化，以可视化拖放方式创建工作流，原文和译文的更改均能获得自动保存。

（5）全面综合的管理业务并收集项目中各种数据，可以根据字数统计、开销和人力资源来进行成本预算和报价，并对项目成本进行跟踪。

（6）内容集成，具有一套广泛的内容连接器和灵活的资产集成系统。

10.2.3.2   Lionbridge Freeway

Lionbridge Freeway 是 Lionbridge 公司推出的一款免费的 Web 架构的语言服务协同平台。该平台把本地化项目的关键要素集成为单一的、多语言支持的 Web 应用平台。项目人员可以根据需要随时对某些要素进行灵活调整。另一方面，客户方可以利用该平台启动翻译项目并进行跟踪，在项目过程中与项目团队进行协作，共同管理语言资产，利用平台生成项目的成本预算和状态报告。该平台的核心技术是 Translation Workspace，具有强大的语言资产管理和文件本地化及审校功能。翻译公司和客户及独立的译员都可以使用 Translation Workspace 进行文件翻译、审校和交付等项目流程。这款系统主要具有以下特点：

（1）集成了在线翻译记忆库和术语库，各公司、各部门、各生产线之间都能够实时共享语言资产。

（2）把机器翻译集成至翻译记忆库中，能有效提高翻译效率，保证翻译质量。

（3）与行业标准兼容，支持 TMX、XLIFF 等文件格式标准。

（4）内置多个文件格式解析器，可以翻译绝大多数文件格式的文本。

（5）内置在线交流工具，可以与项目团队的其他人员进行及时的在线沟通。

（6）能够在线审校本地化内容，无需通过电子邮件或 FTP 下载文件。

10.2.3.3   传神翻译管理系统 TPM

传神翻译管理系统 TPM 是为翻译公司设计开发的翻译生产流程管理平台。该平台有三种不同等级的应用，分别是：流模式大型翻译流程管理系统（流程管理平台简版）、标准翻译流程管理系统（流程管理平台标准版）和翻译任务与供应商管理系统（流程管理平台专业版）。翻译公司可以根据各自的需求来选择适合业务需要的系统。标准版的翻译管理系统具有以下特点：

（1）公司用户能够根据公司项目处理流程中的习惯用语来配置 TPM 系统中的术语。

（2）TPM 系统的客户端支持中文简体、中文繁体、英语、日语等多种语种，公司用户可以根据各自不同的需要进行语言设置。

（3）用户能够增加或删减系统所涉及的角色，这些角色包括客户、销售人员、销售经理、客服人员、客服经理、项目总控、项目经理、译员、审校人员、排版人员、排版经理、质检人员、质检经理、资源经理、总经理等。

（4）用户能够根据各自需要，灵活配置系统所涉及的流程，可以随时对项目流程进行调整和修改。这些流程包括从客户下单、销售接单、销售经理审批、项目总控分配任务、项目经理派发任务、译员、审校人员、排版和质检人员处理任务、向客户提交稿件等翻译项目处理流程。

10.2.3.4 GlobalSight

GlobalSight 代表了开源类型的 TMS 系统。该系统中有多种不同的角色，每种角色所拥有的权限级别也各有不同。登录系统后能够使用的功能随着权限级别的升高而越来越多。该系统包括六大模块，包括设置、数据源、指南、我的任务、我的活的、报告。系统功能特别强大，主要包括以下几个方面：

（1）管理员能够任意定制工作流程，对各处细节进行配置。

（2）管理员还能够增加或删减角色，设置用户权限；特定用户登录后的界面只有必要选项；操作平台方便简单。

（3）角色的职责分配非常具体，可以单独设置工作流管理员和客户管理员等。

（4）本地化过程中有些自动化需要人工设置，例如过滤和分词、翻译记忆利用、分析、成本核算、档案交接、电子邮件通知、商标更新、目标文件生成等。

（5）一个本地化文档可对应一个或多个工作流程。

（6）完全支持使用多个语言服务供应商（LSP）的翻译过程。

（7）集中简化翻译记忆和术语管理，包括多语言翻译记忆；用户可以同时利用多个翻译记忆库。

（8）翻译的文档自动分段（也可人工合并或分段）；译员可以随时关闭句段，段落之间互不干扰。

（9）提供问题跟踪管理，方便多人对同一段或多段文字进行提问，增加互动性和协作性，便于管理和统计。

（10）支持人工翻译和完全集成的机器翻译，可以进行机器自动预翻译。

（11）支持 SDL Trados、memoQ 等计算机辅助翻译软件，也支持在线翻译编辑。

（12）系统中集成了多种文件类型的转换插件，可以对多种格式的文件进行翻译和编辑，这些文件格式包括 Microsoft Word、Powerpoint、Excel、RTF、XML、HTML、Javascript、PHP、ASP、JSP、Java、Frame、InDesign 等。

10.2.3.5 Projetex

Projetex 是由 AIT 开发的一款面向翻译公司的项目管理系统。该系统能够简化翻译公司的销售流程、任务派遣、译员管理、付款和结算，能够对多个并发翻译项目进行有效的管理。在该系统中，每个项目都可以分配给多名译员，各种不同形式的项目小组都可以用此统一的平台进行管理。目前翻译行业中大部分都是这种虚拟工作团队的模式，该平台能够整合多个复杂项目，管理多个客户和译员的账户，并集成了会计核算功能，例如开发票、付款、发布可打印的工作流文档等。该系统主要具有以下几个特点：

(1) 系统安装简单快捷。

(2) 系统能够自动建立项目文件夹。

(3) 系统能够设置用户的访问权限。

(4) 系统内置有字数统计工具。

(5) 系统具有汇率自动转换统计功能。

(6) 系统具有项目预期成本和收益自动统计功能。

(7) 系统中内置项目概要清单、PO 单和发票单等预置 RTF 模板，便于导出并打印。

(8) 系统中可以方便的查看、搜索和管理项目，也能查看客户和译员的详细数据库。

(9) 系统能够自动生成图形化的项目进度图表。

技术的更新换代推动了科学的发展和社会的进步。翻译项目管理技术也随着互联网和其他相关技术如云计算、大数据、人工智能等的发展而不断的提高。语言服务业未来的发展很大程度上由新技术的诞生和应用来决定。然而，系统和平台并不是一切问题的答案，它们只是人类创造出来的工具，对翻译管理起到核心作用的还是人。具有技术专业知识的人才设计出功能更强大的系统和平台，经验丰富的执行者和使用者利用系统和平台对项目进行高效的管理。翻译管理领域的发展和变化日新月异，但是同时也面临一定的安全风险。如何更全面的管理翻译项目，适合企业的业务特点，是翻译管理系统自始至终追求的目标。

10.3 memoQ 在翻译项目中的应用

翻译项目的实施和完成都离不开计算机辅助翻译工具。目前市场上存在各种功能强大、应用广泛的计算机辅助翻译软件。为保证翻译项目快速、高质量地完成，翻译公司必须根据项目的特点和业务的需要，合理选择和使用计算机辅助翻译软件。

本节通过翻译项目实例简要介绍 memoQ 在翻译项目各环节的应用，主要侧重时间管理（制定进度）、沟通管理（QQ 群或微信群等及时消息）和质量管理（控制语言和格式质量）。memoQ 按照项目来管理翻译任务，可以对项目进行数据分析、打包分配、回收合并等。但是协作翻译必须要用到 memoQ 项目经理版，可以通过创建项目文件包的标准方法来实现协作，也可以利用导出双语功能来实现。人员方面，至少要有一名项目经理负责制定项目的进度和计划、创建项目、分发和接收项目文件包、监控进度以及各种问题和关系的协调与解决。译员要有至少两名或两名以上，主要负责文件的翻译和审校。项目流程总体上可以分为项目分析和准备阶段、项目实施阶段、项目交付与总结阶段。

10.3.1 项目分析和准备

项目分析阶段需要分析文件类型、统计文件字数和工作量。以下是具体操作步骤。

(1) 新建项目，新建项目文件夹。如果文件过大则需要打开 64 位的 memoQ 软件，这样就可以解决无法导入大文件的问题。打开 C：\Program Files（x86）\Kilgray\memoQ-2015 或\memoQ-8，运行 MemoQ. exe 而不要运行 MemoQ32. exe 即可。接下来利用术语表和翻译记忆库等语言资源对项目文件进行统计分析，包括字数、重复率、匹配率等，以规划项目时间和制定项目进度。如图 10-1 所示。原文共有 1180 个句段，18826 个英文词，其中 31 个重复句段，83 个重复文字（词）。需要两名译员 7 天的时间完成包括准备、翻译、审校、排版等工作。

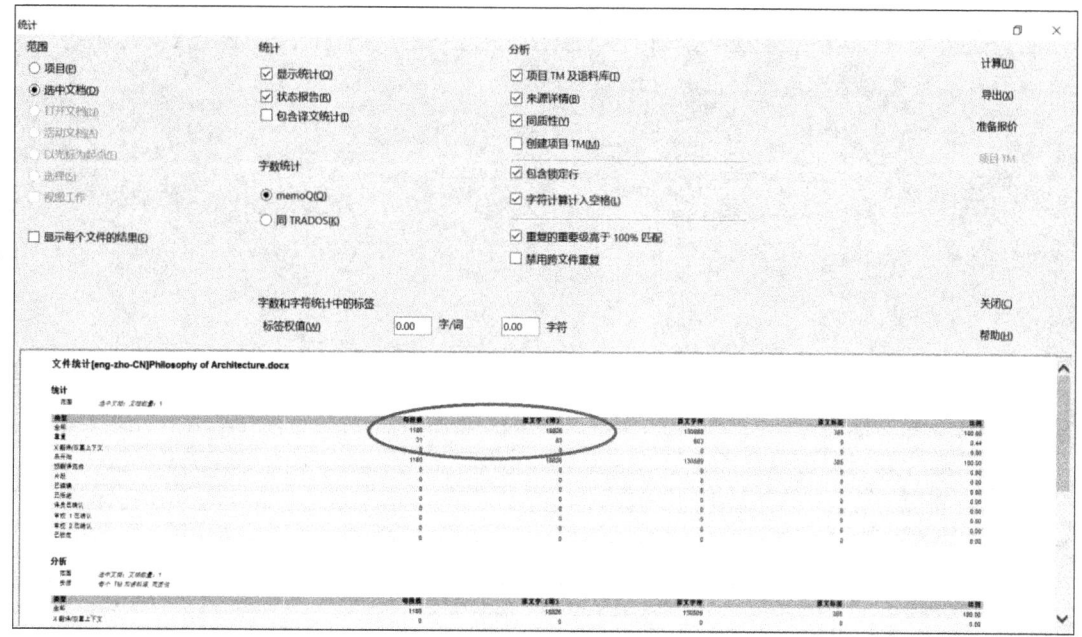

图 10-1　统计结果

（2）利用 memoQ 以及术语表和翻译记忆库等语言资源对文档进行术语提取、重复句段提取和预翻译。

（3）分割句段。根据文件的句段数和译员人数，计算出每位译员需要翻译的句段数590。点击"文档"中的"创建视图"，在对话框中输入视图名称，选择"分割文档"，填写"首行"和"最后一行"句段号，最后单击"确认"，如图 10-2 所示。

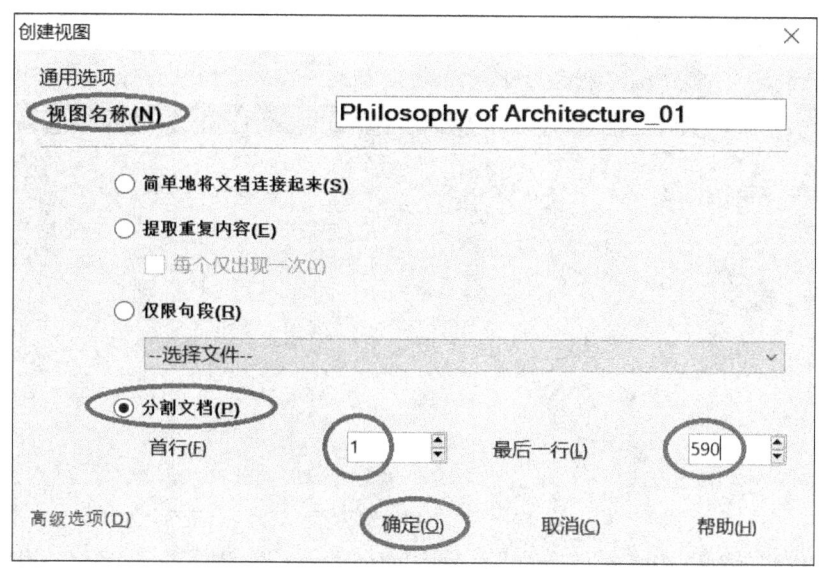

图 10-2　创建视图

以同样的方法步骤创建其他视图，每个视图的范围都是数量相同的句段数，如图10-3所示。

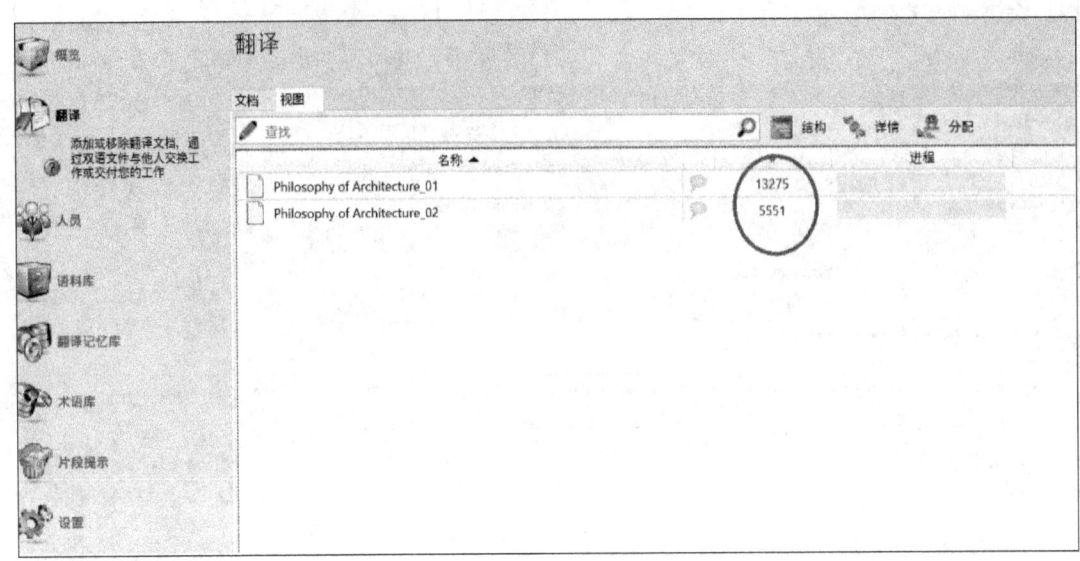

图 10-3　视图

但是按照分割句段范围的方法可能存在字词数差别比较大的情况，所以需要调整句段范围来解决。

（4）添加用户和分配角色。在"项目主页"中的"人员"选项卡中点击"添加用户"，可以添加一个或多个用户。单击"语言和角色"可以为每位参与人员设置角色功能，如图10-4所示。

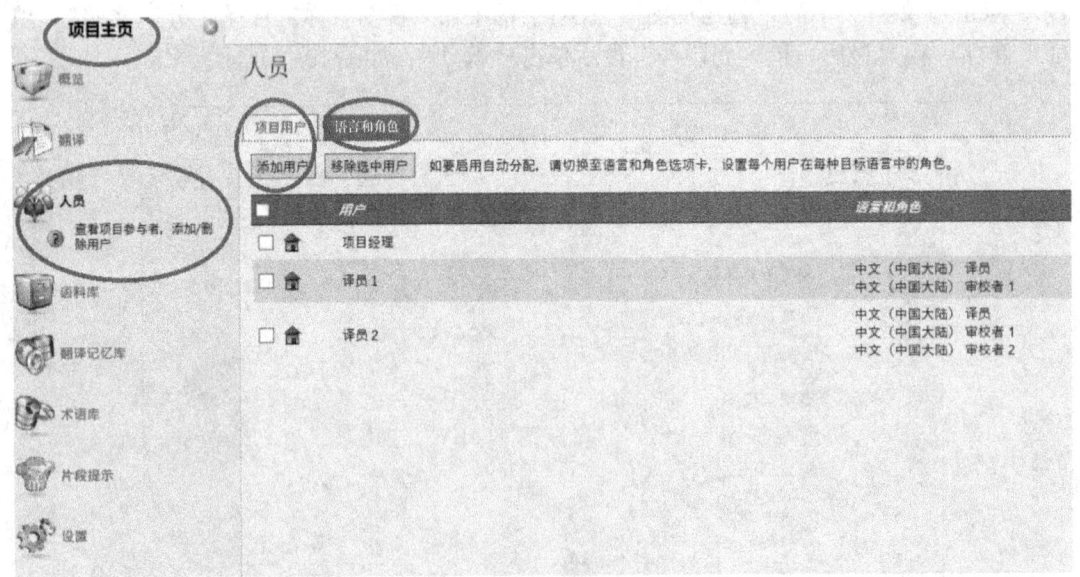

图 10-4　添加用户

在之前创建的视图中点击"分配"，分别输入"译者"、"审校者1"、"审校者2"和项目经理的职责，如图10-5所示。

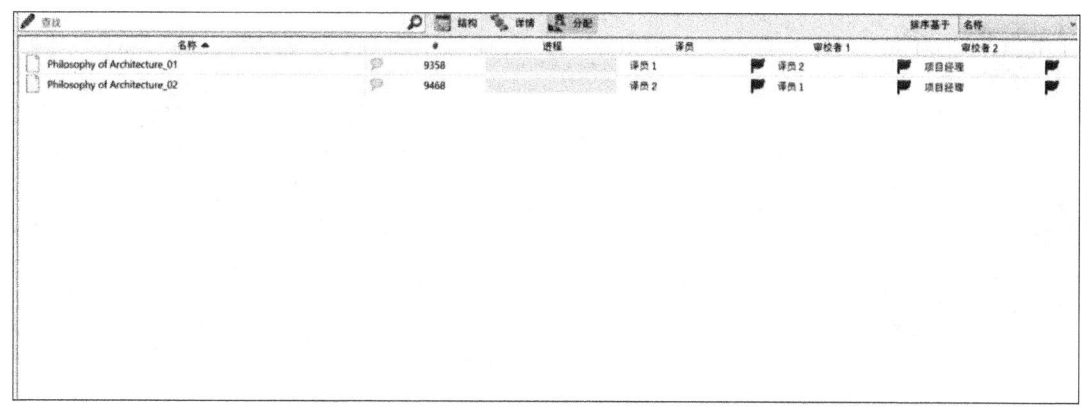

图 10-5　分配角色

　　（5）创建项目分发包。在"项目主页"中的"概览"选项卡的"常规"标签中点击
"Check project now"（现在检查项目）以更新项目信息。如图 10-6 所示。更新后就可以创
建分发包了。

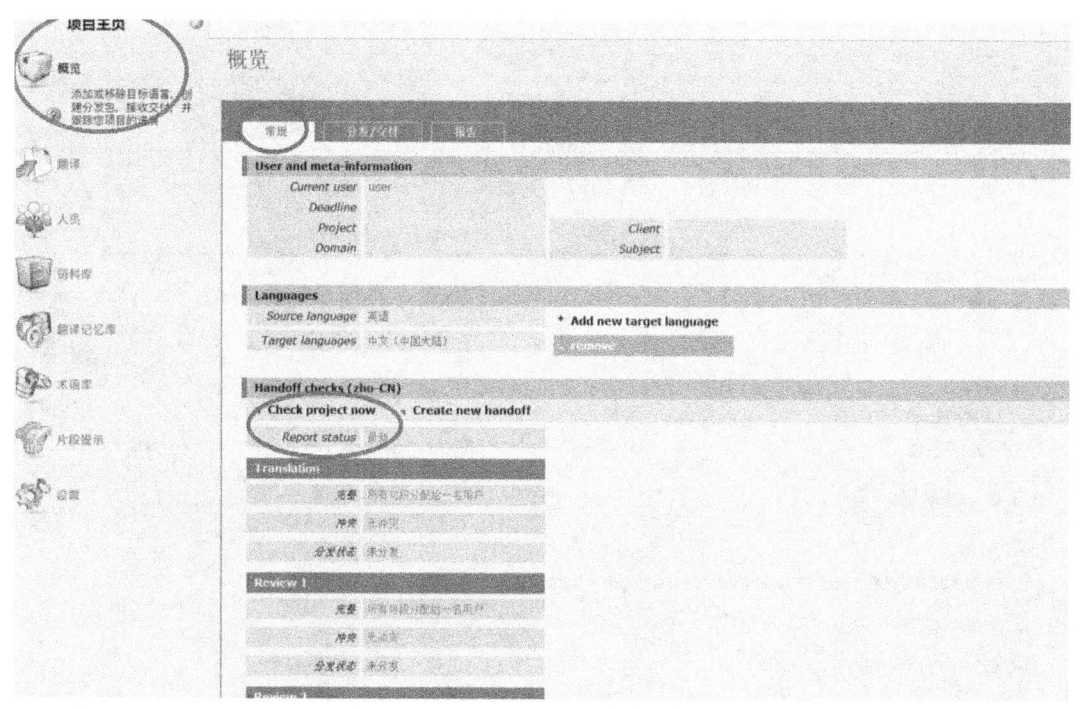

图 10-6　检查项目

　　在"项目主页"中的"概览"选项卡中点击"Create new handoff"（创建新的分发
包），在对话框中设置"截止日期"即可生成 Handoff 文件包，然后点击"下一步"，如图
10-7 所示。

　　在"memoQ 分发向导"对话框中，"分发包路径"不可更改，不要勾选"分发选项"
的第一项"只要不影响视图，允许在分发文档中合并和分割句段"，防止出现译文无法回
收的情况。然后点击"下一步"，如图 10-8 所示。

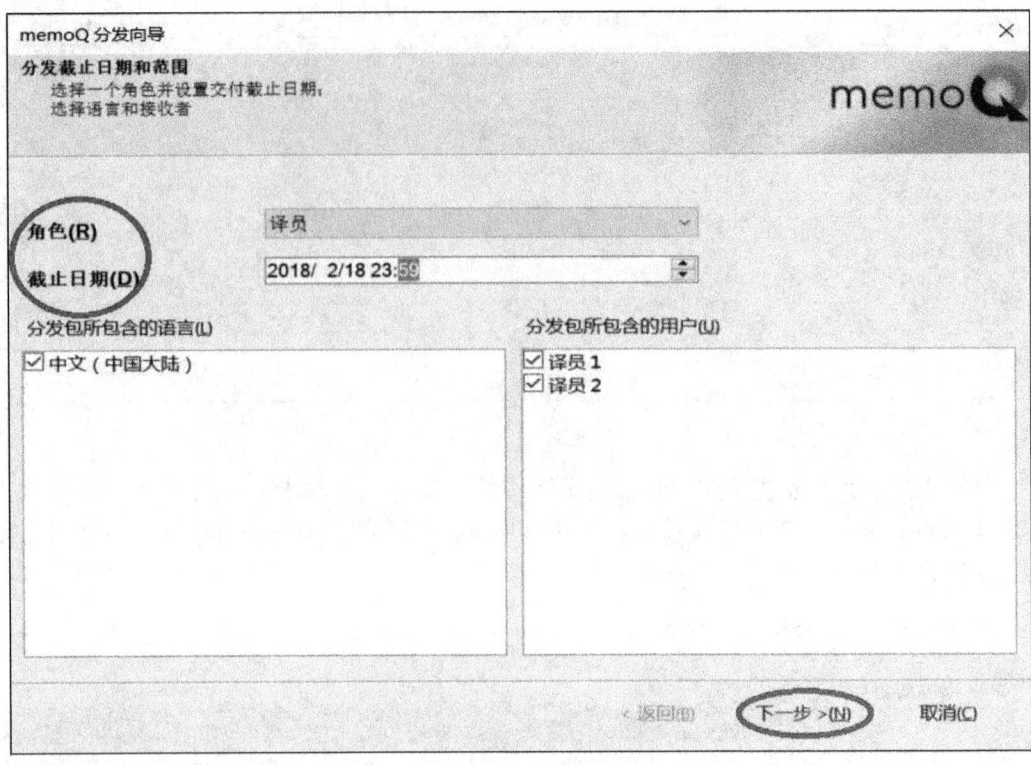

图 10-7　分发向导

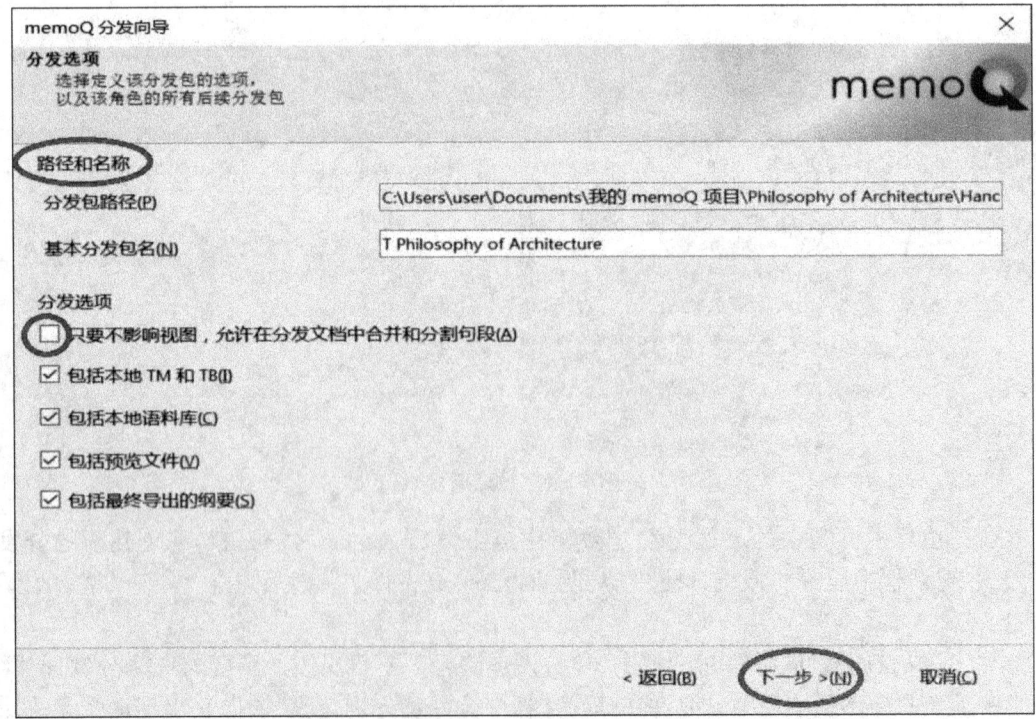

图 10-8　分发选项

审校确认分发包信息后点击"下一步",如图 10-9 所示。

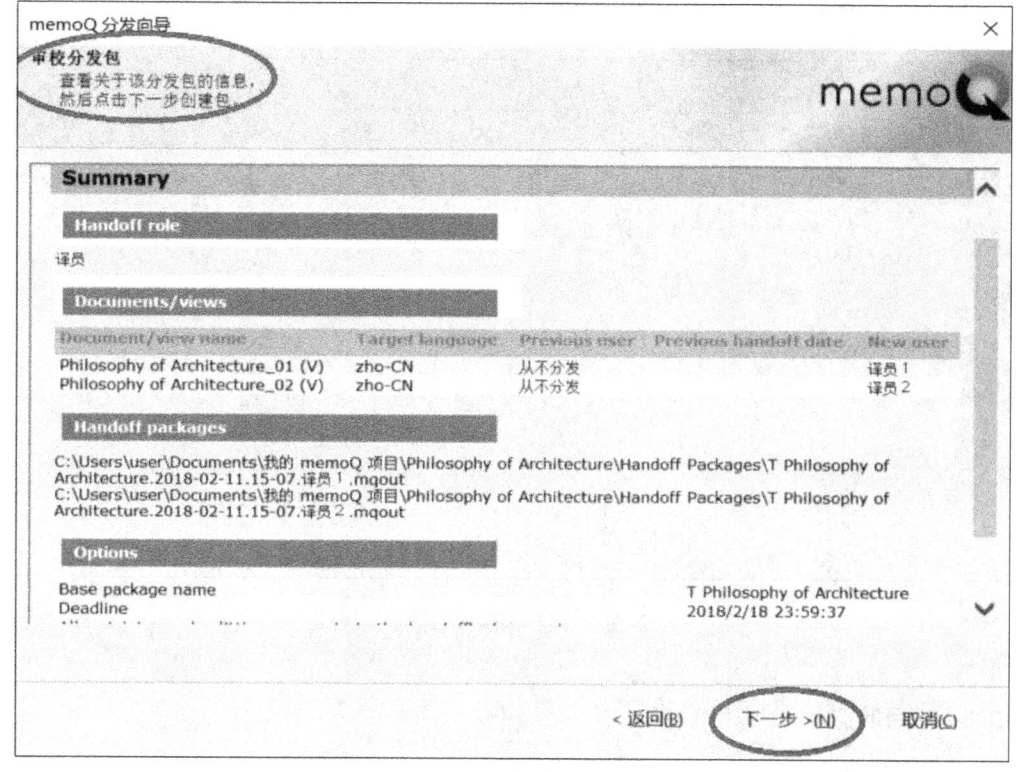

图 10-9　审校分发包

在"项目主页"中的"概览"选项卡中点击"分发/交付"标签,然后点击"Open folder"(打开文件夹),查看新创建的项目分发包,文件扩展名为 .mqout,如图 10-10 所示。

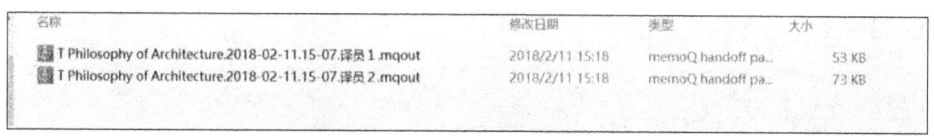

图 10-10　项目分发包文件

(6)译员导入项目分发包。译员收到项目分发包之后,可以单击"项目"功能区中的"导入包",也可以直接双击分发包,显示"导入分发包"对话框,输入"项目名称",指定"项目目录",如图 10-11 所示。

图 10-11　导入分发包

导入成功后，在"项目主页"的"翻译"标签中可以看到文件名称、总字数和截止日期等信息，如图 10-12 所示。双击文档名称即可打开文件进行翻译。

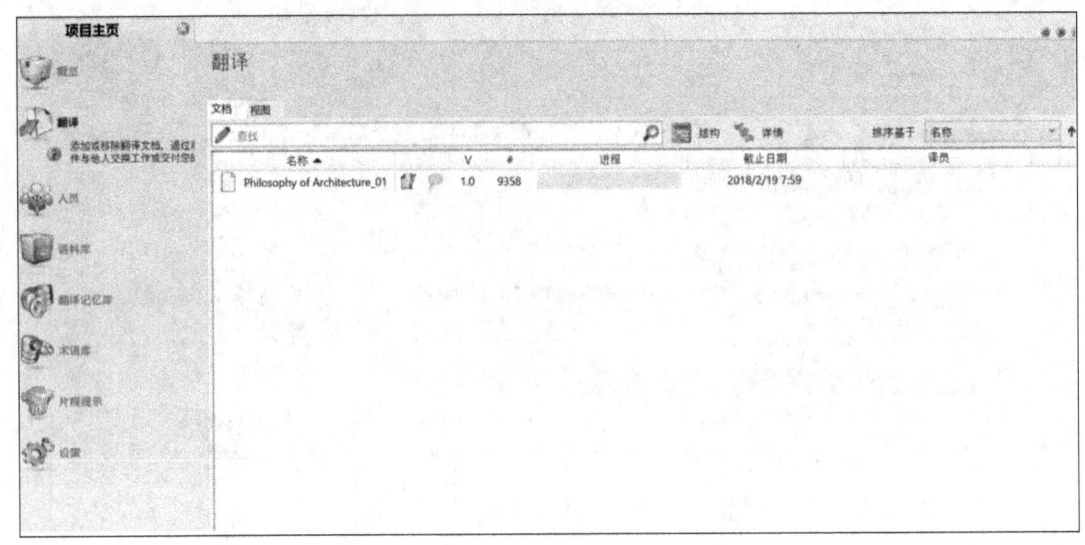

图 10-12　待翻译文档

10.3.2　项目实施

项目实施阶段的工作主要是翻译、编辑和审校。

翻译完成后，译员可以先进行自我审校，之后需要把分发包传送回项目经理。

（1）创建返回文件包。在"项目主页"中，选中文档，单击"文档"中的"交付/返回"，memoQ 会自动存储扩展名为 .mqback 的文件，并选择存储位置，最后单击"保存"，如图 10-13 所示。

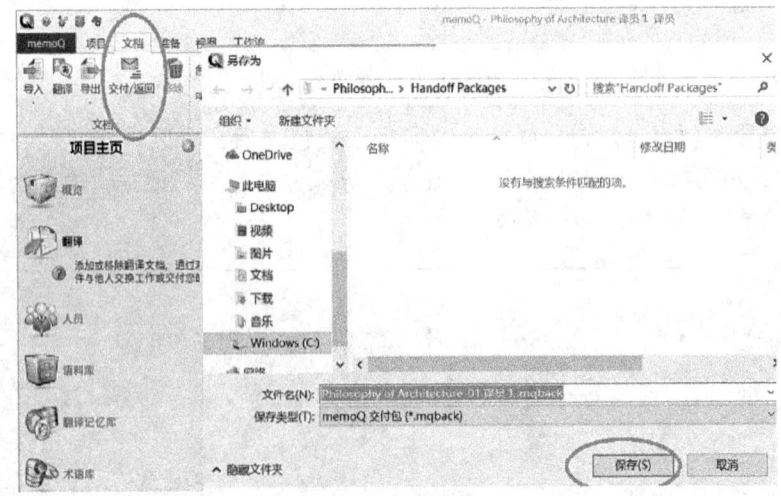

图 10-13　创建返回文件包

（2）创建审校文件包。在"项目主页"中的"概览"选项卡中点击"常规"，点击
"Check project now"（现在检查项目）以更新项目信息，然后单击"Create new handoff"
（创建新的分发包），在对话框中"角色"选择"审校者 1"，如图 10-14 所示。之后的步
骤与创建译员分发包相同。

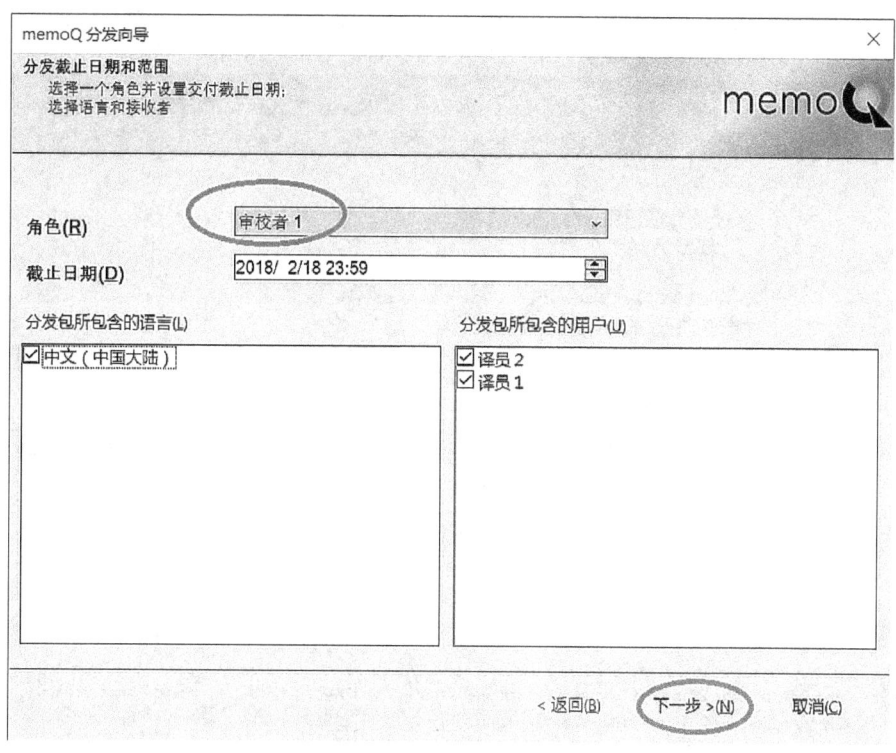

图 10-14　创建审校分发包

在"项目主页"的"概览"中单击"分发/交付"，可以看到新创建的审校者 1 分发
包，如图 10-15 所示。

单击"Open folder"，可以看到分发包的名称、类型、大小等详细信息，"R1"表示一
审文件，如图 10-16 所示。

（3）项目经理导入返回文件包。在"项目主页"中的"概览"选项卡中，单击"分
发/交付"标签，然后单击"Receive delivery"（接收交付），即可导入译员的返回文件包。
导入成功后，译员的交付状态更新为"部分交付"或"已交付"，如图 10-17 所示。在
"项目主页"的"翻译"标签中可以看到翻译进度也有所更新。

同样，检查更新项目后，在"视图"标签中也可以看到文档的更新和变化，如图
10-18 所示。

单机版的协作翻译流程操作简单，但是各译员独立工作，缺少实时共享的翻译记忆库
和术语库，所以译员无法从彼此之间获得共享资源，不利于翻译进度按计划进行，也增加
了不一致的风险。要解决这一问题，需要用到 memoQ 服务器软件，将本地项目发布到服
务器上，用户可以登录服务器签出项目，实现了实时协作，实时共享翻译记忆库和术
语库。

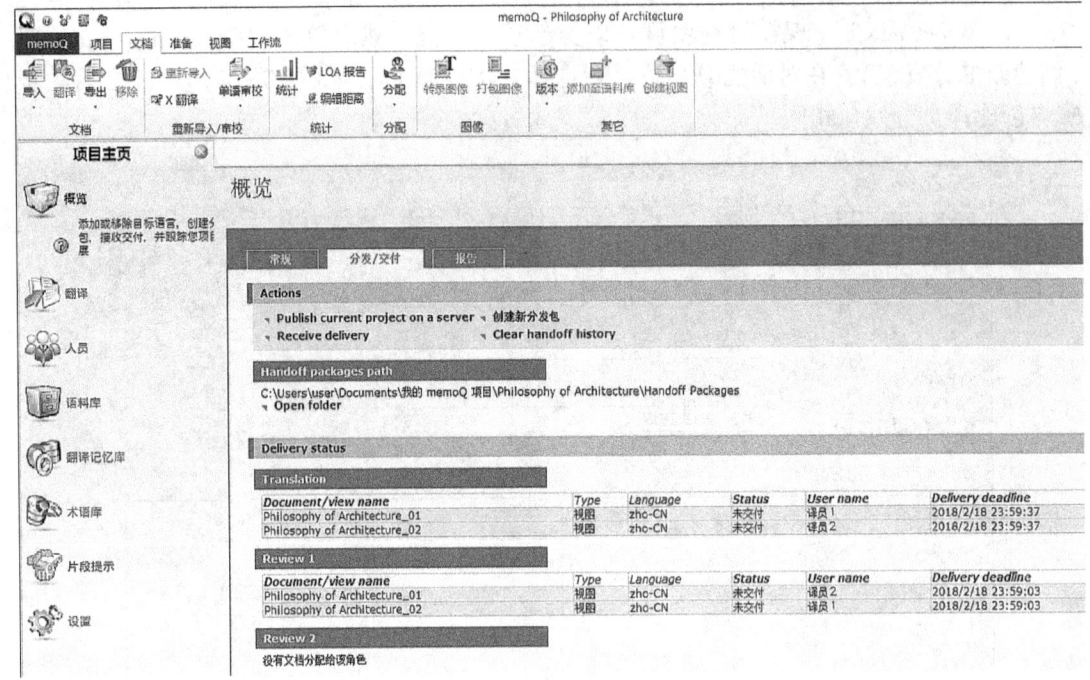

图 10-15　分发包状态

名称	修改日期	类型	大小
R1 Philosophy of Architecture.2018-02-11.16-17.译员 1.mqout	2018/2/11 16:17	memoQ handoff pa...	73 KB
R1 Philosophy of Architecture.2018-02-11.16-17.译员 2.mqout	2018/2/11 16:17	memoQ handoff pa...	53 KB
T Philosophy of Architecture.2018-02-11.15-07.译员 1.mqout	2018/2/11 15:18	memoQ handoff pa...	53 KB
T Philosophy of Architecture.2018-02-11.15-07.译员 2.mqout	2018/2/11 15:18	memoQ handoff pa...	73 KB

图 10-16　分发包文件

10.3.3　项目交付

　　文件的各部分翻译和审校完成后全部更新到原文档中，由项目经理运行 QA，进行一致性检查并导出译文。译文导出后要对照原文进行排版，最终交付给客户。交付完成后，翻译公司要对项目进行"备份"，维护术语表及语料库，以供日后类似的翻译工作参考。翻译公司还要与客户一起对整个项目各个阶段的工作进行总结和评价，分析出现的问题并提出改进方案。

　　近年来，语言服务行业的发展十分迅速。有翻译需求的客户呈现多样化趋势，翻译项目的类型也是包罗万象。因此，市场对翻译服务提供商的要求也随之不断提高，包括翻译质量的高要求和交付时间的期限性等。语言服务提供商面临的压力和挑战也随之加大，任何一个翻译项目都不可能是译员能够在短时间内独立完成的，而是多种技能的人员组成项目团队来协作完成。为了保证翻译项目高质量、高效率的完成，避免项目所耗费的时间和成本可能超过预期而造成得不偿失，对翻译项目的严格管理就显得尤为重要。一个翻译企

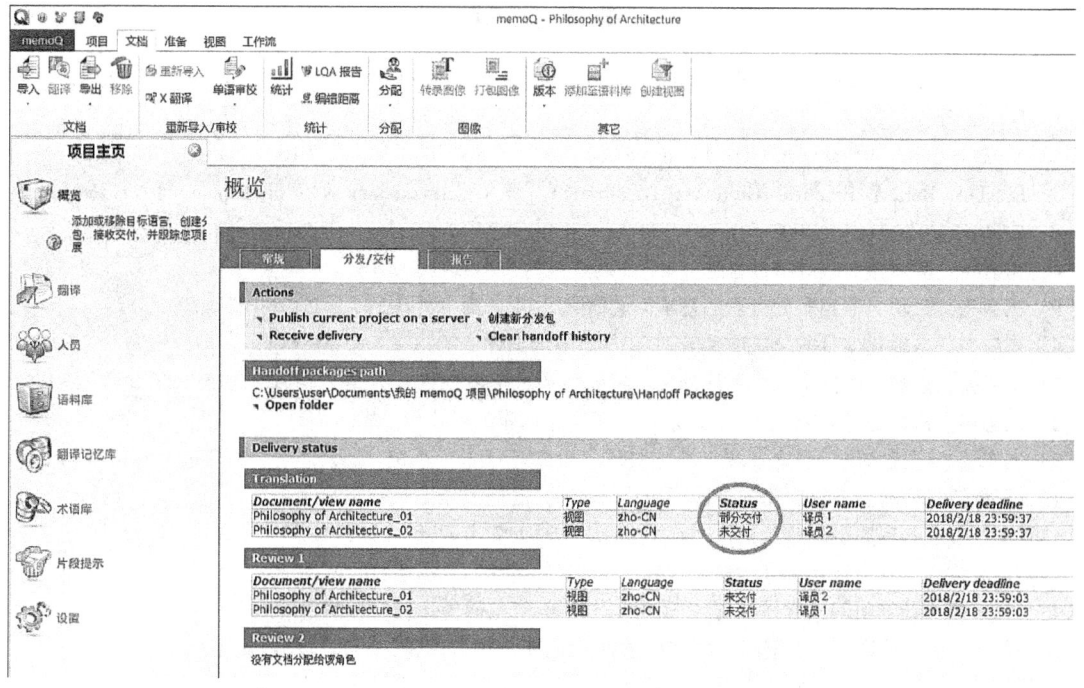

图 10-17　导入返回文件包

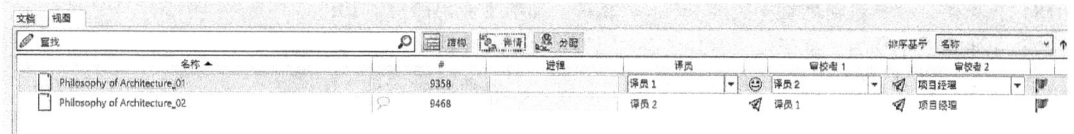

图 10-18　更新后的视图

业必须能够正确有效的利用各种手段和技术（主要包括计算机辅助翻译软件和翻译项目管理系统）来加强管理翻译项目，才能够获得相对多的机会和较大的发展空间。

思　考　题

10-1　翻译项目的特点是什么？

10-2　简述翻译项目的流程。

10-3　翻译项目管理系统有几种类型？

10-4　翻译项目管理系统的作用是什么？

10-5　简述 memoQ 单机项目的协作方法和流程。

参 考 文 献

［1］ Bowker，L. Computer-Aided Translation Technology：A Practical Introduction ［M］. Ottawa：University of Ottawa Press，2002.

［2］ Common Sense Advisory Inc. The Language Services Market：2016 ［R］. 2016.

［3］ Esselink，Bert. A Practical Guide to Localization ［M］. Amsterdam & Philadelphia：John Benjamins Publishing Campany，2000.

［4］ 崔启亮，罗慧芳. 翻译项目管理 ［M］. 北京：外文出版社，2016.

［5］ 崔启亮，张玥. 语言服务行业的基本问题研究 ［J］. 商务外语研究，2016 （12）.

［6］ 崔启亮. 本地化项目的分层质量管理 ［J］. 中国翻译，2013 （2）：80-83.

［7］ 崔启亮，张航. 软件本地化翻译的文本特征与翻译策略 ［J］. 外语与翻译，2015 （3）.

［8］ 冯志伟. 机器翻译研究 ［M］. 北京：中国对外翻译出版公司，2004.

［9］ 冯志伟. 现代术语学引论 （增订本）［M］. 北京：商务印书馆，2011.

［10］ 管新潮，陶有兰. 语料库与翻译 ［M］. 上海：复旦大学出版社，2017.

［11］ 胡开宝. 语料库翻译学 ［M］. 上海：上海交通大学出版社，2011.

［12］ 胡开宝. 语料库批评翻译学概论 ［M］. 北京：高等教育出版社，2018.

［13］ 钱多秀. 计算机辅助翻译 ［M］. 北京：外语教育与研究出版社，2011.

［14］ 钱多秀. “计算机辅助翻译” 课程教学思考 ［J］. 中国翻译，2009 （4）：49-53.

［15］ 唐旭日，张际际. 计算机辅助翻译基础 ［M］. 武汉：武汉大学出版社，2017.

［16］ 王华树、王少爽. 术语管理指南 ［M］. 北京：外文出版社，2017.

［17］ 王华树. 翻译技术教程 ［M］. 上海：商务印书馆，2017.

［18］ 王华树. 计算机辅助翻译实践 ［M］. 北京：国防工业出版社，2016.

［19］ 王华伟，王华树. 翻译项目管理实务 ［M］. 北京：中国对外翻译出版社，2013.

［20］ 吴迪. 翻译记忆库的作用与创建 ［D］. 上海：上海外国语大学，2014.

［21］ 徐彬. 计算机辅助翻译教学——设计与实施 ［J］. 上海翻译，2010 （4）.

［22］ 徐彬，郭红梅. 计算机辅助翻译环境下的质量控制 ［J］. 山东外语教学，2012 （5）：103-108.

［23］ 杨颖波，王华伟，崔启亮. 本地化与翻译导论 ［M］. 北京：北京大学出版社，2011.

［24］ 张文英，戴卫平. 词汇·翻译·文化 ［M］. 长春：吉林大学出版社，2010.

［25］ 张霄军，王华树，吴徽徽. 计算机辅助翻译：理论与实践 ［M］. 西安：陕西师范大学出版社，2013.

［26］ 张政. 计算机翻译研究 ［M］. 北京：清华大学出版社，2006.

［27］ 中国标准化协会. GB/T 19682—2005 翻译服务译文质量要求 ［S］. 北京：中国标准化协会，2005.

［28］ 中国翻译协会. 中国语言服务业发展报告 2012 ［R］. 中国翻译协会，2012.

［29］ 周兴华. 四款主流 CAT 软件翻译协作功能比较研究 ［J］. 中国翻译，2016 （4）.

［30］ 周兴华. 计算机辅助翻译协作模式探究 ［J］. 中国翻译，2015 （2）.